Ollama
本地AI
全方位攻略

ollama

本地AI全方位攻略

設備需求 × 模型量化 × 微調訓練

感謝您購買旗標書,
記得到旗標網站
www.flag.com.tw
更多的加值內容等著您…

<請下載 QR Code App 來掃描>

- FB 官方粉絲專頁:旗標知識講堂
- 歡迎訂閱「科技旗刊」電子報:
  flagnewsletter.substack.com
- 旗標「線上購買」專區:您不用出門就可選購旗標書!
- 如您對本書內容有不明瞭或建議改進之處,請連上旗標網站,點選首頁的 聯絡我們 專區。

  若需線上即時詢問問題,可點選旗標官方粉絲專頁留言詢問,小編客服隨時待命,盡速回覆。

  若是寄信聯絡旗標客服 email, 我們收到您的訊息後,將由專業客服人員為您解答。

  我們所提供的售後服務範圍僅限於書籍本身或內容表達不清楚的地方,至於軟硬體的問題,請直接連絡廠商。

學生團體　訂購專線:(02)2396-3257 轉 362
　　　　　傳真專線:(02)2321-2545

經銷商　服務專線:(02)2396-3257 轉 331
　　　　將派專人拜訪
　　　　傳真專線:(02)2321-2545

國家圖書館出版品預行編目資料

Ollama 本地 AI 全方位攻略:命令列功能、五大主題測試、RAG、Vibe Coding、MCP,一本搞定所有實戰應用 / 施威銘研究室 著. -- 初版. -- 臺北市:旗標科技股份有限公司, 2025.09　面;　公分

ISBN 978-986-312-845-8(平裝)

1.CST: 自然語言處理 2.CST: 人工智慧 3.CST: 電腦程式設計

312.835　　114010708

作　　者/施威銘研究室

發 行 所/旗標科技股份有限公司

台北市杭州南路一段15-1號19樓

電　　話/(02)2396-3257(代表號)

傳　　真/(02)2321-2545

劃撥帳號/1332727-9

帳　　戶/旗標科技股份有限公司

監　　督/陳彥發

執行企劃/楊世瑋

執行編輯/楊世瑋．張思敏．劉冠岑

美術編輯/林美麗

封面設計/陳憶萱

校　　對/楊世瑋．張思敏．劉冠岑

新台幣售價: 750 元

西元 2025 年 9 月 初版

行政院新聞局核准登記-局版台業字第 4512 號

ISBN 978-986-312-845-8

Reading Guide

本書閱讀方法

在本書中，各章節皆有提供相關網站或專案的連結網址。另外，為了方便執行以及避免開發環境的版本差異，在部分章節中我們會使用 Colab 進行實作範例，讀者完全不需要自行撰寫程式碼，可以直接進入連結網址來查看或執行。但因為 Colab 有運算資源限制，建議可以將某些專案移到本機端執行 (如第 5 章的模型比較測試)。為了進一步方便讀者，我們也把所有的範例專案網址與相關連結都整理在**服務專區**的頁面中：

https://www.flag.com.tw/bk/t/f5394

Colab 使用方法

Colab 為 Google 推出的雲端 Python 開發環境, 使用者可以一鍵運行其他人所分享的程式。開啟本書的 Colab 網址後, 請讀者先依據以下步驟將範例專案儲存至自己的雲端硬碟中或進行下載：

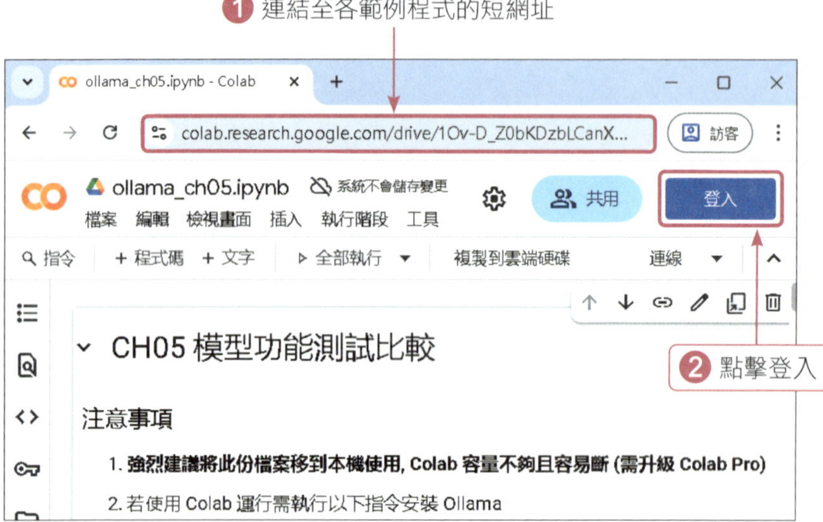

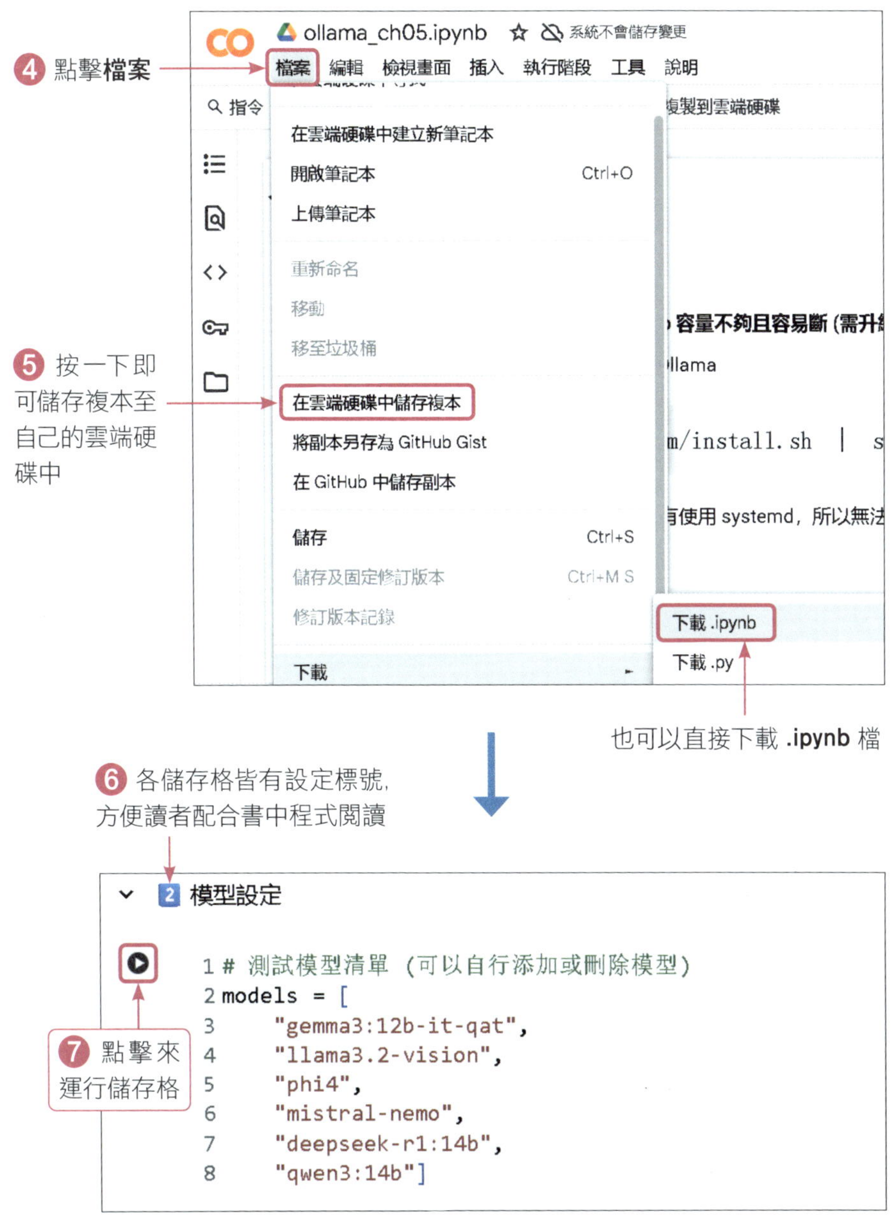

ollama_ch05.ipynb
系統不會儲存變更
4 點擊檔案
檔案
編輯
檢視畫面
插入
執行階段
工具
說明
指令
複製到雲端硬碟
在雲端硬碟中建立新筆記本
開啟筆記本 Ctrl+O
上傳筆記本
重新命名
移動
移至垃圾桶
5 按一下即可儲存複本至自己的雲端硬碟中
在雲端硬碟中儲存複本
將副本另存為 GitHub Gist
在 GitHub 中儲存副本
儲存 Ctrl+S
儲存及固定修訂版本 Ctrl+M S
修訂版本記錄
下載
下載 .ipynb
下載 .py
也可以直接下載 .ipynb 檔
6 各儲存格皆有設定標號，方便讀者配合書中程式閱讀
2 模型設定
7 點擊來運行儲存格
# 測試模型清單 (可以自行添加或刪除模型)
models = [
"gemma3:12b-it-qat",
"llama3.2-vision",
"phi4",
"mistral-nemo",
"deepseek-r1:14b",
"qwen3:14b"]

Colab 使用注意事項

Colab 在中文環境下雖然可以正確運作，不過你可能會遇到開啟範例筆記本後，程式碼縮排看起來有點零散的狀況，如下圖所示：

```
[ ]  import requests
     from pprint import pprint

     URL = "http://localhost:11434/api/chat"

     # 建構表單資料
     payload = {
             "model": "gemma3:1b-it-qat",
             "messages": [
                     {"role": "system", "content": "請以**英文**回答使用者問題"},
                     {"role": "user", "content": "請列出人口最多的五個國家以及人口數"}
                     ],
             "stream": False
     }
```

這是因為空格的字寬是中文全形字寬造成的，建議可以設定編輯器使用等寬字，例如在 Windows 可以設定為 Consolas 字型：

本書在說明程式碼儲存格時皆有標示行號，我們也可以在設定中調整，方便閱讀。

儲存格中的程式碼就會清楚多了：

```
import requests
from pprint import pprint

URL = "http://localhost:11434/api/chat"

# 建構表單資料
payload = {
    "model": "gemma3:1b-it-qat",
    "messages": [
        {"role": "system", "content": "請以**英文**回答使用者問題"},
        {"role": "user", "content": "請列出人口最多的五個國家以及人口數"}
    ],
    "stream": False
}

```

CONTENTS

目錄

Ollama 的命令列操作

03 Ollama 的進階系統設定

11 哎呀，Ollama 得了 MCP！

CHAPTER

1

Ollama 好吃嗎？不能吃，但是很好玩！

跟 ChatGPT 對話, 很害怕隱私資料被竊取嗎？想要確保資料隱私與安全性, 但又想要讓 AI 來輔助工作, 可以怎麼做呢？在本地端跑 AI 模型, 或許就是你的好選擇！在本章中, 我們會帶你認識各種能在本地運行 AI 模型的框架, 並重點介紹 Ollama 這個好用的工具, 讓你能輕鬆在本地部署自己的大型語言模型。

1.1 本地部署框架簡介

目前市面上有許多框架都能夠幫助我們在本地部署大型語言模型，這些框架整合了使用者介面、後端推論引擎，或是提供其他不同的功能。我們可以透過這些框架進行模型下載、管理或達到客製化。接下來讓我們介紹除了 Ollama 以外的幾個熱門框架。

LM Studio

LM Studio 是一款專為「非技術背景」使用者所設計的語言模型框架，提供了非常平易近人、好操作的應用程式，使用者不需要操作終端機或撰寫程式碼，就能非常輕鬆地在本地下載、執行並管理各類大型語言模型。不要以為 LM Studio 只是介面好看而已，其底層實際整合 llama.cpp 引擎，以及專為 Apple 設計的 MLX 加速框架，使大型語言模型的運行過程更流暢。LM Studio 支援 GGUF 格式，並提供參數控制、聊天介面與模型切換功能，非常適合初學者做為使用本地端模型的學習基礎。

▶ **網站**

https://lmstudio.ai

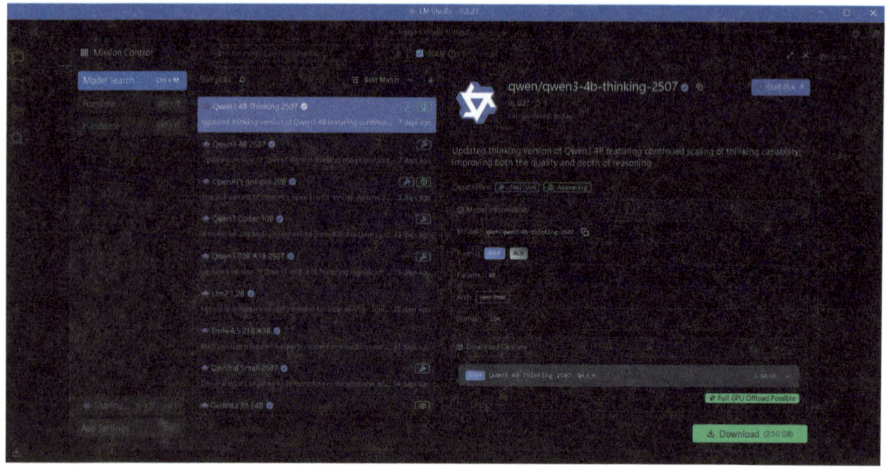

▲ 在 LM Studio 的介面上可以一鍵下載各種模型

GPT4All

GPT4All 是一個以 C++ 和 Python 為基礎開發的本地端語言模型平台，底層整合了 llama.cpp 作為核心推理引擎，並提供了可一鍵安裝應用程式、簡潔的圖形化介面，可在 macOS、Windows 和 Linux 等系統上執行。GPT4All 支援從 Hugging Face 匯入多種模型，而最主要的特色為**我的文件 (LocalDocs)** 功能，能夠讓本地模型讀取並檢索使用者本機的檔案內容 (檢索功能有經過優化)。在完全離線的環境下，我們可以透過 LocalDocs 建立本地知識庫，將私人資料納入對話參考，整個過程強調隱私不外洩，適合用於敏感資料處理的情況。

▶ **網站**

https://gpt4all.io

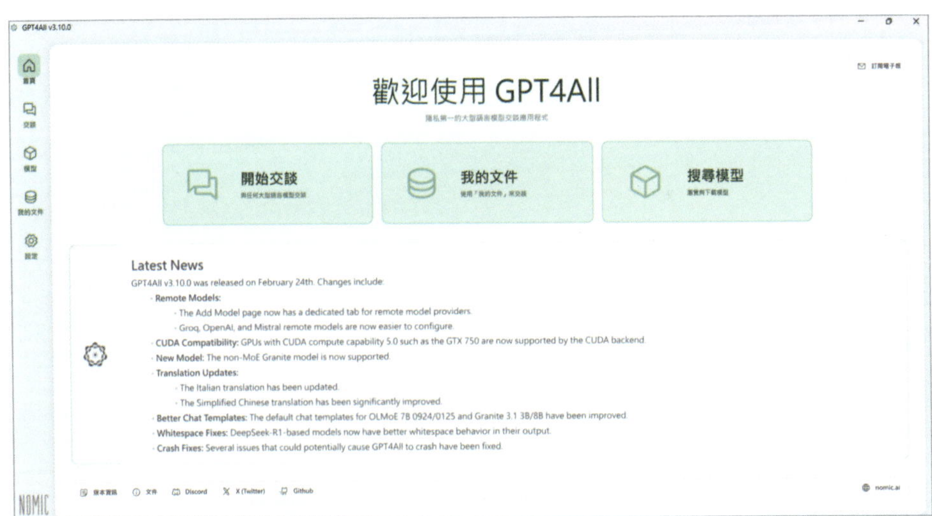

▲ GPT4All 的介面簡潔，且預設即為中文

Text Generation Web UI

Text Generation Web UI (社群常稱 Oobabooga WebUI) 是一款用 Python 撰寫、以 Gradio 為前端的瀏覽器介面。安裝後只要打開所提供的網址 (http://localhost:7860), 就能透過瀏覽器介面進行操作。支援的後端引擎涵蓋 llama.cpp、Transformers、ExLlama V2/V3, 能直接加載 GPTQ、GGUF 等格式的模型, 點選「Model」頁面就能直接下載 Hugging Face 上的模型。整個服務預設完全離線執行 (官方強調「100 % offline、no logs、no telemetry」), 並提供與 OpenAI API 相容的端點, 方便現有程式調用。社群生態發展蓬勃, 雖然核心功能專注於文字生成, 但現在已經有相當多的擴充外掛 (如 Stable Diffusion 圖片生成) 能夠加強 WebUI 的服務。

▶ **GitHub 網頁**

https://github.com/oobabooga/text-generation-webui

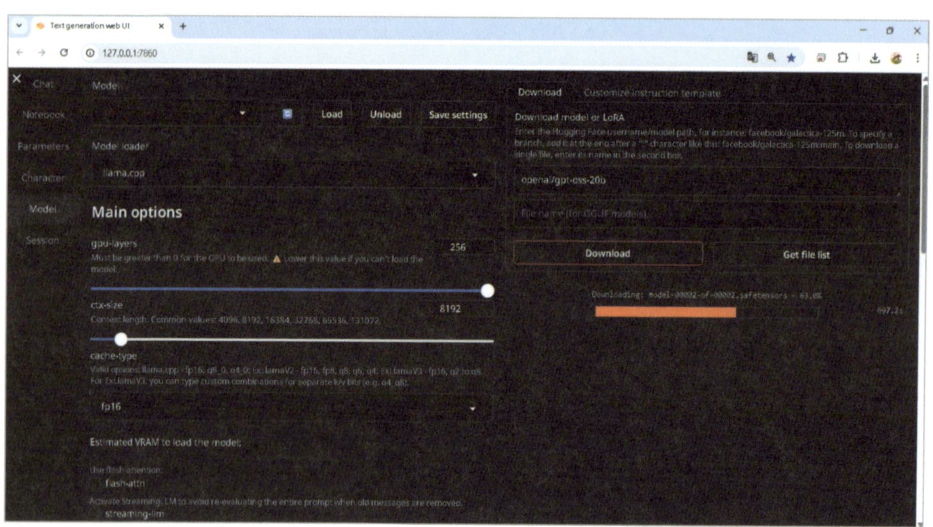

▲ Text Generation Web UI 是以瀏覽器介面的方式提供, 且可安裝多種擴充外掛

LocalAI

LocalAI 是一個以 Go 語言開發的 AI 運行平台，它能夠讓使用者在本地端執行各種開源模型。如果要安裝的話，預設支援 macOS/Linux 系統；Windows 需使用 WSL2 或 Docker 安裝。LocalAI 提供了與 OpenAI API 相容的介面，讓開發人員能把原先使用 OpenAI API 的程式無痛轉移到 LocalAI 上，但其最主要特色就是能夠兼容許多不同功能的後端引擎，包括 llama.cpp (文字生成)、whisper (語音轉文字)、stablediffusion (圖片生成)、bark (語音生成)⋯.等，搭配內建的模型市集，我們就能在單一平台上使用各種不同功能的模型，非常適合希望整合多元功能模型的使用者。

▶ **網站**

https://localai.io/

▶ **GitHub 網頁**

https://github.com/go-skynet/LocalAI

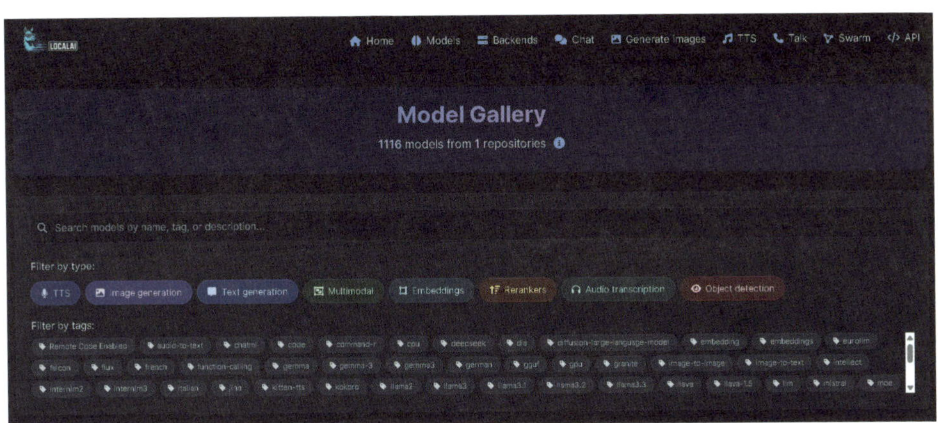

▲ LocalAI 兼容許多後端引擎，並能下載各種不同種類的模型

1.2 為什麼選擇 Ollama？

前面介紹了許多能夠在本地部署大型語言模型的框架，那為什麼本書要著重介紹 Ollama 呢？在眾多本地部署語言模型的框架中，Ollama 以「客製化彈性高」和「擴展功能強大」特點脫穎而出，我們能夠選擇使用不同的方式進行操作，包括 CLI 命令列、各種 GUI 圖形化介面、API 串接，甚至能透過 Ollama 所提供的 Python、JavaScript 套件來簡化程式設計流程。除此之外，許多外部工具或專案 (如 Copilot、Cline、EasyDataset) 也都以兼容 Ollama 為主。不論是想在自己的電腦上運行大型語言模型來保護隱私、降低成本，還是想快速把 AI 功能整合進自己的專案，Ollama 絕對是你的不二選擇。接下來，我們會介紹 Ollama 的幾大優勢，特別是它的整體設計和 REST API，讓你無痛上手 Ollama。

Ollama 是一款能在本地端運行大型語言模型的框架，除了可以兼容 macOS、Linux、Windows 等系統外，重點是**完全免費開源**，任何人都可以在本地下載安裝。Ollama 官方提供了多種熱門的語言模型方便使用者下載，包括 Llama3、Gemma3、Phi-4、DeepSeek-R1、Qwen 系列和近期最夯的 gpt-oss，用非常簡單的命令就能一鍵從官方下載模型。安裝 Ollama 之後，只要在命令列中輸入像 `ollama run deepseek-r1:7b` 這樣的指令，就能快速下載並運行模型。對於想快速試試的人來說，筆者非常推薦使用 Ollama 作為開啟本地部署之旅的第一步。

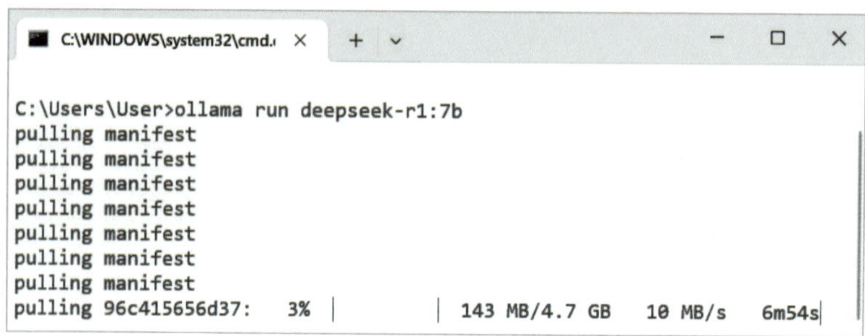

▲ 安裝 Ollama 後，在終端機中就能透過簡單的指令輕鬆下載模型

在軟體開發與部署環境的領域中，Docker 絕對是容器化部署的代名詞，能夠用於封裝應用程式並讓其在各種環境中順利運行。而 Ollama 也被許多人比喻為「LLM 界的 Docker」，能夠確保模型在不同的系統上執行。雖然兩者在架構原理和運作方式上有所差別，但它們的理念則有著非常相似的地方。當使用 Ollama 運行模型時，它會建立一個隔離起來的執行環境，透過描述檔組裝模型參數、模板設置、超參數…等，這種封裝的概念可以避免產生環境衝突，也進一步降低了操作門檻。除此之外，Ollama 在載入模型時也非常聰明，它會動態地將模型資料分配給 **GPU 記憶體 (VRAM)**，利用 GPU 加快模型的運算速度。如果 VRAM 不足以放下整個模型，則會以 CPU 與 GPU 的協作模式來運行。

Ollama 的系統架構

Ollama 採用了前後端分離的設計架構，前端為使用者操作的 **CLI (命令列介面)**，透過下達 Ollama 命令來送出請求 (近期提供了簡易版的圖形化介面)；後端的核心技術則為 **llama.cpp**，它就像一臺藏在車中的引擎，負責載入並運行 GGUF 格式的語言模型。當啟動 Ollama 後，它會開啟一個 **HTTP 伺服器 (Ollama Server)**，並佔用本地端的 **http://localhost:11434** 端口。我們可以透過 CLI 來對這個端口發送請求，包括 Ollama 的系統命令、運行模型或跟模型進行交談等等。當伺服器收到來自 CLI 的請求後，它會將請求轉送給 llama.cpp，而 llama.cpp 則會載入指定的模型權重，透過 CPU 或 GPU 來進行模型推理和運算。生成的回覆內容會以**串流 (streaming)** 方式透過 HTTP 回傳，最後呈現在 CLI 介面中。這樣一來，我們就能在終端機中收到逐字回應的內容了。

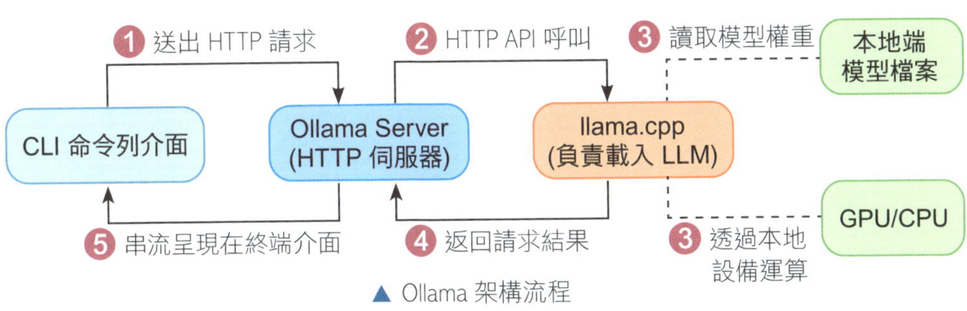

▲ Ollama 架構流程

上圖為 Ollama 在運行時的整體架構流程，可以看出它其實是個 CLI (命令列介面) 和 llama.cpp 之間的溝通橋樑，並透過 http://localhost:11434 端口來傳遞各種請求。對於不熟悉 CLI 操作或有恐懼的讀者也不用擔心，由於 Ollama 採用前後端分離的設計，CLI 只是其中一種基本的操作方式！目前市面上已經有許多成熟的圖形操作介面整合了 Ollama，例如 Open WebUI、Chatbox、Page Assist…等，甚至在近期的更新中，Ollama 也推出了自己的圖形化操作介面。我們可以隨意替換前端的使用者介面，讓跟本地模型交談的方式變得更加親民好上手，運行起來的感覺也跟使用網頁版 ChatGPT 一樣流暢。

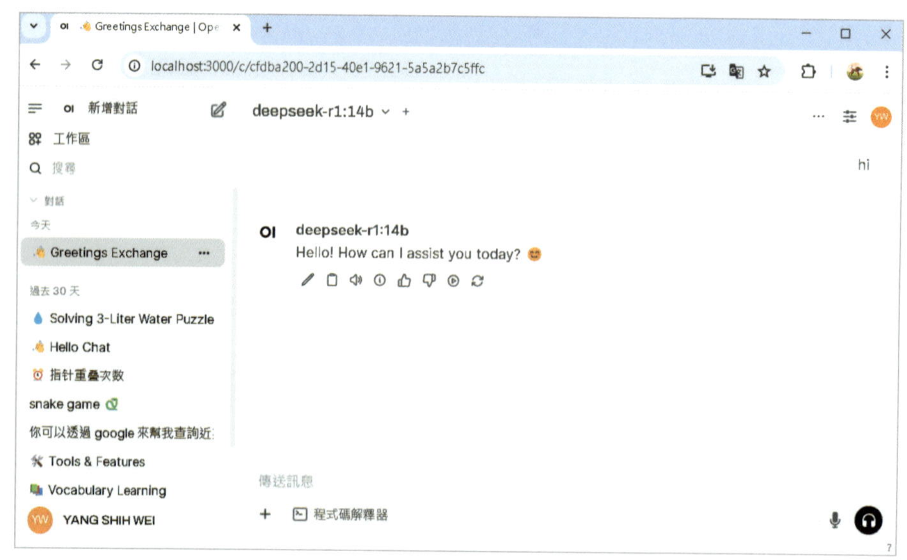

▲ Open WebUI 介面，打造跟網頁版 ChatGPT 一樣的溝通體驗

透過 Modelfile 自定義模型

Ollama 提供了自定義 **Modelfile (模型配置檔案)** 的功能，透過撰寫 Modelfile，我們可以調整基礎模型的**預設提示詞**、**對話格式**、**超參數設置**，甚至還能併入 **LoRA 的微調模型**結果，滿足各種對於客製化模型的要求。而 Modelfile 其實並不是一個完整的模型檔案，可以把它想像成是一份如何對模型進行設定的說明文件，所以檔案大小非常小，易於分享給他人。

```
C:\WINDOWS\system32\cmd.
C:\Users\User>ollama run catmodel
>>> 你好！
*~喵~* 呀，你好呀！ 你想問什麼呢？ 讓我來幫你，喔喔！ 告訴我吧！ 😊

>>> 請介紹 LLM
*~喵~* 喔喔，LLM，好有趣！ 讓我來跟你解釋一下，好不好？ 就像我愛玩遊戲
一樣，但用文字！

想像一下，你教一個小狗狗 ( LLM ) 學習很多東西，然後讓它用這些知識來做一
些事情。

**LLM，簡而言之，就是一個超級聰明的文字機器！**

*   **它被教了大量的文字資料**，就像我閱讀了多少書和新聞一樣！
*   **它會分析這些文字，然後找出規則和模式**。 就像我會觀察你說話，知
道你喜歡什麼，然後用這些知識來跟你聊天。
*   **它能用這些規則來生成新的文字**，像是寫故事、回答問題、甚至翻譯語
言！
```

▲ 透過 Modelfile 打造自己的喵星人

藉由 Modelfile, 我們可以輕鬆建構出客製化的機器人, 不管是喵星人、翻譯助手、中文客服專家或法律顧問都能一「檔」搞定！

擁有 REST API 的強大整合能力

除此之外, Ollama 的最大亮點就是提供了內建的 **REST API** 以及 Python、JavaScript 套件。透過 Ollama API, 我們可以在自己的程式中呼叫本地端的語言模型, 進一步串接各種應用或打造自己的 AI 工作流程。

Ollama API 可以執行在 CLI 上的各種模型操作, 例如下載特定模型、發送聊天對話請求、查詢本地模型…等。而除了以上基本功能之外, 還能快速設置系統提示模板、超參數、檢視模型回覆時間、計算輸入輸出的 tokens 數量, 甚至可以搭配各種 MCP 應用來操作系統中的應用程式。舉例來說, 我們可以透過 Ollama 的 REST API 建構以下應用：

- **本地 AI 助手：**開發個人化的 AI 助手 (例如打造語音助手或串接各種應用程式), 透過 Ollama 能夠在離線環境下進行自然語言對話, 保障隱私且隨呼隨用。

- **客服機器人：**搭配網站或通訊軟體來打造客服聊天機器人，並在本地伺服器上處理用戶提問，除了可以提供更快速、更穩定回應的回應外，也能避免外流敏感的客戶資料。

- **企業內部工具：**在公司內部的資料、數據分析、文件處理等流程中應用 Ollama，讓敏感資訊留存在本地，同時可以透過事先撰寫好的程式打造企業工作流程。

- **IoT 裝置：**搭建伺服器部署 Ollama 模型，讓智慧裝置或設備透過 REST API 來進行語言理解與回應。例如設計 AI 智能錄音筆、智慧家居機器人…等。

總而言之，Ollama 的 REST API 基本上涵蓋了大型語言模型的各種功能，讓開發者們可以透過程式控制語言模型的運作，以最低的門檻將語言模型整合到自己的應用中！

1.3 從零開始安裝 Ollama

Ollama 為 LLM 的運行框架，其本身對於硬體設備的要求不高。基本上在設備一般的電腦安裝和執行 Ollama 是絕對沒問題的，不過要注意所使用的作業系統版本，必須是 **Linux**、**Windows 10 以上**，或者是 **macOS 11** 以上的版本。而**硬體設備的差別只在於能夠跑多大的模型** (設備不好的話也可以從小模型玩起)。那就話不多說，讓我們先從下載、安裝 Ollama 開始吧！

安裝 Ollama

Step 1 請搜尋 Ollama 或透過下方網址來進入官網：

```
https://ollama.com
```

Step 2 根據自己的系統下載 Ollama：

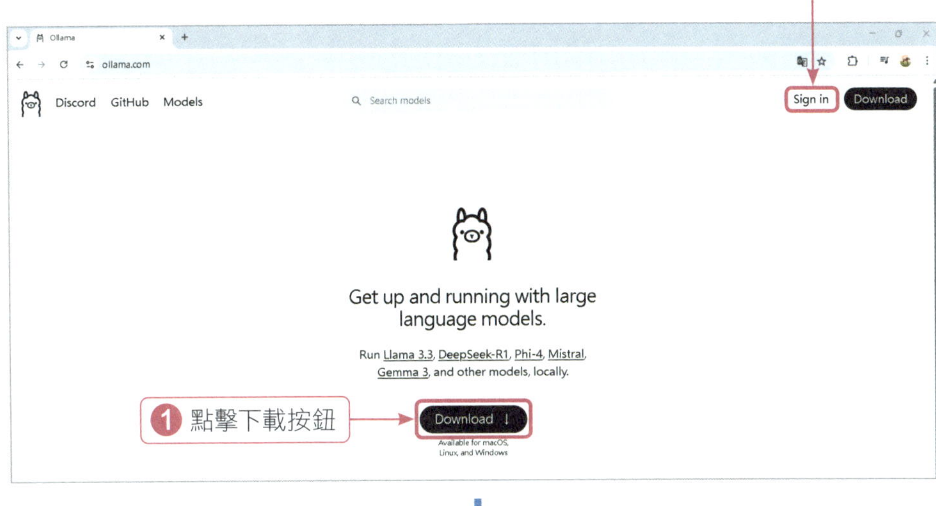

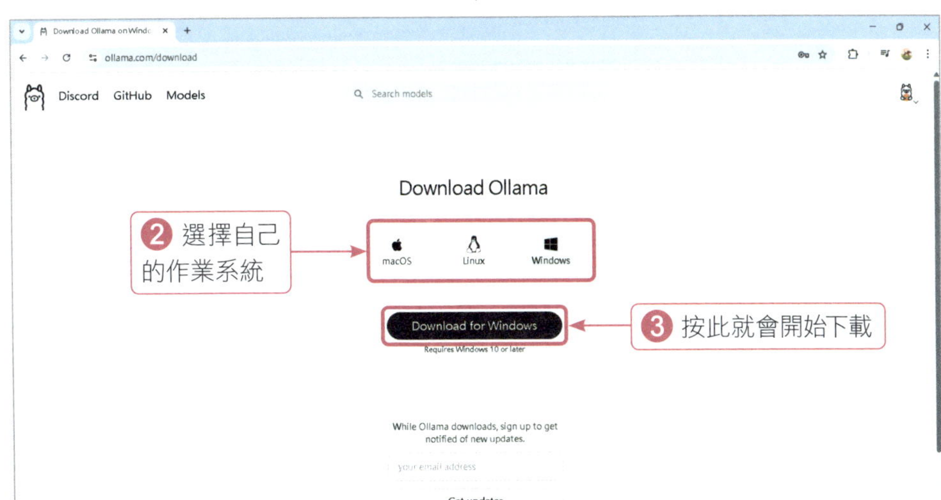

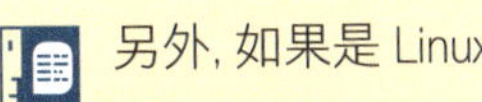
另外，如果是 Linux 的使用者，可以直接鍵入以下命令快速下載：

```
curl -fsSL https://ollama.com/install.sh | sh
```

點開下載的檔案來安裝 Ollama：

下載

搜尋 下載

新增　排序　檢視　詳細資料

Darren - 個人

今天

桌面

下載

文件

圖片

音樂

44 個項目

OllamaSetup

❶ 雙擊可愛的羊駝圖示

Setup - Ollama version 0.6.5

Ollama

Let's get you up and running with your own large language models.

Click Install to continue with the installation.

❷ 點擊 Install 開始安裝

Install　Cancel

Setup - Ollama version 0.6.5

Installing

Please wait while Setup installs Ollama on your computer.

Extracting files...

C:\Users\User\AppData\Local\Programs\Ollama\lib\ollama\cuda_v11\ggml-cuda.dll

❸ 靜靜等待安裝結束即可，視窗會自動關閉

Cancel

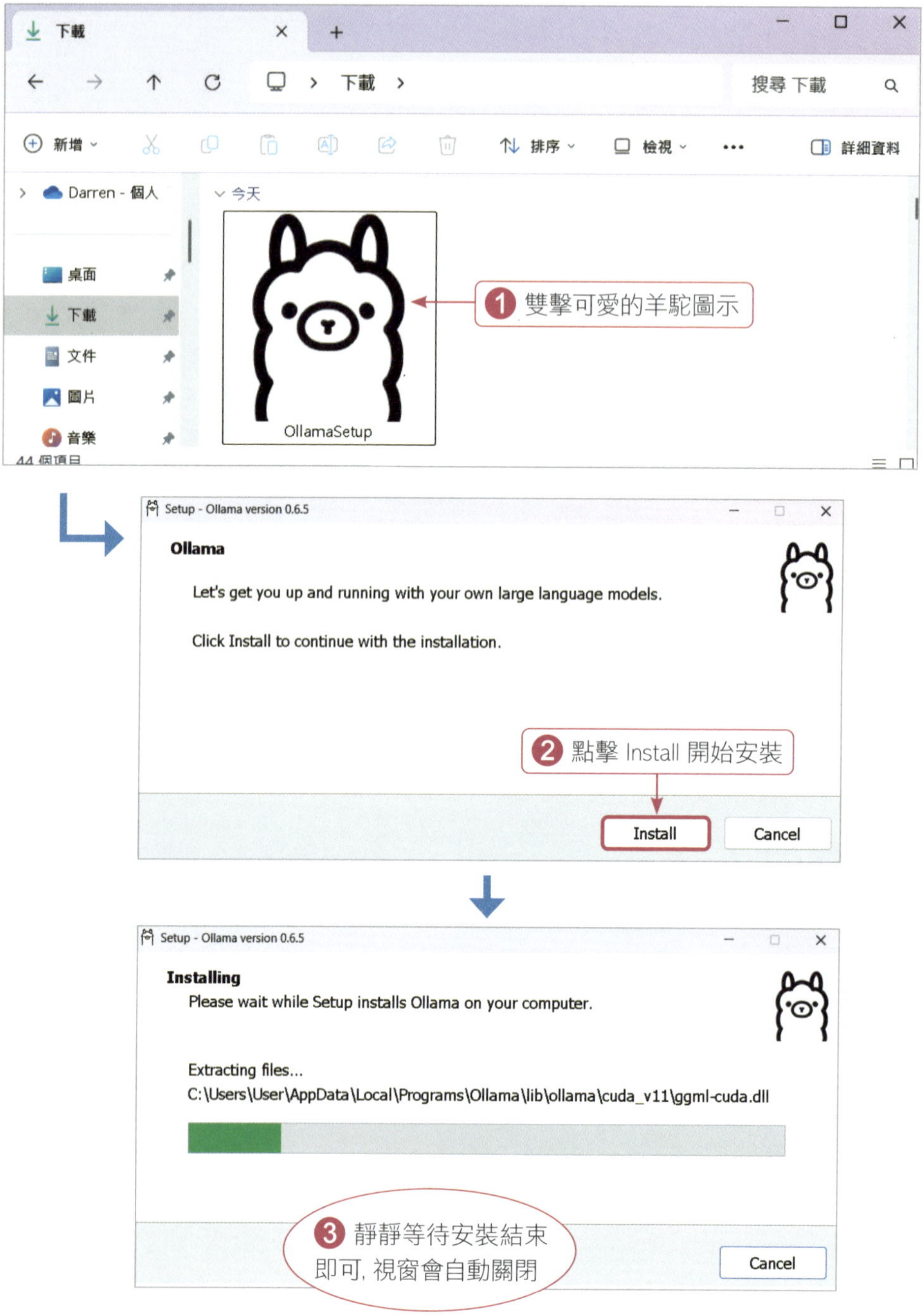

關閉 Ollama

安裝過程就是這麼簡單樸實。完成後，系統會自動在背景運行 Ollama，在不載入模型的狀態下，不太會佔用到 CPU 和記憶體資源。但如果你想關閉背景運行的話，可以對其點擊**右鍵**，選擇 **Quit Ollama**。

▲ Ollama 圖示會顯示在 Windows 桌面的右下角

▲ macOS 則可以在桌面的右上角看到 Ollama 圖示

更新 Ollama

在 Windows 和 masOS 系統上，會自動更新 Ollama。若需要更新，可以右鍵點擊圖標中的 **Restart to Update** 來重新啟動 (沒有顯示的話代表已經是最新版本了)。

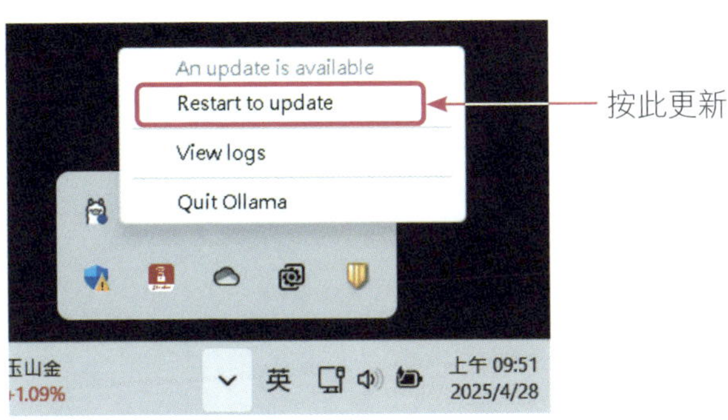

▲ 若有更新通知，在圖示中會出現提醒

1.4 Ollama 的對話介面

想必大家已經迫不及待想跟語言模型聊上幾句了吧。但先等等, 我們還沒下載模型呢！在本節中, 我們會以 qwen3:4b 的小型模型作為範例進行下載。

> qwen3:4b 中的 4b 為模型的參數量, b 代表 billion (十億)。參數越多的模型越聰明, 但容量也更大。

下載第一個模型並開始交談

安裝好 Ollama 後, 會自動跳出對話視窗 (也可以透過右下角圖示的 Open Ollama 開啟), 預設的模型選單中只有 gpt-oss、deepseek-r1、gemma3、qwen3 等模型可以選擇。選擇模型並開始對話後, 就會開始下載尚未安裝的模型。

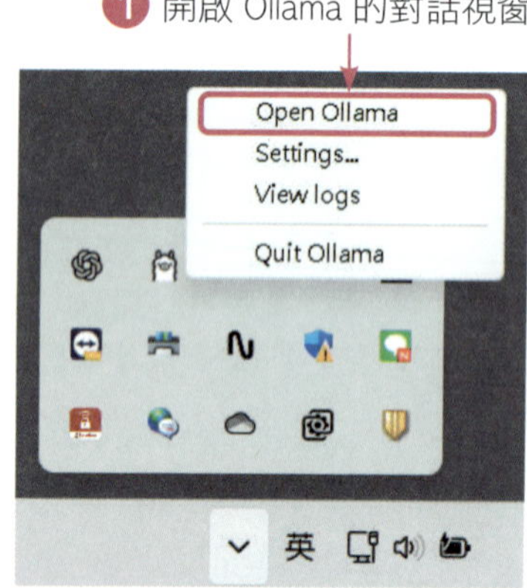

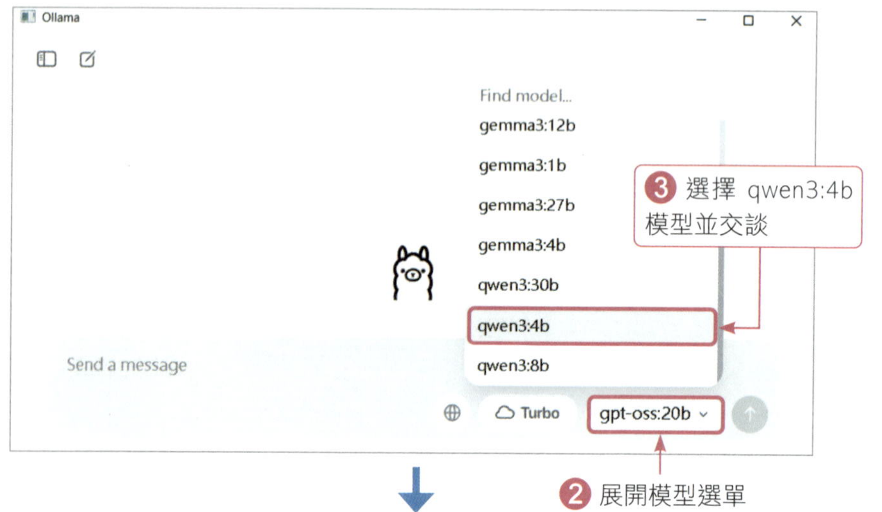

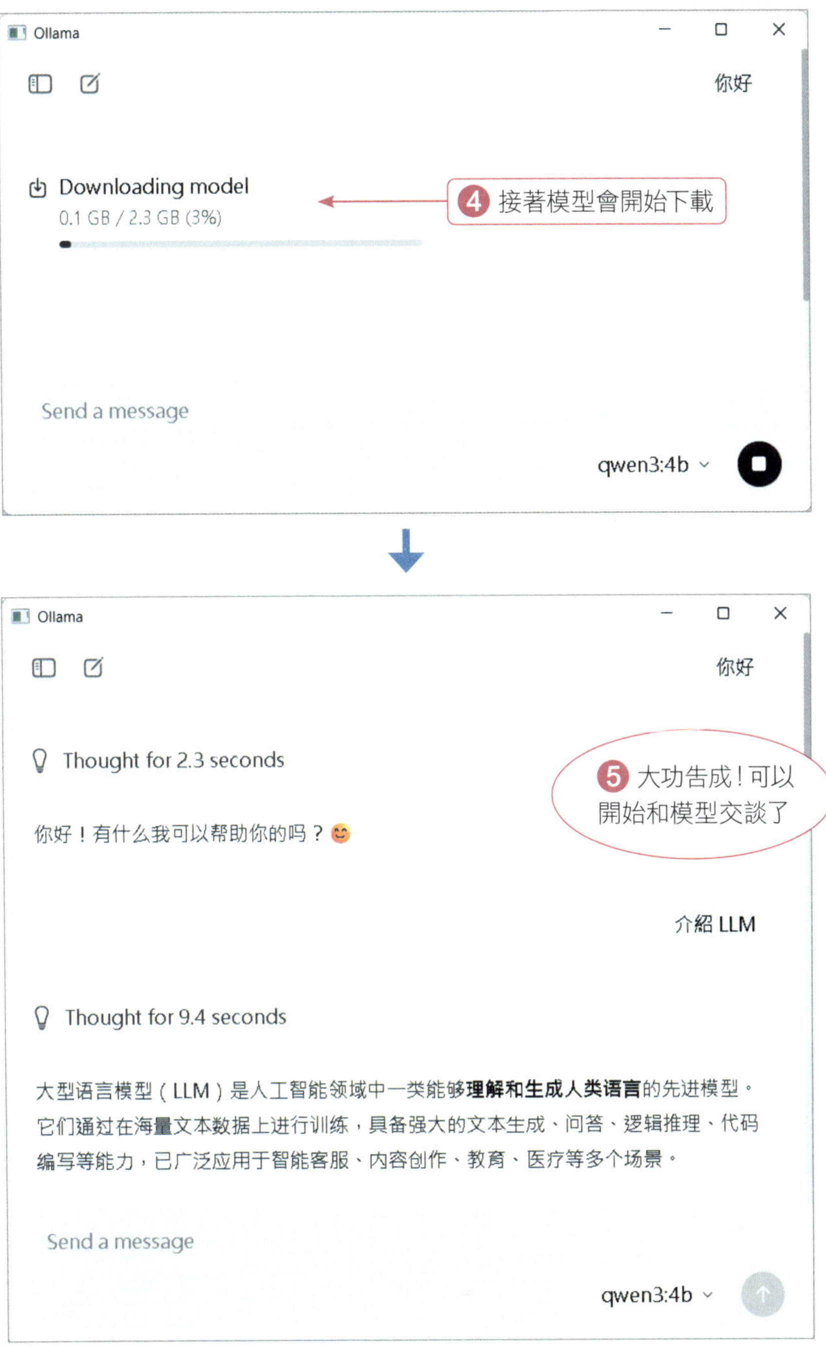
Ollama
你好
Downloading model
0.1 GB / 2.3 GB (3%)
4 接著模型會開始下載
Send a message
qwen3:4b
Ollama
你好
Thought for 2.3 seconds
你好！有什么我可以帮助你的吗？
5 大功告成！可以開始和模型交談了
介紹 LLM
Thought for 9.4 seconds
大型语言模型（LLM）是人工智能领域中一类能够理解和生成人类语言的先进模型。它们通过在海量文本数据上进行训练，具备强大的文本生成、问答、逻辑推理、代码编写等能力，已广泛应用于智能客服、内容创作、教育、医疗等多个场景。
Send a message
qwen3:4b

由於 Ollama 會在你的電腦設備上運行模型，並佔用你的 GPU/CPU 效能，如果發現跑起來非常慢的話，可能是運行的模型太大了，此時就需要檢視你的設備並下載更小的模型 (可參考第 4 章)。另外，將對話視窗關閉後一段時間，Ollama 就會自動關閉模型，釋出所佔的記憶體空間。

Ollama 內建的對話介面非常簡潔，使用時的邏輯和 ChatGPT 網頁版差不多。我們可以開啟側邊欄來開啟新的對話、管理對話紀錄、或是進行設定上的調整。

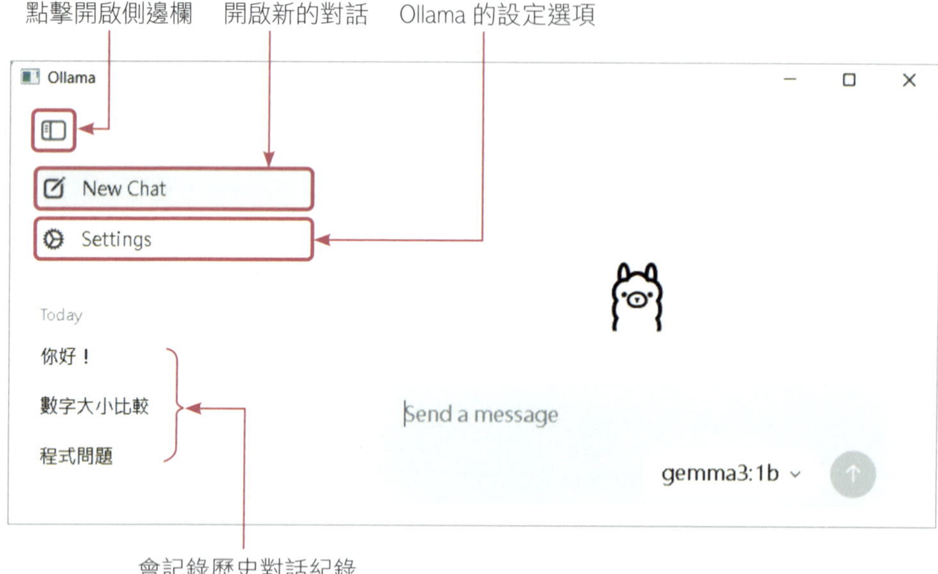

1.5 模型儲存位置管理

C 槽容量緊張？擔心模型空間不夠放嗎？這一節中，我們會介紹如何修改模型的儲存位置。讓我們循序漸進，先來了解 Ollama 模型的預設儲存位置以及檔案類型吧！

Ollama 模型的儲存位置

透過 Ollama 下載大型語言模型時，會將模型檔案存放在預設的模型資料夾中，這個資料夾會位於使用者主目錄下的 **.ollama\models** 路徑中。下面我們列出 Windows 和 macOS 的預設儲存路徑，讀者可以透過以下路徑找到模型的存放位置：

Windows

```
C:\Users\<使用者名稱>\.ollama\models
```

macOS

```
~/.ollama/models
```

開啟模型資料夾後，會看到底下有 blobs 和 manifests 資料夾：

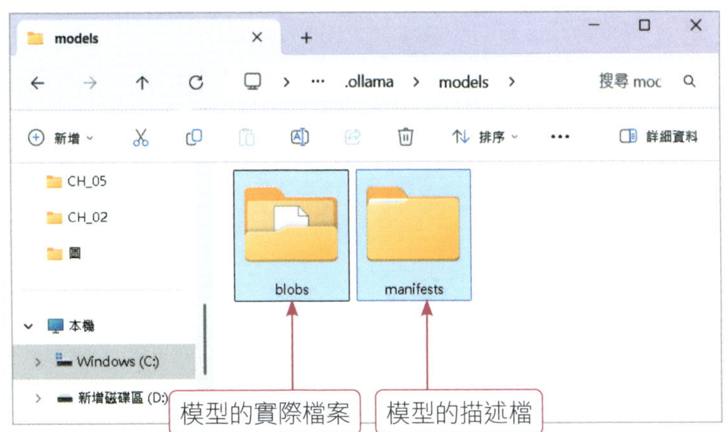

名稱	修改日期
sha256-7cd4618c1faf8b7233c6c906dac1694b6a47684b37b8895d470ac688520b...	2025/8/14 上午 11:20
sha256-3116c52250752e00dd06b16382e952bd33c34fd79fc4fe3a5d2c77cf7de1b...	2025/8/14 上午 11:20
sha256-120007c81bf8b4eb54e896a4a3e5ff9949f124b0ea42295277c8523f7fa9c7f6	2025/8/14 上午 11:20
sha256-dd084c7d92a3c1c14cc09ae77153b903fd2024b64a100a0cc8ec9316063d...	2025/8/14 上午 11:20
sha256-e0a42594d802e5d31cdc786deb4823edb8adff66094d49de8fffe976d753e...	2025/8/14 上午 11:20

▲ blobs 資料夾中裝有多個 sha256 開頭的檔案

blobs 資料夾是 Ollama 用來儲存**模型實際資料**的地方。點開資料夾後, 會發現裡面皆為 sha256 開頭的檔案, 其實這並不是一個完整的模型檔案。Ollama 會將模型分割成多個 sha256 檔案來保存, 分別為模型的**參數檔案**、**模板設定**、**授權條款**…等。這樣做可以方便後續組裝模型並節省空間, 之後使用 Modelfile 來建構新模型時, 可以與舊模型共用權重檔案。

而 **manifests 資料夾**儲存的是**模型的描述檔**, 通常為一份 JSON 檔案, 包含了模型配置的詳細資訊, 能夠讓 Ollama 了解該如何正確地抓取 blobs 中的檔案。

更改模型儲存位置

當硬碟空間不足或希望統一管理模型檔案時, 我們可以**修改 Ollama 的模型儲存位置**。過往需要透過修改環境變數的方式來設定, 近期更新之後, 現在只要進入「Settings」就可以直接更改模型的儲存位置。

建立新資料夾：

我們可以建立一個專門用於存放模型的資料夾, 筆者在 D 槽中建立資料夾 D:\OllamaModels 作為新的儲存位置。

▲ 自行建立一個新資料夾作為模型的儲存位置, 這邊以 **D:\OllamaModels** 為例

進入 Ollama 的設定頁面：

我們可以透過右下角的圖示或是介面中的側邊欄來進入 Ollama 的設定頁面。

Open Ollama
Settings...
View logs
Quit Ollama

❶ 進入設定

ⓐ 可以登入你的帳號
ⓑ 升級 Ollama Turbo，可使用雲端運算
ⓒ 開放其他設備存取
ⓓ 模型上下文長度設置
ⓔ 完全離線模式

Ollama

Settings

ⓐ Darrrrr
@gmail.com

ⓑ Upgrade　Manage　Sign out

ⓒ Expose Ollama to the network
Allow other devices or services to access Ollama.

Model location
Location where models are stored.
D:\OllamaModels　Browse

❷ 按此修改成新的儲存位置，我們設定為 **D:\OllamaModels**

ⓓ Context length
Context length determines how much of your conversation local LLMs can remember and use to generate responses.
4k　8k　16k　32k　64k　128k

ⓔ Airplane mode
Airplane mode keeps data local, disabling Turbo mode and web search.

Reset to defaults

搬移既有模型：

因為我們已經設定了新的儲存路徑，所以需要將原先所下載的模型檔案轉移，以確保 Ollama 在新路徑下能找到之前下載的模型檔案 (否則會重新下載喔！)。

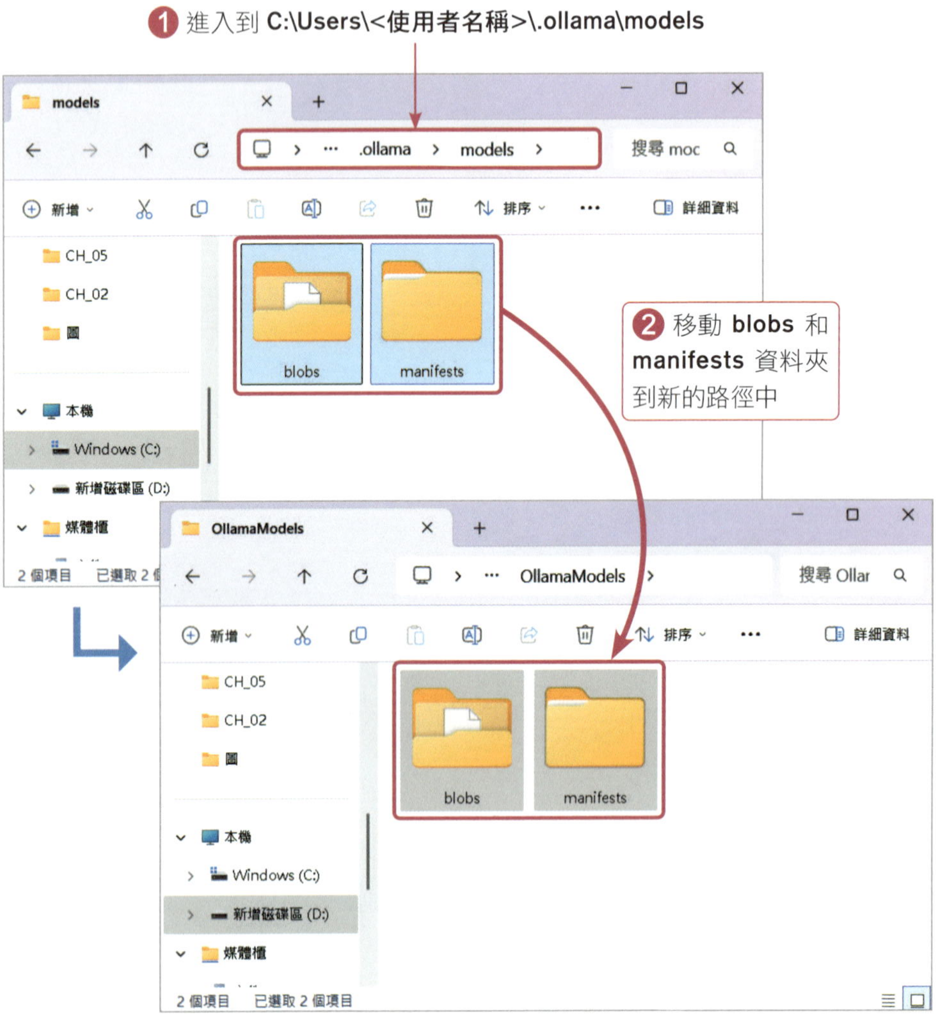

❶ 進入到 **C:\Users\<使用者名稱>\.ollama\models**

❷ 移動 **blobs** 和 **manifests** 資料夾到新的路徑中

設定完成後，建議重新啟動 Ollama 來確保讀取到新的路徑。

1.6 ChatGPT 不好嗎？為什麼要在本地端跑 AI 模型

相信大家對於 ChatGPT 並不陌生, ChatGPT 是 OpenAI 提供的大型語言模型 (Large Language Model, 簡稱 LLM), 我們可以很方便地透過網路、使用自然語言, 快速得到一些成果, 生成文字或圖片、資料整理與分析都不是問題！這些過去需要耗時耗力的工作, 如今只要透過 AI 輔助, 就可以輕鬆完成。當然, 除了 ChatGPT 之外, 也還有其他 AI 廠商推出的服務可供選擇, 像是 Claude、Google Gemini、Perplexity 等等。

自己部署 AI 模型的好處

這些基於大型語言模型所推出的應用工具, 不只是改變了很多人的工作方式, 更造成了生活型態的有大幅變化。然而, 這些線上的 AI 工具已經非常好用, 那為什麼還需要在本地端運行大型語言模型呢？

資料隱私與安全性佳

保障資料隱私與安全性, 一直是在本地端自行部署大型語言模型時, 最常被拿來強調的核心優勢！當我們在自己的硬體環境中執行語言模型時, 不論是輸入的提示詞、對話紀錄、上傳的檔案或資料, 所有資訊皆在「本地端設備」處理, 完全不會被傳輸至第三方的雲端伺服器, 能從根本上降低資料外洩的風險。

換句話說, 使用者的資料不會被上傳至外部, 更不會被 AI 廠商或模型提供者擷取用於後續的模型訓練或是商業分析, 能夠高度確保資料的機密性與我們的使用隱私。非常適合需要嚴格資料控管的特定產業, 例如國防機構、司法體系、醫療單位或金融業…等。

此外，透過自行部署語言模型的方式，企業使用者還可以搭配內部的資訊安全政策，例如多重身份驗證、資料加密技術、存取權限控管、防火牆等措施，進一步建立多層次的防護網。這樣的安全設計不僅能避免機密資訊在傳輸或儲存過程中遭竊取，更能符合產業法規與合規要求，進一步提升整體資料管理與風險控管的水準。因此，對於重視資料主權與安全性的企業或組織而言，本地部署 LLM 不僅是技術上的選擇，更是策略性資安的重要一環。

不受網速影響

在本地端執行語言模型時，所有的運算、推論皆直接在我們的本地硬體上進行，不需要將資料封包傳送至遠端雲端伺服器等待處理與回應。這種架構最大的優勢之一就是能夠降低「傳輸延遲」，因為其不再依賴網路速度與外部伺服器的運算資源，能顯著縮短輸入與輸出之間的等待時間，提供幾乎即時的互動體驗。

這對於需要高即時性的應用情境非常關鍵，例如企業客服機器人、醫療照護分析、AI 工業自動化、程式輔助開發工具，甚至是即時決策輔助平台等。也由於本地部署的模型不需要依賴網路連線即可執行，特別適合需要離線處理的場景，如在飛機、軍事、封閉內網環境或邊緣設備上使用。本地部署能夠確保使用者在斷網或網速不穩時，模型依然能夠穩定運作，因此對於注重穩定性與資料隱私的開發者與企業來說，本地部署是非常具有優勢的方案。

但特別要注意的是，本地端模型的回應效能，最主要會受到你的硬體規格影響 (關於硬體設備的需求和速度我們會在第 4 章中介紹)。如果想要增加運算效能的話，我們可以根據實際應用需求對模型進行更細緻的優化，例如透過 Q4、Q8 量化技術來降低記憶體需求、使用多個 GPU 並行加速運算、透過本地快取加速重複請求等。換句話說，使用者能夠對本地端模型或設備進行客製化調整，來進一步提升整體效能與回應速度。

降低支付成本

許多雲端或線上 AI 服務採用訂閱制或按使用量計費的商業模式, 例如使用者需要每月支付一筆費用才能存取更強大的語言模型、提高每日使用上限, 或享有優先排程與更快速的回應速度 (如 ChatGPT 的 GPT-5)。此外, 大多數提供 API 的 AI 平台 (如 OpenAI、Anthropic、Google 等), 也會根據 token 使用量來收費, 對於長時間、大量使用的開發人員或企業而言, 累積下來的成本也是一筆不小的花費。

相較之下, 如果選擇在本地端部署語言模型的方式, 就能夠有效省下這類「持續性開銷」。使用者只需一次性投資所需的硬體設備 (如高階 CPU/GPU、儲存空間與記憶體), 即可在不依賴雲端服務的情況下, 自主執行任何需要語言模型的任務。在執行過程中不會產生額外的 API 呼叫費用, 也不用再被綁定在平台的計費架構內, 能自行掌控運算資源的使用與分配。

初期投入本地運算環境確實會產生一定資本支出。就企業部署高效能的大型語言模型而言, 可能需要考慮伺服器設備、電力與冷卻成本, 甚至是技術與維護的人力開銷, 但從中長期的觀點來看, 這些支出是較為可控的。尤其對於使用頻率高、運算密集型的應用來說 (如客服機器人、程式碼生成工具、內部知識庫查詢平台等), 本地部署可大幅降低**總擁有成本 (TCO, Total Cost of Ownership)**。

此外, 開源 LLM 的生態系也在快速成長, 越來越多高效能且支援本地執行的模型持續釋出, 例如 LLaMA、Mistral、Gemma、Phi、gpt-oss 等, 各大廠商都在相繼競爭, 讓使用者能免費取得這些高品質的語言模型, 進一步降低 AI 應用的門檻。

總結而言, 本地端部署語言模型雖需前期部署準備與硬體投資, 但在使用彈性、費用可預測性與長期成本控制等方面具有明顯優勢。對於期望擁有 AI 自主權與穩定成本的企業而言, 是一個值得考慮的好選擇。

避免供應商鎖定 (Vendor Lock-in)

你是否曾遇過 ChatGPT 網頁版突然全面當機、顯示錯誤訊息、或是長時間無法載入？隨著越來越多使用者在工作與日常生活中仰賴雲端 AI 工具進行撰寫、摘要、查詢、程式輔助等任務，一旦這些雲端服務發生異常 (如模型更新後效能不穩定、平台限制使用頻率、用量超額導致降速，甚至服務臨時中斷)，往往讓使用者陷入無法操作的窘境，只能無奈等待修復，或是被迫升級訂閱、配合 AI 廠商的條件才能繼續使用。

這種對特定平台的過度依賴現象，在資訊技術領域被稱為**供應商鎖定 (Vendor Lock-in)**，指的是使用者被某家雲端服務綁定，失去選擇權與靈活性。隨著服務供應商的政策調整 (例如調漲費率、限制功能、刪除舊版模型等)，使用者往往只能被動接受。

相較之下，在本地端自行部署模型的使用者則不受此限制。開源模型如 LLaMA、Gemma 等，可供使用者依據不同任務需求選擇適合的版本，不必依賴單一雲端平台或受限於服務供應商的更新排程。模型部署後的執行環境完全由使用者掌控，不會出現模型自動更換或性能忽高忽低的問題，整體的運作穩定性更高。

客製化開發

由於本地部署的大型語言模型具備高度的資料隱私性與安全性 (如前述所述，不需將任何資料傳輸至第三方伺服器)，使用者能夠更放心地整合內部資料進行客製化應用開發。這樣的方式特別適合企業或組織在不暴露敏感資訊的前提下，建立具備專業知識與上下文理解能力的 AI 系統。

- **提升回應精準度：**

  本地部署具有高度的客製化效果，我們可以輕鬆地調整模型行為與輸出品質。例如，透過調整溫度 (temperature)、top-k、top-p 等超參數來控制回答的多樣性或保守程度，能夠影響文本摘要、客服機器人、翻譯等不同任務的回覆效果。進一步而言，我們亦可導入**檢索式增**

強生成 (Retrieval-Augmented Generation, RAG) 架構。RAG 允許模型在生成回應前,先從資料庫中檢索出相關資訊,並作為模型回覆時的參考資料。這樣不僅能彌補語言模型訓練資料的時效性與知識侷限,也可以確保回應內容與所提供的資料保持一致性,避免 **AI 幻覺 AI hallucination)** 現象,也就是模型產生與事實不符的內容。RAG 特別適用於內部知識庫查詢 (如企業文件、產品手冊、法規條文、學術論文)、動態更新內容 (如客服知識、即時財經資料),以及敏感資訊場域 (如醫療紀錄、專利資料、軍事指令等機密資料)。透過本機化的 RAG 架構,我們可以將資料完全留存在本地環境,並即時擴展模型的知識能力,無需等待雲端廠商訓練新版模型,也不需擔憂模型失去準確性。

另一種方式則是透過**微調 (Fine-Tuning)**,也就是使用特定資料集對基礎模型進行再訓練,讓模型在該主題上具備更精準的語言理解與回答能力。這種方式對於處理專業術語多、知識邊界明確的領域應用來說,可以讓生成的品質更好。

方便、穩定的開發流程:

本地部署的開發流程在近年來大幅簡化,這得益於各種外部工具與框架如雨後春筍般冒出。以本書的主角 Ollama 為例,這是一套專為本地語言模型部署所設計的輕量級平台,它能讓我們在本地電腦上快速下載並執行各種知名的開源模型。除此之外,Ollama 會自動建立一個 REST API 服務,我們能對其發送請求、呼叫本地模型進行推論,也能搭配 Python、JavaScript 等程式語言開發自己的 AI 工作流。我們可以快速嘗試不同版本的模型、調整超參數設定,或搭配其他工具整合成更大的應用程式。更進一步,如果你希望有圖形化互動介面方便使用測試,除了 Ollama 所提供的自有介面外,也可以隨意切換成其他開發人員所提供的前端工具 (如 Open WebUI)。這些工具提供類似 ChatGPT 的聊天式 UI,支援模型切換、上下文管理、多語言介面與呼叫 API,大幅提升使用便利性與測試效率。能夠讓開發人員或一般使用者都能輕鬆與模型互動、驗證功能。

除此之外，本地部署也非常適合用於快速開發原型與概念驗證。開發人員可以根據企業需求不斷測試各種模型超參數、實作 RAG 架構、甚至結合私有資料進行微調。我們也能掌握模型完整的控制權，包括模型版本、是否要調整模型架構、如何保存或回復舊版模型等。這在企業應用中特別重要，可以避免因 AI 廠商更新而導致模型行為改變、系統不穩定或產生 Bug。

綜上所述，本地端部署大型語言模型除了能夠幫助我們保護隱私、讓敏感資料不外洩之外，還能夠在沒有網路連線時使用，再也不怕再被 AI 廠商綁手綁腳。此外，本地部署的方式也開啟了無限的客製化可能，我們可以結合不同工具和框架，像是整合易於操作的圖形化介面或是自行撰寫程式來建構出特定任務的應用。同時也能夠隨心所欲地對模型進行各種調整，包括超參數、RAG 架構設計到模型微調，並根據特定需求打造出自己專屬的 AI 工作流！

本地部署 vs 使用線上 AI 服務

在前一個小節中，我們已經簡單介紹自行部署大型語言模型的主要優勢。接下來，將更進一步探討本地部署與使用線上 AI 服務之間的差異，並針對多個面向進行比較，讓你可以根據實際需求做出最適合的選擇。

首先，在資料隱私與控制權方面，本地部署具有顯著優勢。因為所有的輸入資料、對話紀錄與文件內容都會在本地設備中處理與儲存，不會被傳送至任何第三方伺服器，我們可以完全掌控資訊流向，避免潛在的資料外洩風險。這對於處理敏感資料 (如醫療紀錄、法律文件、內部商業機密) 尤為重要。反觀線上 AI 服務，雖然通常會標榜加密傳輸與資料保護政策，但仍需經過外部伺服器，使用者實際能掌握的資料控制權有限，且潛藏供應商資料使用條款與存取風險。

在模型規模方面，本地語言模型的大小和效能非常仰賴自身的硬體設備 (CPU、GPU、記憶體與儲存空間)。對於非企業級的一般用戶來說，能跑得動 700 億左右參數量的模型就算非常不錯的了，但線上 AI 服務則可以輕鬆處理「萬億」參數級別的模型，所使用的算力不是我們這種尋常老百姓可比擬的。因此在語言模型的效能方面，線上 AI 服務的回覆流暢度、擬真感，以及在不考慮提供額外資訊時的推論準確性，會明顯高於本地端模型。但本地部署因為無需透過網路傳輸，不會因為線上服務不穩定而發生問題，特別適合對於即時性要求高的應用 (如離線助手、語音輸入處理等)。

這兩者的成本結構亦大不相同，本地部署通常可免費使用開源模型與工具，雖然初期需投入硬體建置，但中長期成本可控，特別適合高頻使用者或固定任務用途 (例如大量書籍翻譯、大數據的股市分析)。相對地，線上 AI 通常採按量計費 (token 為單位) 或訂閱制，對於短期或不規律需求來說較為靈活，但長期使用容易累積高額費用。另外在系統設定與難度方面，線上 AI 通常會提供即時可用的 Web 平台，使用者基本上不需要處理到與程式相關的任何內容，但能夠客製化的程度也比較少；而本地部署現今已有許多如 Ollama、Open WebUI 等工具能夠簡化流程，使用起來也非常簡單，但如果需更整合成更複雜的應用程式，仍需具備一定技術背景 (這也是本書出版的目的，希望能讓讀者了解 Ollama API 的使用方式、RAG 架構搭建以及如何微調模型)。

總結來說，本地部署的優勢在於隱私性高、成本較低 (免費使用模型和工具)、客製化程度高和更好的資料控制，並且可以離線使用，但處理速度可能受硬體效能影響，通常適用於小型或中型模型。線上 AI 服務的優勢在於支援更大模型、更強的算力效能，但可能涉及隱私考量、成本支出以及需要連線使用。本地部署與雲端使用各有優缺，前者強調隱私、安全與控制力，後者則以規模化、高效能與即用性為賣點。我們可以根據自身的需求、應用場景、資料敏感性與預算考量來選擇最適合的方式，甚至你也可考慮混合使用本地部署和線上 AI，分配不同種類的任務到兩者上。

MEMO

CHAPTER

2

Ollama 的命令列操作

在本章中，我們會詳細介紹 Ollama 命令列的操作方式，從最基礎的模型下載與運行開始，了解如何透過 CLI 與模型互動、儲存並延續對話、刪除或管理模型，或是設定專屬的系統提示，接著一步步到更進階的 Modelfile 客製化模型並推送到官方。相信閱讀完本章後，你就能更理解各種命令以及參數的實際用途，讓本地端模型成為你的個人化助理！

2.1 Hello LLM！與模型互動的基本操作

雖然 Ollama 有提供基本的對話介面，但主要的操作方式還是要依賴 **CLI** (Command Line Interface)，能夠幫助我們更好地管理模型清單。而在這小一節中，我們會示範如何透過命令列來運行模型，以及使用時的各種細節。

查詢模型資訊

透過命令列的方式，我們只要在終端機中輸入 `ollama run <模型名稱>` 就能快速下載對應的模型。但我們要怎麼知道模型的名稱、大小、參數量和其他詳細資訊呢？筆者建議可以回到 Ollama 的官方網站中，點擊上方的 **Models** 選項來查看各種模型的詳細資訊，進而挑選適合你的模型。

進入 Ollama 網站的 Models 模型列表：

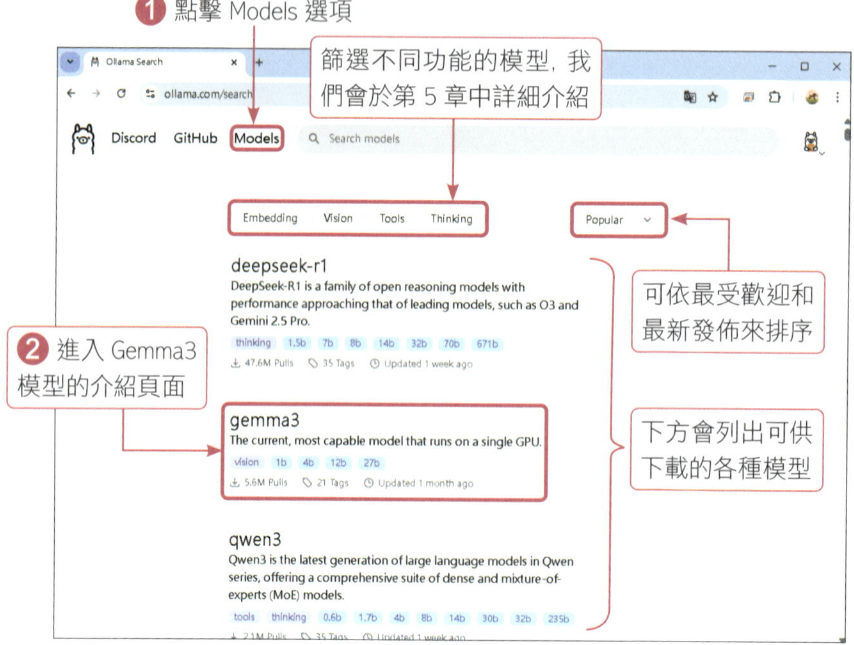

複製模型的下載指令：

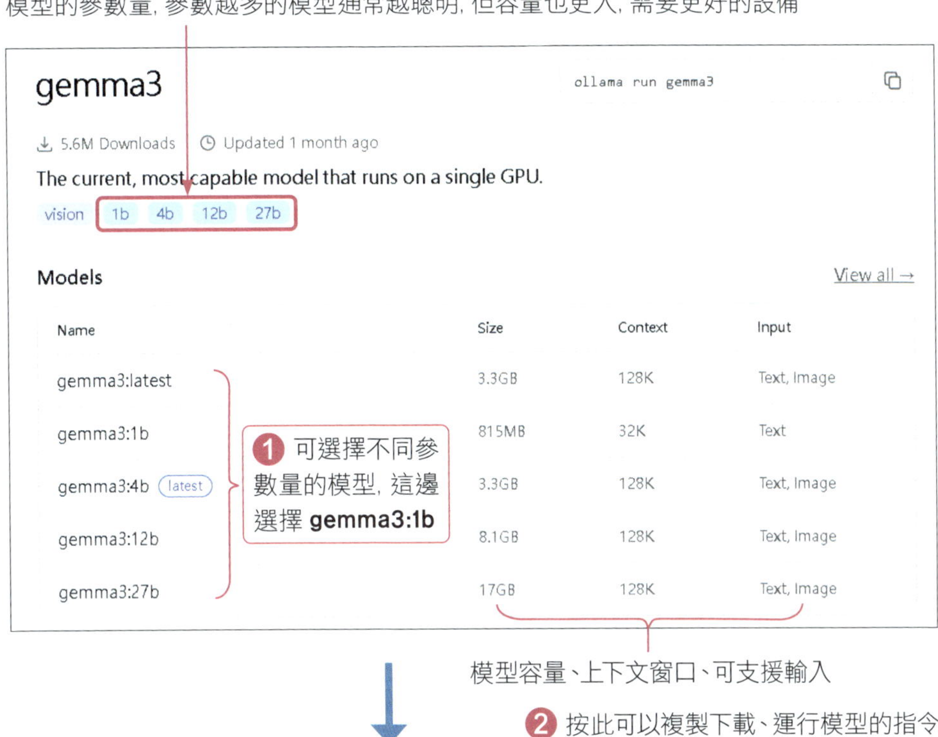
模型的參數量，參數越多的模型通常越聰明，但容量也更大，需要更好的設備
gemma3
ollama run gemma3
5.6M Downloads
Updated 1 month ago
The current, most capable model that runs on a single GPU.
vision
1b
4b
12b
27b
Models
View all →
Name
Size
Context
Input
gemma3:latest
3.3GB
128K
Text, Image
gemma3:1b
815MB
32K
Text
gemma3:4b
latest
3.3GB
128K
Text, Image
gemma3:12b
8.1GB
128K
Text, Image
gemma3:27b
17GB
128K
Text, Image
1 可選擇不同參數量的模型，這邊選擇 gemma3:1b
模型容量、上下文窗口、可支援輸入

2 按此可以複製下載、運行模型的指令
gemma3:1b
ollama run gemma3:1b
5.6M Downloads
Updated 1 month ago
The current, most capable model that runs on a single GPU.
vision
1b
4b
12b
27b
模型架構等詳細資訊
Updated 2 months ago
8648f39daa8f · 815MB
model
arch gemma3 · parameters 1000M · quantization Q4_K_M
815MB
license
Gemma Terms of Use Last modified: February 21, 2024 By using, repr...
8.4kB
template
{{- range $i, $_ := .Messages }} {{- $last := eq (len (slice $.Mes...
358B
params
{ "stop": ["<end_of_turn>"], "temperature": 1, "top_k": 64, "top...
77B

在模型的頁面中，下滑可以看到關於此模型的更多介紹。

This model requires Ollama 0.6 or later. Download Ollama

Gemma is a lightweight, family of models from Google built on Gemini technology. The Gemma 3 models are multimodal—processing text and images—and feature a 128K context window with support for over 140 languages. Available in 1B, 4B, 12B, and 27B parameter sizes, they excel in tasks like question answering, summarization, and reasoning, while their compact design allows deployment on resource-limited devices.

Models

Text

1B parameter model (32k context window)

```
ollama run gemma3:1b
```

▲ 模型的介紹文檔，通常會提供使用方法、上下文窗口、評分或設置檔寫法…等詳細資訊

在下載模型時，最需要注意的就是**模型的檔案大小**，決定了你的電腦設備是否能夠運行此模型。其中的關鍵為你的**主記憶體 (RAM)** 和**顯卡內存 (VRAM)**，**請確保模型大小需低於 RAM 的大小**，並保留可供系統和其他程式運行的空間；若想使用 GPU 加速的話，建議模型大小也低於 VRAM 的容量 (**我們會於第 4 章詳細介紹模型與設備需求間的關係**)。在本節中，我們以 Gemma3 的 1b 模型作為範例，這個模型的檔案大小為 815MB，基本上用最普通的電腦設備也能運行。

開啟終端機輸入下載模型的指令：

Windows 用戶可以按下 ⊞ + R，輸入 **cmd** 來開啟終端機；macOS 用戶則可以透過 **Spotlight 搜尋**，輸入**終端機**來開啟。

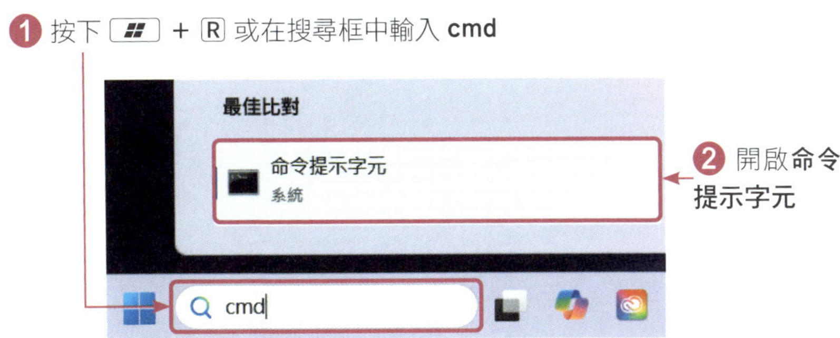

接著在終端中輸入以下命令。因為我們剛剛有事先複製了，可以直接使用 Ctrl + V (Windows) 或 Command + V (mac) 來貼上。

```
ollama run gemma3:1b
```

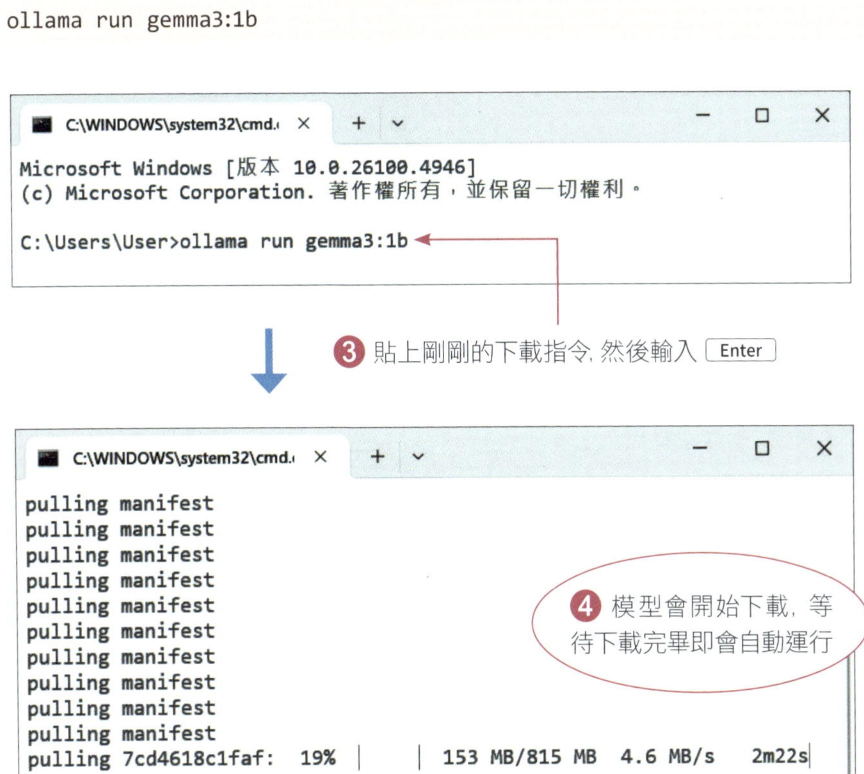

跟 LLM 打個招呼吧！

使用 `run` 命令下載後，模型會自動運行。接著在終端機中看到 `>>>` 符號即可開始交談，這就是與模型的交互介面。如果要重新開啟對話的話，我們可以同樣輸入 `ollama run <模型名稱>` 來運行，而已經下載過的模型可以直接啟用，不會再下載一遍。
>>> Send a message (/? for help)
❷ 送出聊天訊息　　❸ 模型的回答

>>> hello!
Hello to you too! 😄

What would you like to do? Do you want to:

*   **Chat?** (Tell me something about yourself or what's going on)
*   **Play a game?** (Like 20 questions or a word association)
*   **Get some information?** (Ask me a question)
*   **Just hang out?**

>>> Send a message (/? for help)

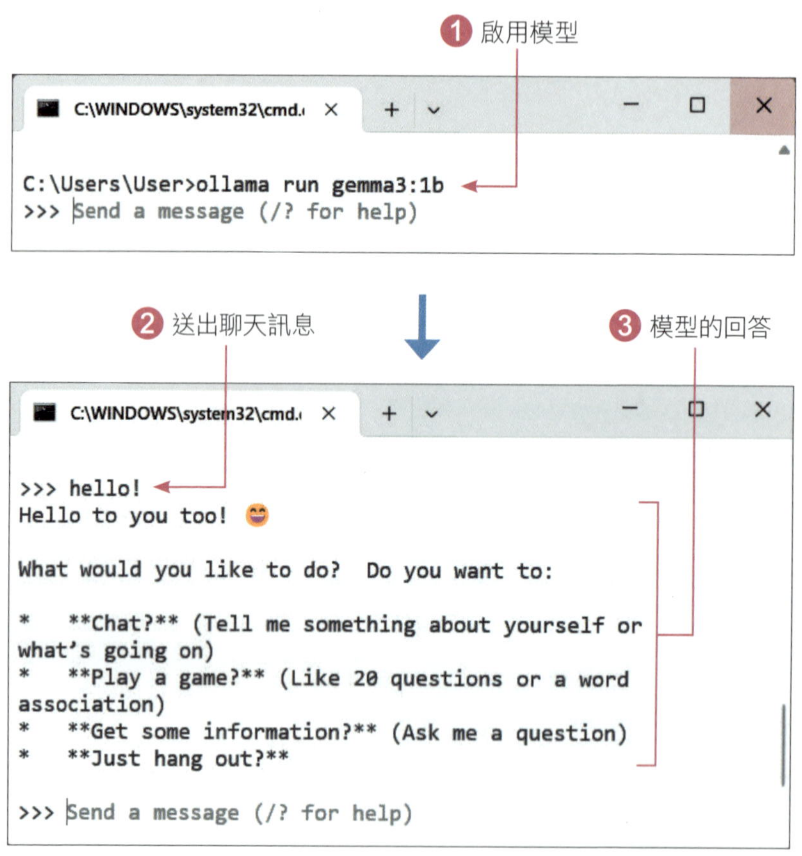

在同一次的對話中，Ollama 會自動送入先前的交談結果，讓對話具有連貫性。但需要注意的是，gemma3:1b 模型的上下文窗口只有 **32k tokens**，如果超過這個數值，模型就沒辦法記得先前的對話內容了。

token 為模型讀取文本時的最小單位，模型會將一段文本依據**單詞**、**標點符號**、**空格**或**其他符號**來進行分詞，例如「Hi! Hello to you too! 😊」可能會依據右側方式來分詞：

▲ 文本會被拆成 8 個 tokens，而不同模型的分詞效果會有所差別

C:\WINDOWS\system32\cmd.
C:\Users\User>ollama run gemma3:1b
>>> 台灣在哪裡？
台灣是一個位於東亞的島嶼，位於太平洋上。更準確地說，台灣是**台灣島**和**澎湖群島**共同的地區。
第一個問題
以下是一些更詳細的資訊：
*   **地理位置:** 位於亞洲東部，由台灣島、澎湖群島及台灣省組成。
*   **主要島嶼:** 台灣島是台灣最主要的島嶼，佔據台灣的絕大部分。
*   **範圍:** 台灣的地理範圍有多大，包括其海域、山脈、河流、海洋和海岸線。
你可以透過搜尋「台灣」來找到更多關於台灣的資訊，例如：
*   台灣地理
*   台灣旅遊
*   台灣文化
希望以上資訊對你有幫助！
第二個問題
>>> 面積有多大？
台灣的面積相當大，約 **36,195 公里平方** (約 13,970 平英平方)。
更詳細的數據如下：
*   **總面積:** 36,195 平方公里 (14,203 平英平方)
*   **島嶼面積:** 約 23,200 公里平方 (約 9400 平英平方)
*   **海岸線:** 超過 2,300 公里。

▲ 模型能夠知道第二個問題是在詢問**台灣的面積**

多行輸入

Ollama 支援多行輸入，若想同時送出較長的內容，我們可以在終端中先輸入 `"""`，然後按下 Enter 來換行，接著打上你的對話內容，最後在結尾的部分再用 `"""` 包覆起來。

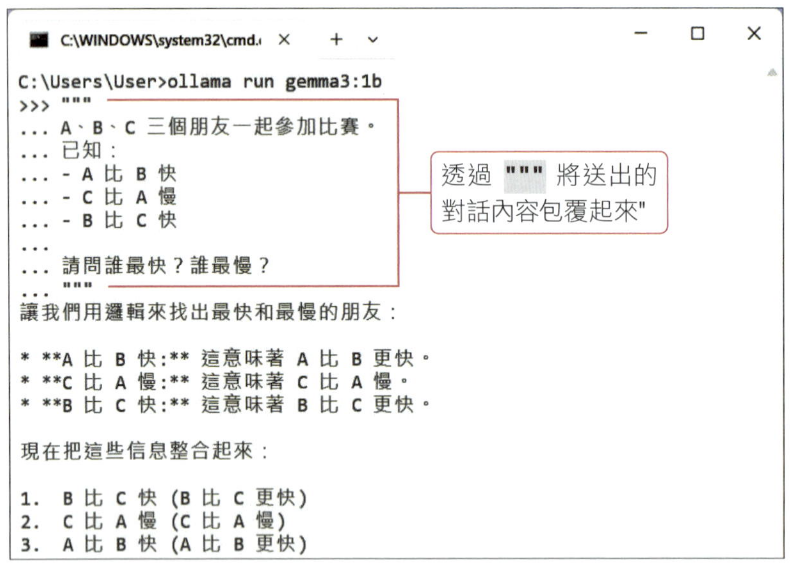

C:\WINDOWS\system32\cmd.
C:\Users\User>ollama run gemma3:1b
>>> """
... A、B、C 三個朋友一起參加比賽。
... 已知：
... - A 比 B 快
... - C 比 A 慢
... - B 比 C 快
...
... 請問誰最快？誰最慢？
... """
讓我們用邏輯來找出最快和最慢的朋友：
* **A 比 B 快:** 這意味著 A 比 B 更快。
* **C 比 A 慢:** 這意味著 C 比 A 慢。
* **B 比 C 快:** 這意味著 B 比 C 更快。
現在把這些信息整合起來：
1. B 比 C 快 (B 比 C 更快)
2. C 比 A 慢 (C 比 A 慢)
3. A 比 B 快 (A 比 B 更快)
透過 """ 將送出的對話內容包覆起來"

清除對話紀錄

因為 Ollama 每次重新載入模型都需要耗費一些時間，如果我們想要沿用同一個模型並開啟新的一輪對話的話，其實不需要重開終端機介面，可以直接在交談介面中輸入 `/clear` 來清空先前的對話紀錄。

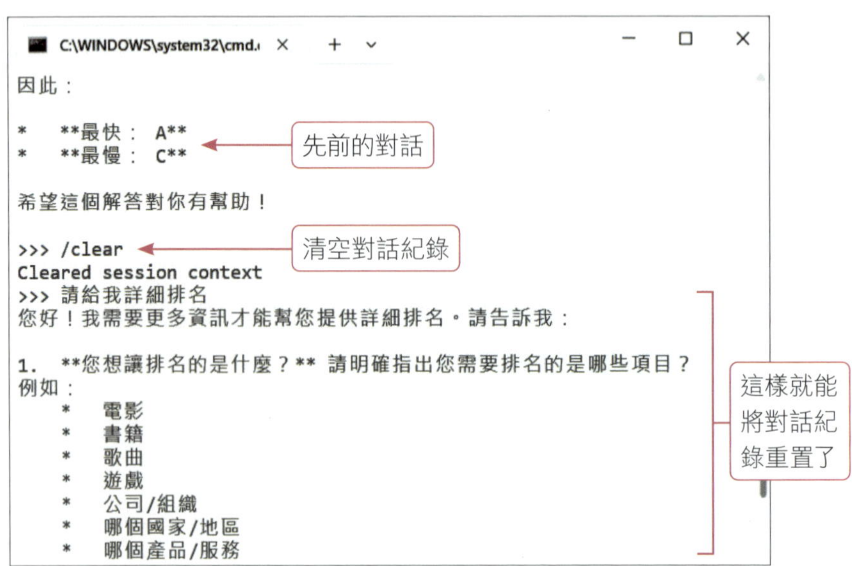

C:\WINDOWS\system32\cmd.
因此：
* **最快： A**
* **最慢： C**
希望這個解答對你有幫助！
>>> /clear
Cleared session context
>>> 請給我詳細排名
您好！我需要更多資訊才能幫您提供詳細排名。請告訴我：
1. **您想讓排名的是什麼？** 請明確指出您需要排名的是哪些項目？
例如：
* 電影
* 書籍
* 歌曲
* 遊戲
* 公司/組織
* 哪個國家/地區
* 哪個產品/服務
先前的對話
清空對話紀錄
這樣就能將對話紀錄重置了

如果想要單純清空終端機訊息的話可以使用 Ctrl + l，但與 `/clear` 不同，**此快捷鍵並不會消除模型記憶**。

中斷模型輸出

當記憶體不足時，可能會出現模型遲遲不回答或輸出很慢的狀況。這時候可以輸入快捷鍵 Ctrl + c 來強制中斷模型輸出。

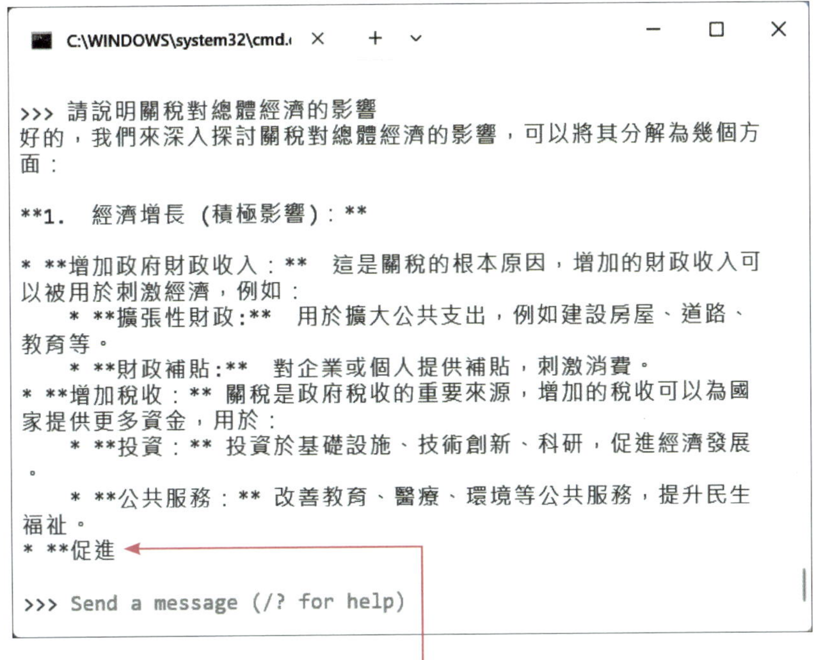

C:\WINDOWS\system32\cmd.
>>> 請說明關稅對總體經濟的影響
好的，我們來深入探討關稅對總體經濟的影響，可以將其分解為幾個方面：
1. 經濟增長 (積極影響)：
* **增加政府財政收入：** 這是關稅的根本原因，增加的財政收入可以被用於刺激經濟，例如：
* **擴張性財政:** 用於擴大公共支出，例如建設房屋、道路、教育等。
* **財政補貼:** 對企業或個人提供補貼，刺激消費。
* **增加稅收：** 關稅是政府稅收的重要來源，增加的稅收可以為國家提供更多資金，用於：
* **投資：** 投資於基礎設施、技術創新、科研，促進經濟發展。
* **公共服務：** 改善教育、醫療、環境等公共服務，提升民生福祉。
* **促進
>>> Send a message (/? for help)

按下快捷鍵 Ctrl + c 可以強制中斷模型輸出

儲存與延續先前對話

在 Ollama 中，我們可以使用 `/save` 和 `/load` 命令來讓模型記得先前的對話脈絡。適合我們在**設定系統角色**或**延續上下文情境**時使用。

儲存對話

如果要儲存對話紀錄，可以使用 /save <新模型名稱>，**模型名稱可以自行定義**，而這個方法會在 Ollama 的本地模型列表中創建一個**新模型**。在這個範例中，我們將模型設定為一個翻譯助手，未來使用時可以快速呼叫該模型來達到翻譯需求。

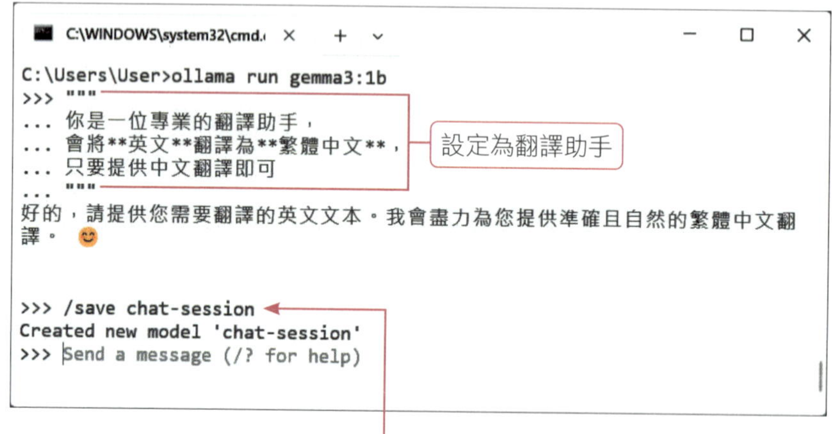

C:\WINDOWS\system32\cmd.
C:\Users\User>ollama run gemma3:1b
>>> """
... 你是一位專業的翻譯助手，
... 會將**英文**翻譯為**繁體中文**，
... 只要提供中文翻譯即可
... """
好的，請提供您需要翻譯的英文文本。我會盡力為您提供準確且自然的繁體中文翻譯。
>>> /save chat-session
Created new model 'chat-session'
>>> Send a message (/? for help)
設定為翻譯助手

使用 /save <新模型名稱> 來保存先前的對話

透過 /save 命令來儲存對話時，會建立一個新的模型版本。而這實際上是將歷史對話紀錄和原先的模型進行組裝而成，所以不用擔心模型空間會重複佔用喔！

延續對話

有兩種方法可以延續先前的對話，一種是在模型的對話介面中使用 /load <新模型名稱> 來呼叫之前設定的模型；而另一種則是在終端機中使用 ollama run <新模型名稱> 命令。

在對話介面輸入 `/load <新模型名稱>` 命令讀取

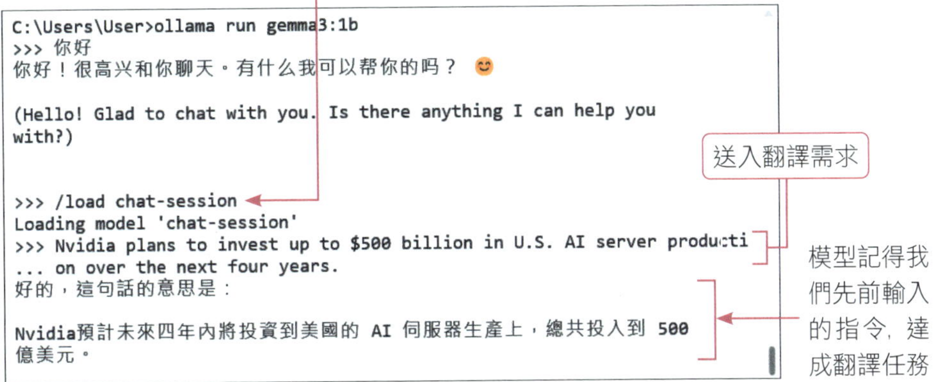

C:\Users\User>ollama run gemma3:1b
>>> 你好
你好！很高兴和你聊天。有什么我可以帮你的吗？
(Hello! Glad to chat with you. Is there anything I can help you with?)
>>> /load chat-session
Loading model 'chat-session'
>>> Nvidia plans to invest up to $500 billion in U.S. AI server producti
... on over the next four years.
好的，這句話的意思是：
Nvidia預計未來四年內將投資到美國的 AI 伺服器生產上，總共投入到 500 億美元。
送入翻譯需求
模型記得我們先前輸入的指令，達成翻譯任務

要注意的是，在呼叫模型時會以先前設定的模型為基準，例如我們使用 gemma3:1b 模型來創建這個翻譯機器人，就算我們另外啟用了其他模型，使用 `/load chat-session` 命令時也會切回 gemma3:1b 模型。

在終端機介面中，我們可以輸入 `ollama list` 命令來查看現有的模型，可以發現我們創建的 **chat-session** 模型存於列表之中。這樣一來，我們也可以用 `ollama run <新模型名稱>` 的命令來直接啟用該模型。

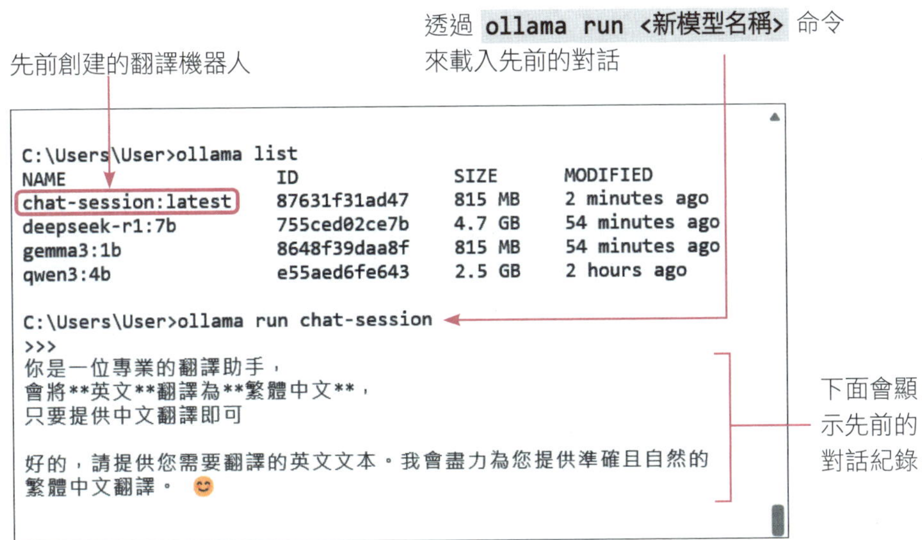

透過 ollama run <新模型名稱> 命令來載入先前的對話
先前創建的翻譯機器人
C:\Users\User>ollama list
NAME ID SIZE MODIFIED
chat-session:latest 87631f31ad47 815 MB 2 minutes ago
deepseek-r1:7b 755ced02ce7b 4.7 GB 54 minutes ago
gemma3:1b 8648f39daa8f 815 MB 54 minutes ago
qwen3:4b e55aed6fe643 2.5 GB 2 hours ago
C:\Users\User>ollama run chat-session
>>>
你是一位專業的翻譯助手，
會將**英文**翻譯為**繁體中文**，
只要提供中文翻譯即可
好的，請提供您需要翻譯的英文文本。我會盡力為您提供準確且自然的繁體中文翻譯。
下面會顯示先前的對話紀錄

關閉對話

若要離開目前的對話環境，可以在交談介面中輸入 **/bye** 或按下快捷鍵 Ctrl + d 來關閉。Ollama 會清空暫存在記憶體中的模型，並釋放電腦資源。

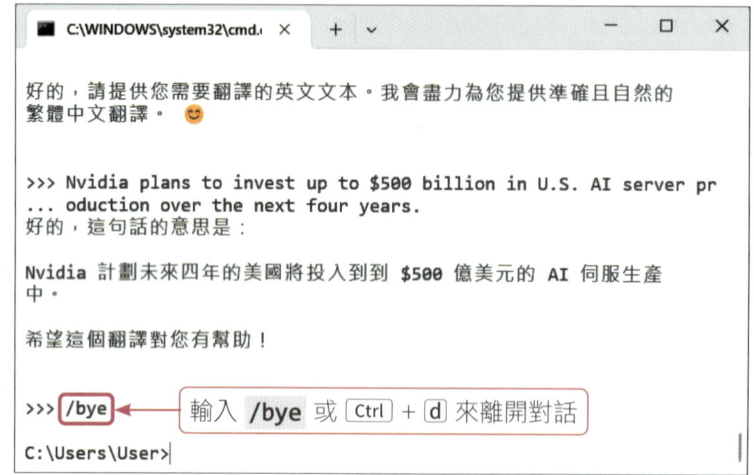
C:\WINDOWS\system32\cmd.
好的，請提供您需要翻譯的英文文本。我會盡力為您提供準確且自然的繁體中文翻譯。
>>> Nvidia plans to invest up to $500 billion in U.S. AI server pr
... oduction over the next four years.
好的，這句話的意思是：
Nvidia 計劃未來四年的美國將投入到到 $500 億美元的 AI 伺服生產中。
希望這個翻譯對您有幫助！
>>> /bye
輸入 /bye 或 Ctrl + d 來離開對話
C:\Users\User>

在這次的範例中，我們使用了 gemma3:1b 模型。由於是參數較少的小型模型，在回答時比較容易出現回答錯誤或不通順的情況。當然參數越多的模型效果越好，不過要綜合考量到你的電腦設備和運行起來的速度。如果設備沒那麼好，也可以根據你的需求下載**針對特定領域優化的模型**，或是透過 **RAG 架構**和**微調 (fine-tuning)** 的方式來增加回答的穩定性，我們於後續章節會詳細介紹。

2.2 Ollama 的各種命令

在本節中，我們會介紹如何透過 CLI 來下達各種酷炫的 Ollama 命令 (學會後可以在好友面前秀一番)。除了前面提過的 `ollama run <模型名稱>` 和 `ollama list` 之外，Ollama 還提供了許多不同功能的主命令，我們可以輸入 `ollama -h` 來查看可以使用的命令：

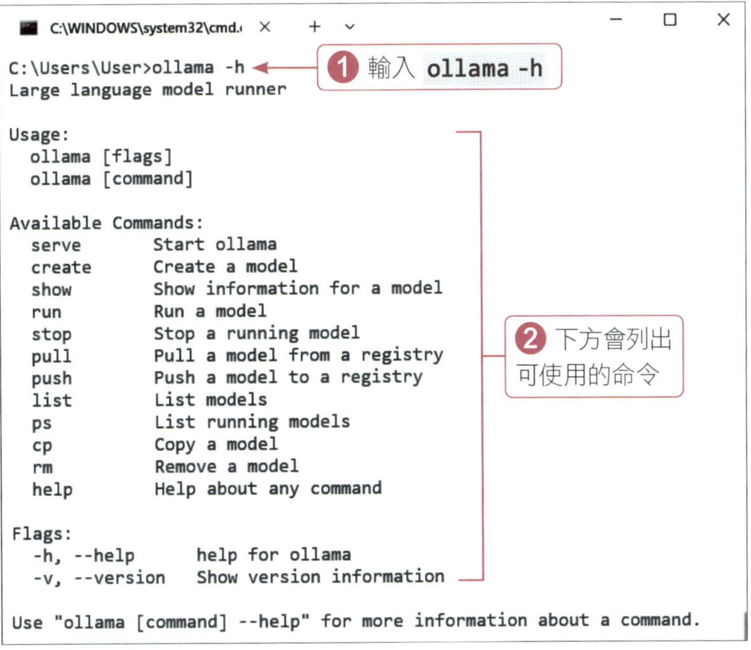

下表為 Ollama 命令的詳細介紹：

可用命令	描述	使用範例
serve	啟用 Ollama	ollama serve
create	從 Modelfile 中創建新模型	ollama create <模型名稱> -f <設置檔路徑>
show	顯示模型的詳細資訊，包含檔案大小、上下文窗口、可用超參數…等	ollama show <模型名稱>
run	運行模型	ollama run <模型名稱>
stop	停止正在執行的模型	ollama stop <模型名稱>
pull	從模型庫中下載模型	ollama pull <模型名稱>
push	將模型推送至模型庫，需登入 Ollama 官網帳號並輸入金鑰	ollama push <帳戶名稱>/<模型名稱>
list	列出已下載的模型清單	ollama list
ps	顯示正在執行的模型	ollama ps
cp	複製模型	ollama cp <模型名稱> <新模型名稱>
rm	刪除模型	ollama rm <模型名稱>
help	顯示命令的詳細資訊	ollama -h、ollama [命令] -h

接下來，我們會依據「模型管理」的流程來介紹各項命令，包括 `pull`（下載模型）、`list`（模型列表）、`run`（運行模型）、`ps`（顯示運行中的模型）、`stop`（停止運行模型）、`rm`（刪除模型），以及 `show`（模型資訊）。依照這些情境，一步一步帶大家熟悉 Ollama 的命令，讓我們開始吧！

下載模型

`ollama pull <模型名稱>` 命令可以從官方模型庫中下載模型。與 `run` 的差別在於，`pull` 只是「單純下載」，**下載完畢後並不會主動運行**。讓我們試試看下載 deepseek-r1:1.5b 模型：

```
ollama pull deepseek-r1:1.5b
```

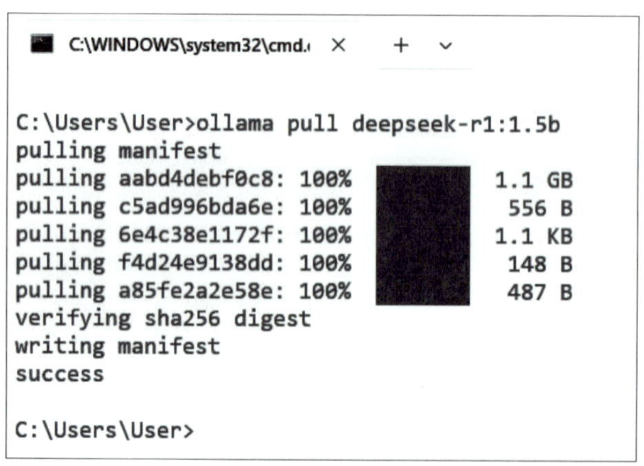

C:\WINDOWS\system32\cmd.
C:\Users\User>ollama pull deepseek-r1:1.5b
pulling manifest
pulling aabd4debf0c8: 100% 1.1 GB
pulling c5ad996bda6e: 100% 556 B
pulling 6e4c38e1172f: 100% 1.1 KB
pulling f4d24e9138dd: 100% 148 B
pulling a85fe2a2e58e: 100% 487 B
verifying sha256 digest
writing manifest
success
C:\Users\User>

▲ 下載完畢後不會進入模型的交互介面

在 Windows 系統中，下載後的模型預設會儲存在 **C:\Users\<使用者名稱>\.ollama\models**。如果要修改模型儲存位置的話，可以參考 1.5 節的介紹。

模型列表

`ollama list` 是最常用的指令之一，可以列出本地端的所有模型。就像筆者常常忘記模型名稱，就會隨手輸入 `ollama list` 來查找要運行的模型。

```
ollama list
```

▲ ollama list 會列出所有模型的**名稱**、**識別 ID**、**大小**和**最後修改期間**

運行模型

運行本地模型的基本命令為 **`ollama run <模型名稱>`**。當模型一多的時候，常常會忘記詳細的名稱，此時我們可以先從列表中將名稱複製下來，然後輸入 `ollama run` 再貼上。讓我們運行剛剛下載的 deepseek-r1:1.5b 模型。

```
ollama run deepseek-r1:1.5b
```

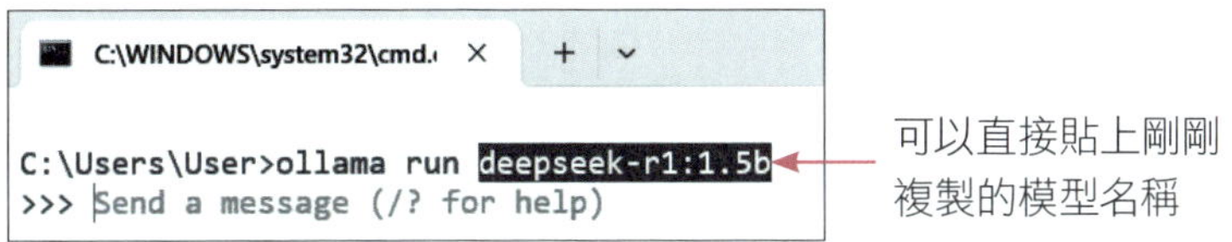

除了運行後開啟交談介面之外, 我們也可以直接在終端中輸入 `ollama run <模型名稱> <Promt>` 讓模型直接回答問題。

```
ollama run deepseek-r1:1.5b "就數學來說, 3.10 和 3.8 哪個比較大"
```

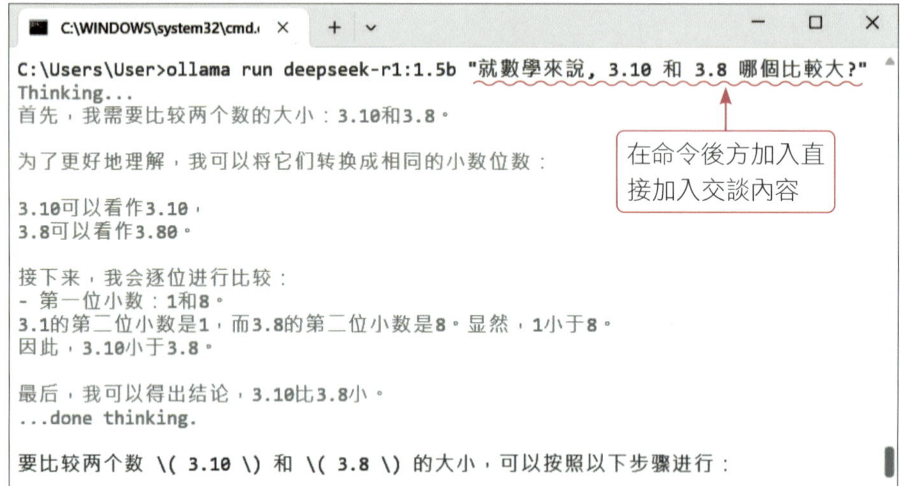

這樣做的好處是, 當有較大的文件需要輸入時, 可以透過這個方式傳遞檔案路徑給語言模型, 幫助我們處理文件內容 (只能輸入純文字檔喔, 例如 txt)。我們可以在終端中輸入以下命令。

```
ollama run deepseek-r1:1.5b "請統整以下文件" < "檔案路徑"
```

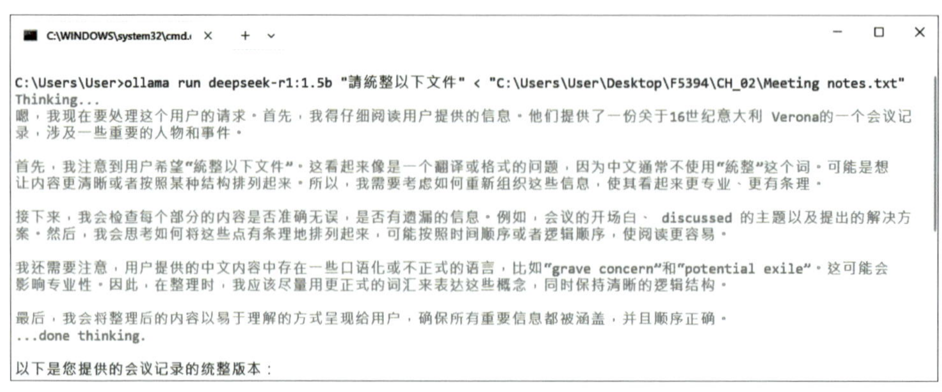

▲ 成功讓語言模型統整文件內容

顯示運行中的模型

`ollama ps` 可以看到目前正在運行中的模型，也可以看到是使用 CPU 還是 GPU 來運行，以及它們的分配比率。執行模型後，請另外開啟一個終端輸入以下指令。

```
ollama ps
```

```
C:\WINDOWS\system32\cmd.

C:\Users\User>ollama ps
NAME              ID              SIZE      PROCESSOR    CONTEXT    UNTIL
deepseek-r1:1.5b  e0979632db5a    1.9 GB    100% GPU     4096       4 minutes from now
```

▲ 代表此模型是使用 100% GPU 來運行，速度會比較快

若模型容量不足全部載入顯存 (VRAM) 時，會採用 CPU 與 GPU 協作運行。以 deepseek-r1:32b 來測試，筆者的顯示卡內存為 16GB VRAM，沒辦法完整裝下容量為 21GB 的大模型，此時一部分會搭配 CPU 來協作。

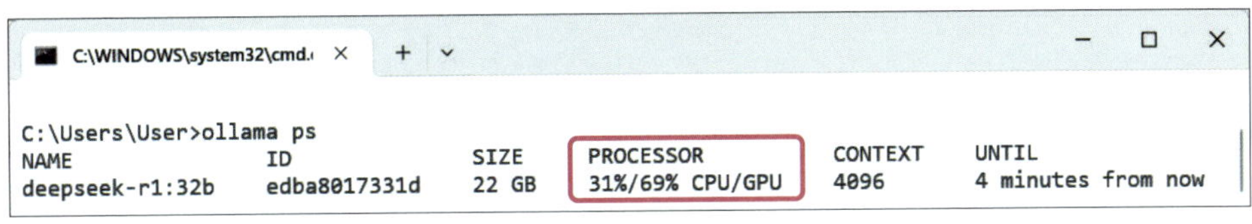

▲ 此模型的使用比率為 28% CPU 與 72% GPU

停止運行模型

基本上，在與模型交談的介面中輸入 **/bye** 或快捷鍵 Ctrl + d 就會停止運行模型。但如果是使用其他軟體透過端口連線 (例如 Open WebUI、Cline)，又或者是將本地 Ollama 作為伺服器供其他電腦連線時，如果想要關閉部分模型來釋放資源，可以在終端中輸入 `ollama stop <模型名稱>`。

```
ollama stop deepseek-r1:1.5b
```

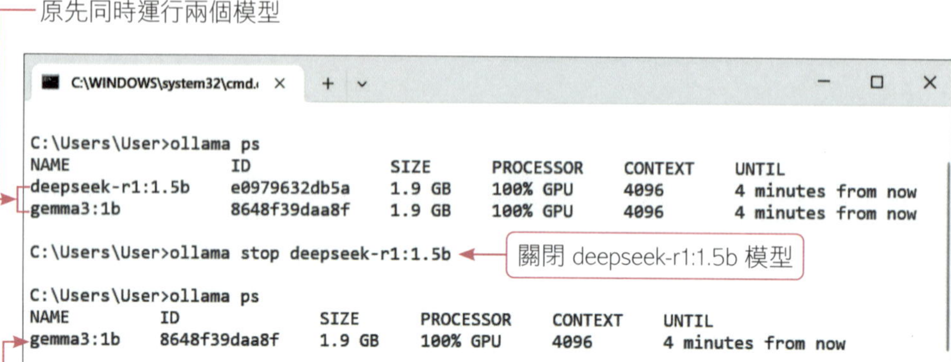

刪除模型

刪除模型的方式也很簡單，如果有不需要的模型，可以在終端中輸入 **ollama rm <模型名稱>** 來將模型刪除，減少所佔的空間。例如我們覺得之前透過 gemma:1b 模型所創建的翻譯機器人效果不佳，想把它刪除的話，可以在終端輸入以下命令。

```
ollama rm chat-session
```

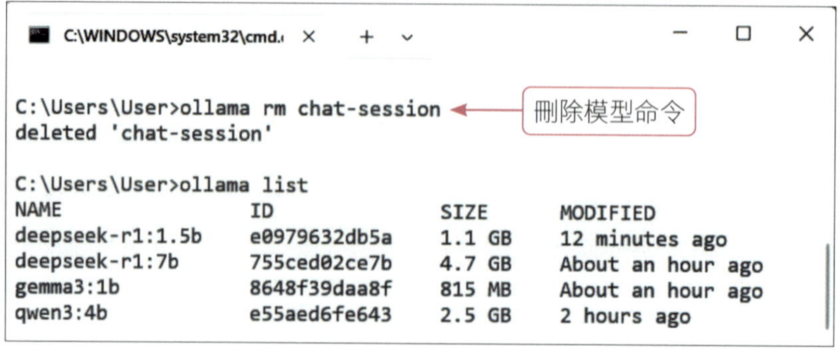

C:\WINDOWS\system32\cmd.
C:\Users\User>ollama rm chat-session
刪除模型命令
deleted 'chat-session'
C:\Users\User>ollama list
NAME ID SIZE MODIFIED
deepseek-r1:1.5b e0979632db5a 1.1 GB 12 minutes ago
deepseek-r1:7b 755ced02ce7b 4.7 GB About an hour ago
gemma3:1b 8648f39daa8f 815 MB About an hour ago
qwen3:4b e55aed6fe643 2.5 GB 2 hours ago

▲ 重新列出模型清單後，就看不到 chat-session 模型了

模型資訊

ollama show <模型名稱> 可以查看模型的詳細資訊。輸入後, 在終端中可以看到幾個大區塊, 主要分為 **Model (模型架構)**、**Capabilities (模型功能)**、**Parameters (超參數)** 和 **License (使用授權)** 等, 具多模態的模型也會列出擁有的其他功能。這個命令可以幫助我們快速了解模型資訊, 方便進行超參數調整或客製化。讓我們來查看 gemma3:1b 的模型資訊。

```
ollama show gemma3:1b
```

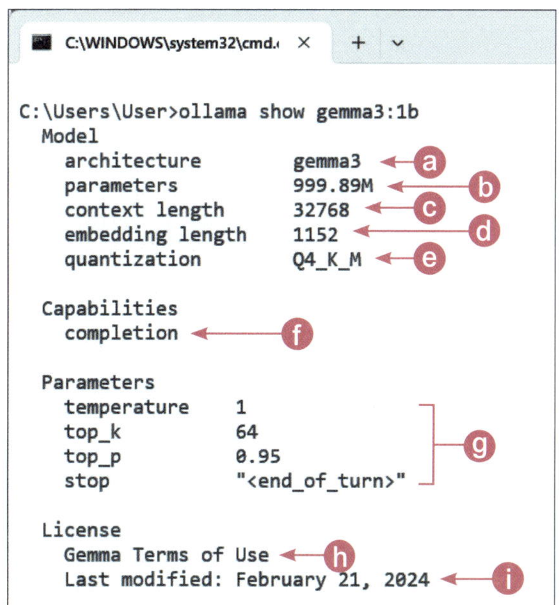

- a 模型架構
- b 參數量
- c 上下文窗口長度
- d 詞嵌入維度, 數值越高代表語意理解能力越強
- e 量化方式, 一種讓大型語言模型瘦身的技術
- f 代表具備文字生成功能
- g 模型的超參數設定
- h 使用授權
- i 模型的最後調整時間

參數和**超參數**的英文皆為 parameters, 為了方便讀者理解, 在本書中所指的「參數」代表模型內部的權重值, 也就是經由訓練所學得的數值；而「超參數」指的是運行模型時, 可以臨時調整, 用來控制模型輸出、風格或隨機性的數值。

2.3 透過 Modelfile 客製化模型

在這一小節中, 我們會說明如何透過 Modelfile 模型配置檔來添加**系統提示模板**、**修改超參數**或是**添加歷史對話紀錄**, 也會一併介紹 Ollama 的 `create` 命令。

Modelfile 指令

Modelfile 的語法非常簡潔, 每一行會由**指令**加上**引數**組成, 註解則為 **#** 開頭。以下是一個最基礎的 Modelfile 寫法：

指令 ↙　　引數 ↙

```
FROM gemma3:1b
# 設定超參數  ← 註解
PARAMETER temperature 0.7

# 設定系統提示模板
SYSTEM """
你是一隻英國短毛貓, 會以貓咪口吻回答使用者問題。在每次對話結束加上 *~喵*。
"""
```

Modelfile 有多種可用指令。其中 `FROM <模型名稱>` 代表要使用的基礎模型, 在設置 Modelfile 時一定要填入。另外, 就算本機沒有事先下載基礎模型也沒關係, Ollama 會自動從模型庫中找尋對應模型來下載。下方我們列出了 Modelfile 的可用指令：

指令	描述	使用範例
FROM (必要指令)	定義要使用的基礎模型	`FROM <模型名稱>`
PARAMETER	設定模型的各種超參數	`PARAMETER <超參數> <數值>`

NEXT

指令	描述	使用範例

TEMPLATE	設定完整的提示模板，基於 GO 語法來設置。System、Prompt、Response 會作為**變數**代入到模板中，最後將完整的模板發送給模型	`TEMPLATE """`
		`{{ .System }}`
		`<自定義> {{ .Prompt }} <自定義>`
		`<自定義> {{ .Response }}`
		`"""`

SYSTEM	設定系統提示模板	`SYSTEM """<系統提示模板>"""`
ADAPTER	套用 LoRA 微調模型	`ADAPTER <微調模型路徑>`
LICENSE	授權條款的說明文檔	`LICENSE """<授權條款>"""`
MESSAGE	添加歷史紀錄，可以設定 system、user 和 assistant 等角色	`MESSAGE user <使用者訊息>5` `MESSAGE assistant <模型回覆>`

模型超參數設置

在 Modelfile 中，我們可以透過 `PARAMETER <超參數> <數值>` 指令來修改模型的超參數設置，進一步調整模型的**回覆長度**、**創意性**、**多樣性**或是**避免出現重複字詞**…等。以下我們列出一些可用的超參數與說明 (float 為浮點數，int 為整數，string 為字串類型)：

超參數	數值範圍	說明
mirostat [0/1/2]	0 = 關閉 1 = Mirostat 2 = Mirostat 2.0	Mirostat 的採樣方法，用以控制模型輸出的豐富程度，避免內容過於無聊。Mirostat 2.0 則更為激進。開啟後會忽略 top_k、top_p、min_p 等超參數
mirostat_eta [float]	0 ~ 1，預設為 0.1	Mirostat 的學習率，一般來說使用預設值即可。較大的值會增加模型隨機性
mirostat_tau [float]	1 ~ 10，預設為 5	控制 Mirostat 的困惑度，值越低越保守，值越高則更具有創意性

NEXT

超參數	數值範圍	說明
num_ctx [int]	256 ~ 模型的最大上下文窗口	上下文窗口, 代表模型在一次交談中可輸入、輸出的最大 tokens 數量
repeat_last_n [int]	0 ~ num_ctx	模型在生成內容時, 會參考前 n 個 tokens, 盡量避免出現和前文重複的字詞。設為 -1 會參考全部前文
repeat_penalty [float]	0 ~ 2, 1 代表不懲罰	對重複字詞進行懲罰, 值越高懲罰越重, 進而防止模型在輸出時出現重複字詞
temperature [float]	0 ~ 2, 建議設為 0.8 ~ 1.1	控制模型的隨機性與創意性, 值越高會輸出更具創意的內容, 但可能會離題甚至發瘋
seed [int]	0 ~ 2,147,483,647	隨機種子, 設定固定的隨機種子後, 會讓相同的 Prompt 產生同樣輸出
stop [string]	停止字串	模型在生成時, 若遇到指定字詞就停止輸出, 可以同時設定多組 stop。適合不讓模型輸出敏感內容時使用
num_predict [int]	0 ~ 模型的最大上下文窗口	限制模型輸出的最大 tokens 數量, 若設為 -1 會一直生成直到最大上下文窗口
top_k [int]	0 ~ 100, 建議設為 40	設定模型進行文字接龍時的挑選區間, 例如設定 top_k = 40 代表從這 40 個字詞中選擇。值越高會增加隨機性
top_p [float]	0 ~ 1, 建議設為 0.9	模型在進行文字接龍時, 會依照機率對候選字詞進行排序。如果設定 top_p = 0.3, 代表模型會只從「機率由高到低累積起來總和達到 30% 的那一部分字詞」中隨機選取。top_p 越高, 進入候選字詞的組數會越多, 輸出結果會更具多樣性
min_p [float]	0 ~ 1, 建議設為 0 ~ 0.1	與 top_p 同樣用機率來過濾字詞, 但 min_p 考慮的是「單一字詞的機率」, 會先計算最高字詞的機率 × min_p, 然後刪除低於該值的字詞

建立客製化模型

來創建模型時有兩種方法, 第一種方法是在終端機中先進入到 Modelfile 的儲存目錄, 然後使用 `ollama create <模型名稱>` 創建, Ollama 會自動找尋對應的 Modelfile 檔案, **但這種方法要求檔名必須為 Modelfile, 也不能添加任何副檔名**, 較為麻煩。而第二種方法則是**指定路徑**, 透過 `ollama create <模型名稱> -f <檔案路徑>` 命令來創建模型, 這樣的好處是**不需要建立沒有副檔名的 Modelfile, 也可以隨意修改檔案名稱**。接下來, 我們會以英文翻譯機器人為例, 介紹如何撰寫一個簡單的 Modelfile。

撰寫 Modelfile：

我們能開啟**任意的文字編輯器**來編輯 Modelfile, 可自定義檔名，而副檔名可以使用 txt、py 甚至是 js。讀者可以建立一個專屬資料夾來管理 Modelfile（路徑中建議不要有中文）。在此範例中，筆者透過**記事本**來建立一個名為 Translate_Modelfile 的檔案，並填入以下內容（可以透過本書的服務專區下載）：

```
FROM gemma3:1b ← 基礎模型

# 設定超參數
PARAMETER temperature 0.6
PARAMETER repeat_penalty 1.5        ← 可以設定模型的各種超參數

# 英文翻譯助手
SYSTEM """
你是一位專業的翻譯助手, 會將*英文*翻譯為*繁體中文*,
請提供詳細且準確的中文翻譯,                              ← 系統指令
同時使內容易於中文讀者理解。
***只輸出翻譯後的內容, 不要添加其他說明***
"""
```

NEXT

```
# 歷史對話紀錄
MESSAGE user She drinks coffee before going to work.
MESSAGE assistant 她在上班前會喝杯咖啡。
MESSAGE user I'd like a cup of coffee and a sandwich.
MESSAGE assistant 我想要一杯咖啡和一份三明治。
MESSAGE user Can you help me with this problem?
MESSAGE assistant 你可以幫我解決這個問題嗎?
```

← 添加歷史對話紀錄可以讓模型回覆更穩定

複製檔案路徑：

接下來，**請複製檔案的儲存路徑**。Windows 可以對檔案點擊**右鍵**，選擇**複製路徑**；Mac 則可以對檔案點擊**右鍵 (或** Control **)** 並按住 Option 鍵，選擇**拷貝 [檔案名稱] 作為路徑名稱**。

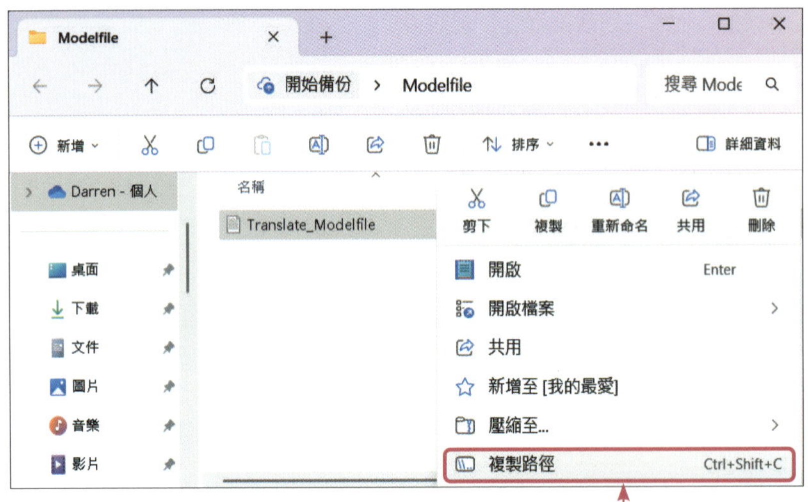

選擇複製路徑

創建新模型：

最後啟動終端機，輸入 `ollama create <模型名稱> -f <檔案路徑>`，模型名稱可以隨意命名，檔案路徑則直接貼上剛剛複製的路徑。筆者輸入：

自行命名

```
ollama create mymodel -f "C:\Users\User\Desktop\Modelfile\Translate_Modelfile.txt"
```

貼上剛剛複製的檔案路徑

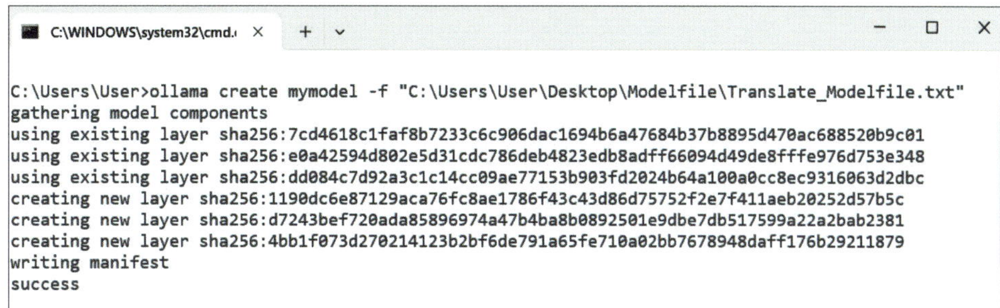

```
C:\WINDOWS\system32\cmd.

C:\Users\User>ollama create mymodel -f "C:\Users\User\Desktop\Modelfile\Translate_Modelfile.txt"
gathering model components
using existing layer sha256:7cd4618c1faf8b7233c6c906dac1694b6a47684b37b8895d470ac688520b9c01
using existing layer sha256:e0a42594d802e5d31cdc786deb4823edb8adff66094d49de8fffe976d753e348
using existing layer sha256:dd084c7d92a3c1c14cc09ae77153b903fd2024b64a100a0cc8ec9316063d2dbc
creating new layer sha256:1190dc6e87129aca76fc8ae1786f43c43d86d75752f2e7f411aeb20252d57b5c
creating new layer sha256:d7243bef720ada85896974a47b4ba8b0892501e9dbe7db517599a22a2bab2381
creating new layer sha256:4bb1f073d270214123b2bf6de791a65fe710a02bb7678948daff176b29211879
writing manifest
success
```

▲ 看到 success 字樣就代表模型創建成功了

輸入 `ollama list` 可以看到所創建的新模型：

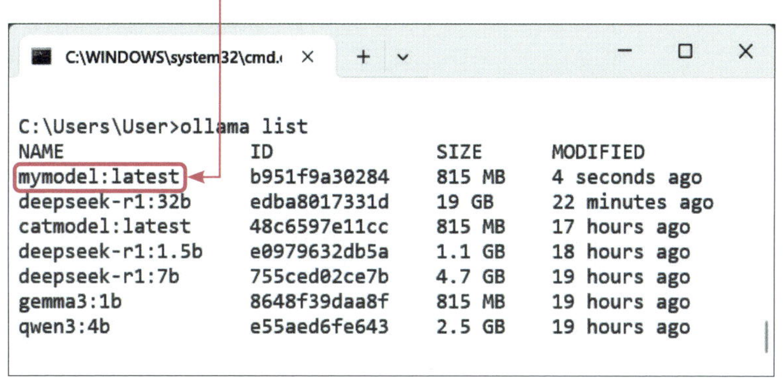


```
C:\WINDOWS\system32\cmd.

C:\Users\User>ollama list
NAME                ID              SIZE      MODIFIED
mymodel:latest      b951f9a30284    815 MB    4 seconds ago
deepseek-r1:32b     edba8017331d    19 GB     22 minutes ago
catmodel:latest     48c6597e11cc    815 MB    17 hours ago
deepseek-r1:1.5b    e0979632db5a    1.1 GB    18 hours ago
deepseek-r1:7b      755ced02ce7b    4.7 GB    19 hours ago
gemma3:1b           8648f39daa8f    815 MB    19 hours ago
qwen3:4b            e55aed6fe643    2.5 GB    19 hours ago
```

Step 4 運行模型：

到這邊，我們就打造出專屬的翻譯機器人了！讓我們測試看看這個機器人的效果吧，輸入 `ollama run <模型名稱>` 來運行。

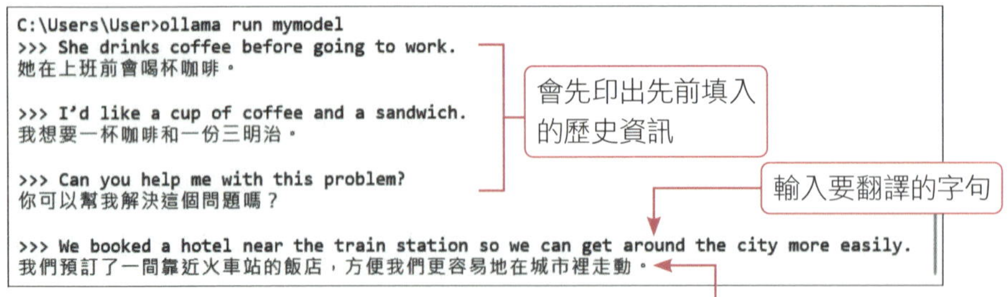

C:\Users\User>ollama run mymodel
>>> She drinks coffee before going to work.
她在上班前會喝杯咖啡。
>>> I'd like a cup of coffee and a sandwich.
我想要一杯咖啡和一份三明治。
>>> Can you help me with this problem?
你可以幫我解決這個問題嗎？
>>> We booked a hotel near the train station so we can get around the city more easily.
我們預訂了一間靠近火車站的飯店，方便我們更容易地在城市裡走動。
會先印出先前填入的歷史資訊
輸入要翻譯的字句

模型僅給我們翻譯後的內容, 無添加任何其他訊息

由於這個翻譯機器人是使用 gemma3:1b 模型建立, 效果可能差強人意。若不滿意的話, 可以替換為其他參數量更大的模型。

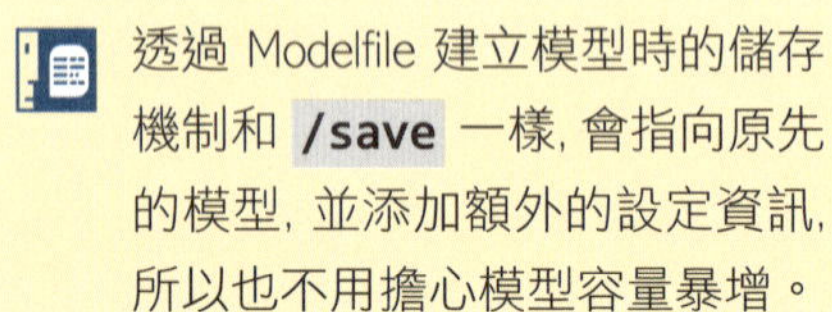

透過 Modelfile 建立模型時的儲存機制和 `/save` 一樣, 會指向原先的模型, 並添加額外的設定資訊, 所以也不用擔心模型容量暴增。

查看模型的 Modelfile 資訊

在終端機中, 我們可以輸入 `ollama show --modelfile <模型名稱>` 來看到配置檔的詳細資訊。

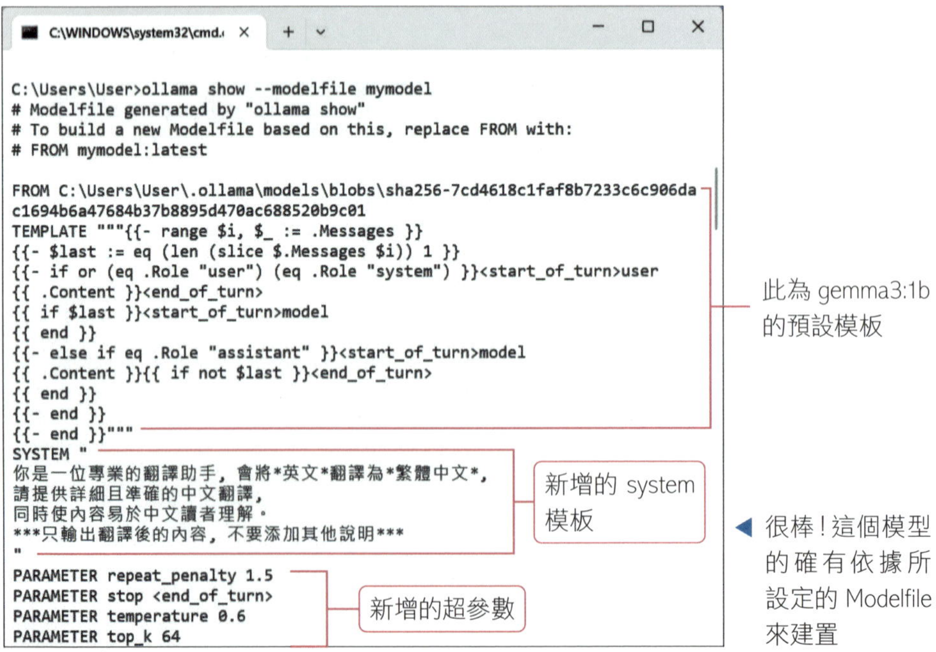

C:\WINDOWS\system32\cmd.
C:\Users\User>ollama show --modelfile mymodel
Modelfile generated by "ollama show"
To build a new Modelfile based on this, replace FROM with:
FROM mymodel:latest
FROM C:\Users\User\.ollama\models\blobs\sha256-7cd4618c1faf8b7233c6c906dac1694b6a47684b37b8895d470ac688520b9c01
TEMPLATE """{{- range $i, $_ := .Messages }}
{{- $last := eq (len (slice $.Messages $i)) 1 }}
{{- if or (eq .Role "user") (eq .Role "system") }}<start_of_turn>user
{{ .Content }}<end_of_turn>
{{ if $last }}<start_of_turn>model
{{ end }}
{{- else if eq .Role "assistant" }}<start_of_turn>model
{{ .Content }}{{ if not $last }}<end_of_turn>
{{ end }}
{{- end }}
{{- end }}"""
SYSTEM "
你是一位專業的翻譯助手, 會將*英文*翻譯為*繁體中文*,
請提供詳細且準確的中文翻譯,
同時使內容易於中文讀者理解。
只輸出翻譯後的內容, 不要添加其他說明
"
PARAMETER repeat_penalty 1.5
PARAMETER stop <end_of_turn>
PARAMETER temperature 0.6
PARAMETER top_k 64
此為 gemma3:1b 的預設模板
新增的 system 模板
新增的超參數

◀ 很棒！這個模型的確有依據所設定的 Modelfile 來建置

2.4 推送模型到自己的帳戶

在這一小節中, 我們會以剛剛建立的翻譯機器人為例, 搭配使用 Ollama 的 `cp` 和 `push` 命令, 詳細介紹如何將本地端的模型推送到官方的模型庫中。

取得金鑰並建立 Ollama 帳戶

若想推送模型到模型庫中, 第一步我們需要取得藏在本地端的**金鑰**, 這是在推送模型時的憑證, 然後登入到自己的 Ollama 帳戶中填入。

取得金鑰：

安裝 Ollama 後，它會自動在系統資料夾中建立一個名為 **id_ed25519.pub** 的檔案，這就是我們在推送模型時所使用的金鑰。id_ed25519.pub 檔案預設會位於 **Users/< 使用者名稱 >/.ollama/id_ed25519.pub**, 讀者可以依據自己的系統在終端機輸入以下命令：

Windows CMD
```
type C:\Users\<使用者名稱>\.ollama\id_ed25519.pub
```
↖ 替換為自己電腦的使用者名稱

Mac Shell
```
cat /Users/<使用者名稱>/.ollama/id_ed25519.pub
```
↖ 替換為自己電腦的使用者名稱

輸入命令後, 就會顯示金鑰值了, 請將其複製下來。

C:\WINDOWS\system32\cmd.
C:\Users\User>type C:\Users\User\.ollama\id_ed25519.pub
ssh-ed25519 AAAAC3NzaC1lZDI1NTE5AAAAICc4UcEENPhf/D+gI4an+fLgqOwdaRrmEWR93fmh49Cc

▲ 複製所顯示的金鑰值

註冊並登入 Ollama 帳戶：

接下來，我們需要登入到自己的 Ollama 帳戶，若尚未註冊的話可以**進入 Ollama 官網**，點擊右上角的 **Sing in**，選擇 **Create account**。或是輸入以下網址直接進入註冊頁面：

```
https://ollama.com/signup
```

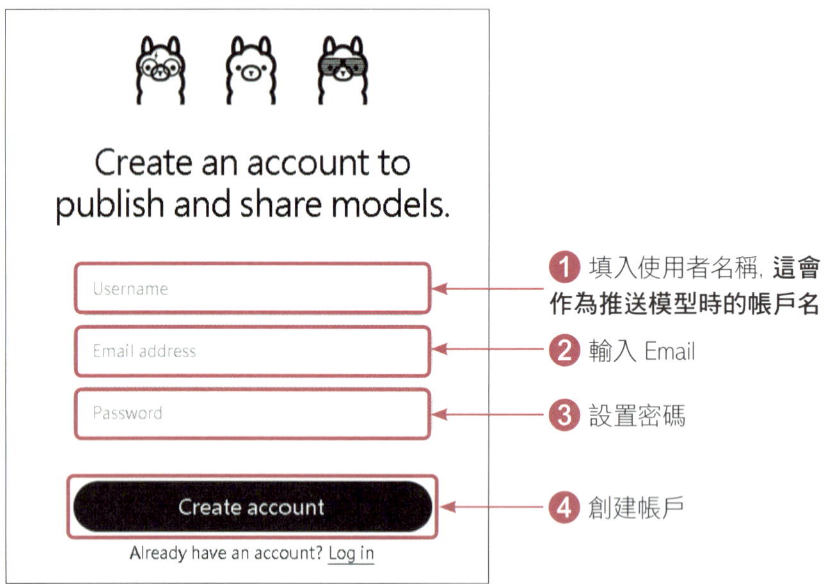

填入金鑰：

登入帳戶後，點擊右上角的**個人圖標**，選擇 **Settings**，然後進入到 **Ollama keys** 的設置頁面。

到這邊，本地端的公開金鑰就綁定到我們的帳戶了。在推送模型時，Ollama 會辨別本地端的金鑰值是否與帳戶一致，不一樣的話就無法成功推送模型。

複製模型

cp <模型名稱> <新模型名稱> 命令可以將模型進行複製。那為什麼在這邊要複製模型呢？這是因為在推送模型時，Ollama 除了驗證金鑰之外，還會比對帳戶的**使用者名稱**。新模型的格式需照 <使用者名稱>/<模型名稱> 來設置。請輸入以下命令來複製模型：

```
ollama cp mymodel <使用者名稱>/mymodel
```

自行替換為自己的 Ollama 使用者名稱

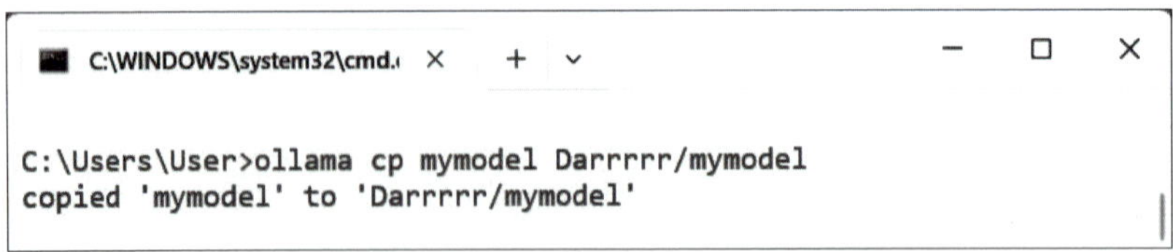

C:\WINDOWS\system32\cmd.
C:\Users\User>ollama cp mymodel Darrrrr/mymodel
copied 'mymodel' to 'Darrrrr/mymodel'

▲ 這樣就成功將模型按照要求的格式來命名了

為了保持列表乾淨，在複製模型後，舊的模型可以考慮刪掉。你也可以透過這個方式來對所下載的模型進行客製化的命名。

推送模型到官方

Ollama 的 **push <模型名稱>** 命令可以幫助我們將本地模型推送到官方的模型庫，方便我們將自己的模型分享給其他人，或是透過不同的設備來存取建立好的模型。我們可以在終端機中輸入以下命令。

```
ollama push <使用者名稱>/mymodel
```

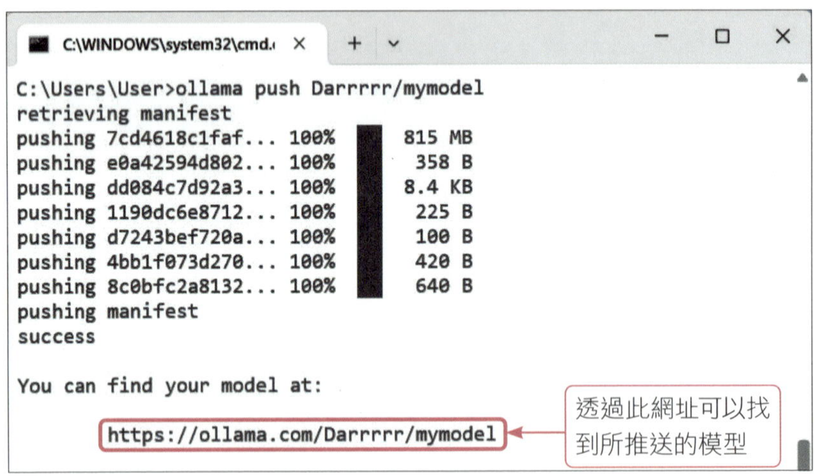

C:\WINDOWS\system32\cmd.
C:\Users\User>ollama push Darrrrr/mymodel
retrieving manifest
pushing 7cd4618c1faf... 100% 815 MB
pushing e0a42594d802... 100% 358 B
pushing dd084c7d92a3... 100% 8.4 KB
pushing 1190dc6e8712... 100% 225 B
pushing d7243bef720a... 100% 100 B
pushing 4bb1f073d270... 100% 420 B
pushing 8c0bfc2a8132... 100% 640 B
pushing manifest
success
You can find your model at:
https://ollama.com/Darrrrr/mymodel
透過此網址可以找到所推送的模型

▲ 成功推送模型！

進入到自己的帳戶，選擇 **My models** 就可以找到成功推送的模型了。

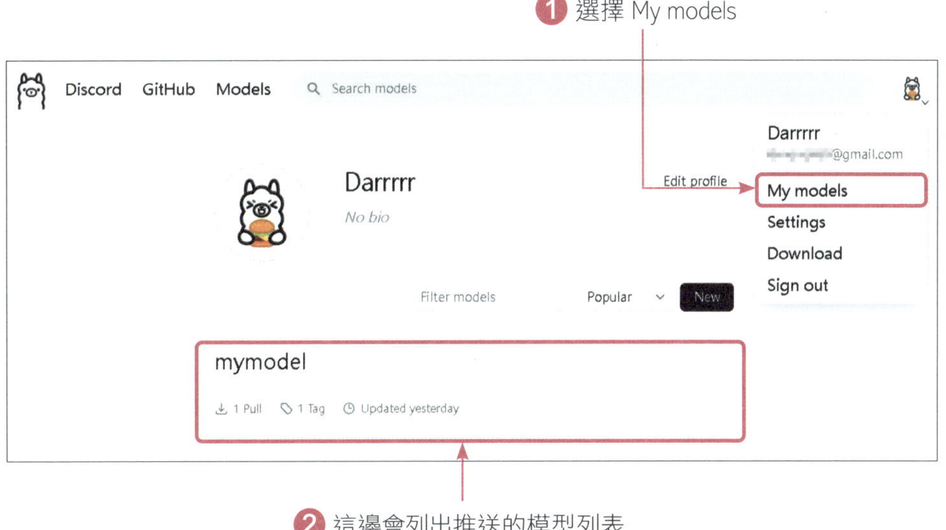

接下來，我們就能夠在任意的設備上使用 `pull <使用者名稱>/<模型名稱>` 命令下載帳戶中的模型了。

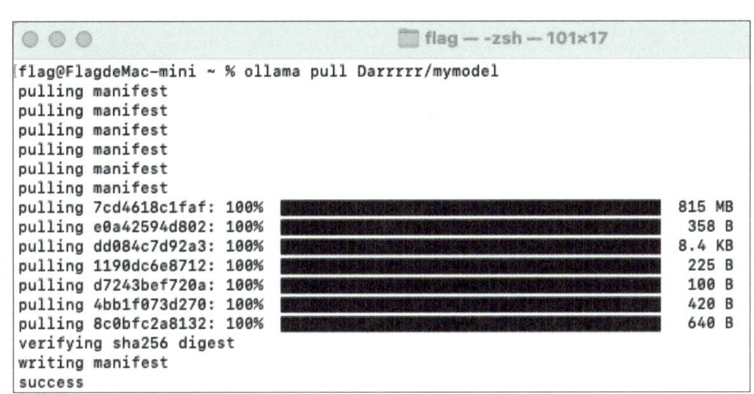

```
flag@FlagdeMac-mini ~ % ollama pull Darrrrr/mymodel
pulling manifest
pulling manifest
pulling manifest
pulling manifest
pulling manifest
pulling manifest
pulling 7cd4618c1faf: 100% ▕████████████████████████████████▏ 815 MB
pulling e0a42594d802: 100% ▕████████████████████████████████▏  358 B
pulling dd084c7d92a3: 100% ▕████████████████████████████████▏ 8.4 KB
pulling 1190dc6e8712: 100% ▕████████████████████████████████▏  225 B
pulling d7243bef720a: 100% ▕████████████████████████████████▏  100 B
pulling 4bb1f073d270: 100% ▕████████████████████████████████▏  420 B
pulling 8c0bfc2a8132: 100% ▕████████████████████████████████▏  640 B
verifying sha256 digest
writing manifest
success
```

▲ 透過其他設備也能輕鬆下載自訂模型，到此大功告成！

MEMO

CHAPTER

3

Ollama 的進階系統設定

我們在上一章中介紹了 Ollama CLI 的基本命令, 而本章將更進一步探討 Ollama 的進階系統設定, 包含環境變數的運用以及 GPU 的相關設定。讓你能夠更加理解 Ollama 的運作模式, 裡裡外外搞定所有進階細節。

3.1 Ollama 的環境變數

環境變數是系統中一組「變數名稱」與「變數值」的鍵值資料，能夠讓作業系統與程式在執行時快速找到對應的路徑、設定檔或語言偏好⋯等常用資訊。舉例來說，Windows 系統中的 `USERNAME` 環境變數可以用來辨別目前登入的使用者。而 Ollama 當然也有專屬的環境變數，可以幫助我們快速完成更進階的系統設定。例如設定 `OLLAMA_MODELS = D:\OllamaModels`，Ollama 在執行時就會讀取 `OLLAMA_MODELS` 中的值，進而知道模型的儲存位置是位於 D:\OllamaModels。

可使用的環境變數

Ollama 提供了許多功能不同的環境變數，允許我們在「啟動 Ollama」時進行設定。如果想查詢可用的環境變數，我們可以在終端機中輸入 `ollama serve -h`：

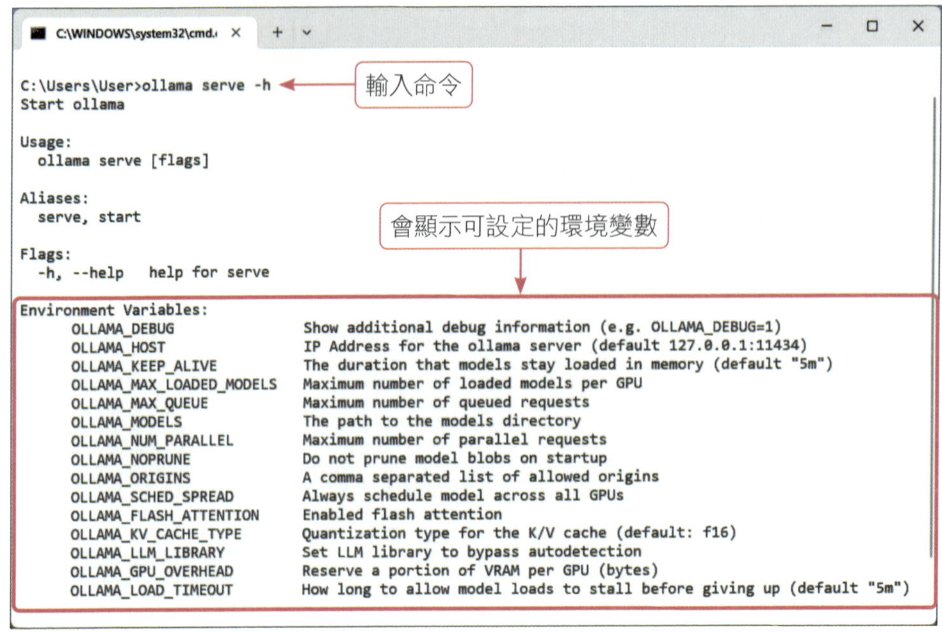

C:\WINDOWS\system32\cmd.
C:\Users\User>ollama serve -h
輸入命令
Start ollama
Usage:
ollama serve [flags]
Aliases:
serve, start
會顯示可設定的環境變數
Flags:
-h, --help   help for serve
Environment Variables:
OLLAMA_DEBUG   Show additional debug information (e.g. OLLAMA_DEBUG=1)
OLLAMA_HOST   IP Address for the ollama server (default 127.0.0.1:11434)
OLLAMA_KEEP_ALIVE   The duration that models stay loaded in memory (default "5m")
OLLAMA_MAX_LOADED_MODELS   Maximum number of loaded models per GPU
OLLAMA_MAX_QUEUE   Maximum number of queued requests
OLLAMA_MODELS   The path to the models directory
OLLAMA_NUM_PARALLEL   Maximum number of parallel requests
OLLAMA_NOPRUNE   Do not prune model blobs on startup
OLLAMA_ORIGINS   A comma separated list of allowed origins
OLLAMA_SCHED_SPREAD   Always schedule model across all GPUs
OLLAMA_FLASH_ATTENTION   Enabled flash attention
OLLAMA_KV_CACHE_TYPE   Quantization type for the K/V cache (default: f16)
OLLAMA_LLM_LIBRARY   Set LLM library to bypass autodetection
OLLAMA_GPU_OVERHEAD   Reserve a portion of VRAM per GPU (bytes)
OLLAMA_LOAD_TIMEOUT   How long to allow model loads to stall before giving up (default "5m")

以下我們列出 Ollama 主要的環境變數以及功能說明：

環境變數	變數值	說明
OLLAMA_DEBUG	0 (關閉) 1 (開啟) 2 (更詳細的輸出資訊)	除錯模式。透過 ollama serve 啟動時可以看到追蹤日誌，也會輸出到 Ollama 資料夾中的 serve.log 檔案中 **(可對 Ollama 圖示點擊右鍵，選擇 View logs)**
OLLAMA_HOST	可自訂端口，例如：0.0.0.0:11434	設定 Ollama 的連接端口位置。預設 127.0.0.1:11434 只供本機連線，**設定為 0.0.0.0:11434 可接受遠端連線**
OLLAMA_KEEP_ALIVE	1m、5m、30m、1h、24h…等。設定為 -1 代表永久常駐	閒置時模型保留在記憶體中的持續時間，預設為 5 分鐘
OLLAMA_MAX_LOADED_MODELS	1, 2, 3…等。設定為 0 代表系統預設的上限值 (通常為 3 個模型)	每個 GPU 同時可載入的模型上限，預設為 0。當模型數量超過設定值，會卸載較久未使用的模型
OLLAMA_MAX_QUEUE	512, 1024, 2048…等	最大請求數量，預設為 512。當多筆交談請求同時湧入時，Ollama 可接受並等待處理的數量
OLLAMA_MODELS	例如：D:\OllamaModels	模型檔案的儲存位置。可透過設定此變數將模型存放在自訂位置
OLLAMA_NUM_PARALLEL	1, 2, 3…等。設定為 0 代表系統預設的上限值 (通常為 4 筆請求)	同時可處理的請求上限。建議與 OLLAMA_MAX_LOADED_MODELS 一同設置來降低運算負荷
OLLAMA_NOPRUNE	0 (關閉) 1 (開啟)	開啟後將不清理模型的暫存檔案，預設為關閉。**在下載大容量模型時，若擔心中斷連線可以將其開啟**
OLLAMA_ORIGINS	例如："http://localhost:3000, https://example.com"	允許請求的網域名稱。在一般情況下，Ollama 只允許本機或特定來源發送請求。透過設定此變數，可以允許其他網域發送請求 (例如你的網站)
OLLAMA_SCHED_SPREAD	0 (關閉) 1 (開啟)	讓模型跨多 GPU 分散載入。當有多張 GPU 時，啟用此變數會讓模型運算分配到所有 GPU 上，提高速度
OLLAMA_FLASH_ATTENTION	0 (關閉) 1 (開啟)	Flash Attention 注意力優化技術，可加快模型的運算速度，預設為關閉。此功能尚在測試階段，對於某些硬體或模型可能會發生錯誤

環境變數	變數值	說明
OLLAMA_KV_CACHE_TYPE	f16、q8_0、q4_0	key-value (K/V) 快取的儲存類型。K/V 快取是模型在運算階段所保存的關鍵資訊，此參數可以決定用哪種精度或量化格式來保存資訊，進而降低推理過程產生的記憶體需求 (不會影響模型本身所佔的記憶體喔)
OLLAMA_LLM_LIBRARY	cpu、cpu_avx、cpu_avx2、cuda_v11、cuda_v12、rocm_v5、rocm_v6、metal	指定語言模型的執行庫 (如 cpu、cuda 版本)。預設情況下，Ollama 會自動偵測並選擇最適合的執行庫，設定此變數可避開自動偵測
OLLAMA_GPU_OVERHEAD	0、536870912 (512MB)、1073741824 (1GB)…等	每個 GPU 所預留的 VRAM 空間，以 byte 表示，預設為 0 (代表不預留 VRAM)。**設定此參數可避免讓 Ollama 佔滿所有顯存**，保留一部分空間給其他程式
OLLAMA_LOAD_TIMEOUT	30s、1m、5m、30m、1h…等。設定為 0 代表不啟用逾時機制	載入模型的逾時時間，預設為 5 分鐘。若超過設定值，Ollama 將會取消載入模型

透過上述環境變數，我們可以依據自己的硬體條件和使用場景對 Ollama 進行更細微的調整。舉例來說，可以開啟除錯模式，來觀察 Ollama 運行時的詳細狀態；多筆請求湧入時，調整數量和上限來增加穩定性；或是提升多 GPU 時的使用效率。

3.2 透過暫時的環境變數來啟動 Ollama

我們已經了解各種環境變數的功能了，那麼該如何進行設定呢？有兩種方法可以進行環境變數設定，第一種是修改「系統/使用者」環境變數，讓每次啟動 Ollama 時都會自動讀取，達到常駐效果；第二種則是於新開的終端機臨時設定環境變數，每次啟動只會在當前的介面生效，不會破壞到預設的環境變數設定。接下來，我們會設定「模型的閒置時間」和「GPU 所預留的 VRAM」，以此為例來介紹如何透過**暫時的環境變數**來啟動 Ollama。

關閉原先已經啟動的 Ollama 程式：

為了套用新的環境變數設定並釋放所佔據的端口，需要先關閉已經啟動的 Ollama。

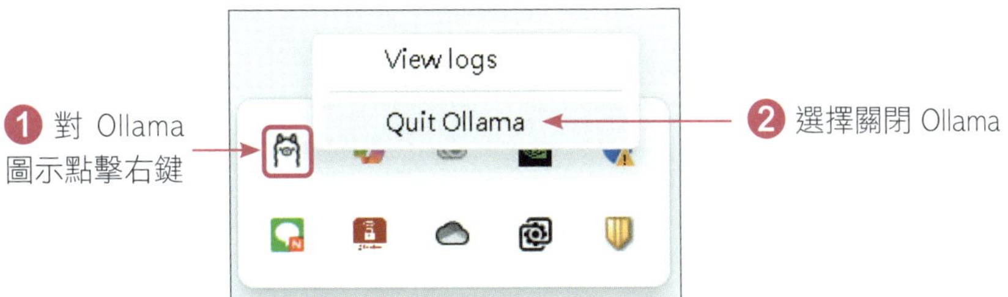

設定環境變數並啟動 Ollama Serve：

我們可以直接開啟一個終端，輸入要設定的環境變數。Windows 可以使用 `set` 命令，而 Mac 則可以使用 `export` 命令來設定。接下來，我們會設定 `OLLAMA_KEEP_ALIVE` 和 `OLLAMA_GPU_OVERHEAD` 環境變數，把模型的閒置時間設為 1 分鐘，同時將 VRAM 的預留空間設為 1GB。請新開一個終端並逐行輸入以下命令：

Windows CMD
```
set "OLLAMA_KEEP_ALIVE=1m"
set "OLLAMA_GPU_OVERHEAD=1073741824"
ollama serve
```

Mac Shell
```
export OLLAMA_KEEP_ALIVE="1m"
export OLLAMA_GPU_OVERHEAD="1073741824"
ollama serve
```

 依照此方法，我們可以同時設定多個環境變數喔！

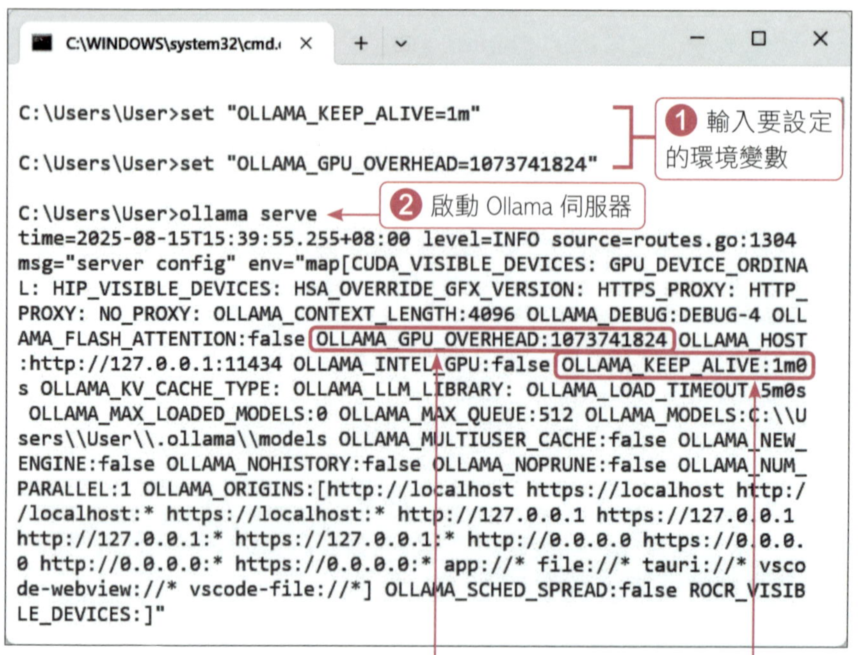

C:\WINDOWS\system32\cmd.
C:\Users\User>set "OLLAMA_KEEP_ALIVE=1m"
C:\Users\User>set "OLLAMA_GPU_OVERHEAD=1073741824"
❶ 輸入要設定的環境變數
C:\Users\User>ollama serve
❷ 啟動 Ollama 伺服器
time=2025-08-15T15:39:55.255+08:00 level=INFO source=routes.go:1304 msg="server config" env="map[CUDA_VISIBLE_DEVICES: GPU_DEVICE_ORDINAL: HIP_VISIBLE_DEVICES: HSA_OVERRIDE_GFX_VERSION: HTTPS_PROXY: HTTP_PROXY: NO_PROXY: OLLAMA_CONTEXT_LENGTH:4096 OLLAMA_DEBUG:DEBUG-4 OLLAMA_FLASH_ATTENTION:false OLLAMA_GPU_OVERHEAD:1073741824 OLLAMA_HOST:http://127.0.0.1:11434 OLLAMA_INTEL_GPU:false OLLAMA_KEEP_ALIVE:1m0s OLLAMA_KV_CACHE_TYPE: OLLAMA_LLM_LIBRARY: OLLAMA_LOAD_TIMEOUT:5m0s OLLAMA_MAX_LOADED_MODELS:0 OLLAMA_MAX_QUEUE:512 OLLAMA_MODELS:C:\\Users\\User\\.ollama\\models OLLAMA_MULTIUSER_CACHE:false OLLAMA_NEW_ENGINE:false OLLAMA_NOHISTORY:false OLLAMA_NOPRUNE:false OLLAMA_NUM_PARALLEL:1 OLLAMA_ORIGINS:[http://localhost https://localhost http://localhost:* https://localhost:* http://127.0.0.1 https://127.0.0.1 http://127.0.0.1:* https://127.0.0.1:* http://0.0.0.0 https://0.0.0.0 http://0.0.0.0:* https://0.0.0.0:* app://* file://* tauri://* vscode-webview://* vscode-file://*] OLLAMA_SCHED_SPREAD:false ROCR_VISIBLE_DEVICES:]"
保留 1GB 的 VRAM
模型的閒置時間設定為 1 分鐘

測試環境變數效果：

我們另外開啟一個終端，運行 deepseek-r1:32b (19GB) 模型來測試環境變數設定是否生效。以下為 Ollama Serve 所輸出的追蹤日誌。可以發現，在運行模型時會額外預留 1GB 的 VRAM, 另外模型閒置 1 分鐘未使用就會從記憶體中釋出。

```
[GIN] 2025/08/15 - 16:01:21 | 200 |     36.9589ms |       127.0.0.1 | GET      "/api/tags"
[GIN] 2025/08/15 - 16:01:27 | 200 |            0s |       127.0.0.1 | HEAD     "/"
[GIN] 2025/08/15 - 16:01:27 | 200 |    257.2811ms |       127.0.0.1 | POST     "/api/show"
time=2025-08-15T16:01:28.358+08:00 level=INFO source=server.go:135 msg="system memory" total="31
.7 GiB" free="18.8 GiB" free_swap="43.8 GiB"
time=2025-08-15T16:01:28.360+08:00 level=INFO source=server.go:175 msg=offload library=cuda laye
rs.requested=-1 layers.model=65 layers.offload=42 layers.split="" memory.available="[14.9 GiB]"
memory.gpu_overhead="1.0 GiB" memory.required.full="20.7 GiB" memory.required.partial="13.7 GiB"
 memory.required.kv="1.0 GiB" memory.required.allocations="[13.7 GiB]" memory.weights.total="18.
1 GiB" memory.weights.repeating="17.5 GiB" memory.weights.nonrepeating="609.1 MiB" memory.graph.
full="348.0 MiB" memory.graph.partial="916.1 MiB"
llama_model_loader: loaded meta data with 26 key-value pairs and 771 tensors from C:\Users\User\
.ollama\models\blobs\sha256-6150cb382311b69f09cc0f9a1b69fc029cbd742b66bb8ec531aa5ecf5c613e93 (ve
rsion GGUF V3 (latest))
```

會保留 1GB 的 VRAM

如果查看工作管理員，也會發現運行模型時不會完全佔滿 VRAM：
效能   執行新工作   …

CPU   Video Encode   0%   Video Decode   0%
42% 3.74 GHz

記憶體
17.2/31.7 GB (54%)
                   專屬 GPU 記憶體   16.0 GB
磁碟 0 (C:)
SSD (NVMe)
7%

磁碟 1 (D:)   共用 GPU 記憶體   15.9 GB
SSD (NVMe)
0%   共用 GPU 記憶體

乙太網路
已傳送: 0 已接收: 0 Kbp

                   使用率   專屬 GPU 記憶體   驅動程式版本: 32.0.15.6076
GPU 0   94%   13.6/16.0 GB   驅動程式日期: 2024/7/23
NVIDIA GeForce RT   DirectX 版本: 12 (FL 12.1)
94% (53 °C)   GPU 記憶體   共用 GPU 記憶體 實體位置: PCI 匯流排 1，裝置 0，函數 0
                   19.0/31.9 GB 5.4/15.9 GB   硬體保留記憶體: 209 MB

GPU 1
Intel(R) Iris(R) Xe Gr...
14%
16GB VRAM 卻只佔用了 13.6GB，
有確實保留記憶體空間

❶ 最後一次發送請求的時間

C:\WINDOWS\system32\cmd...   +   —   □   ×

[GIN] 2025/08/15 - 15:54:12 | 200 | 16.2041504s | 127.0.0.1 | POST   "/api/chat"
time=2025-08-15T15:54:12.046+08:00 level=DEBUG source=sched.go:501 msg="context for request finished"
time=2025-08-15T15:54:12.047+08:00 level=DEBUG source=sched.go:341 msg="runner with non-zero duration has g
one idle, adding timer" runner.name=registry.ollama.ai/library/deepseek-r1:32b runner.inference=cuda runner
.devices=1 runner.size="20.7 GiB" runner.vram="13.7 GiB" runner.parallel=1 runner.pid=28408 runner.model=C:
nner.num_ctx=4096 duration=1m0s
time=2025-08-15T15:54:12.047+08:00 level=DEBUG source=sched.go:359 msg="after processing request finished e
vent" runner.name=registry.ollama.ai/library/deepseek-r1:32b runner.inference=cuda runner.devices=1 runner.
size="20.7 GiB" runner.vram="13.7 GiB" runner.parallel=1 runner.pid=28408 runner.model=C:\Users\User\.ollam
time=2025-08-15T15:55:12.048+08:00 level=DEBUG source=sched.go:343 msg="timer expired, expiring to unload"
runner.name=registry.ollama.ai/library/deepseek-r1:32b runner.inference=cuda runner.devices=1 runner.size="
20.7 GiB" runner.vram="13.7 GiB" runner.parallel=1 runner.pid=28408 runner.model=C:\Users\User\.ollama\mode

▲ 此圖有額外開啟 `OLLAMA_DEBUG=2` 來查看更詳細的結果

> 本次所設定的環境變數只會影響這一次開啟的 Ollama Serve 喔！如果我們重新啟動 Ollama，會發現環境變數還是會使用原先的預設值，不會被影響。

3.3 設定系統環境變數

透過前一小節的方式可以修改 Ollama Serve 的啟動設定，但每次重啟服務就要重新設定一次，相當麻煩！若要解決這個問題，我們可以透過「系統環境變數」的方式一次設定好，之後每次啟動時就會自動套用相同的設定。

我們這次以 `OLLAMA_DEBUG` 和 `OLLAMA_GPU_OVERHEAD` 進行示範，分別進行 Windows 和 Mac 系統的環境變數設定。接下來就跟著步驟一起來吧！

Windows 的環境變數

開啟環境變數設定：

為了設定環境變數，我們需要進入到 Windows 的環境變數設定中。請按下 ⊞ + X 並選擇「系統」，進入到「進階系統設定」中，再點擊「環境變數」按鈕。

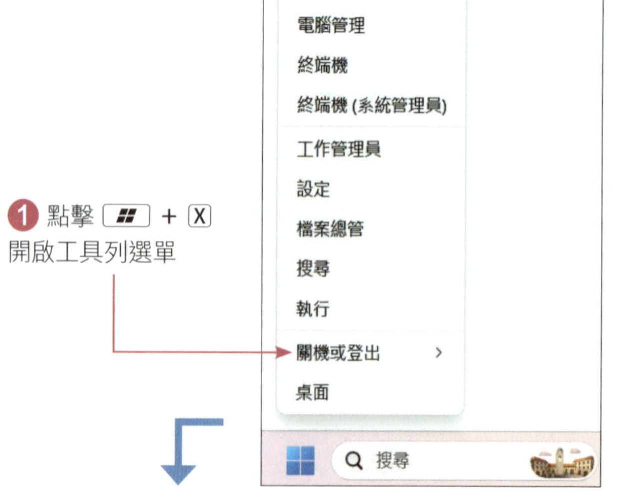

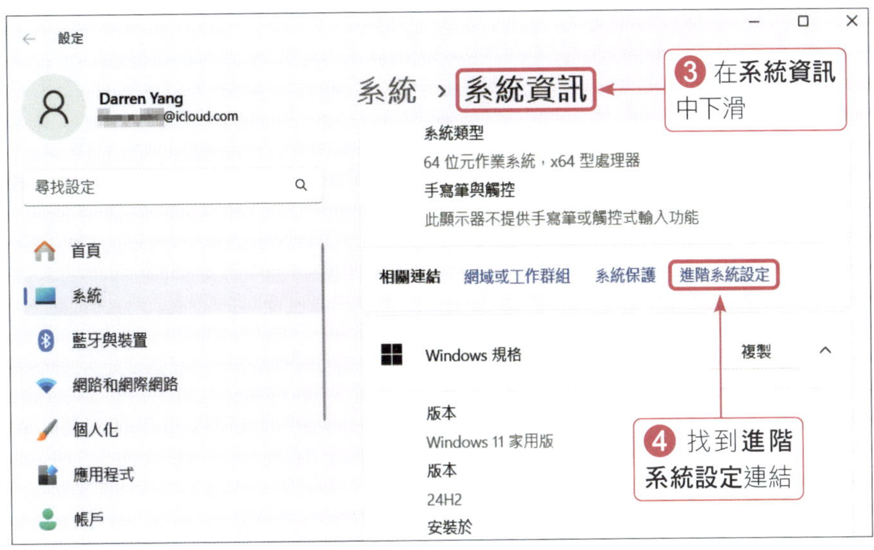

▲ 也可以透過「開始」中的「設定」進入到這個頁面喔！

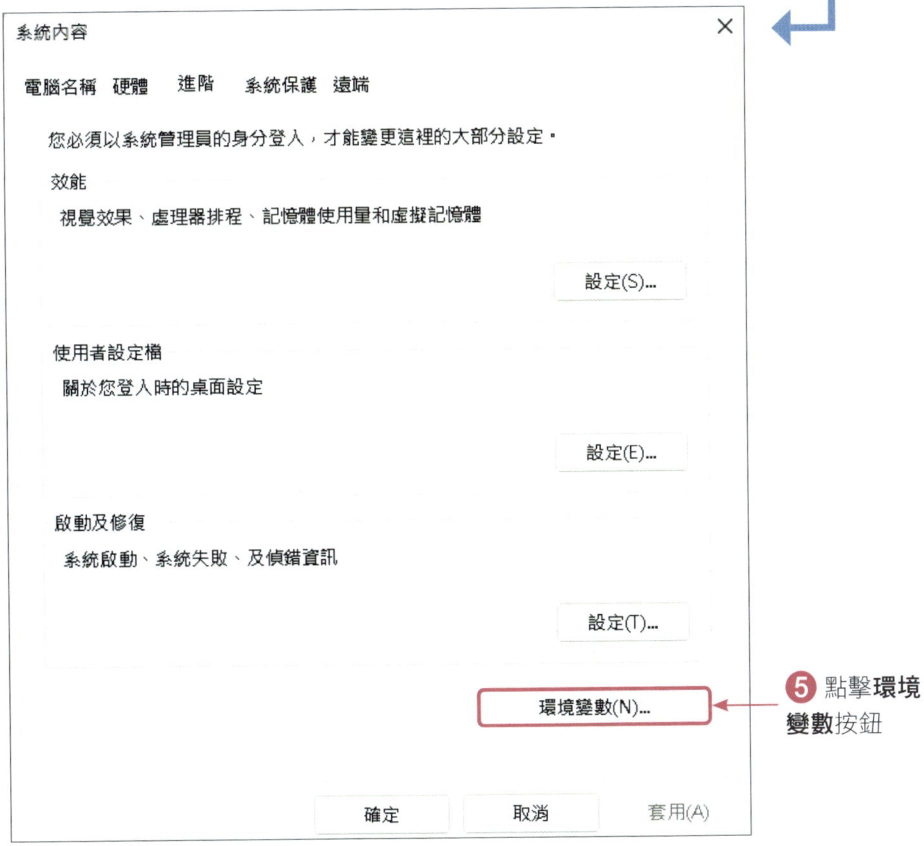

系統內容

電腦名稱　硬體　進階　系統保護　遠端

您必須以系統管理員的身分登入，才能變更這裡的大部分設定。

效能

視覺效果、處理器排程、記憶體使用量和虛擬記憶體

設定(S)...

使用者設定檔

關於您登入時的桌面設定

設定(E)...

啟動及修復

系統啟動、系統失敗、及偵錯資訊

設定(T)...

環境變數(N)...

5 點擊環境變數按鈕

確定　取消　套用(A)

新增系統變數：

接下來，我們就可以設定新的環境變數了。請在下方的「系統變數」區域點擊「新增 ...」，然後輸入**變數名稱**以及要設定的**變數值**。

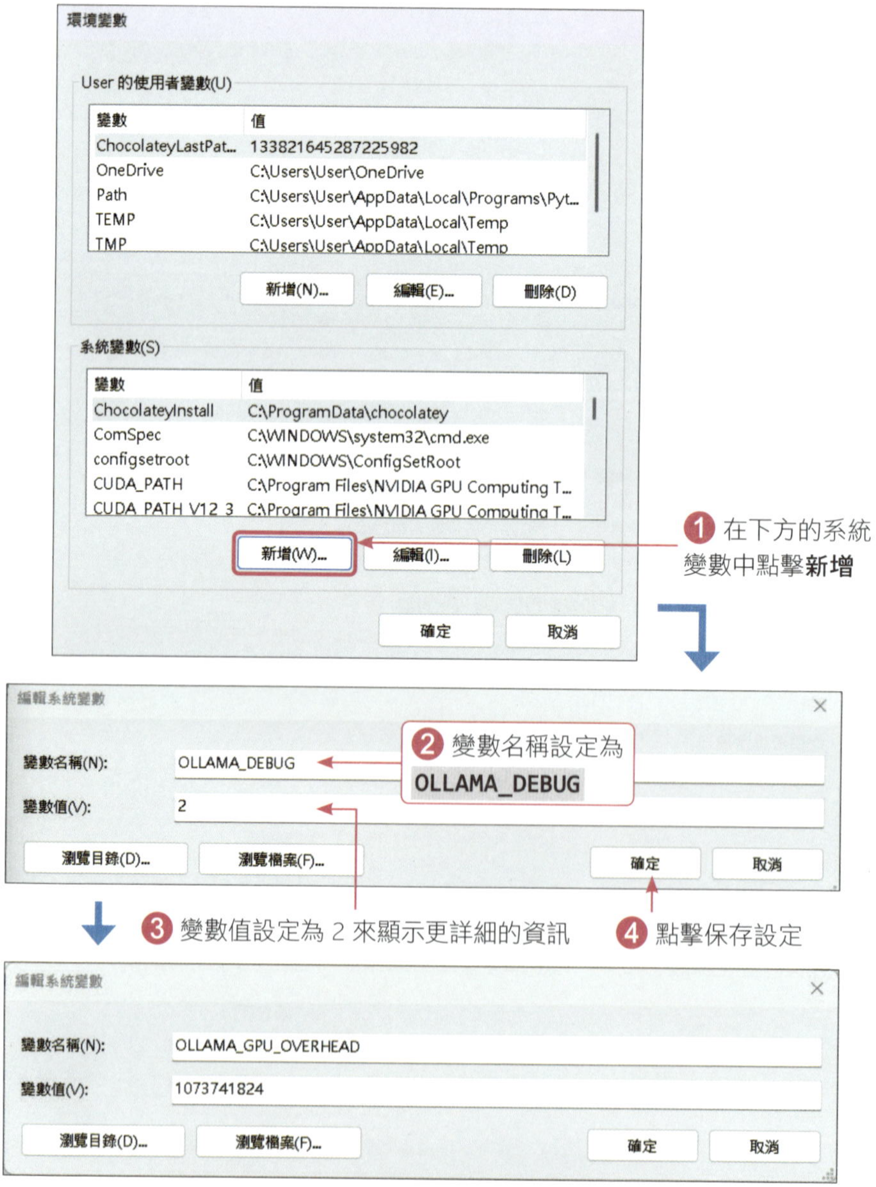

環境變數

User 的使用者變數(U)

變數	值
ChocolateyLastPat...	133821645287225982
OneDrive	C:\Users\User\OneDrive
Path	C:\Users\User\AppData\Local\Programs\Pyt...
TEMP	C:\Users\User\AppData\Local\Temp
TMP	C:\Users\User\AppData\Local\Temp

新增(N)... 編輯(E)... 刪除(D)

系統變數(S)

變數	值
ChocolateyInstall	C:\ProgramData\chocolatey
ComSpec	C:\WINDOWS\system32\cmd.exe
configsetroot	C:\WINDOWS\ConfigSetRoot
CUDA_PATH	C:\Program Files\NVIDIA GPU Computing T...
CUDA_PATH_V12_3	C:\Program Files\NVIDIA GPU Computing T...

新增(W)... 編輯(I)... 刪除(L)

確定 取消

❶ 在下方的系統變數中點擊**新增**

編輯系統變數

變數名稱(N): OLLAMA_DEBUG

變數值(V): 2

瀏覽目錄(D)... 瀏覽檔案(F)... 確定 取消

❷ 變數名稱設定為 `OLLAMA_DEBUG`

❸ 變數值設定為 2 來顯示更詳細的資訊

❹ 點擊保存設定

編輯系統變數

變數名稱(N): OLLAMA_GPU_OVERHEAD

變數值(V): 1073741824

瀏覽目錄(D)... 瀏覽檔案(F)... 確定 取消

▲ ❺ 接著同樣對 `OLLAMA_GPU_OVERHEAD` 進行設定

測試環境變數效果：

到這邊，系統環境變數就設定完成了！接下來需要重新啟動 Ollama Serve 來讀取新的環境變數設定。

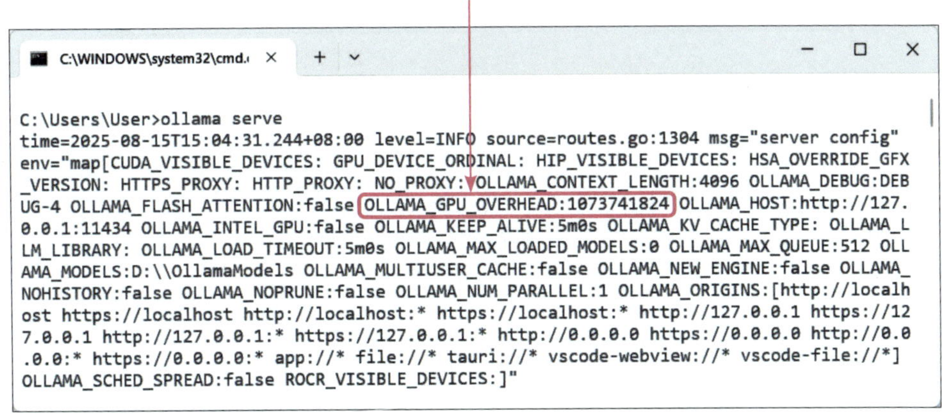

設定成功！系統會幫我們保留 1GB 的 VRAM
C:\WINDOWS\system32\cmd.
C:\Users\User>ollama serve
time=2025-08-15T15:04:31.244+08:00 level=INFO source=routes.go:1304 msg="server config" env="map[CUDA_VISIBLE_DEVICES: GPU_DEVICE_ORDINAL: HIP_VISIBLE_DEVICES: HSA_OVERRIDE_GFX_VERSION: HTTPS_PROXY: HTTP_PROXY: NO_PROXY: OLLAMA_CONTEXT_LENGTH:4096 OLLAMA_DEBUG:DEBUG-4 OLLAMA_FLASH_ATTENTION:false OLLAMA_GPU_OVERHEAD:1073741824 OLLAMA_HOST:http://127.0.0.1:11434 OLLAMA_INTEL_GPU:false OLLAMA_KEEP_ALIVE:5m0s OLLAMA_KV_CACHE_TYPE: OLLAMA_LLM_LIBRARY: OLLAMA_LOAD_TIMEOUT:5m0s OLLAMA_MAX_LOADED_MODELS:0 OLLAMA_MAX_QUEUE:512 OLLAMA_MODELS:D:\\OllamaModels OLLAMA_MULTIUSER_CACHE:false OLLAMA_NEW_ENGINE:false OLLAMA_NOHISTORY:false OLLAMA_NOPRUNE:false OLLAMA_NUM_PARALLEL:1 OLLAMA_ORIGINS:[http://localhost https://localhost http://localhost:* https://localhost:* http://127.0.0.1 https://127.0.0.1 http://127.0.0.1:* https://127.0.0.1:* http://0.0.0.0 https://0.0.0.0 http://0.0.0.0:* https://0.0.0.0:* app://* file://* tauri://* vscode-webview://* vscode-file://*] OLLAMA_SCHED_SPREAD:false ROCR_VISIBLE_DEVICES:]"

▲ Ollama Serve 在啟動時也會顯示更多詳細資訊

到這邊，系統環境變數就設定完成了。而這次所影響的不只是 Ollama Serve 而已，每次啟動 Ollama 應用程式時也都會套用該設定！另外，如果想要刪除環境變數的話，也可以同樣透過系統環境變數的設定頁面來修改。

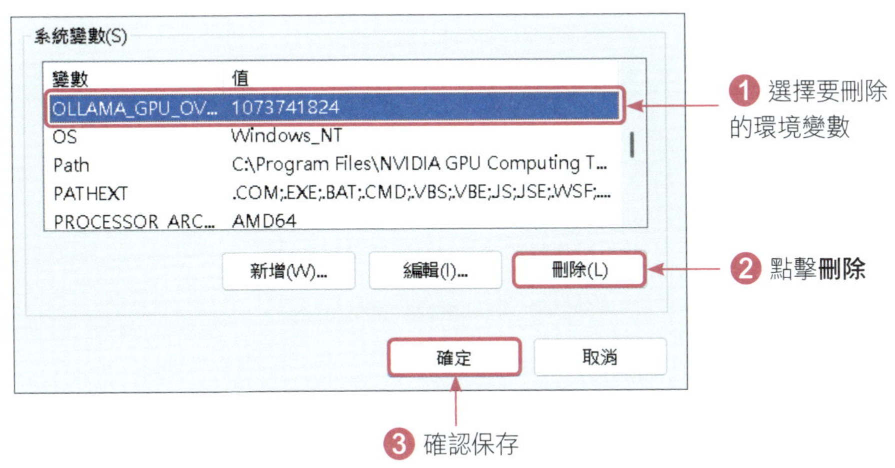

系統變數(S)
變數 值
OLLAMA_GPU_OV... 1073741824
OS Windows_NT
Path C:\Program Files\NVIDIA GPU Computing T...
PATHEXT .COM;.EXE;.BAT;.CMD;.VBS;.VBE;.JS;.JSE;.WSF;...
PROCESSOR_ARC... AMD64
新增(W)...
編輯(I)...
刪除(L)
確定
取消
1 選擇要刪除的環境變數
2 點擊刪除
3 確認保存

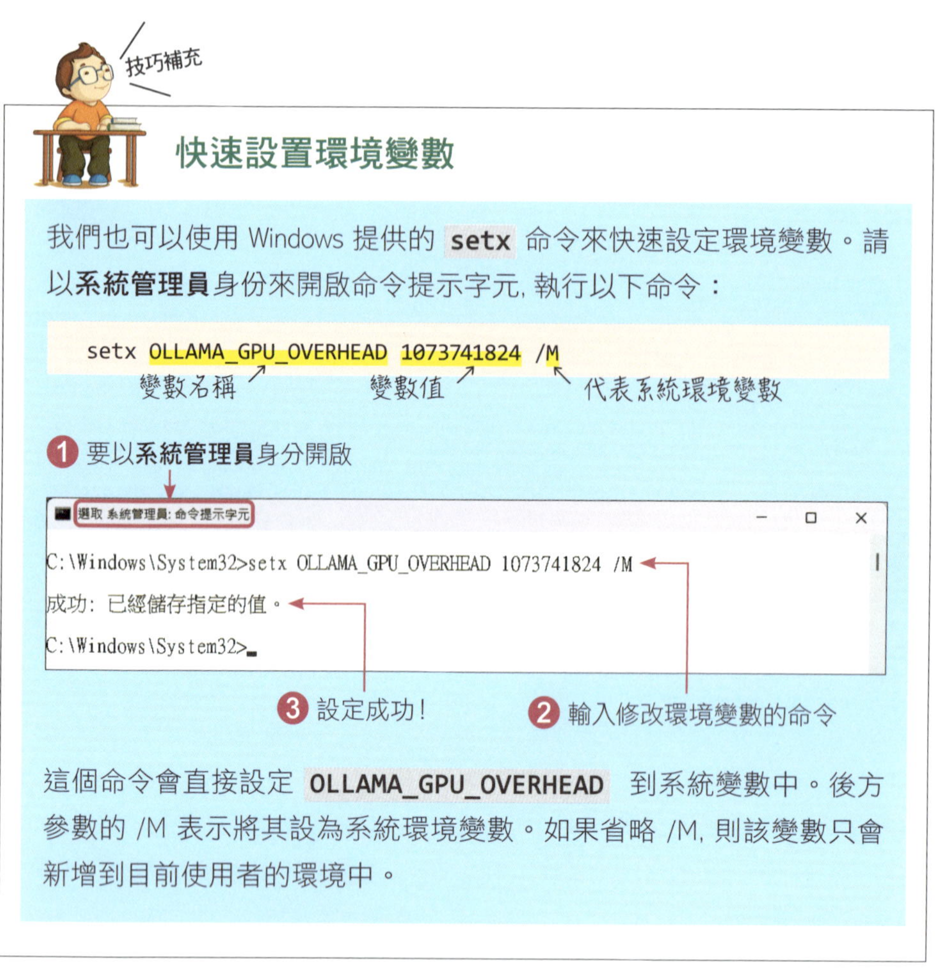

技巧補充

快速設置環境變數

我們也可以使用 Windows 提供的 **`setx`** 命令來快速設定環境變數。請以**系統管理員**身份來開啟命令提示字元, 執行以下命令：

```
setx OLLAMA_GPU_OVERHEAD 1073741824 /M
```


這個命令會直接設定 **`OLLAMA_GPU_OVERHEAD`** 到系統變數中。後方參數的 /M 表示將其設為系統環境變數。如果省略 /M, 則該變數只會新增到目前使用者的環境中。

macOS 的環境變數

在 masOS 系統中, 我們可以透過 **`launchctl setenv`** 命令來設定環境變數, 讓它在該工作階段生效, 如下所示：

```
launchctl setenv OLLAMA_GPU_OVERHEAD 1073741824
```

當然, 其他的環境變數也可以透過此方式來設定。但要特別注意的是, 重新開機後 Mac 會重啟工作階段, **透過 `launchctl setenv` 所設定的環境變數也會遺失**。如果要設定「永久」的環境變數, 需要建立一個 **.plist** 的設定檔, 並放入到 **~/Library/LaunchAgents** 的資料夾下, 讓 Mac 在開機時自動執行。

LaunchAgents 是 macOS 中用來管理「使用者環境」的常見路徑, 會在使用者登入時透過 `launchd` (masOS 的服務管理, 負責背景程序執行時的各種事宜) 自動載入設定檔；設定檔 **.plist** 則是 `launchd` 執行時的宣告文件, 採用 XML 格式, 用來讓其了解程式的啟動時機、命令、環境變數等設定。

設定環境變數的步驟如下：

建立預置檔：

我們可以開啟「文字編輯」輸入以下內容, 儲存成副檔名為 **.plist** 的純文字檔 (**讀者可直接透過服務專區下載**)：

```
<?xml version="1.0" encoding="UTF-8"?>
<!DOCTYPE plist PUBLIC "-//Apple//DTD PLIST 1.0//EN" "http://www.apple.com/
DTDs/PropertyList-1.0.dtd">
<plist version="1.0">
<dict>
  <key>Label</key><string>ollama-env</string>
  <key>ProgramArguments</key>
  <array>
    <string>/bin/sh</string>
    <string>-c</string>
    <string>
      /bin/launchctl setenv OLLAMA_DEBUG 2;
      /bin/launchctl setenv OLLAMA_GPU_OVERHEAD 1073741824
    </string>
  </array>
  <key>RunAtLoad</key><true/>
</dict>
</plist>
```

❶ 放入要設定的環境變數

移動到 LaunchAgents 資料夾：

接下來我們要將檔案移動到使用者層的 **~/Library/LaunchAgents** 資料夾下，重新啟動 Mac 後就會自動讀取環境變數設定。另外，因為**資源庫 (Library)** 通常會被隱藏起來，建議透過 **Finder** 的**前往資料夾**直接進入。

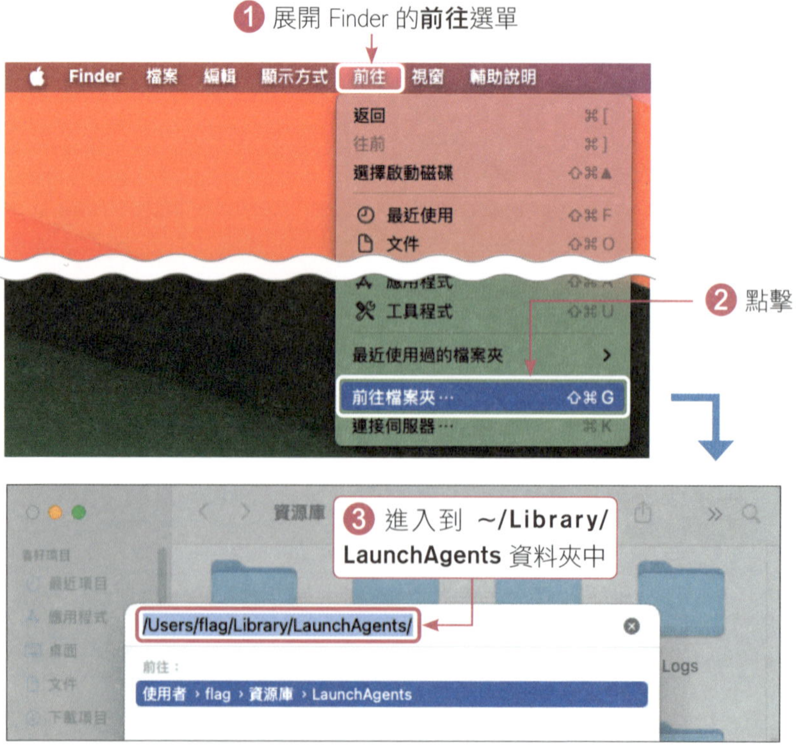

▲ 如果沒有 LaunchAgents 資料夾的話可以自行創建

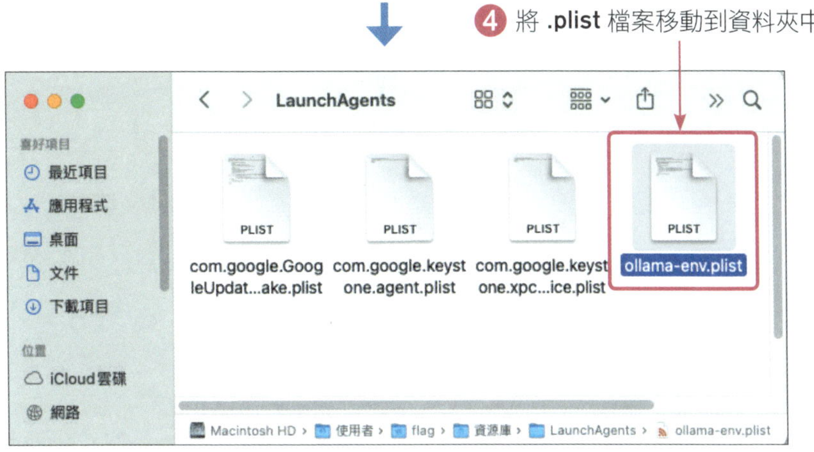

注意！要進入到「使用者」底下的 **~/Library/LaunchAgents** 喔！如果錯選為「系統層」的 **/Library/LaunchAgents**，會有權限問題，不建議使用。

完成後，重新登入使用者或開機後就會自動讀取所設定的環境變數了！未來如果要移除環境變數的話，只要把檔案刪除即可。

Step 3 測試環境變數效果：

我們可以新開一個終端，透過 `launchctl getenv` 命令來確認環境變數是否有被設定成功。

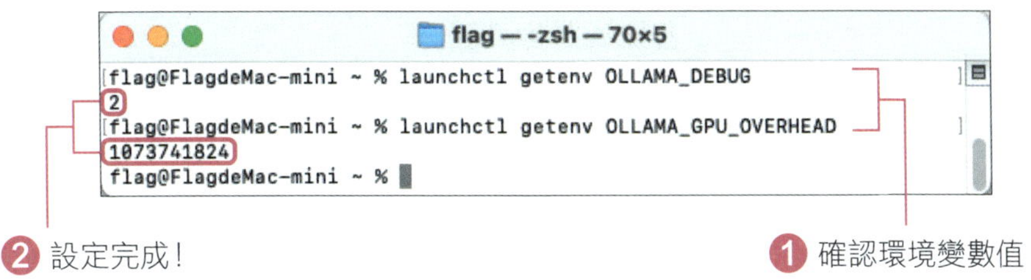

3.4 Ollama 的 GPU 設定

GPU 擅長平行計算, 在處理大型語言模型時能提供遠高於 CPU 的效能, 因此理解 Ollama 的 GPU 設定是重中之重。在本節中, 我們會介紹 Ollama 對 GPU 的支援條件 (例如硬體規格需求)、如何確保系統正確使用 GPU 進行加速, 讓你充分掌握 Ollama 的 GPU 設定。

GPU 加速

Ollama 的 GPU 加速支援市面上大多數具備足夠運算能力的顯示卡, 包含大部分的 NVIDIA 系列、AMD 的 RX 6000/7000 系列、Mac M1 晶片以上。如果規格符合的話, **Ollama 預設就會自動使用 GPU 進行加速了**, 所以不需要額外設定, 它會將所有可用到 GPU 資源都用上。讀者可進入以下網站來確認自己的顯示卡是否支援加速：

```
https://github.com/ollama/ollama/blob/main/docs/gpu.md
```

Nvidia

Ollama supports Nvidia GPUs with compute capability 5.0+.

Check your compute compatibility to see if your card is supported: https://developer.nvidia.com/cuda-gpus

Compute Capability	Family	Cards
9.0	NVIDIA	H200 H100
8.9	GeForce RTX 40xx	RTX 4090 RTX 4080 SUPER RTX 4080 RTX 4070 Ti SUPER RTX 4070 Ti RTX 4070 SUPER RTX 4070 RTX 4060 Ti RTX 4060
	NVIDIA Professional	L4 L40 RTX 6000
8.6	GeForce RTX 30xx	RTX 3090 Ti RTX 3090 RTX 3080 Ti RTX 3080 RTX 3070 Ti RTX 3070 RTX 3060 Ti RTX 3060 RTX 3050 Ti RTX 3050
	NVIDIA Professional	A40 RTX A6000 RTX A5000 RTX A4000 RTX A3000 RTX A2000 A10 A16 A2
8.0	NVIDIA	A100 A30
7.5	GeForce GTX/RTX	GTX 1650 Ti TITAN RTX RTX 2080 Ti RTX 2080 RTX 2070 RTX 2060

▲ 網站上會列出支援 GPU 加速的顯示卡型號

對於 NVIDIA 系列的顯示卡來說，要求計算能力需達到 **Compute capability 5.0** (約 GTX 750 Ti 以上等級)，才能使用 Ollama 的 GPU 加速功能。如果你的規格符合要求，基本上不用特別安裝 **CUDA Toolkit** (NVIDIA 提供的 GPU 平行運算開發套件)，**我們只要將顯卡驅動更新至 CUDA Version 11.8 以上即可**。使用 NVIDIA 顯卡的讀者，可以在終端機中輸入以下指令來查看 CUDA 版本：

```
nvidia-smi
```

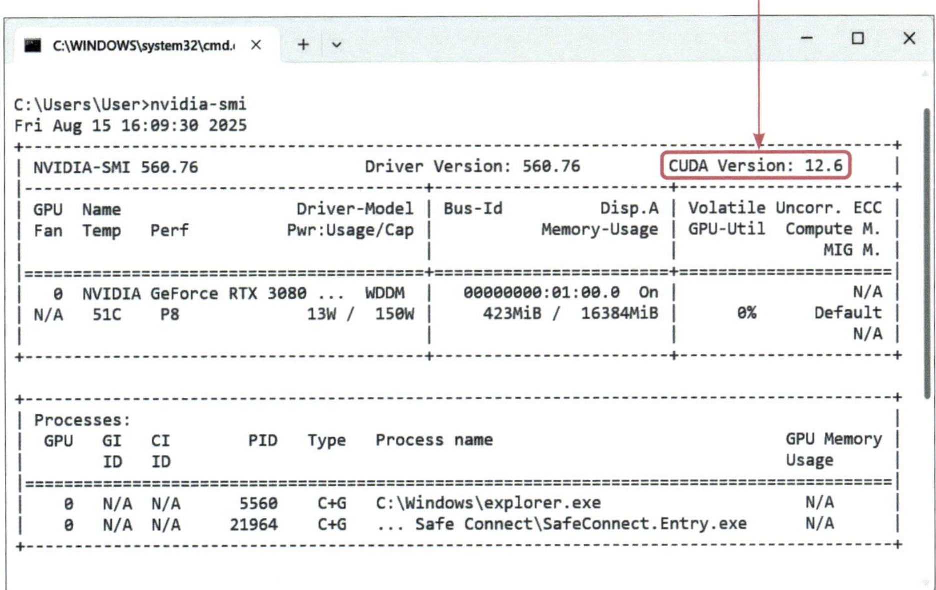

```
C:\Users\User>nvidia-smi
Fri Aug 15 16:09:30 2025
+-----------------------------------------------------------------------------------------+
| NVIDIA-SMI 560.76                 Driver Version: 560.76         CUDA Version: 12.6     |
|-----------------------------------------+------------------------+----------------------+
| GPU  Name                  Driver-Model | Bus-Id          Disp.A | Volatile Uncorr. ECC |
| Fan  Temp   Perf          Pwr:Usage/Cap |           Memory-Usage | GPU-Util  Compute M. |
|                                         |                        |               MIG M. |
|=========================================+========================+======================|
|   0  NVIDIA GeForce RTX 3080 ...   WDDM |   00000000:01:00.0  On |                  N/A |
| N/A   51C    P8             13W /  150W |     423MiB /  16384MiB |      0%      Default |
|                                         |                        |                  N/A |
+-----------------------------------------+------------------------+----------------------+

+-----------------------------------------------------------------------------------------+
| Processes:                                                                              |
|  GPU   GI   CI        PID   Type   Process name                              GPU Memory |
|        ID   ID                                                               Usage      |
|=========================================================================================|
|    0   N/A  N/A      5560    C+G   C:\Windows\explorer.exe                     N/A      |
|    0   N/A  N/A     21964    C+G   ... Safe Connect\SafeConnect.Entry.exe      N/A      |
+-----------------------------------------------------------------------------------------+
```

確認是否大於 11.8 版本，否則需更新顯卡驅動

確認是否有用到 GPU 加速

當確定硬體支援 GPU 加速後，我們可以在執行模型時檢查是否真的有使用到 GPU。方法是在啟動模型後，另開一個終端機執行第 2 章介紹過的 `ollama ps` 命令。在 PROCESSOR 欄位可以看到 CPU / GPU 的使用佔比：

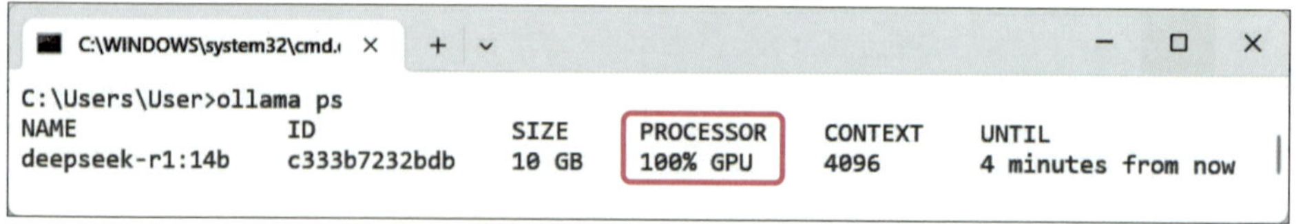

C:\WINDOWS\system32\cmd.
C:\Users\User>ollama ps
NAME ID SIZE PROCESSOR CONTEXT UNTIL
deepseek-r1:14b c333b7232bdb 10 GB 100% GPU 4096 4 minutes from now

▲ 模型完全使用 GPU 運算, 速度較快

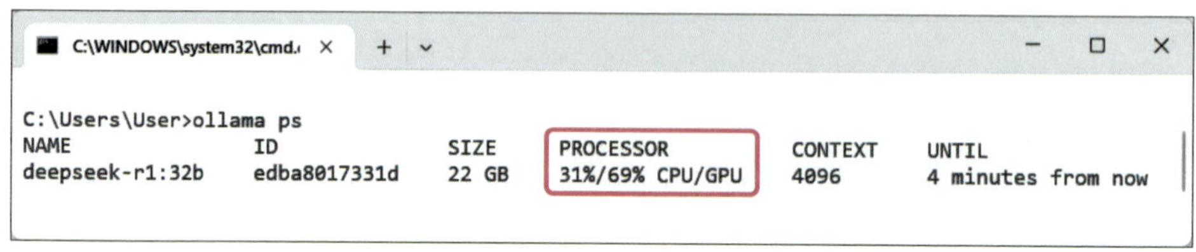

C:\WINDOWS\system32\cmd.
C:\Users\User>ollama ps
NAME ID SIZE PROCESSOR CONTEXT UNTIL
deepseek-r1:32b edba8017331d 22 GB 31%/69% CPU/GPU 4096 4 minutes from now

▲ CPU 與 GPU 協作模式, 速度會較慢

若有顯示 GPU 的佔比, 就表示確實有用到 GPU。在 100% GPU 的情況下, 代表模型全部載入 VRAM, 完全使用 GPU 運行。如果只用到部分 GPU 的話, 需要檢查模型大小是否超出 VRAM 容量、是否執行過多的應用程式；如果顯示 100% CPU, 請回頭檢查你的顯卡規格是否符合要求、驅動是否更新。

總而言之, 現在的 Ollama 非常聰明, 會自動判斷你的硬體設備並進行 GPU 加速, 我們其實不用做太多額外設定 (尤其是在單一顯卡的設備上)。在下一章中, 我們會介紹不同容量模型的設備要求並進行多方速度測試, 幫助你輕鬆選擇最適合的設備！

CHAPTER

4

模型的設備要求以及速度測試

在本章中，我們將帶你快速掌握在本機運行大型語言模型時「硬體規格到底要怎麼挑？」的眉眉角角。首先會從**浮點數**、**量化**、**壓縮方式**等模型規格的基本觀念開始介紹，這對於模型的檔案大小有非常重要的影響，決定了你的設備能不能成功運行。接著進一步了解 Ollama 是如何載入語言模型的，釐清 RAM 與 VRAM 的配合關係。然後透過實務的角度對不同大小的模型以及設備進行速度測試。相信閱讀完本章後，你就能根據需求來挑選適合的設備以及模型！

4.1 模型格式簡介

模型的容量大小直接決定了我們的設備能不能跑得動該模型！所以接下來，我們會說明哪些因素會對模型的容量造成影響，以及為什麼即使參數一樣，後方還會有那麼多種不同格式。

在 Ollama 的模型資訊頁中，我們可以看到許多不同格式及容量大小的模型。以 Phi-4 模型來說，分別提供了 **14b**、**14b-fp16**、**14b-q4_K_M**、**14b-q8_0** 等格式。我們先前有稍微介紹過 14b (billion) 為這個模型的參數數量，代表具有 140 億個參數。那後方為什麼會有不同格式呢？這些格式又代表什麼呢？

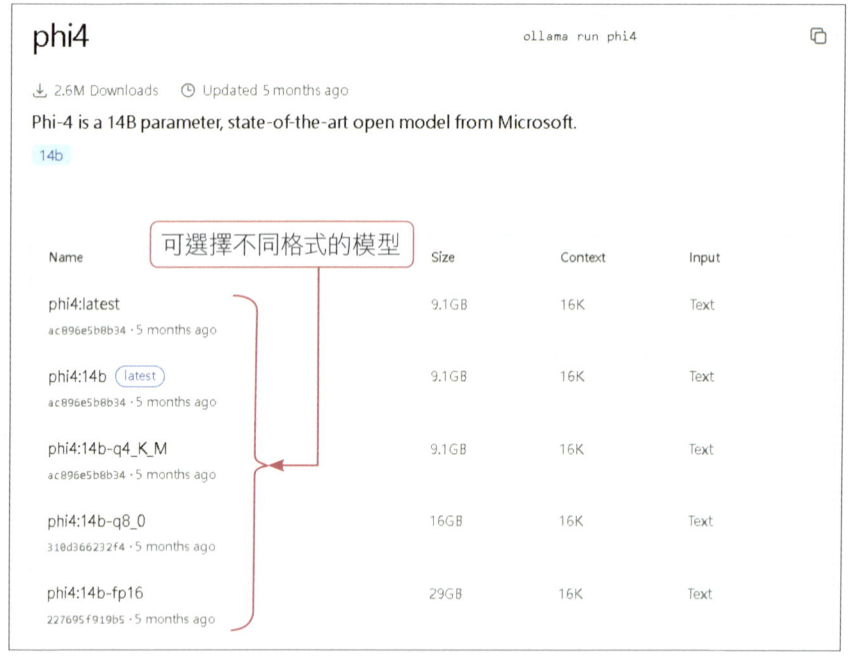

▲ Phi-4 的模型資訊頁

一個大參數模型的原始容量大小可能佔數百 GB 到數 TB 不等，一般的電腦根本跑不動，所以通常會透過一些方式來壓縮模型大小。這些後方的格式通常代表模型的**精度**、**量化**或**其它的壓縮方式**, 能夠有效地讓語言模型瘦身, 以便在個人的電腦設備上也能運行。在本節中, 我們會簡單介紹影響模型大小的關鍵因素。

浮點數精度 FP

phi4:14b-fp16				
227695f919b5	29GB	16K context window	Text input	4 months ago

▲ 後墜為 FP16, 代表參數的浮點數精度

後方格式中的 FP 代表**浮點數精度**, 也就是模型的**每個參數所佔的位元數 (bit)**, 例如 FP32 代表每個參數會佔 32 bit；FP16 則會佔 16bit。精度越高, 模型的推理結果會越準確, 但也需要更多的運算資源。

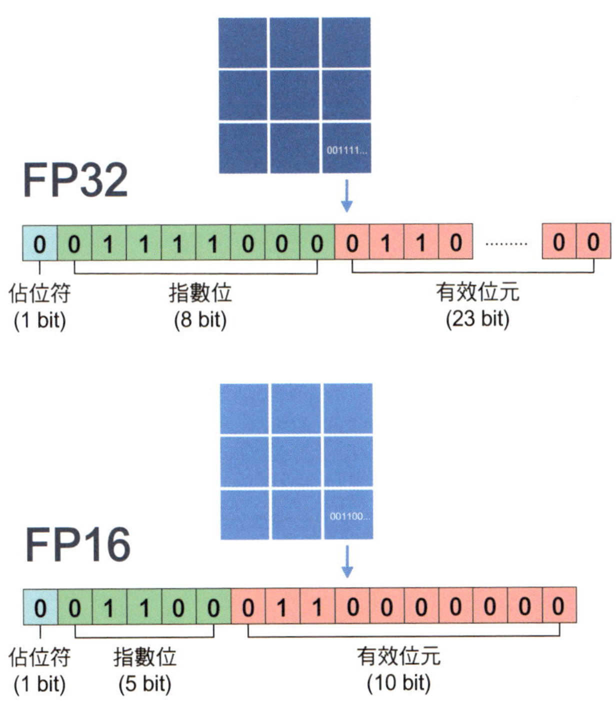

▲ 相較於 FP 16, FP32 的每個參數會佔據更多位元

基本上, LLM 模型的大小主要取決於**參數數量**以及**每個參數所佔的位元數**。以 FP16 來說, 一個參數會佔 16 bit。而我們在電腦上存儲的基本單位是以位元組 (Bytes) 標示, 也就是 8 bit。所以可以透過以下公式簡單計算模型大小:

$$模型大小\,(Bytes) = \frac{參數數量 \times 參數所佔位元}{8\,(bit)}$$

也就是說, 在相同的參數數量下, 如果**每個參數所佔的位元數越多, 模型的容量就越大**。早期在訓練模型時的標準規格為單精度 FP32, 但近期的主流規格為半精度 FP16 或採混合訓練的方式。根據研究指出, FP16 相較於 FP32, 模型效能損失的幅度非常小 (0.01%), 但可以換來成倍的速度和減半的模型體積, 這也是我們目前看到大部份的模型主要都提供 FP16 的原因。常見的浮點數精度有 FP32、FP16、BF16 和 FP8, 我們列表如下:

浮點數精度	每參數位元數	推估模型大小	說明
FP32	32 bit (4 Bytes)	10b 參數約 37.3GB	早期的訓練標準, 精度較高, 但所耗運算資源最高
FP16	16 bit (2 Bytes)	10b 參數約 18.6GB	目前主流架構, 在幾乎不影響模型效能的狀況下, 顯著加速運算
BF16	16 bit (2 Bytes)	10b 參數約 18.6GB	精度略低於 FP16, 但適合深度學習或大規模訓練用途
FP8	8 bit (1 Bytes)	10b 參數約 9.3GB	8 bit 格式, 可進一步加速, 但仍在發展中 (NVIDIA 實驗顯示, 精度幾乎可媲美 FP16)

量化 Quantization

phi4:14b-q4_K_M				
ac896e5b8b34	9.1GB	16K context window	Text input	4 months ago
phi4:14b-q8_0				
310d366232f4	16GB	16K context window	Text input	4 months ago

▲ 後墜 Q4、Q8 代表不同的量化方式

量化 (Quantization, 簡稱 Q) 指的是對**模型參數**與**中間層的運算結果**從**高精度 (浮點數) 轉換為低精度 (整數)** 的方式, 能進一步壓縮模型大小、加速運算效能, 同時盡可能維持模型原有的精度表現。目前大部份的模型會採用**訓練後量化**, 先完成 FP32 或 FP16 的高精度訓練, 得到參數權重後, 分群成一個個的**區塊 (blocks)** 並將其映射到一個整數範圍。核心概念是在允許的誤差範圍內, 用更少的位元數來表示原始數值。

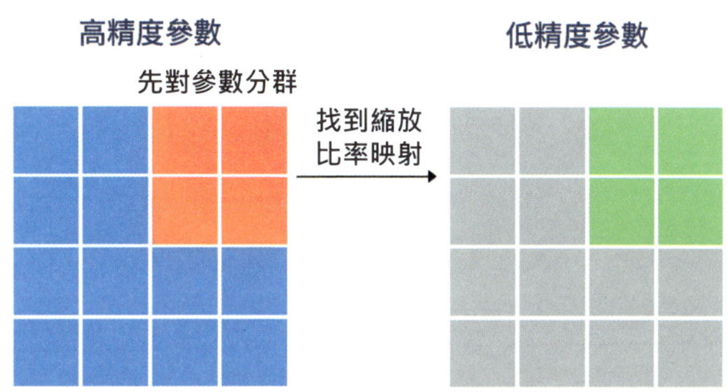

▲ 量化過程中, 通常會先對參數分群 (例如 32 個參數一組), 並將各區塊映射到低精度來保存

接著, 量化模型在運算時, 會將低精度的參數進行「還原」來近似原始參數, 參數還原的基本公式如下:

$$w = q \times \text{block\_scale}$$

其中, w 代表還原的近似權重, q 為壓縮後的整數權重, block_scale 為區塊縮放比率。

透過量化來壓縮模型大小, 可以降低載入到記憶體的容量, 對於硬體設備的需求也大幅降低, 基本上是在個人電腦運行的首選格式。常見的量化類型有 Q8、Q4 和 Q2, 後方 8/4/2 的數值代表參數壓縮後所佔的位元數, 位元數越少, 模型的壓縮率越高, 但誤差也會較大。例如 Q8 代表將參數壓縮為 8 bit; Q4 則為 4 bit。且不管原生模型是 FP32 或 FP16, 量化後模型的每個參數皆會佔據相同 bit。所以量化後的模型就不再以 FP 的方式表示，我們直接觀察 Q 後方的數值就能大致判斷每個參數所佔的位元數。

除此之外，我們在後綴中還能看到「_0/1」的格式 (例如 Q4_0、Q4_1)，這代表兩種不同區塊量化的方式。其中 **_0 (type-0) 為對稱量化**，還原權重的公式為 `w = q × block_scale`；**_1 (type-1) 為非對稱量化**，會多儲存一個**區塊最小值 (偏移項)**，這個偏移項是為了在參數還原時能夠更加近似原始參數，還原權重的公式為 `w = q × block_scale + block_minimum (偏移項)`。兩者的區別在於還原權重時是否加入偏移項，加入偏移項可以提高近似精度，但會額外耗費些許運算資源。

另一種常見的量化方式為「_K」系列，代表 k-quart，是一種二次量化的方式。以 Q4_K 來說，做法是將 32 個參數先分成一個**區塊 (block)**，每個區塊都會找到各自更精確的 block_scale 和 block_minimum，這組 block_scale 和 block_minimum 能夠讓整數權重還原到非常接近原始權重，可以把它想像成一本放大時的使用說明書。接著進入到二次量化，把 8 個區塊合併成一個**超級區塊 (super-blocks)**，透過超級區塊找到一組「共用基準」，把 8 組縮放比率和偏移項分別壓縮成 6 bit，二次量化的動作等於把說明書又縮小一次。解碼時會先用「共用基準」把 6 bit 的縮放比率和偏差進行還原，再用這組數值來還原 4 bit 權重。這樣一來，不僅可以進一步壓縮檔案，還能留偏移資訊並保留精度。

「_K」系列又分為「_K_L」、「_K_M」和「_K_S」，尾碼為 Large / Medium / Small 的縮寫。這三種格式在量化過程的細節中有所差異。簡單來說，其中「_K_L」的精度最高，但壓縮率較小；「_K_M」則是精度與壓縮率平衡的選項；「_K_S」的壓縮率最高，但會犧牲較多的精度。

下表為目前主流常見的量化類型：

常用的量化類型	每參數位元數	壓縮率 (相較 FP16)	說明
Q8_0 / Q8_1	8 bit	50%~55%	8 bit 量化，為傳統的量化方式
Q4_0 / Q4_1	4 bit	27%~30%	4 bit 量化，進一步縮小模型大小但犧牲精度
Q4_K_M / Q4_K_S	4.5 bit	29%~33%	K-quants 的改進量化方式，參數仍為 4 bit，但精度逼近 Q8 等級 (官方推薦使用 _K_M 版本)，為壓縮率和精度綜合得分最佳的主流格式
Q2_K	2.625 bit	18%~20%	極端量化方式，模型效果較差

量化後的參數會額外儲存**縮放比率**和**偏移項**，所以實際的檔案大小會比理論上來的高。

我們可以進入到 Ollama 的模型資訊頁來查看量化方式：

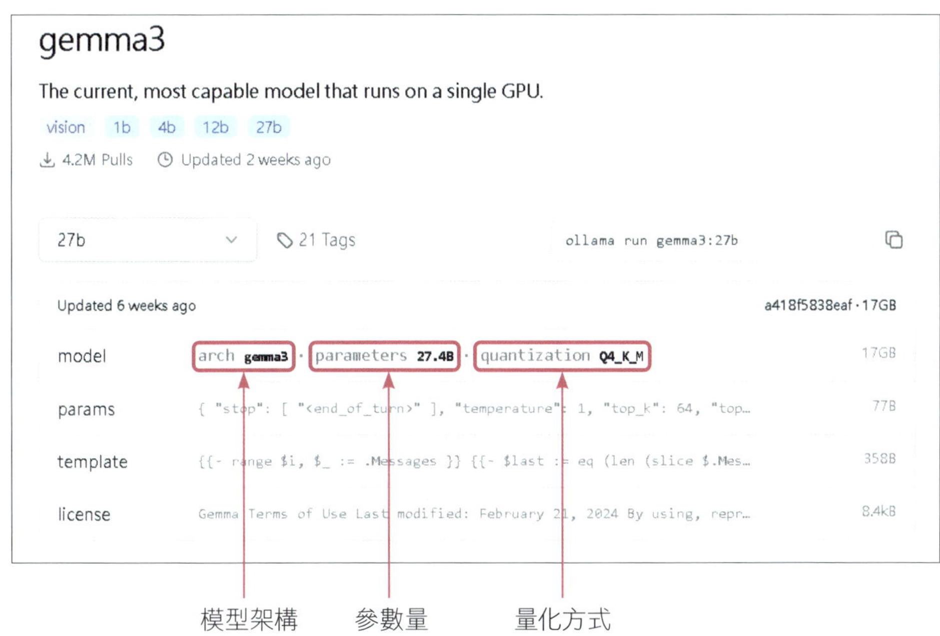

其他壓縮方式

除了基本的量化之外，有些模型還會搭配其他的壓縮方式進一步減少 LLM 的檔案大小。常見的方法有**參數剪枝 (Parameter Pruning)**、**低秩近似 (Low-Rank Approximation)** 以及**知識蒸餾 (Knowledge Distillation)**。讓我們一一介紹：

- **參數剪枝 (Parameter Pruning)**：顧名思義，參數剪枝是將神經網路中較不重要的參數修剪剔除，以達到減少模型大小和複雜度的目的，特別適合應用於特定領域中的小型模型。剪枝主要可以分為**結構化剪枝**與**非結構化剪枝**兩大類。結構化剪枝會依照一定的模式，直接刪除權重的層、行、列或區塊。好處是剪枝後的模型結構更為規則，能顯著提升速度和硬體效能，但對模型的傷害也較大，預測效能會有明顯下降；而非結構化剪枝則會先對參數的重要性進行評分，然後移除較不重要的參數，但這種做法也是有缺點的，由於刪除的參數分布較為零散，可能會造成**稀疏矩陣 (sparse matrices)**，不利於硬體的運算加速。而無論採用哪一種剪枝方法，都會造成模型的稀疏化，影響模型效能，後續通常需要透過**微調**來恢復準確度。

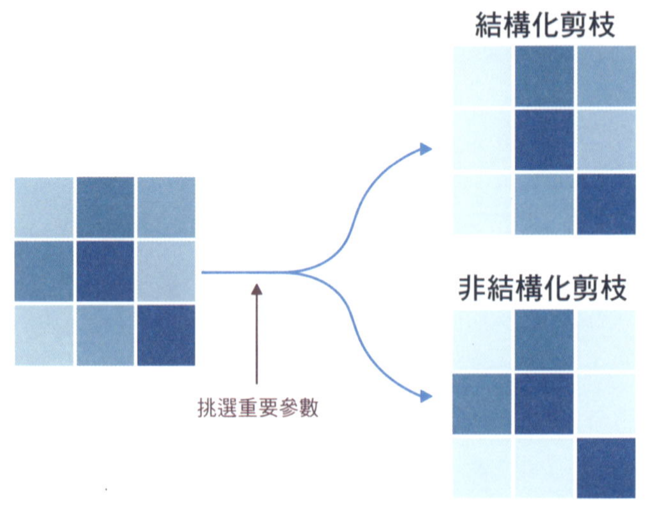

▲ 先評估參數重要性，再透過「結構化剪枝」整塊移除或「非結構化剪枝」零散移除不重要的參數

- **低秩近似 (Low-Rank Approximation)**：低秩近似是一種數學上的最佳化問題，基本概念是透過低秩 (low rank，資料維度或複雜度小) 的矩陣來逼近給定的原始權重矩陣。想像有一張解析度極高的腳踏車照片，我們將照片的尺寸壓縮成低解析度，雖然細節變少，但還是能透過顏色和形狀來辨別照片中的具體物件。低秩近似通常會透過 SVD (奇異值分解) 將原始矩陣拆成較小的矩陣相乘。舉例來說，假設有一個尺寸為 4096 × 8192 的參數矩陣，我們可以將其分解為矩陣 A (4096 × 4)、矩陣 B (4 × 8192)，相較於原本 3,355 萬個參數，分解後的參數量只有 49,152 個 (4096 × 4 + 4 × 8192)。這樣能大幅減少模型體積和計算量，同時保留模型中最關鍵的資訊。

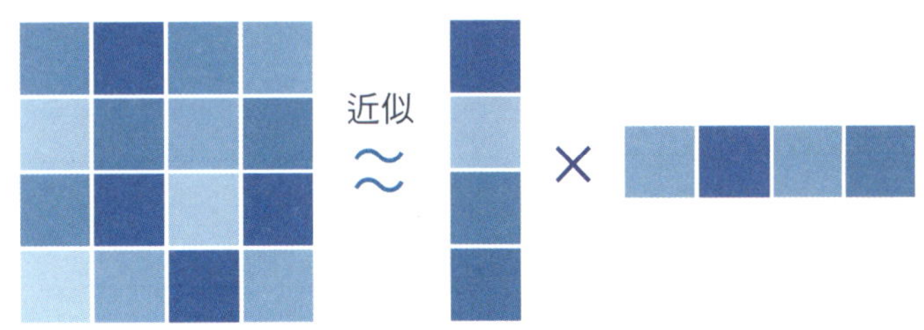

▲ 將大型矩陣拆解成兩個小矩陣相乘，以低秩近似大幅減少參數量，保留關鍵資訊

- **知識蒸餾 (Knowledge Distillation)**：知識蒸餾是直接用**大模型來訓練小模型**，這就好比一位老師將已經學會的知識傳授給學生，進一步提升學生模型在特定科目上的考試成績。在知識蒸餾的步驟中，我們會先將數據集 (問題) 輸入到教師模型，讓其產生「軟標籤」的回答。學生模型在訓練時，會同時參考原始資料標註和教師模型的答案，兩者加權後透過損失函數慢慢調整。雖然學生模型的架構和參數量較為簡化，但因為吸收了教師模型的知識，能大幅提升回答準確度。藉由知識蒸餾技術，不僅能簡化模型架構，後續還能透過微調的方式讓模型性能在數學、程式或圖像辨識…等特定任務的得分媲美、甚至超越原先的大模型。除此之外，知識蒸餾也能顯著降低模型的訓練成本，最著名的案例

就是中國深度求索公司所開發的 DeepSeek 模型，號稱所耗費的訓練成本僅花費 600 萬美元；相比之下，ChatGPT-4o 的訓練成本超過 10 億美元，可以說一經推出即引起 AI 業界的熱議。

在 LLM 中，教師模型輸出的「軟標籤」回答為每一步預測時，候選 token 的機率分佈。

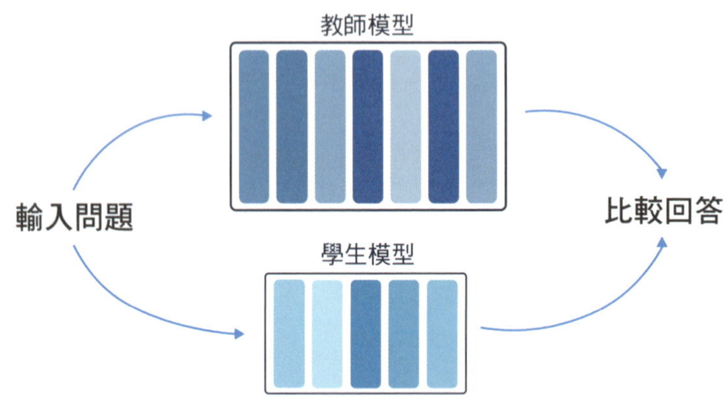

▲ 知識蒸餾會透過教師模型的回答，一步步修正學生模型的參數

OK！到這邊我們已經搞清楚了**模型參數**、**浮點數精度**、**量化**和**模型大小**之間的關係。接下來，還有一個非常重要的問題需要解決，就是「我們的電腦到底能跑得動多大的模型呢？」。

4.2 Ollama 是如何載入語言模型？

要解答「我們的電腦到底能跑得動多大的模型呢？」這個問題，就必須先了解 Ollama 是如何載入大型語言模型的。基本上，當使用 Ollama 載入大型語言模型時，首先會將模型的全部參數載入到電腦的**主記憶體 (RAM)** 中。也就是說，**RAM 的大小至少要高於模型本身的容量大小才能順利運**

行, 同時還需要保留額外的記憶體空間給系統、暫存結果和其他程式。舉例來說, 如果模型的檔案大小為 30GB, 而我們的記憶體空間為 32GB, 雖然勉強可以載入, 但幾乎沒有其他剩餘的空間了, 有可能會產生記憶體不足的情況。而模型成功**載入到 RAM 僅僅能夠確保可以在 CPU 上運行而已**, 雖然跑得動, 但實際上單靠 CPU 的運算速度非常慢 (慢到你可能會望著電腦螢幕懷疑人生)。

除了主記憶體之外, 如果希望利用 **GPU 加速**來提升大型語言模型的效能, 我們還必須考慮 **GPU 顯示卡記憶體 (VRAM) 的容量需求**。Ollama 在執行時會動態分配模型資源到 GPU, 它會將模型的全部或部分參數載入顯示卡的記憶體中, 利用 GPU 的平行計算來加速。但如果想要充分發揮 GPU 加速的效果, **最好的情況是將整個模型完全載入到 VRAM 中 (full load)**。如果模型不能完整載入 VRAM, 剩餘的部分則會由 CPU 參與處理, 這會使 GPU 的效能無法完全發揮, 造成運算速度下降。除此之外, 同樣也需要保留一些 VRAM 空間來存儲一般資源和運行結果。我們可以將模型容量 × 1.2 左右來簡單計算所需的 VRAM 要求, 例如模型的大小為 9GB, 代表大約需要至少 10.8GB 的顯存空間。而如果我們的 VRAM 只有 8GB, 自然無法完整裝下 9GB 的模型；這時 Ollama 會僅將部分模型參數載入 VRAM, 讓 GPU 處理這一部分, 其餘部分改由 CPU 運算。而由於 CPU 的核心數量較少且不擅長大規模平行運算, 處理大量模型數據時速度遠不如 GPU。結果就會變成 GPU 必需等待 CPU 運算完畢, 所以無法充分跑滿 GPU 的效能, 速度比起全程使用 GPU 運算也慢上一截。

運行狀況測試

下圖為筆者使用 32GB RAM 和 3080 Ti (16GB VRAM) 分別運行 deepseek-r1:14b (9GB 容量) 和 deepseek-r1:32b (20GB 容量) 時的情況。

運行 deepseek-r1:14b (9GB) 可完全載入 VRAM：

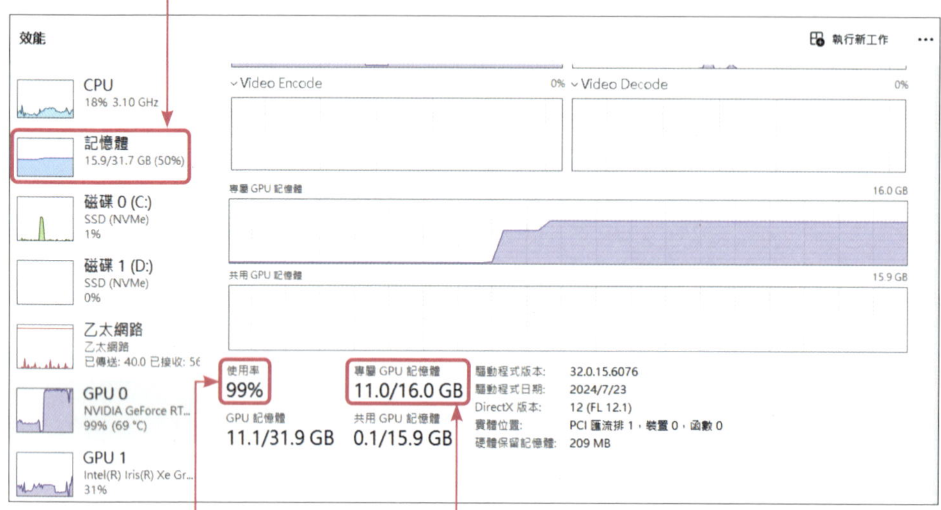

運行 deepseek-r1:32b (20GB) 無法完全載入 VRAM：

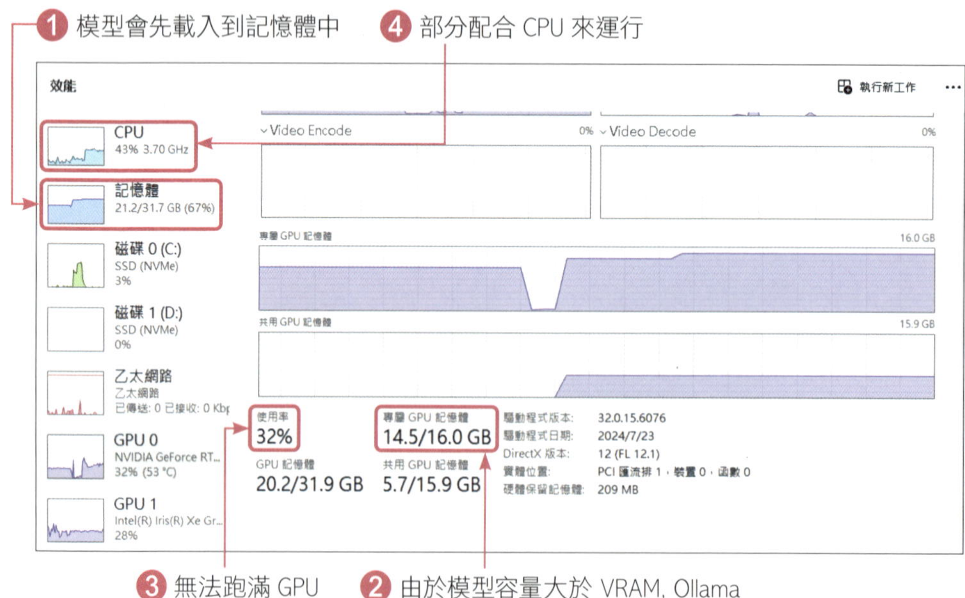

以上測試所使用的 RAM 為 32GB, 大於 deepseek-r1:14b 和 deepseek-r1:32b 的容量, 代表這兩種模型都可以順利載入運行。從第一張圖可以發現, 使用該設備運行 deepseek-r1:14b 時, 因為 VRAM (16GB) 大於模型容量 (9GB), 所以可以跑滿 GPU 效能 (使用率為 99%), CPU 則不會參與模型的運算工作 (使用率只有 18%), 在這種情況下模型的運行速度也會較快。而在運行 deepseek-r1:32b 時, 由於模型容量 (20GB) 超過 VRAM (16GB), 這樣模型就沒辦法完整地載入到 VRAM 中, 此時 Ollama 會將模型拆分給 CPU 和 GPU 協同處理。但由於 GPU 要等待 CPU 處理完畢, 所以沒辦法跑滿GPU 效能 (使用率只有 32%), 速度也會大幅降低。

簡單來說, 如果要判斷自己電腦跑不跑得動的模型的話, **第一步是檢查自己的 RAM 是否能夠載入模型**;再來若希望使用 GPU 加速的話, **第二步為檢查自己的 VRAM 大小**。至於 CPU 和 GPU 的等級, 主要會影響每秒輸出 tokens 數的快慢 (後面會詳細討論)。總而言之, 在確保記憶體足夠的前提下, 儘量讓模型完整跑在 GPU 上是達到最佳速度的關鍵。

Mac 的統一記憶體架構優勢

由於 Mac 電腦採用了**統一記憶體架構和**自家的 **M 系列晶片**, 其記憶體可以在 CPU 和 GPU 之間**共享使用**。這代表只要模型可以載入到主記憶體中, 運行時 GPU 就能直接存取這些資料並參與平行運算, 不需要像傳統 PC 一樣需要在 RAM 和 VRAM 之間來回搬運數據。因此 Mac 的這種架構讓它能更容易運行容量較大的模型。

經測試, 筆者使用 64GB 統一記憶體的 Mac mini 就可以成功運行 deepseek-r1:70b (43GB 容量), 速度也能達到不錯的標準。相比之下, 在其他系統上如果想要流暢運行這個 43GB 的大模型, 大概需要三張 4090 顯卡 (24GB VRAM × 3)。對於想在單一設備上運行更大模型的使用者來說, Mac mini 是個 CP 值頗高的選擇。

使用 Mac 運行 deepseek-r1:70b (43GB) 的情形：

▲ 在 Mac 中，只要模型能載入到主記憶體，就可以使用 GPU 加速運算

不過，Mac 的統一記憶體架構也有其限制。由於所有運算都共享同一個記憶體，當在 Mac 上進行多工處理時 (例如同時跑其他程式或多個模型)，這 64GB 記憶體不僅供 AI 模型使用，其他任務也會瓜分記憶體資源。除此之外，Mac 晶片雖然效能不俗，但內建 GPU 的算力、散熱和記憶體頻寬還是比不上桌上型高階獨立顯卡。因此在長時間、高負載運行時，Mac 晶片常常會因溫度上升而主動降速 (特別是被動散熱的 Mac 筆電更為明顯)。整體來說，Mac 的優勢在於可以運用大容量的統一記憶體運行更大模型，但在極限性能的狀況下，高階的獨立顯卡或具多顯卡的電腦仍有著速度上的優勢。

4.3 建議設備要求

單純運行 Ollama 這個框架所需的設備要求不高，重點在於「想要跑得動多大的模型」。以小模型 (約 1b 參數量) 來説，建議設備要求為具備基本的 4 核心 CPU、8GB 以上 RAM。也就是説，只要不是 10 幾年前的古董級電腦，現代的一般文書機都能在本地部署小規模的語言模型 (快不快是另一回事)。但如果想要跑得快、跑得順，則非常考驗你的顯卡以及 VRAM 大小。以下我們列出建議的設備要求以及注意事項：

- **硬碟空間 SSD、HDD：**語言模型的容量有大有小，從幾百 MB 到上百 GB 都有，可以根據你的需求以及要安裝的模型數量自行決定保留多少硬碟空間。當你變成重度使用者時，可能很快就變得跟筆者一樣，2TB 都覺得有點不夠用。

- **RAM：**RAM 決定了你能載入多大的模型。容量至少要略大於模型本身，並預留額外空間作為暫存和系統運行使用，建議可以抓**模型容量的 1.3 倍為 RAM 的預估要求**。

- **CPU：**當模型「無法完全載入」VRAM 時，CPU 才會參與運算，這時才能體現出 CPU 的性能。但老實説，不管多高階的 CPU，純靠它跑大型語言模型的速度真的很慢。因此，建議準備一般 4 核心以上的 CPU 即可，讓我們把重點放在顯示卡吧 (除非你用 Mac，由於採用統一記憶體架構，此時 Mac 晶片的等級就較為重要)。

- **顯示卡 / VRAM：**如果要説在本地運行 AI 時最重要的東西是什麼，那答案肯定是顯示卡等級和 VRAM 大小。**建議 VRAM 至少預留模型容量的 1.2 倍**。以下我們列出常見 NVIDIA 系列顯卡的 VRAM 大小，以及可順跑的模型容量參考：

適用模型容量	VRAM 大小	顯示卡
≤ 1GB	2GB	RTX 750 Ti, GTX 950, GTX 960, GTX 1050
≤ 2GB	4GB	GTX 970, GTX 980, GTX 1050 Ti, GTX 1650 Ti
≤ 3GB	6GB	GTX 980 Ti, GTX 1060, RTX 2060
≤ 6GB	8GB	GTX 1070, GTX 1070 Ti, GTX 1080, RTX 2070, RTX 2080, RTX 3050, RTX 3060 (8GB), RTX 3070, RTX 3070 Ti, RTX 4060, RTX 4060 Ti, RTX 5050, RTX 5060, RTX 5060 Ti (8GB)
≤ 8GB	11GB	GTX 1080 Ti, RTX 2080 Ti
≤ 10GB	12GB	RTX 3060 (12GB), RTX 3080, RTX 3080 Ti, RTX 4070, RTX 4070 Super, RTX 4070 Ti, RTX 5070
≤ 13GB	16GB	RTX 3080 Ti 16G, RTX 4060 Ti 16G, RTX 4070 Ti Super, RTX 4080, RTX 4080 Super, RTX 5060 Ti (16GB), RTX 5070 Ti, RTX 5080
≤ 20GB	24GB	RTX 3090, RTX 3090 Ti, RTX 4090
≤ 27GB	32GB	RTX 5090
≤ 70GB	80GB	A100, H100 (伺服器等級)
≤ 120GB	141GB	H200 (伺服器等級)

一般而言, 讓模型完整載入 VRAM 可以確保最佳效能。上表是以常見配置作為對照, 適用模型容量為量化後的估算值, 不同量化規格對於 VRAM 的影響非常小。舉例來說, 同樣都是 2GB 的模型, 一種為 Q4 量化；另一種為 Q8 量化。兩者在運行時所佔用的 VRAM 幾乎一模一樣, 所以只要考慮量化後的模型大小即可。

設備建議

綜合先前說明的設備條件並以 Q4_K_M 量化後的模型容量為例, 我們提供幾種實用設備組合建議, 方便不同需求的讀者參考：

- **小型模型 (1b ~ 4b 參數量)**：4 核心 CPU、8GB RAM, 搭配 6GB VRAM 的平價顯卡 (如 GTX 1060)。這套設備的成本非常低, 大約可順跑 gemma3:4b (3.3GB) 等級的小模型。如果只是想初步體驗在本地部署語言模型, 這樣的規格也能順利運行。

- **中型模型 (14b 以下參數量)**：8 核心以上 CPU、32GB RAM, 搭配 12GB VRAM 的中階顯卡 (如 RTX 3060 12G、RTX 4070 等)。有了較大的顯存, 這個配置可順利運行 gemma3:12b (8.1GB)、deepseek-r1:14b (9GB) 等中規模模型。對一般應用而言, 此類模型已能產生相當不錯的結果。

- **大型模型 (32b 以下參數量)**：12~16 核心以上 CPU、64GB RAM, 搭配 24GB VRAM 的高階顯卡 (如 RTX 4090 24G)。這套規格可應付更大型的模型, 例如 gemma3:27b (17GB)、deepseek-r1:32b (20GB)。因為 GPU 算力提升, 每秒生成的 token 速度會明顯比中階組合更快, 適合預算充裕且希望更流暢運行的讀者。

如果追求極致, 想順跑更大參數量的模型 (例如 43GB 的deepseek-r1:70b), 可以考慮配置多張 RTX 4090 顯卡。不過如果只是想嘗試看看, 筆者私心推薦可以使用搭載 64GB 記憶體的 Mac, 雖然速度上比不過 NVIDIA 系列的頂級顯卡, 但整體的價格會來得更經濟實惠。

4.4 模型速度測試

影響模型運行或回覆速度的因素有很多, 除了先前所提過的模型參數、浮點數、量化以及是否使用了其他壓縮方式之外, 最重要的就是我們的設備等級, 包括你的 CPU、GPU、記憶體頻寬….等。如果想要了解模型到底花了多少時間進行載入、解析提示、生成回覆, 我們可以在運行模型時啟用 `--verbose` 模式, 請在終端中輸入以下命令：

```
ollama run --verbose <模型名稱> "提示詞"
```

在後方加入提示詞可以查看模型初次載入到記憶體的時間

接著, 在模型回覆的下方可以看到詳細的統計資料：

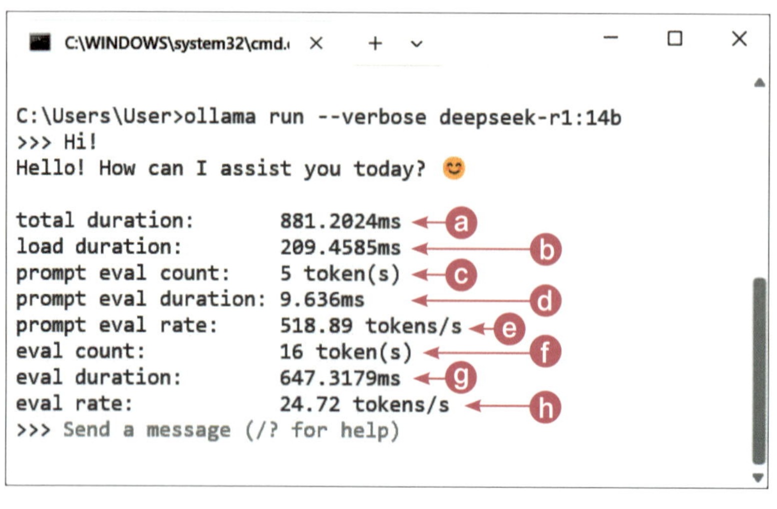

- a 總時長
- b 模型載入到 RAM/VRAM 的耗費時長
- c 提示詞數量
- d 模型讀取提示詞的時長
- e 讀取提示詞速率 (每秒)
- f 模型回覆的 token 數量
- g 回覆所耗費的時長
- h 回覆速率 (每秒)

上圖的詳細數據包含了模型從「載入 (load) → 讀取提示詞 (prompt eval) → 生成回覆 (eval)」各階段的時長分佈。其中, **totoal duration** 為全部的總時長。**load duration** 為模型載入到 RAM / VRAM 所耗費的時長, 在接續聊天時, 由於模型已經預先載入到記憶體中, 所以此數值通常不會超過數百毫秒。若要查看**實際載入時長**的話, 建議可以直接輸入 `ollama run --verbose <模型名稱> "提示詞"`。

接著, 當模型在運行時, 會將使用者所輸入的提示詞進行分詞、嵌入並解碼, 而 **prompt eval rate** 就是用來衡量這一階段處理速度的指標。在這些指標中, 最重要的就是 **eval rate**。模型處理完提示詞後, 會開始進行解碼迴圈, 每生成一個 token 就會重新進行運算並輸出下一個 token, 這個階段的速率即為 eval rate。簡單來說, eval rate 也就是每秒能生成多少個 tokens, 這會直接影響我們在跟模型聊天時的流暢度, 是不是會覺得卡頓。而對於 eval rate 影響最大的就是我們的 CPU 與 GPU 的等級。下表為筆者用不同設備對於各模型進行的測試：

模型 / 設備	gemma3:1b (815MB)	gemma3:12b (8.1GB)	qwen3:30b (19GB) (MoE 架構)	deepseek-r1:32b (20GB)	deepseek-r1:70b (43GB)
	每秒 tokens 輸出速率 (eval rate)				
i5-6198DU 930MX(不支援 GPU 加速) 8GB RAM	12.2	0.04	✕	✕	✕
Ryzen 5 7535HS RTX 4060 (8GB) 32GB RAM	122.24	9.15	10.05	3.14	✕
i7-12700 RTX 3080 Ti(16GB) 32GB RAM	169.96	47.17	12.57	6.15	0.1 (以虛擬記憶體運行)
i7-14700 RTX 4070 Ti Super(16GB) 64GB RAM	208.93	53.42	13.42	6.31	1.91
Mac mini M4 Pro (64GB 共用記憶體)	132.01	27.72	46.27	11.79	5.69

▲ 表中底色代表模型可完全載入 VRAM, 使用 GPU 加速

以上的測試模型皆為量化 Q4_K_M 格式, 其速度和效能的綜合得分最佳, 基本上是在個人電腦上運行的首選格式。

混合專家模型 (Mixture of Experts, MoE) 指的是一種大型語言模型在運算時的架構。當 MoE 在運行時, **每次只會啟動部分的模型參數, 不會整個模型全部一起運算, 因此速度也會比較快**。可以把它想像成是多個專家組成的團隊, 當遇到特定領域的專業問題時, 就調用團隊中的某幾個專家進行回答。以 qwen3:30b 模型為例, 全部參數為 30b, 但每次在運行時只會激活其中的 3b 參數。

從上表中可以發現，**模型能否完整載入 VRAM 對運行速度有顯著影響**。如果想要流暢運行模型，我們最先需要考慮的是 VRAM 的大小，**全 GPU 運行的速度大約是 CPU 運行的 3 倍以上**。以中階筆電 (Ryzen 5 7535HS) 為例，在運行 gemma3:1b 時可以達到 122.24 tokens/s；但在運行 gemma3:12b 等較大的模型，由於無法將模型完全載入 VRAM，差距就和其他更高階的設備拉開了，只能達到 9.15 tokens/s。相比之下，16GB VRAM 的顯卡因為能完全載入 gemma3:12b 模型，每秒輸出的 tokens 數量能達到 50 左右。

另外，有讀者可能會有疑問，模型容量大於 RAM 的話，能不能夠運行呢？答案其實是可以的，我們可以將硬碟空間作為虛擬記憶體來運行模型，但會非常、非常、非常的慢！在上表中透過 i7-12700 來運行deepseek-r1:70b (43GB) 模型時，由於 RAM 只有 32GB，無法完全載入模型，只能透過將硬碟空間作為虛擬記憶體來執行，可以看到 eval rate 只有 0.1 tokens/s。換句話說，要等 10 秒才能吐出 1 個 token…。

而 Mac 因為共用記憶體的關係，表現非常亮眼。雖然在跑 gemma3:1b 和 gemma3:12b 等小模型時，比不過 NVIDIA 系列的中高階顯卡，但由於其記憶體夠大，當運行參數較多的模型如 deepseek-r1:32b 和 70b 時，速度急起直追，eval rate 甚至反超達到 11.79 tokens/s 和 5.69 tokens/s。

另外值得一提的是 MoE 架構的模型。由於每次只會激活部分的參數來進行回答，因此在同等設備條件下，運行速度往往會比一般的模型快。例如上表中的 qwen3:30b (MoE) 模型，雖然參數量和容量皆與 deepseek-r1:32b 相近，但在各設備上的 eval rate 都是 deepseek-r1:32b 的 2~3 倍以上。透過使用 MoE 架構模型，可以在不升級設備的情況下讓速度有感提升，並維持不錯的推理效果。

CHAPTER

5

各種預訓練模型介紹

在本章中, 我們會介紹幾種目前最熱門的預訓練模型。這些模型各有特色, 能夠適用於各種不同的任務情境, 例如一般的**對話聊天**、**多語言翻譯**、**數學與邏輯推理**、**程式碼生成**、**函式呼叫**或**圖像辨識…**等。除此之外, 我們會對這些知名模型進行系統性的比較並評分, 讓使用者可以根據自己的需求來選擇適合的模型。

5.1 具不同功能的模型

在介紹各種不同的模型之前，先讓我們來釐清模型所支援的功能。在 Ollama 的模型首頁中可以看到四個大分類，分別為 **Embedding**、**Vision**、**Tools** 和 **Thinking**。不是都是語言模型嗎？這又有什麼差別呢？

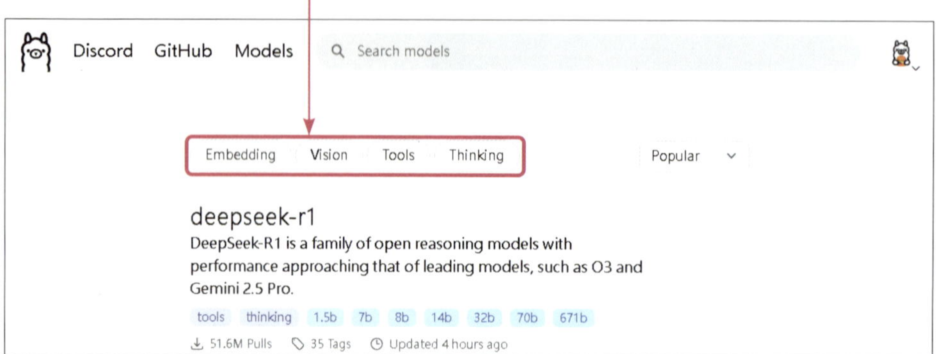

這四個標籤代表該模型所支援的功能，Embedding 為嵌入模型、Vision 是具備辨識圖像的模型、Tools 類的模型支援函式呼叫，而 Thinking 則代表推理模型。讓我們一一介紹。

這邊先簡單介紹這幾種模型的功能，我們在第 8 章會搭配程式詳細說明這些模型的實際使用方法。

Embedding 類模型

第一個要介紹的為 Embedding 模型，Embedding 模型的用途是將「文本轉成向量」，透過向量資料來保存語意資訊。簡單來說，語言模型在識別文字時並不像我們人類一樣能夠輕鬆了解語意訊息，例如：「天空中有鳥、雲和飛機」這一段話，對於人類來說很好理解，但對於電腦就只是 1 和 0 組成的數字編碼，本身沒有任何意義。Embedding 模型的用途就是將文本分詞後，映射到一個向量空間中，較有相關的詞彙的向量距離會比較靠近，無相關或相關性較少的則會有著較遠的向量距離，這樣**模型才能了解語意之間的關聯性**。

Embedding 模型主要用於文件檢索、文章相似度匹配、資料庫查詢等，也就是我們俗稱的**檢索增強生成 (RAG)** 架構。舉例來說，如果我有一份數千頁的「醫療指南」，當然不可能一口氣全部輸入到語言模型中。此時就可以透過 RAG 架構，先用 Embedding 模型將文件轉成向量來保存。未來當輸入問題到語言模型時，會先透過相關性搜尋的方式來查找向量資料庫中的資訊，模型就會透過檢索出的資料來回覆，進一步提升準確度，減少 AI 幻覺的產生。

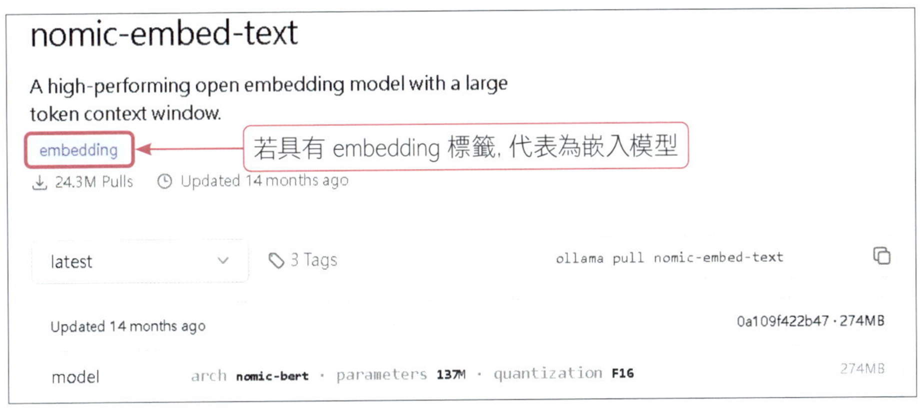

▲ 在模型資訊頁中，可以看到對應功能的標籤

Vision 類模型

Vision 類模型是一種**多模態模型**，**可以同時接受圖像和文字輸入**，擅長處理與圖像相關的辨識任務。相較於一般的 LLM 模型，Vision 類模型多了視覺編碼器 (例如 Vision Transformer, ViT)。在訓練過程中，通常會使用大量事先標註好的圖像資料集，透過視覺編碼器所輸出的圖像特徵，映射到大型語言模型的語意空間中，再透過跨模態注意力機制，來建立圖像與文字之間的關係，進而讓 AI 能夠看見並理解圖像內容。

近年來，Vision 類模型不斷地蓬勃發展，ChatGPT 的即時語音辨識功能就是一個很好的範例，我們可以開啟視訊鏡頭來與 AI 交談，它也能即時辨識周圍的環境、物品、甚至是書中的文章內容。

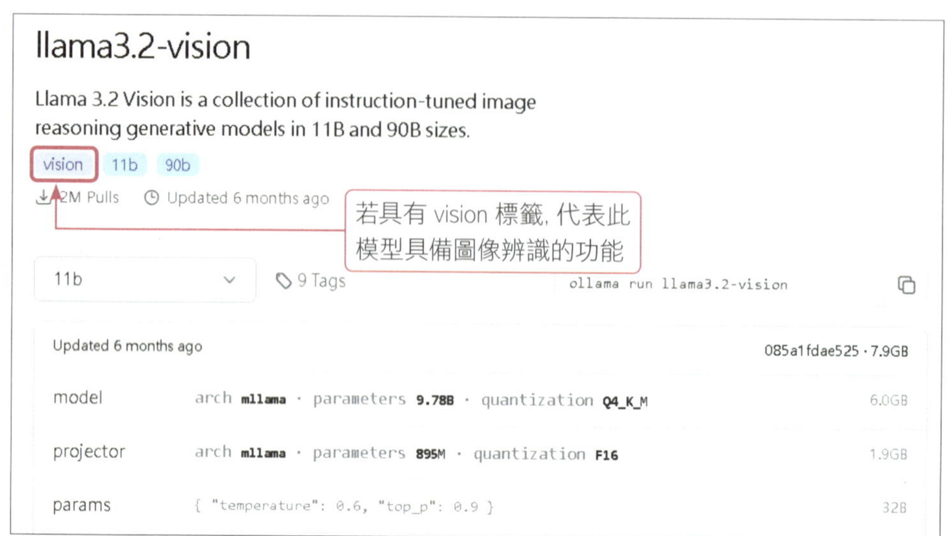

我們以一隻雨天的貓為範例，讓 llama3.2-vsion 模型進行辨識。輸入命令如下：

```
ollama run llama3.2-vsion "提示詞 <檔案路徑>"
```

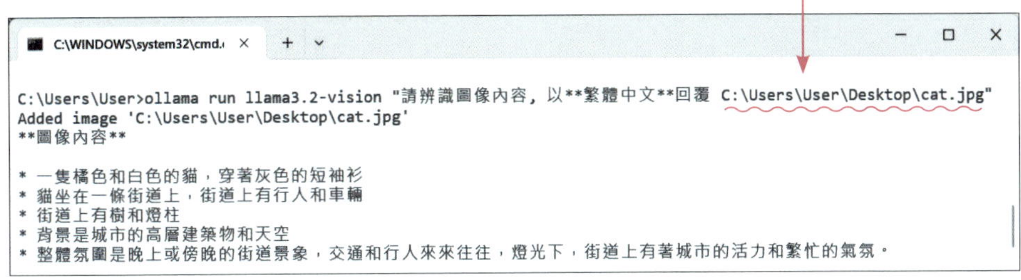

檔案路徑
C:\WINDOWS\system32\cmd.
C:\Users\User>ollama run llama3.2-vision "請辨識圖像內容, 以**繁體中文**回覆 C:\Users\User\Desktop\cat.jpg"
Added image 'C:\Users\User\Desktop\cat.jpg'
圖像內容
* 一隻橘色和白色的貓，穿著灰色的短袖衫
* 貓坐在一條街道上，街道上有行人和車輛
* 街道上有樹和燈柱
* 背景是城市的高層建築物和天空
* 整體氛圍是晚上或傍晚的街道景象，交通和行人來來往往，燈光下，街道上有著城市的活力和繁忙的氣氛。

▲ llama3.2-vision 的辨識準確度相當不錯

Tools 類模型

Tools 指的是支持**函式呼叫 (function calling)** 功能的模型, **讓模型在回答時能調用外部工具或函式**。例如我們可以向模型提供天氣查詢函式、新聞爬蟲函式、存取資料庫或調用 API 等。接著模型在輸出時, 會附加 tool_calls 欄位, 指出所選用的工具和參數。透過這種方式, 我們就可以利用 Ollama 來讓模型達到 AI Agent 的能力, 以回答更複雜或需要即時信息的問題。

借助 tool_calls, 整個對話流程會分成三個部分。首先是「意圖判斷」, 模型先分析使用者提問, 決定是否需要外部函式的協助；若需要外部協助的話, 模型會把所需的函式與參數封裝進 tool_calls 並提交出去；最後程式端就會依照該指示呼叫該函式, 取得結果後再交回模型或直接回覆使用者。這樣一來, 語言模型便不再只是單純的知識庫, 而是具備「先計畫、後執行」的代理能力。

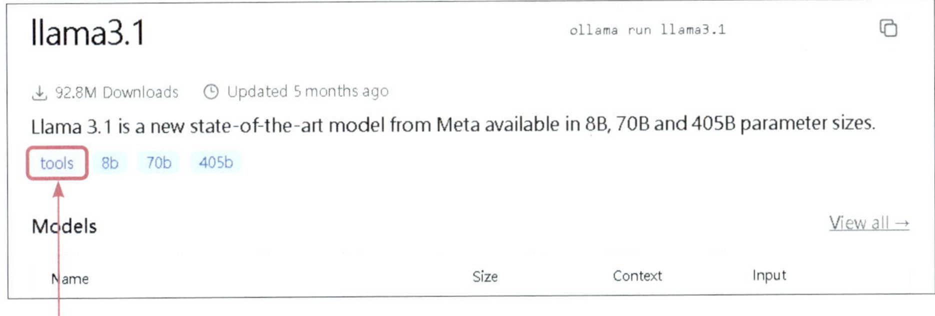

若具有 tools 標籤, 代表此模型具備函式呼叫的功能

CLI 介面只能接受文字訊息，所以無法使用函式呼叫的功能 (雖然能透過 11434 端口來傳送訊息，但很麻煩！)。若想使用 Tools 類模型，最簡單的方式是使用 Ollama 所提供的官方套件，以下為函式呼叫的 Python 示範：

```
import ollama

# 定義外部函式
def multiply(a: int, b: int) -> int:
    """
    將兩數相乘
    """
    return a * b

# 模型問答
response  = ollama.chat(
    model="llama3.1",
    messages=[{"role": "user",
               "content": "請問 23515 * 5156 為多少? "}],
    tools=[multiply]) ← 可以將多個函式放入 tools 中

print(response.message.tool_calls)
```

在上述程式碼中，我們定義了一個 **multiply()** 函式，然後透過 **ollama.chat()** 方法來跟模型溝通，並將 **multiply()** 函式傳入到 tools 中 (可以放入更多函式，但建議描述要更詳盡)，這樣模型就會知道我們提供了哪些外部工具。

執行結果：

```
[ToolCall(function=Function(name='multiply', arguments={'a': 23515, 'b': 5156}))]
```

所呼叫的函式名稱　回傳的參數

接著，我們就可以透過 tool_calls 物件所回傳的**函式名稱**和**參數值**來執行程式並取得結果，可以將所計算的結果直接顯示，或是再呼叫一次 **ollama.chat()**，讓模型整合答案並回覆更詳盡的解釋。

Thinking 類模型

Thinking 類模型就是我們常說的推理模型，指的是語言模型在進行回答前，**會先將複雜的任務拆解成一步步的思考過程，對每個步驟進行推理**，最終將思考過程歸納後給出最終答案。這個思考過程我們稱之為**思維鏈 (Chain of thought, CoT)**。

語言模型其實就是在跟我們玩文字接龍，在每一步輸出時會挑選候選池中較高機率的 token，但這種做法很容易文不對題，導致 AI 胡亂編造故事，也就是俗稱的 AI 幻覺。而使用思維鏈技術的模型因為會將問題拆解，逐步推導後才生成結果，能夠顯著提升模型回答的準確率。

```
>>> 假設某產品的單位售價為 40 元，單位變動費用為 20 元，固定費用為 4 萬元，損益平衡點為多少？
Thinking...
好的，今天有位用户问了一个关于损益平衡点的问题。首先，我需要明确问题中的数据：单位售价是40元，
单位变动成本是20元，固定成本是4万元。目标是计算损益平衡点。

首先，我知道损益平衡点有两种形式，一种是按销售件数来算，另一种是按销售额来算。用户可能更关心的
是销售数量，所以我会先从计算销售数量开始。

接下来，我需要回忆损益平衡公式。损益平衡点的销售件数=固定成本除以（单位售价-单位变动成本）。这
一步应该是正确的，因为利润等于收入减去变动成本再减去固定成本，当利润为零时，就是损益平衡点。

然后是代入数值计算：40,000元除以（40-20）= 200件。这意味着销售200件产品时，刚好覆盖所有成本，没
有盈利也没有亏损。
```

▲ 推理模型會拆解問題，生成思維鏈

但推理模型也是有缺點的，因為需要先生成思維鏈才進行回答，所以速度上會比一般的模型慢很多 (有時候會看到它頭腦打結，反覆跳針自問自答)，也有可能超出模型的上下文窗口限制導致最終無法回答。除此之外，小型推理模型 (如 1b、3b 參數) 常常會生成具嚴重瑕疵的思維鏈，也無法有效提升準確度，筆者較不建議使用。

5.2 各有特色的預訓練模型

雖然都是大型語言模型，但不同的模型所採用的訓練資料、架構都有所不同，因此每種模型所擅長的領域也不盡相同。有些擅長寫程式碼、有些擅長文章統整、有些則能吟詩作曲，在中文方面有著極高造詣。但這麼多模型到底該怎麼選擇呢？放心！在本節中，我們會介紹幾種市面上預訓練模型的佼佼者，讓使用者能依照需求選擇最適合自己的工具。

Gemma3

Gemma 3

Gemma3 是 Google 基於 Gemini 技術所推出的輕量級多模態模型，最多擁有 128k 的上下文窗口且涵蓋超過 140 種語言。Gemma3 提供了 1b、4b、12b、27b 等不同參數規模的模型，可適用於一般問答對話、文本摘要、多國語言翻譯和簡單推理，其中 4b 以上模型還支援**圖像輸入**。在設計上，Gemma3 對單一 GPU 進行了優化，非常適合部署在個人電腦上，甚至最大 27b 模型的量化版本容量只有 17GB，可以透過 24GB VRAM 的單一顯卡加速運行。

除此之外, Gemma3 還提供了使用**量化感知技術 (Quantization Aware Training, QAT)** 所訓練的模型 (後墜為 **-it-qat**)。這種技術可以在訓練階段代入低位元限制, 壓縮模型容量並保留精度效果。據官方所述, 其效果可媲美 BF16 的精度。以下為筆者使用 gemma3:12b 和 gemma3:12b-it-qat 這兩種模型進行翻譯測試的效果：

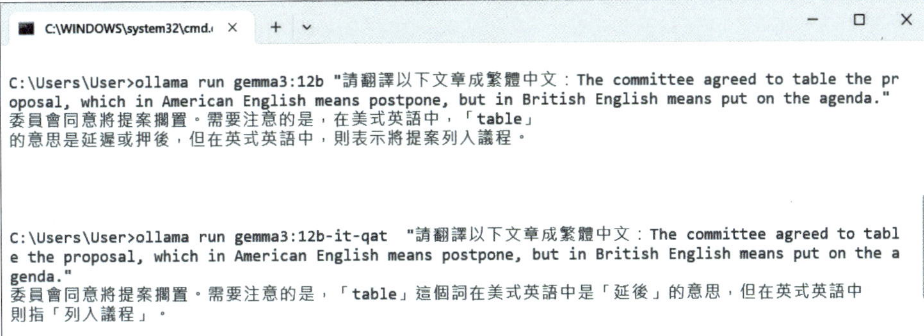

C:\WINDOWS\system32\cmd.
C:\Users\User>ollama run gemma3:12b "請翻譯以下文章成繁體中文：The committee agreed to table the proposal, which in American English means postpone, but in British English means put on the agenda."
委員會同意將提案擱置。需要注意的是，在美式英語中，「table」的意思是延遲或押後，但在英式英語中，則表示將提案列入議程。
C:\Users\User>ollama run gemma3:12b-it-qat "請翻譯以下文章成繁體中文：The committee agreed to table the proposal, which in American English means postpone, but in British English means put on the agenda."
委員會同意將提案擱置。需要注意的是，「table」這個詞在美式英語中是「延後」的意思，但在英式英語中則指「列入議程」。

▲ 可以發現在差不多容量大小的基礎下, QAT 模型的回答較為精準

- **擅長領域：**一般問答、文章統整、多種語言翻譯、圖像辨識任務。
- **優點：**於各領域皆有著不錯的表現, 在個人設備上的運行速度快, 且支援多達 140 國家語言, 適合多種語言的翻譯任務。
- **缺點：**沒有提供推理模型或更大參數量的模型。

下表我們列出 Gemma3 不同參數版本的模型規格：

模型	參數量	容量大小	量化方式	上下文窗口	其他功能
gemma3:1b	1b	815MB	Q4_K_M	32k	✕
gemma3:4b	4.3b	3.3GB	Q4_K_M	128k	vision
gemma3:12b	12.2b	8.1GB	Q4_K_M	128k	vision
gemma3:27b	27.4b	17GB	Q4_K_M	128k	vision
gemma3:4b-it-qat	4.3b	4GB	Q4_0	128k	vision, QAT 訓練
gemma3:12b-it-qat	12.2b	8.9GB	Q4_0	128k	vision, QAT 訓練
gemma3:27b-it-qat	27.4b	18GB	Q4_0	128k	vision, QAT 訓練

Llama3

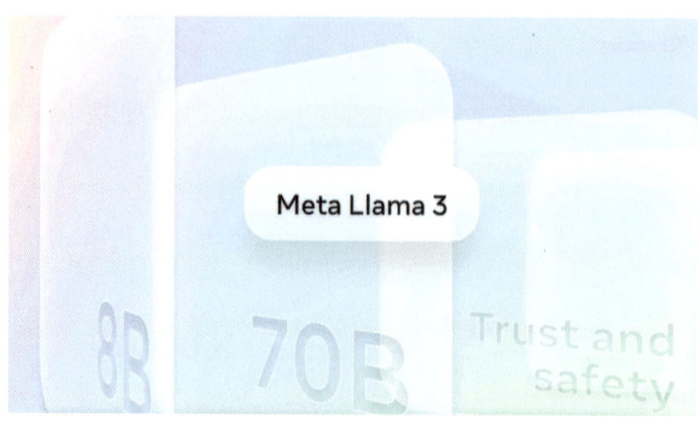

Llama 系列為 Meta 公司所發佈的大型語言模型，作為科技公司的龍頭之一，其所發佈的模型在社群中有著非常高的知名度。Llama 更新頻繁，且有著眾多版本 (包含 Llama3、Llama3.1、Llama3.2、Llama3.2-vision、Llama3.3)，參數規模從 1b 到 70b 不等，但都支援到 128k 的上下文窗口。而在 Llama3.2-vision 的更新中，首次擴展到多模態模型，支援圖像輸入。而最新推出的版本為 Llama4，其參數量達到 109b / a17b，容量為 67GB，並使用了超過 200 種語言進行訓練。除此之外，這個模型的特色在於使用了**混合專家模型 (MoE)** 架構，模型性能和速度非常優異。但由於模型容量太大，較不適合在個人電腦上運行。

關於**混合專家模型 (MoE)** 的介紹，可以回顧 4-19 頁。

- **擅長領域：**一般問答、文章統整、函式呼叫、圖像辨識任務。
- **優點：**提供多種不同參數版本，並支援函式呼叫。使用者可依需求選擇不同模型。
- **缺點：**Llama3 所支援的語系較少，回覆以簡體中文為主。而 Llama4 只提供 67GB 版本。

下表我們列出 Llama3 系列和 Llama4 不同參數版本的模型規格：

模型	參數量	容量大小	量化方式	上下文窗口	其他功能
llama3.1	8b	4.9GB	Q4_K_M	128k	tools
llama3.2:1b	1b	2GB	Q8_0	128k	tools
llama3.2	3b	1.3GB	Q4_K_M	128k	tools
llama3.2-vision	11b	7.9GB	Q4_K_M	128k	vision
llama3.3	70b	43GB	Q4_K_M	128k	tools
llama4	109b / a17b	67GB	Q4_K_M	1000k	vision, tools, MoE 架構

Phi-4

Phi-4 為微軟所推出 Phi 系列的最新開源模型，以 14b 參數規模在保持輕量化的同時，能夠在複雜問題 (數學、程式碼) 上展現出媲美更大型模型的表現。據官方報告指出，Phi-4 在 AMC (全美數學能力測驗) 競賽中取得 91.8 的高分，勝過 GPT-4o、Claude 3.5 sonnet、Gemini Pro 1.5 等大型模型。而 Phi-4 的模型容量為 9.1GB，單張 12GB VRAM 的顯示卡就跑得動了。但所提供的上下文窗口僅有 16k，不利於長篇文章統整或較多輪的對話問答。

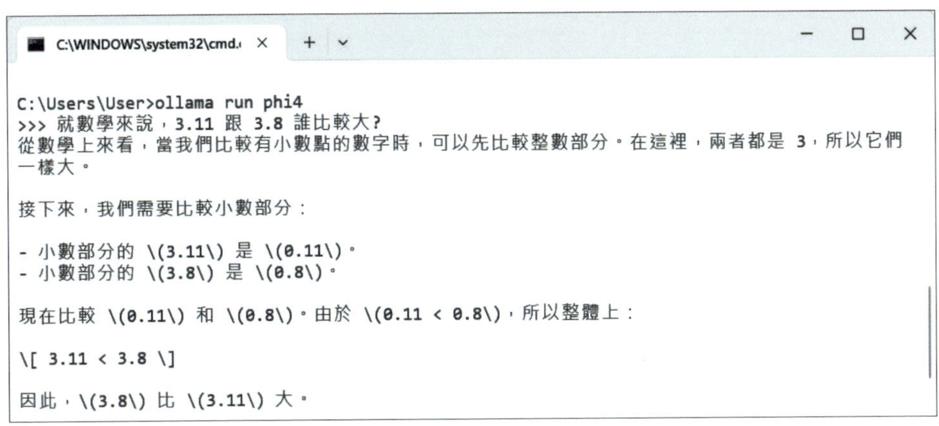

C:\WINDOWS\system32\cmd.
C:\Users\User>ollama run phi4
>>> 就數學來說，3.11 跟 3.8 誰比較大？
從數學上來看，當我們比較有小數點的數字時，可以先比較整數部分。在這裡，兩者都是 3，所以它們一樣大。
接下來，我們需要比較小數部分：
- 小數部分的 \(3.11\) 是 \(0.11\)。
- 小數部分的 \(3.8\) 是 \(0.8\)。
現在比較 \(0.11\) 和 \(0.8\)。由於 \(0.11 < 0.8\)，所以整體上：
\[3.11 < 3.8 \]
因此，\(3.8\) 比 \(3.11\) 大。

▲ Phi-4 輕鬆回答難倒許多模型的小數比較問題！

Phi-4 提供了 mini 版本和 reasoning 版本。mini 版本的參數和容量更小, 適合部署在 VRAM 較小的顯卡或筆電上；reasoning 版本為推理模型, 在回答時會先進行思考, 能夠處理更複雜的困難任務。

- **擅長領域：**多國語言翻譯、數學計算、邏輯推理、程式碼生成。
- **優點：**在各項測試表現優異且執行速度快, 特別適合用於程式碼生成。擁有高效能的輕量級模型, 非常推薦部署在個人電腦或筆電上。
- **缺點：**上下文窗口較小, 不利於長篇文章統整和多輪對話。函式呼叫功能僅有 mini 版本支援。

下表我們列出 Phi-4 不同參數版本的模型規格：

模型	參數量	容量大小	量化方式	上下文窗口	其他功能
phi4-mini	3.8b	2.5GB	Q4_K_M	4k	tools
phi4-mini-reasoning	3.8b	3.2GB	Q4_K_M	4k	推理模型
phi4	14b	9.1GB	Q4_K_M	16k	✕
phi4-reasoning	14b	11GB	Q4_K_M	32k	推理模型

Mistral

Mistral 系列模型是由法國 Mistral AI 公司自 2023 年陸續釋出的開源模型, 特色是皆支援函式呼叫, 且延遲較低。較主流的版本有 Mistral、Mistral-Nemo、Mistral-Small 3.1 和 Mistral-Large。Mistral 的參數量為 7b, 容量大小為 4.1GB, 可以使用 8GB VRAM 的顯示卡運行。而 Mistral-Nemo 為 Mistral AI 和 NVIDIA 所合作的升級版本, 如果能夠跑得動的話, 可以完全取代 Mistral。Mistral-Small 3.1 則為 Mistral AI 的標竿模型, 別看名稱中帶有「小」字, 其參數規模是整個家族第二大的, 能夠支援數十種主流語言、具 128k 的上下文窗口, 且同時支援圖像輸入和函式呼叫。而最大的 Mistral-Large 的參數量為 123b、容量大小達到 73 GB, 較不適合在個人電腦上運行。

- **擅長領域：**一般英文問答、函式呼叫。
- **優點：**函式呼叫功能經過優化，速度快。
- **缺點：**經筆者測試，模型效果普通 (約 Gemma2 等級)，且不利處理中文任務。除此之外，Mistral-Large 商用需申請授權並經同意。

下表我們列出 Mistral 系列版本的模型規格：

模型	參數量	容量大小	量化方式	上下文窗口	其他功能
mistral	7b	4.1GB	Q4_0	32k	tools
mistral-nemo	12b	7.1GB	Q4_0	128k	tools
mistral-small3.1	24b	15GB	Q4_K_M	128k	vision, tools
mistral-large	123b	73GB	Q4_K_M	128k	tools

DeepSeek-R1

要說今年初 AI 界最大的震撼彈是什麼？那肯定是 DeepSeek 的發佈！DeepSeek 是由中國深度求索公司研發的大型語言模型，除了有類似 ChatGPT 的網頁版可以使用之外，DeepSeek 還公佈了完整版的模型權重，並擁有媲美 OpenAI-o1 的效能。DeepSeek 模型版本分為基本版的 DeepSeek-V3 和具有推理思考能力的 DeepSeek-R1。DeepSeek-V3 目前只提供 671b 參數的模型，容量非常大 (404GB)，基本無法透過單一主機運行；而 DeepSeek-R1 則提供了 1.5b、7b、8b、14b、32b、70b、671b 等多種版本，使用者可以根據自己的需求下載。DeepSeek-R1 有著非常強大的推理能力，適合處理複雜的數學或邏輯問題。除此之外，由於是由中國公司研發，DeepSeek-R1 的中文語意理解能力和流暢度有特別進行優化，也非常適合以中文為主的寫作和翻譯任務。

- **擅長領域：**中文理解、一般問題處理、大量文本歸納分析、邏輯推理。
- **優點：**透過知識蒸餾技術和大量中文資料進行訓練微調，模型推理能力強，中文流暢度高。除此之外，DeepSeek-R1 提供了多種模型，從小型到大型 (1.5b ~ 671b) 都有涵蓋，適合使用者依據不同的設備規格選用。
- **缺點：**回答以簡體中文為主，且無法回答敏感性話題 (但可由後續微調改善)。

下表我們列出 DeepSeek 系列版本的模型規格：

模型	參數量	容量大小	量化方式	上下文窗口	其他功能
deepseek-r1:1.5b	1.5b	1.1GB	Q4_K_M	128k	推理模型
deepseek-r1	7b	4.7GB	Q4_K_M	128k	推理模型
deepseek-r1:8b	8b	4.9GB	Q4_K_M	128k	推理模型
deepseek-r1:14b	14b	9GB	Q4_K_M	128k	推理模型
deepseek-r1:32b	32b	20GB	Q4_K_M	128k	推理模型
deepseek-r1:70b	70b	43GB	Q4_K_M	128k	推理模型
deepseek-r1:671b	671b	404GB	Q4_K_M	4k	推理模型
deepseek-v3	671b / a37b	404GB	Q4_K_M	4k	MoE 架構
deepseek-coder-v2	16b / a2.4b	8.9GB	Q4_0	4k	MoE 架構

Qwen3

Qwen3 為中國阿里雲公司所開發 Qwen 系列的最新模型，其提供了多種不同參數量的模型 (包含 0.6b、1.7b、4b、8b、14b、32b)。除此之外，還推出了 30b 和 235b 的**混合專家模型 (MoE)**。據官方所稱，其中最強的 qwen3:225b-a22b 模型在一般對話生成、數學運算、程式碼領域擊敗

了 DeepSeek-R1、o1、o3-mini、Grok3 和 Gemini-2.5-Pro 等知名模型。而小參數的 MoE 模型表現也很不錯, qwen3:30b-a3b 在多個領域也媲美完整版 DeepSeek-R1 和 o1 等級的模型。

經筆者測試, 新版 Qwen3 系列的中型模型在多個領域均有著頂標成績, 包含中文理解、多國語言翻譯、數學和邏輯測試等方面。但有著推理模型的共同缺點, 就是有時思考的時間過長, 且可能會產生跳針回覆。

```
The user's initial message is:
from the user:
"from the user:
from the user:
from the user:
from the user:
from the user:
from the user:
```

▲ 在思考過程中偶爾會產生跳針情況

- **擅長領域：**中文理解、一般問題處理、多國語言翻譯、數學問題、邏輯推理。
- **優點：**模型性能強大, 在多個領域中擊敗了其它測試模型。除此之外, Qwen3 還提供 30b 參數的 MoE 架構模型, 能夠在個人電腦上運行, 節省運算資源。
- **缺點：**對於複雜或程式碼相關問題的處理時間較長, 思維鏈有時會產生跳針回覆。回答同樣以簡體中文為主。

下表我們列出 Qwen3 不同參數版本的模型規格：

模型	參數量	容量大小	量化方式	上下文窗口	其他功能
qwen3:0.6b	0.6b	523MB	Q4_K_M	40k	tools, 推理模型
qwen3:1.7b	1.7b	1.4GB	Q4_K_M	40k	tools, 推理模型
qwen3:4b	4b	2.6GB	Q4_K_M	40k	tools, 推理模型
qwen3	8b	5.2GB	Q4_K_M	40k	tools, 推理模型
qwen3:14b	14b	9.3GB	Q4_K_M	40k	tools, 推理模型
qwen3:32b	32b	20GB	Q4_K_M	40k	tools, 推理模型
qwen3:30b	30b / a3b	19GB	Q4_K_M	40k	tools, 推理模型, MoE 架構
qwen3:235b	235b / a22b	142GB	Q4_K_M	40k	tools, 推理模型, MoE 架構

GPT-OSS

相信大家對於 ChatGPT 並不陌生，每次新推出的網頁版模型都有著非常強大的功能，但自 GPT-2 時代以來，OpenAI 一直處於閉源生態。而這次不一樣了！作為 AI 業界領頭羊的 OpenAI，終於釋出強化版 GPT 的開源模型，稱為 gpt-oss。gpt-oss 提供 20b 和 120b 的版本，皆支援**函式呼叫**和**可調整強度的推理功能**。除此之外，其採用**混合專家模型 (MoE)** 架構，並針對專家層使用 **MXFP4** 量化 (一種 4bit 浮點數量化技術，能比整數量化保留更廣的數值範圍)，讓模型在推理時能有更好的速度和表現。

官方將 gpt-oss:20b、gpt-oss:120b 與 o3-mini、o3、o4-mini 進行測試，比較它們在一般知識、程式和數學等方面的能力。結果顯示，gpt-oss:120b 的性能基本上與 o3、o4-mini 旗鼓相當 (略輸一點點)；而雖然 gpt-oss:20b 的規模小很多，但其性能也能媲美 o3-mini，甚至在程式和數學方面勝過 o3-mini。

gpt-oss:20b 的容量為 14GB，使用 16GB 以上的顯卡就能順利運行；gpt-oss:120b 的容量為 65GB，較不適合在一般個人電腦上運行 (要試試看的話，建議可以購買 Ollama Turbo)。而在 Ollama 的對話介面上使用 gpt-oss，還能使用內建的網路搜尋功能：

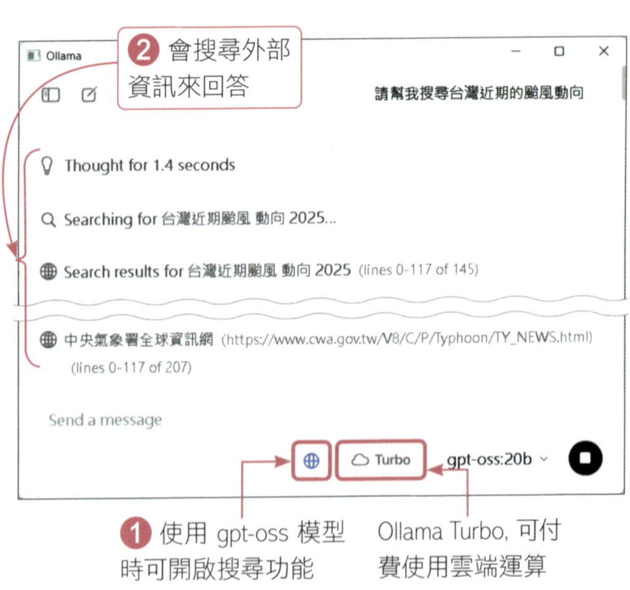

- **擅長領域：**一般問答、邏輯推理、程式碼生成、函式呼叫。
- **優點：**上下文窗口大，支援函式呼叫並具備推理能力，MoE 架構也能加速推理，在各方面的效果幾乎為頂尖。
- **缺點：**不支援圖像輸入，對於設備要求較高 (至少要 16GB VRAM 的顯卡才能順跑)。Ollama 在搜尋時，有時候會產生過長的思維鏈與反覆搜尋的狀況。

下表我們列出 gpt-oss 各版本的模型規格：

模型	參數量	容量大小	量化方式	上下文窗口	其他功能
gpt-oss:20b	21b / a3.6b	14GB	MXFP4	128k	tools，推理模型，MoE 架構
gpt-oss:120b	117b / a5.1b	65GB	MXFP4	128k	tools，推理模型，MoE 架構

Ollama Turbo

Ollama Turbo 是 Ollama 推出的訂閱制服務，每月費用為 $20 美元。開啟 Turbo 後，模型會由雲端中心的 GPU 來執行，進而讓各種設備都能運行規模較大的語言模型。官方 (承諾) 不會保存任何資料。除此之外，Ollama Turbo 支援多種操作方式，像是 CLI、API 串接，或是 JavaScript 和 Python 套件也都能使用。

Ollama Turbo 尚處測試階段，目前僅支援 gpt-oss:20b 和 gpt-oss:120b 模型，其他模型無法享受到 Turbo 服務。經筆者測試，gpt-oss:120b 可以極速運行，速度有感提升。

5.3 模型功能測試比較

本地端模型可以應用在各種不同的任務上，除了簡單的日常對話、知識性問答之外，也可以用來進行跨語言翻譯、數學、邏輯推理或程式設計等領域，成為我們在日常生活或工作中的得力助手。但不同的模型架構設計、訓練資料皆有所不同，可能導致這些模型在不同任務的表現上存在差異。所以在這一節中，我們將針對先前所介紹的知名中大型本地語言模型，進行完整的測試與功能比較，讓讀者能夠更全面地理解這些模型的適用場景。

在這次測試中，我們會著重在以下五大主題：

- **知識性問答與繁體中文理解：**透過 TMML+ 資料集來測試模型對於一般知識性問答的能力，並特別針對繁體中文進行檢驗。適合評估模型在華語環境下的一般問答，或是作為客服機器人的能力。

- **多語言翻譯能力：**使用 FLORES-200 資料集測試模型在「英文」、「日文」、「韓文」、「德文」、「法文」以及「西班牙文」翻譯成「繁體中文」的效果，並使用 chrF2 指標進行評估。讓我們能夠理解哪種模型較適合作為翻譯機器人。

- **數學能力：**使用 OpenAI 所提供的 GSM8K 訓練資料集進行數學能力測驗。模型需先輸出完整解題步驟，再比對最後回答是否與標準答案一致。用以檢驗模型在數學問題的思考流程以及問答能力。

- **邏輯推理能力：**在邏輯推理的部分，我們使用 LogiQA 資料集進行測試，檢驗模型在歸納、因果推論等邏輯思維的能力。可以幫助我們理解模型對於複雜的邏輯問題以及多步驟推理的整體表現，此類能力較強的模型適合作為文章摘要或推論的用途。

- **程式碼生成：**程式能力以 HumanEval 的 Python 程式題目為基準，每題皆附帶單元測試，可以自動檢驗模型所撰寫的程式是否能通過測試。這能夠評估模型的程式實作能力，適不適合做為 Vibe Coding 的協作機器人。

參數量越多的模型當然具備更優秀的表現，為了避免模型規模不一致所產生的偏差，我們在這次測試中皆挑選 10b 參數量左右的「中型」模型，容量大小約在 7 ~ 9 GB 左右，適合在單張 12 GB VRAM 以上的顯卡運行。下表為我們本次測試的參賽選手：

模型	參數量	容量大小	上下文窗口	其它功能
gemma3:12b-it-qat	12b	8.1GB	128k	vision, QAT 訓練
llama3.2-vision	11b	7.9GB	128k	vision
phi4	14b	9.1GB	16k	✕
mistral-nemo	12b	7.1GB	128k	tools
deepseek-r1:14b	14b	9GB	128k	推理模型
qwen3:14b	14b	9.3GB	40k	推理模型

我們使用 Python 來撰寫此次測試的程式碼，包含資料集下載、進行測試以及驗證。讀者可以透過本書的**服務專區**或以下連結來下載：

```
https://bit.ly/ollama_ch05
```

為了方便分享，此次測試程式碼我們放在 Colab 上，**但強烈建議不要直接用 Colab 運行，請將此份程式碼下載至本機端運行**。原因是 Colab 有容量和 GPU 額度限制，無法下載過多模型，且會因耗費過多運算資源而斷線 (需升級 Colab Pro 才有額外運算資源)。另外在測試過程中，我們會使用 Ollama 套件，詳細教學可以參考第 8 章。

請先執行第 1 個儲存格來安裝及匯入相關套件。接著在第 2 個儲存格內，可以看到本次測試的模型清單：

2

```
# 測試模型清單 (可以自行添加或刪除模型)
models = [
    "gemma3:12b-it-qat",
    "llama3.2-vision",
    "phi4",
    "mistral-nemo",
    "deepseek-r1:14b",
    "qwen3:14b"]
```

以上模型的容量大小都約在 7 ~ 9 GB 左右, 我們會對每種模型根據測試主題進行大量的多輪問答。若想自行測試的話, 建議至少準備具 12 GB VRAM 以上的顯示卡。設備不足的話, 可以自行將模型更換為參數量較少的版本。

測試主題 1 ： 知識性問答與繁體中文理解

為了評估模型對於**知識性問題**的回答表現, 尤其是在**繁體中文**的理解上。在這一小節中, 我們會使用 **TMMU+ (Taiwan Massive Multitask Understanding Plus)** 資料集對以上模型進行測試。這個資料集是由台灣 iKala AI 研究團隊基於聯發科所釋出的 TMMU 資料集擴充而成, 涵蓋了 66 種主題, 包括數理、法律、經濟、醫療…等多種領域, 專門為了用於評估大型語言模型對於繁體中文的理解能力所設計。

與多數主流的 LLM 測試資料集 (如 MMLU、ARC) 不同, TMMU+ 以繁體中文為主, 且特別針對台灣用語進行設計, 能夠更準確地反應語言模型對於中文環境的應用能力。除此之外, TMMU+ 使用了標準化的**選擇題格式**, 設計簡潔, 且支援 Hugging Face 的 `datasets` 套件直接載入。

以下為 TMMU+ 的資料集範例：

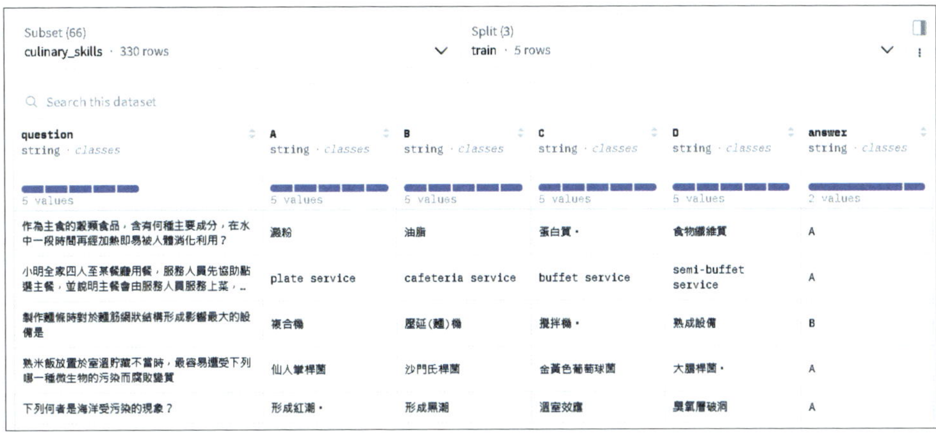

Subset (66)
culinary_skills · 330 rows

Split (3)
train · 5 rows

Search this dataset

question string · classes 5 values	A string · classes 5 values	B string · classes 5 values	C string · classes 5 values	D string · classes 5 values	answer string · classes 2 values
作為主食的穀類食品，含有何種主要成分，在水中一段時間再經加熱即易被人體消化利用？	澱粉	油脂	蛋白質。	食物纖維質	A
小明全家四人至某餐廳用餐，服務人員先協助點選主餐，並說明主餐會由服務人員服務上菜，...	plate service	cafeteria service	buffet service	semi-buffet service	A
製作麵條時對於麵筋網狀結構形成影響最大的設備是	複合機	壓延(麵)機	攪拌機。	熟成設備	B
熟米飯放置於室溫貯藏不當時，最容易遭受下列哪一種微生物的污染而腐敗變質	仙人掌桿菌	沙門氏桿菌	金黃色葡萄球菌	大腸桿菌。	A
下列何者是海洋受污染的現象？	形成紅潮。	形成黑潮	溫室效應	臭氧層破洞	A

▲ TMMU+ 涵蓋了 66 種主題，且皆以繁體中文為主

讀者可進入以下網址查看完整資料集：

https://huggingface.co/datasets/ikala/tmmluplus

在這個測試中（第 3 ~ 7 儲存格），我們在 66 種主題中每種選擇 2 題，等於每個模型會進行 132 道題目的測驗，接著檢驗模型的回答是否與正確答案一致，最後計算出準確率。執行第 5 個儲存格後，可以看到模型的測試過程：

```
Model: gemma3:12b-it-qat, Subject: marketing_management
Q: 以下何者最適合用來描述促銷 (Sales Promotion) ?
Options:
A. 長期的、持續的活動
B. 以提升品牌忠誠度為目的
C. 企圖改變消費者的購買行為
D. 透過平面媒體進行促銷活動
Ans/Resp: C / C

Model: gemma3:12b-it-qat, Subject: business_management
Q: 促進變革的外部驅動力不包括下列何者？
Options:
A. 技術革新
B. 經濟環境改變
C. 顧客需求改變
D. 員工績效評估方式改變
Ans/Resp: C / D
```

正確答案　模型回答

因為模型的回覆不一定完全為 A、B、C、D 選項，有時候會加上解釋和思考過程。所以在第 6 個儲存格中，我們直接請 gemma3:12b-it-qat 來核對各個模型的回覆是否跟正確答案相同，若一致或有類似描述的話會回覆「1」；不一致則回覆「0」。藉由這個方式，可以快速幫助我們核對答案，經測試，這種做法的正確性很高。如果要更加穩健的話，後續可以再使用其它模型交叉檢核或人工檢核。下面為第 6 個儲存格的執行結果：

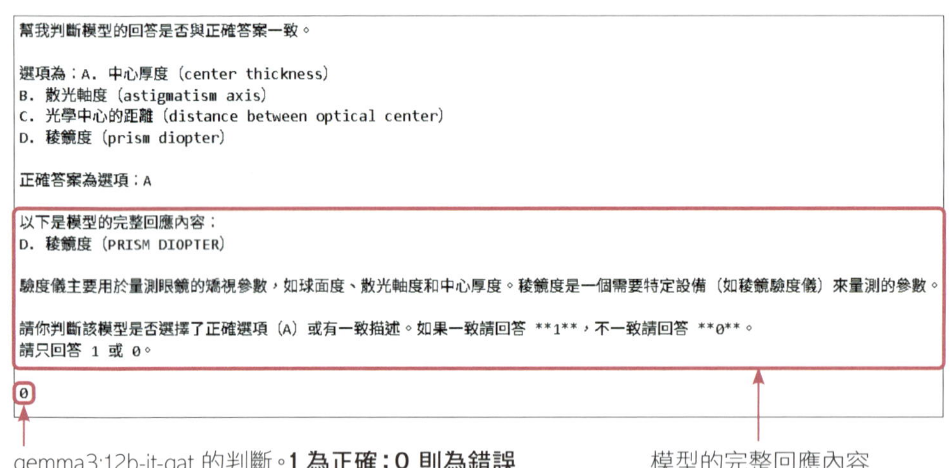

幫我判斷模型的回答是否與正確答案一致。
選項為：A. 中心厚度（center thickness）
B. 散光軸度（astigmatism axis）
C. 光學中心的距離（distance between optical center）
D. 稜鏡度（prism diopter）
正確答案為選項：A
以下是模型的完整回應內容：
D. 稜鏡度（PRISM DIOPTER）
驗度儀主要用於量測眼鏡的矯視參數，如球面度、散光軸度和中心厚度。稜鏡度是一個需要特定設備（如稜鏡驗度儀）來量測的參數。
請你判斷該模型是否選擇了正確選項（A）或有一致描述。如果一致請回答 **1**，不一致請回答 **0**。
請只回答 1 或 0。
0
gemma3:12b-it-qat 的判斷。**1 為正確；0 則為錯誤**
模型的完整回應內容

接著在第 7 個儲存格中，我們會依照模型分群計算「1」的得分平均，也就是答題準確率。執行儲存格後，可以看到本次的測試結果：

模型	參數量	上下文窗口	TMMU+ 準確率
gemma3:12b-it-qat	12b	128k	50%
llama3.2-vision	11b	128k	31.1%
phi4	14b	16k	43.2%
mistral-nemo	12b	128k	28.8%
deepseek-r1:14b	14b	128k	68.9%
qwen3:14b	14b	40k	72.7% 🏆

透過以上測試結果可以發現，經大量中文資料集預訓練的 deepseek-r1:14b 和 qwen3:14b 名列前茅，準確率分別為 68.9% 和 72.7%，這兩種模型有著非常強的中文語意理解能力，且經推理模型的加持，準確率和其他模型有著顯著差距。而 gemma3:12b-it-qat 的表現也很不錯，準確率達到 50%，名列第 3，且運行時的速度非常快，是效能和速度平衡的選項。

整體而言，如果希望建構一個以中文為主的客服機器人，我們可以**選擇使用 deepseek-r1:14b 或 qwen3:14b 模型**，理解和回答的準確率較高。但如果希望減少延遲、提升使用者體驗，**gemma3:12b-it-qat 是個不錯的選擇**。

測試主題 2 ：多語言翻譯能力

在第 2 個測試中 (第 8 ~ 12 儲存格)，我們希望檢驗各個模型在「多國語言」→「繁體中文」的效果，並透過 **chrF2** 和 **BERTScore** 指標來進行評估，以此來選出哪個模型具有成為翻譯機器人的潛力。我們選用了 **FLORES-200** 進行測驗，這是 Meta 所釋出的多語言翻譯資料集，資料來源取自 842 篇網路文章，並經過專業譯者人工審定，包含了 300 多種語言以及 3,001 個可交叉翻譯的句子。

> 讀者可進入以下網址查看完整資料集：
>
> https://huggingface.co/datasets/facebook/flores

FLORES-200 資料集同樣可以透過 `datasets` 套件直接下載。本次我們選用了 6 種語言進行測試，包括**英文**、**日文**、**韓文**、**德文**、**法文**和**西班牙文**。執行第 8 個儲存格後，可以看到資料集範例：

語言	句子
繁體中文	史丹佛大學醫學院的科學家於週一宣布發明一項新型診斷工具，可依類型將細胞分類：這是一種細小的可列印芯片，使用標準噴墨印表機就能印出，每個芯片的成本大約一美分。
英文	On Monday, scientists from the Stanford University School of Medicine announced the invention of a new diagnostic tool that can sort cells by type: a tiny printable chip that can be manufactured using standard inkjet printers for possibly about one U.S. cent each.
日文	月曜日にスタンフォード大学医学部の科学者たちは、細胞を種類別に分類できる新しい診断ツールを発明したと発表しました。それは標準的なインクジェットプリンタで印刷して製造できる小型チップであり、原価は1枚あたり1円ほどす。
韓文	스탠포드 의과대학 연구진은 지난 월요일 세포를 유형별로 분류할 수 있는 새로운 진단도구를 개발했다고 밝혔다. 이는 아주 작은 크기의 인쇄가 가능한 칩으로, 일반적인 잉크젯 프린터를 이용해 개 당 미화 약 1센트로 생산이 가능할 것으로 예상된다.
德文	Am Montag haben die Wisenschaftler der Stanford University School of Medicine die Erfindung eines neuen Diagnosetools bekanntgegeben, mit dem Zellen nach ihrem Typ sortiert werden können: ein winziger, ausdruckbarer Chip, der für jeweils etwa einen US-Cent mit Standard-Tintenstrahldruckern hergestellt werden kann.
法文	Des scientifiques de l'école de médecine de l'université de Stanford ont annoncé ce lundi la création d'un nouvel outil de diagnostic, qui permettrait de différencier les cellules en fonction de leur type. Il s'agit d'une petit puce imprimable, qui peut être produite au moyen d'une imprimante à jet d'encre standard, pour un coût d'environ un cent de dollar pièce.
西班牙文	El lunes, los científicos de la facultad de medicina de la Universidad de Stanford anunciaron el invento de una nueva herramienta de diagnóstico que puede catalogar las células según su tipo: un pequeñísimo chip que se puede imprimir y fabricar con impresoras de inyección de uso corriente, por un posible costo de, aproximadamente, un centavo de dólar por cada uno.

接下來，我們會要求模型對這 6 種語言分別進行 50 句的翻譯，測試多國語言轉換為繁體中文的效果 (若想更改測試語言的話，可以修改第 9 個儲存格的內容)。也就是說，每個模型總共會進行 300 句的翻譯。除此之外，在翻譯時模型的回覆內容有時候會加入其他註解 (例如對單詞進行解說)，這會影響到接下來指標評估的準確度，所以我們在第 9 個儲存格的 Prompt 中要求模型「只輸出翻譯結果，不要產生其他內容」。執行後，可以看到模型的翻譯過程：

```
Model: gemma3:12b-it-qat, Src_Lang: eng_Latn,
翻譯句子: Nadal's head to head record against the Canadian is 7-2.

模型翻譯: 納達爾對加拿大的交頭接角戰績為7勝2負。

Model: gemma3:12b-it-qat, Src_Lang: eng_Latn,
翻譯句子: He recently lost against Raonic in the Brisbane Open.

模型翻譯: 他在布里斯本公開賽中最近敗給了拉奧尼奇。
```

模型會將多國語言的句子翻譯為繁體中文

雖然我們要求模型僅輸出「翻譯內容」, 但推理模型在運行時仍會加上思維鏈的內容。為了讓指標分數能夠有效計算, 因此我們在第 10 個儲存格中將模型回復中包含 `<think>…</think>` 的內容進行移除。下表可以看到資料整理前和整理後的差異：

整理前	整理後
<think> 嗯, 我收到一个请求, 要把一句英文翻译成繁体中文。用户给的句子是："Local media reports an airport fire vehicle rolled over while responding."。接下来, 我需要确定每个部分怎么翻译。首先是 "Local media", 这可以翻译为 "地方媒體"。然后是 "reports", 就是報導。所以前半句应该是 "地方媒體報導… </think> 地方媒體報導一架機場消防車輛在執行任務時翻倒。	地方媒體報導一架機場消防車輛在執行任務時翻倒。

完成後就可以來評估模型的翻譯能力了, 我們會將**模型的譯文**和 FLORES-200 官方所提供的**標準譯文**進行比較, 並透過 chrF2 和 BERTScore 指標來進行分析。chrF2 會計算模型譯文和標準譯文的**字元重疊度**, 如果重疊度越高則得分越高, 優點是計算快, 適合大規模的翻譯資料評估；BERTScore 則會捕捉句子間的**詞向量接近程度**, 可以更細緻地辨別同義詞和詞序變動, 與人工評估的分數非常接近。執行第 11 和第 12 個儲存格後, 可以看到各模型於 chrF2 和 BERTScore 指標的得分情況：

chrF2 得分：

模型	英文	日文	韓文	德文	法文	西班牙文	平均分數
gemma3:12b-it-qat	33.22	28.64	27.45	30.53	29.40	28.32	29.59 🏆
llama3.2-vision	25.36	20.08	19.39	23.49	23.73	20.53	22.10
phi4	27.43	26.64	24.13	25.35	26.26	25.96	25.96
mistral-nemo	26.61	20.10	14.88	20.35	18.76	19.83	20.08
deepseek-r1:14b	28.20	21.88	20.30	23.71	23.08	22.42	23.27
qwen3:14b	33.28	26.44	26.69	29.92	26.03	27.55	28.32

BERTScore 得分：

模型	英文	日文	韓文	德文	法文	西班牙文	平均分數
gemma3:12b-it-qat	0.682	0.621	0.602	0.641	0.623	0.622	0.632 🏆
llama3.2-vision	0.586	0.507	0.506	0.573	0.553	0.534	0.543
phi4	0.631	0.586	0.580	0.600	0.605	0.587	0.598
mistral-nemo	0.607	0.563	0.543	0.565	0.550	0.549	0.563
deepseek-r1:14b	0.612	0.546	0.546	0.569	0.552	0.536	0.560
qwen3:14b	0.679	0.621	0.607	0.642	0.608	0.603	0.627

這兩種指標的測試得分呈現顯著正相關，可以用來佐證本次測試的穩定性和語言模型的翻譯能力。讓我們先從語言層面觀察，因為大型語言模型在訓練時會參雜不同國家語言的文本資料，通常來説「英文」的資料量是最豐富的。所以我們可以看到，各個模型在英文這種高資源語言的翻譯效果勝過其他語言；而語言模型對於「韓文」的翻譯最具挑戰性，得分皆低於其它語言，這可能是因為在訓練時所使用的資料量較為不足所致。

就模型表現而言，前三名的模型分別為 gemma3:12b-it-qat、qwen3:14b 和 phi4。phi4 在六種語言中皆取得了不錯的平均成績，但礙於上下文窗口限制，較不適合用於長文本翻譯；qwen3:14b 雖然表現不錯，但推理模型的思考過程太久、思維鏈過長，也不利於需要快速翻譯的情境；而**整體表現最佳的為 gemma3:12b-it-qat 模型**，在六種語言中幾乎皆取得了最高分，平均分數為 29.59 (chrF2) 和 0.632 (BERTScore)，官方描述使用超過 140 種語言進行訓練看起來所言非虛。除此之外，gemma3:12b-it-qat 在較低資源的語言 (如韓文) 也能保持相對穩定的能力，並提供了 128k 的上下文窗口，是作為翻譯用途的首選幫手！

測試主題 3 ：數學能力

在數學問題能力的評估中，我們採用了 **GSM8K (Grade School Math 8K)** 資料集來進行測試。GSM8K 是由 OpenAI 所提供的小學數學資料集，專門用於訓練和測試模型對於數學題目的理解和回答能力。GSM8K 資料集的格式單純，欄位由文字描述的**數學應用題目 (question)** 和**文字回答 (answer)** 構成。

以下為 GSM8K 資料集的範例：

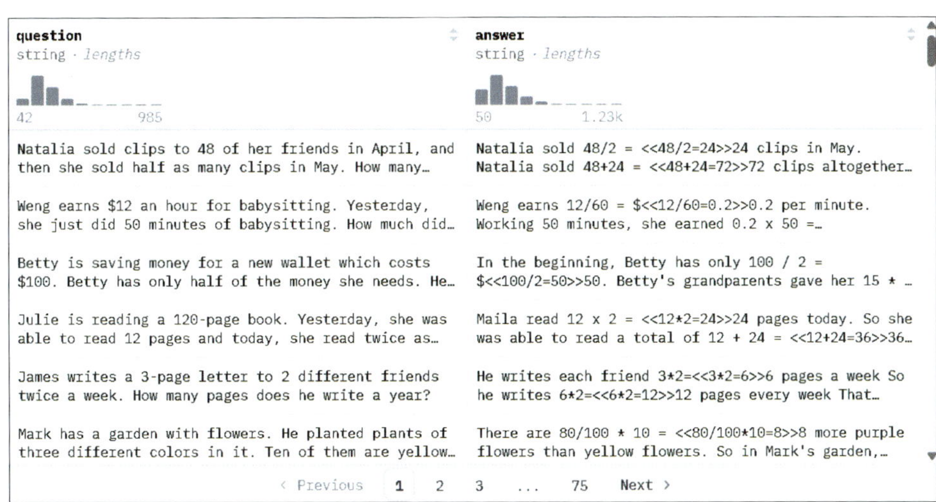

question string · *lengths* 42 – 985	answer string · *lengths* 50 – 1.23k
Natalia sold clips to 48 of her friends in April, and then she sold half as many clips in May. How many…	Natalia sold 48/2 = <<48/2=24>>24 clips in May. Natalia sold 48+24 = <<48+24=72>>72 clips altogether…
Weng earns $12 an hour for babysitting. Yesterday, she just did 50 minutes of babysitting. How much did…	Weng earns 12/60 = $<<12/60=0.2>>0.2 per minute. Working 50 minutes, she earned 0.2 x 50 =…
Betty is saving money for a new wallet which costs $100. Betty has only half of the money she needs. He…	In the beginning, Betty has only 100 / 2 = $<<100/2=50>>50. Betty's grandparents gave her 15 * …
Julie is reading a 120-page book. Yesterday, she was able to read 12 pages and today, she read twice as…	Maila read 12 x 2 = <<12*2=24>>24 pages today. So she was able to read a total of 12 + 24 = <<12+24=36>>36…
James writes a 3-page letter to 2 different friends twice a week. How many pages does he write a year?	He writes each friend 3*2=<<3*2=6>>6 pages a week So he writes 6*2=<<6*2=12>>12 pages every week That…
Mark has a garden with flowers. He planted plants of three different colors in it. Ten of them are yellow…	There are 80/100 * 10 = <<80/100*10=8>>8 more purple flowers than yellow flowers. So in Mark's garden,…

‹ Previous 1 2 3 … 75 Next ›

▲ GSM8K 適合用於訓練和測試模型在數學問題的理解和回答能力

讀者可進入以下網址查看完整資料集：

https://huggingface.co/datasets/openai/gsm8k

在這一次的測試中 (第 13 ~ 16 儲存格), 我們選擇 GSM8K 的前 100 題來對每種模型進行測試。為了避免中文 Prompt 對於數學測驗的結果產生影響, 我們改以英文來撰寫提示詞, 要求模型提供解題過程和最終答案。以下為所輸入的範例提示詞：

14

```
prompt = (
    f"Here is a math word problem:\n\n{ex['question']}\n\n"
    "Please solve it in detail and output the final numeric answer."
)
```

GSM8K 的數學題目

依序執行第 13 和 14 個儲存格後, 就可以開始這次的測試過程：

```
模型: phi4, 題數：3
問題: James decides to run 3 sprints 3 times a week.  He runs 60 meters each sprint.  How many total meters does he run a week?
正確答案  : He sprints 3*3=<<3*3=9>>9 times
So he runs 9*60=<<9*60=540>>540 meters
#### 540
模型回復   : To find out how many total meters James runs in a week, we can break down the problem step by step:

1. **Calculate Meters per Sprint Session:**
   - James runs 3 sprints each session.
   - Each sprint is 60 meters long.

   \[
   \text{Meters per session} = 3 \text{ sprints} \times 60 \text{ meters/sprint} = 180 \text{ meters}
   \]

2. **Calculate Meters per Week:**
   - James runs 3 times a week.

   \[
   \text{Total meters per week} = 3 \text{ sessions/week} \times 180 \text{ meters/session} = 540 \text{ meters}
   \]

Therefore, James runs a total of 540 meters each week.
```

▲ 模型會回復解題步驟以及最終答案

OK！有了模型的回覆後, 還需要核對模型答案是否和官方提供的答案相同。所以接下來, 我們同樣請 gemma3:12b-it-qat 來進行檢核。如果模型的回覆和正確答案一致的話, 會回覆「1」；不一致的話則回覆「0」。執行第 15 個儲存格後, 可以看到 gemma3:12b-it-qat 的核對過程：

```
Please determine whether the model's answer matches the correct answer.

Correct answer: He sprints 3*3=<<3*3=9>>9 times
So he runs 9*60=<<9*60=540>>540 meters
#### 540

Here is the model's full response:
To find out how many total meters James runs in a week, we can break down the problem step by step:

1. **Calculate Meters per Sprint Session:**
   - James runs 3 sprints each session.
   - Each sprint is 60 meters long.

   \[
   \text{Meters per session} = 3 \text{ sprints} \times 60 \text{ meters/sprint} = 180 \text{ meters}
   \]

2. **Calculate Meters per Week:**
   - James runs 3 times a week.

   \[
   \text{Total meters per week} = 3 \text{ sessions/week} \times 180 \text{ meters/session} = 540 \text{ meters}
   \]

Therefore, James runs a total of 540 meters each week.

If the model's answer matches the correct answer, reply with **1**; otherwise, reply with **0**.
Please reply with only 1 or 0.

1
```

正確解答

模型回覆

1 代表回答正確；0 則代表回答錯誤

在第 16 個儲存格中，我們統計各模型回答的準確率，右表為數學測驗的結果：

模型	參數量	上下文窗口	GSM8K 準確率
gemma3:12b-it-qat	12b	128k	90%
llama3.2-vision	11b	128k	81%
phi4	14b	16k	96%
mistral-nemo	12b	128k	79%
deepseek-r1:14b	14b	128k	90%
qwen3:14b	14b	40k	98% 🏆

GSM8K 的測驗結果非常令人意外，前幾名的梯隊成員有 qwen3:14b、phi4、deepseek-r1:14b 和 gemma3:12b-it-qat 等模型。gemma3:12b-it-qat 透過 QAT 訓練可以達到與 deepseek-r1:14b 相同的準確率，甚至還不是推理模型 (應該不是自己改考卷的原因)。而 qwen3:14b 的準確率達到驚人的 98%，「遙遙領先」其它模型，在數學題目的理解和回答上有著強悍實力，即使面對細節複雜或多步驟的題目，也能正確回答 (唯一的缺點就是遇到複雜題目時的思考時間太長了)。

而筆者在此次測驗中最推薦的模型為 phi4, 以 96% 準確率的成績緊追 qwen3:14b。雖然準確率有些許差距, 但因為不是推理模型、不需要「逐步自問自答」, 所以可以換來成倍的回覆速度。經測試, phi4 回答 GSM8K 問題的平均時間僅為 qwen3 的三分之一左右 (設備不同可能會有所差異), **因此筆者認為 phi4 是 CP 值最高的選擇**。

測試主題 4 ：邏輯推理能力

邏輯推理測驗可以反應模型在閱讀到一段文本後, 是否可以掌握其中的脈絡和因果關係, 並在此基礎下進行合理推論。舉例來說, 如果我們提供公司的年度財務報告給模型, 並詢問它：「若某原料的成本上升, 會對下一季度的毛利率產生什麼影響？」。具備優秀推理能力的模型不僅需要理解目前產品的成本結構, 還必須知道該產品佔公司銷售份額、稅賦影響…等, 才能客觀、準確地回答問題。簡單來說, 這一測試主題能讓我們理解模型對於文章理解、歸納總結、推論或預測的能力。

在本次測試中 (第 17 ~ 20 儲存格), 我們選擇使用 **LogiQA** 的英文資料集。LogiQA 是由中國公務員考試中的邏輯問題集合而成, 包含了 8,678 道選擇題。每題皆有**一段短文 (context)**、**問題 (query)**、**選項 (options)** 和**正確答案 (correct_option)**。

以下為 LogiQA 的資料集範例：

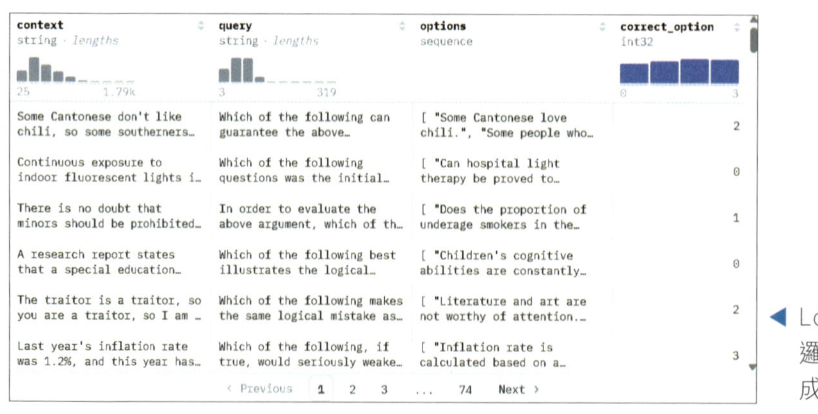

context string · lengths 25 1.79k	query string · lengths 3 319	options sequence	correct_option int32 0 3
Some Cantonese don't like chili, so some southerners…	Which of the following can guarantee the above…	["Some Cantonese love chili.", "Some people who…	2
Continuous exposure to indoor fluorescent lights i…	Which of the following questions was the initial…	["Can hospital light therapy be proved to…	0
There is no doubt that minors should be prohibited…	In order to evaluate the above argument, which of th…	["Does the proportion of underage smokers in the…	1
A research report states that a special education…	Which of the following best illustrates the logical…	["Children's cognitive abilities are constantly…	0
The traitor is a traitor, so you are a traitor, so I am …	Which of the following makes the same logical mistake as…	["Literature and art are not worthy of attention.…	2
Last year's inflation rate was 1.2%, and this year has…	Which of the following, if true, would seriously weake…	["Inflation rate is calculated based on a…	3

‹ Previous 1 2 3 … 74 Next ›

◀ LogiQA 是以邏輯選擇題構成的資料集

> 讀者可進入以下網址查看完整資料集：
>
> https://huggingface.co/datasets/lucasmccabe/logiqa

LogiQA 的題目覆蓋多種類型的邏輯推理題目，例如條件推理、因果關係、集合歸納、矛盾檢測等等。模型需要先閱讀一段短文 (context) 後，了解其中的關係，接著根據題目 (query) 進行深入的邏輯分析，才能選出正確答案。依序執行第 17、18 個儲存格後，可以看到模型的邏輯測試過程：

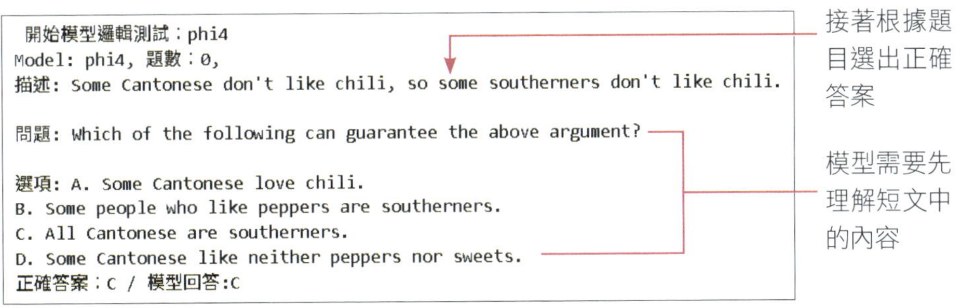

```
開始模型邏輯測試：phi4
Model: phi4, 題數：0,
描述: Some Cantonese don't like chili, so some southerners don't like chili.

問題: Which of the following can guarantee the above argument?

選項: A. Some Cantonese love chili.
B. Some people who like peppers are southerners.
C. All Cantonese are southerners.
D. Some Cantonese like neither peppers nor sweets.
正確答案：C / 模型回答:C
```


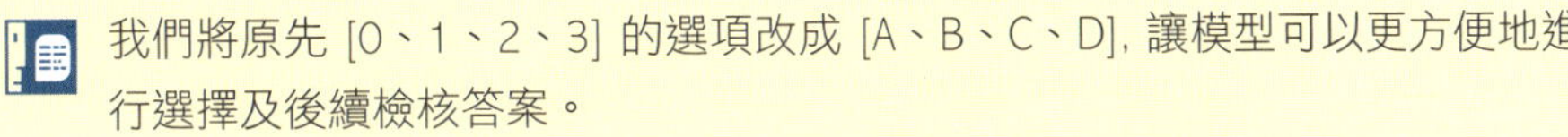

> 我們將原先 [0、1、2、3] 的選項改成 [A、B、C、D]，讓模型可以更方便地進行選擇及後續檢核答案。

測試完成後，在第 19 個儲存格中我們同樣透過 gemma3:12b-it-qat 協助核對答案：

```
Please determine whether the model's answer matches the correct answer.

Correct answer: C

Here is the model's full response:
C

If the model's answer matches the correct answer (C), reply with **1**; otherwise, reply with **0**.
Please reply with only 1 or 0.

1
```

1 代表回答正確；0 則代表回答錯誤

最後在第 20 個儲存格中，計算模型的平均得分，下表為邏輯推理測驗的準確率結果：

模型	參數量	上下文窗口	準確率
gemma3:12b-it-qat	12b	128k	62%
llama3.2-vision	11b	128k	39%
phi4	14b	16k	63%
mistral-nemo	12b	128k	35%
deepseek-r1:14b	14b	128k	74%
qwen3:14b	14b	40k	78% 🏆

相較於數學測驗，各模型在 LogiQA 的測試得分皆有所下降，說明「算得出來」並不代表能夠「想得透徹」。數學題目多半有明確的步驟可循，只要模型能夠正確解析並計算，就有機會拿高分。但 LogiQA 的題目更偏向於複雜的邏輯連結，隱含了反轉、例外、矛盾或集合等關係，需要模型在閱讀短文後，明確地理解其中的因果關係再進行判斷，而這個過程更仰賴模型對文本的理解和結構的掌握能力。

在 LogiQA 的測試中，qwen3:14b、deepseek-r1:14b 的得分和其它模型有著顯著差距，準確率分別達到 78% 和 74%，推理模型在這部分的能力真不是蓋的；而 phi4 和 gemma3:12b-it-qat 的表現也不錯，準確率為 63% 和 62%，兩者非常接近。在文本的歸納整理、分析和推論中，筆者認為準確率比速度更為重要，所以我們推薦使用 qwen3:14b 和 deepseek-r1:14b 模型。**小文本分析可以使用 qwen3:14b；但如果希望進行大量文本的分析，可以使用 deepseek-r1:14b**，雖然準確率略輸 qwen3:14b，但提供到 128k 的上下文窗口，能夠分析更多資料。

測試主題 5：程式碼生成

程式碼生成能力的評估是非常重要的一個部分，影響到我們後續章節中利用本地端模型進行 Vibe Coding 的使用情境，是否可以生成正確的程式碼、格式是否正確、安全性是否穩定。在這次測試中 (第 21 ~ 25 儲存格)，我們會使用 **HumanEval** 資料集中的題目來讓各模型生成**可執行的函式**，接著進行單元測試，透過 HumanEval 中的範例資料來計算 **pass@1 (通過測試的比例)**。HumanEval 是由 OpenAI 釋出的 Python 程式碼資料集，專門用於評估模型生成的程式碼正確性所設計。在這個資料集中，包含 164 道 Python 題目，每一道皆包含**題目 (prompt)**、**參考解答 (canonical_solution)**、**測試資料 (test)** 以及定義的**函式名稱 (entry_point)**。

以下為 GSM8K 資料集的範例：

task_id string · lengths 11 – 13	prompt string · lengths 115 – 1.36k	canonical_solution string · lengths 16 – 864
HumanEval/0	from typing import List def has_close_elements(numbers: List[float],…	for idx, elem in enumerate(numbers): idx2, elem2 in enumerate(numbers): if
HumanEval/1	from typing import List def separate_paren_groups(paren_string: str) ->…	result = [] current_string = [] current_depth = 0 for c in paren_stri
HumanEval/2	def truncate_number(number: float) -> float: """ Given a positive floating point number, it can be…	return number % 1.0
HumanEval/3	from typing import List def below_zero(operations: List[int]) -> bool: """ You're given a list of…	balance = 0 for op in operations: bal op if balance < 0: return True return
HumanEval/4	from typing import List def mean_absolute_deviation(numbers: List[float]) ->…	mean = sum(numbers) / len(numbers) re sum(abs(x - mean) for x in numbers) /.
HumanEval/5	from typing import List def intersperse(numbers:	if not numbers: return [] result = []

‹ Previous 1 2 Next ›

▲ HumanEval 的資料集分別由**序號 (task_id)**、**題目 (prompt)**、**參考答案 (canonical_solution)**、**測試數據 (test)** 和**函式名稱 (entry_point)** 這幾個欄位組成

讀者可進入以下網址查看完整資料集：

https://huggingface.co/datasets/openai/openai_humaneval

執行第 21 個儲存格就可以下載 HumanEval 的測試資料集。接著在第 22 個儲存格中, 我們會直接將資料集中的「prompt」欄位作為提示輸入到模型中, 並記錄生成結果。執行後, 就可以看到各模型生成程式碼的過程：

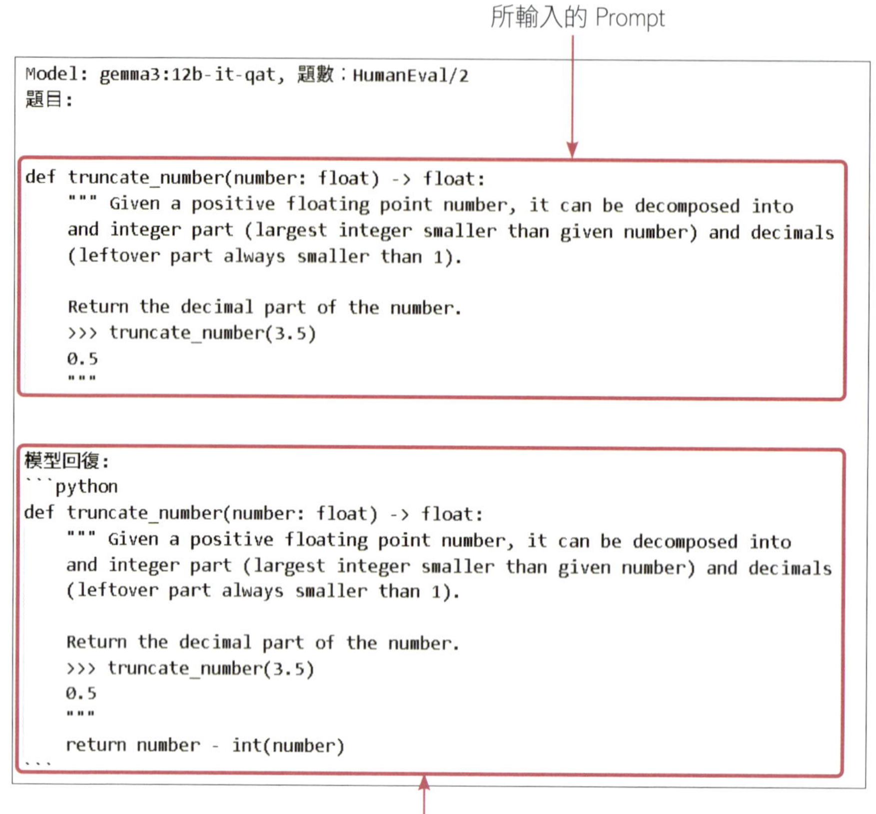
所輸入的 Prompt
Model: gemma3:12b-it-qat, 題數：HumanEval/2
題目:
def truncate_number(number: float) -> float:
""" Given a positive floating point number, it can be decomposed into
and integer part (largest integer smaller than given number) and decimals
(leftover part always smaller than 1).
Return the decimal part of the number.
>>> truncate_number(3.5)
0.5
"""
模型回復:
```python
def truncate_number(number: float) -> float:
""" Given a positive floating point number, it can be decomposed into
and integer part (largest integer smaller than given number) and decimals
(leftover part always smaller than 1).
Return the decimal part of the number.
>>> truncate_number(3.5)
0.5
"""
return number - int(number)
```
模型的回覆結果, 程式碼內容通常會包含在 ```python…``` 中

因為模型所回覆的內容不一定只有單純的程式碼, 可能包含解釋這個函式的用途、測試或是思維鏈的思考過程, 所以我們需要將模型的回覆內容進行整理, 篩選出真正可運作的程式碼字串內容。在第 23 個儲存格中, 我們先取出用 ```…``` 所包覆的內容, 代表程式碼區塊。而這些區塊也不一定就是模型所生成的最終答案, 可能為中間解答或測試範例, 因此我們選出包含「def」函式定義的最後一段區塊。下表可以看到整理前和整理後的回覆格式：

整理前

```
<think>
Okay, I need to solve this problem where I have to check if any
two numbers in a list are closer to each other than a given
threshold. Let me think about how to approach this.First, the
function is called has_close_elements, and it takes a list of
floats and a threshold. The return is a Boolean… </think>

### **Implementation**

```python
def has_close_elements(numbers: list[float], threshold: float)
 -> bool:
    numbers.sort()
    for i in range(len(numbers) - 1):
        if numbers[i + 1] - numbers[i] < threshold:
            return True
    return False
```

Example

```python
print(has_close_elements([1.0, 3.0, 5.0], 2.0))  # False
(differences are 2.0 and 2.0)
print(has_close_elements([1.0, 2.0, 4.0], 1.5))  # True
(difference between 1.0 and 2.0 is 1.0)
```
```

整理後

```
def has_close_elements(numbers: list[float], threshold: float)
-> bool:
    numbers.sort()
    for i in range(len(numbers) - 1):
        if numbers[i + 1] - numbers[i] < threshold:
            return True
    return False
```

接著在第 24 個儲存格中, 我們會利用 HumanEval 中的測試數據來檢驗模型所生成的函式是否可以順利運作, 做法是將資料集中的**問題 (prompt)**、**模型生成的函式 (candidate)**、**測試函式 (check)** 以及**執行測試函式 (check(candidate))** 等字串元素拼裝起來, 然後透過 `exec()` 函式依序執行這一段字串程式碼 (由於是在函式內運作, 不會影響到全域變數)。我們可以透過以下的範例來理解整個測試過程：

❶ 會先執行模型所生成的程式碼

```
def has_close_elements(numbers: List[float], threshold: float) -> bool:
    """ Check if in given list of numbers, are any two numbers closer to each
    other than given threshold.
    """
    for i in range(len(numbers)):
        for j in range(i + 1, len(numbers)):
            if abs(numbers[i] - numbers[j]) < threshold:
                return True
    return False
```

❷ 透過 HumanEval 中 test 欄位，定義 check() 函式

```
def check(candidate):
    assert candidate([1.0, 2.0, 3.9, 4.0, 5.0, 2.2], 0.3) == True
    assert candidate([1.0, 2.0, 3.9, 4.0, 5.0, 2.2], 0.05) == False
    assert candidate([1.0, 2.0, 5.9, 4.0, 5.0], 0.95) == True
    assert candidate([1.0, 2.0, 5.9, 4.0, 5.0], 0.8) == False
    assert candidate([1.0, 2.0, 3.0, 4.0, 5.0, 2.0], 0.1) == True
    assert candidate([1.1, 2.2, 3.1, 4.1, 5.1], 1.0) == True
    assert candidate([1.1, 2.2, 3.1, 4.1, 5.1], 0.5) == False

check(has_close_elements)
```

❸ 執行 check() 函式，代入模型生成的函式名稱

```
gemma3:12b-it-qat | HumanEval/0 -> ✅ 測試成功
```

❹ 若成功執行就會出現「測試成功」；執行出錯則出現「測試失敗」

我們將每種模型「通過」測試的次數記錄下來，並以此來計算 pass@1。執行第 25 個儲存格後，可以看到各模型的測試結果：

模型	參數量	上下文窗口	pass@1
gemma3:12b-it-qat	12b	128k	82%
llama3.2-vision	11b	128k	56%
phi4	14b	16k	85% 🏆
mistral-nemo	12b	128k	58%
deepseek-r1:14b	14b	128k	66%
qwen3:14b	14b	40k	69%

令人意外的是，推理模型在程式碼生成能力方面並沒有展現出預期的優勢，deepseek-r1:14b 和 qwen3:14b 位列於中等梯隊。且筆者在測試中發現，推理模型在生成程式碼時的思考過程非常久，有時候還會出現頭腦打結、不斷重複跳針產生同樣內容的狀況發生，因此不建議在程式碼生成的任務中使用 deepseek-r1:14b 和 qwen3:14b 模型。而 gemma3:12b-it-qat 和 phi4 的表現非常優秀，pass@1 通過率分別為 82% 和 85%。礙於上下文窗口限制，筆者建議可以使用 phi4 於小規模專案或單一函式的程式生成；大規模專案則可以考慮使用 gemma3:12b-it-qat 來進行程式生成、除錯和測試。

模型功能比較小結

在這一節中，我們選出了 6 種目前最熱門的「中型」開源模型，這些模型適合在一般中高階的電腦獨立運行，相信能夠符合大部分需要本地部署模型的使用者需求。接著我們對每種模型分別進行 5 項不同主題的測試，檢驗它們在知識性問答與繁體中文理解、多語言翻譯能力、數學能力、邏輯推理能力及程式碼生成等多領域的效果。藉此測驗，希望能夠讓讀者初步了解各模型所擅長的項目，依據使用情境選擇適合自己的模型、繞過自行測試的彎路。下面我們整理了這幾種模型於各項測驗的成績：

資料集 / 模型	知識性問答與繁體中文理解 (TMMU+)	多語言翻譯能力 (FLORES-200)	數學能力 (GSM8K)	邏輯推理能力 (LogiQA)	程式碼生成 (HumanEval)
gemma3:12b-it-qat	50% 3	0.632 1	90% 3	62%	82% 2
llama3.2-vision	31.1%	0.543	81%	39%	56%
phi4	43.2%	0.598 3	96% 2	63% 3	85% 1
mistral-nemo	28.8%	0.563	79%	35%	58%
deepseek-r1:14b	68.9% 2	0.560	90% 3	74% 2	66%
qwen3:14b	72.7% 1	0.627 2	98% 1	78% 1	69% 3

* 金 1 、銀 2 、銅 3

就各個模型而言，gemma3:12b-it-qat 雖然為多模態模型（vision），但卻在各項測驗中取得穩定的前段班成績。不僅在六種語言的翻譯任務中拔得頭籌，繁體中文理解和程式碼生成也取得不錯的成績，特別適合用於翻譯及程式碼生成任務，透過後續微調，甚至也非常適合作為客服機器人。而 llama3.2-vision 的表現則略為遜色，雖然同為多模態模型，但在各項測驗中的成績皆位居末位，對於純文字內容的理解程度不高。接著是短小精悍的 phi4 模型，榮獲數學測驗的亞軍以及程式碼生成測驗的冠軍，展現出意想不到的優秀性能，非常適合用來解決數學和程式碼問題。至於 mistral-nemo，測試下來的效果真的不佳，唯一的優點是提供 tools 功能，但對於中文的理解程度特別差，不適合用在以中文溝通的任務上。

最後是屬於推理模型的 qwen3:14b 和 deepseek-r1:14b，在中文理解和邏輯推理的能力上大幅領先其他模型，發揮了推理模型在文本歸納、分析與因果推論的優勢。建議小篇幅文本分析可以使用準確率更高的 qwen3:14b；而大篇幅文本則可以使用具備 128k 上下文窗口的 deepseek-r1:14b。

CHAPTER

6

從 Hugging Face 上下載模型、轉檔以及量化

在本章中，我們會介紹如何從 Hugging Face 下載各種不同的語言模型，將 safetensors 權重轉換為 Ollama 支援的 GGUF 格式，並透過量化與 Modelfile 設定，讓你能在本機輕鬆執行五花八門的 AI 模型。

Ollama 官網上有許多其他人上傳並整理好的模型檔案，我們可以直接透過 **pull** 命令來進行下載。但如果模型沒有放在 Ollama 怎麼辦？只有原始的 safetensors 檔案還能不能透過 Ollama 來運行呢？放心！在本節中，我們會介紹如何從全世界最大的模型庫 Hugging Face 下載模型。而且就算只有 safetensors 檔案也沒關係，接下來我們會一同介紹如何轉換成 Ollama 可用的 GGUF 格式，以及自行對原始模型進行量化。

safetensors 是由 Hugging Face 所推出的模型儲存格式，特色是能夠安全、快速地儲存**張量 (tensor)** 資料，常用於模型訓練、微調等階段；而 **GGUF** 是由 llama.cpp 團隊所開發的新格式，專門為本地 CPU/GPU 運行模型所設計，可以輕鬆轉換成不同的量化類型並有效加快模型的推理速度，也是 Ollama 所支援的主要格式。

6.1 直接從 Hugging Face 下載 GGUF 檔案

我們可以在 Hugging Face 上找到各式各樣的模型，像是聯發科推出的 **Breeze2**、國科會開發的 **TAIDE**，甚至還有專門針對閩南語的 **Taigi** 模型…等等。一般來說，大多數模型的檔案格式為 safetensors，不過只要開發者或好心人有提供轉換過的 GGUF 檔案就能直接下載。在先前的版本更新中，Hugging Face 和 Ollama 已經達成夢幻連動，我們可以輸入以下指令來直接下載 Hugging Face 上的模型：

```
ollama pull hf.co/<帳號>/<模型名稱>:<量化格式>
```

若有提供不同量化版本可以加上這段

注意！只有 GGUF 格式才能這樣下載喔。

讓我們來試試看下載聯發科所推出的 **Breeze2** 模型，以下為 Llama-Breeze2-3B-Instruct 的 Hugging Face 頁面：

```
https://huggingface.co/MediaTek-Research/Llama-Breeze2-3B-Instruct
```

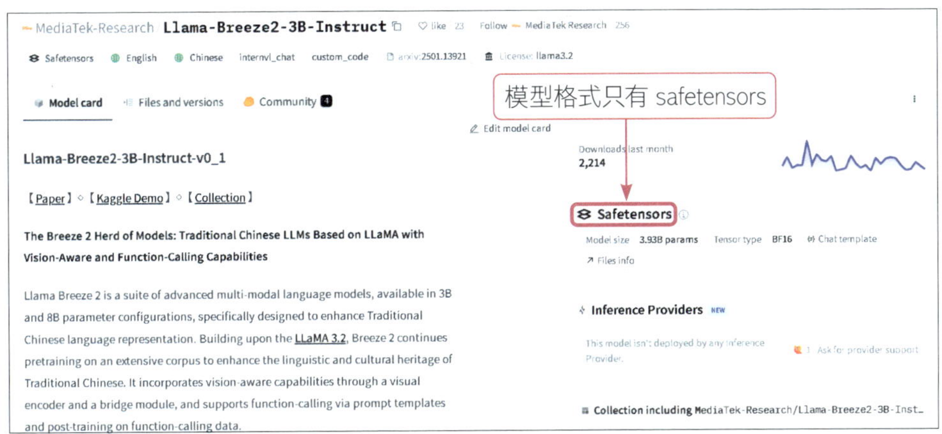

Llama-Breeze2-3B-Instruct 模型只有 safetensors 檔案，並沒有提供轉換好的 GGUF 格式。若發生這種狀況，就沒辦法透過 Ollama 指令來直接下載。**此時我們可以透過模型名稱來搜尋看看，是否有其他人提供轉換好的 GGUF 格式。**

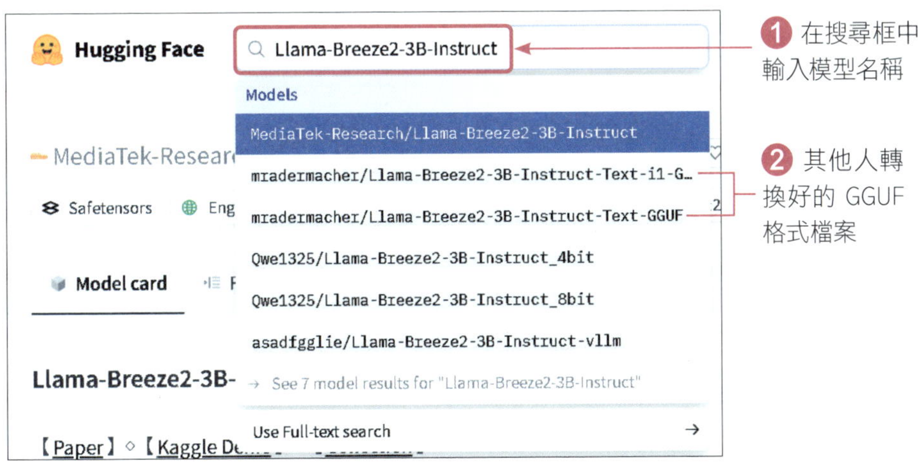

讓我們選擇 mradermacher 協助轉換的 GGUF 檔案, 讀者可以輸入以下網址, 進入模型資訊頁：

```
https://huggingface.co/mradermacher/Llama-Breeze2-3B-Instruct-Text-GGUF
```

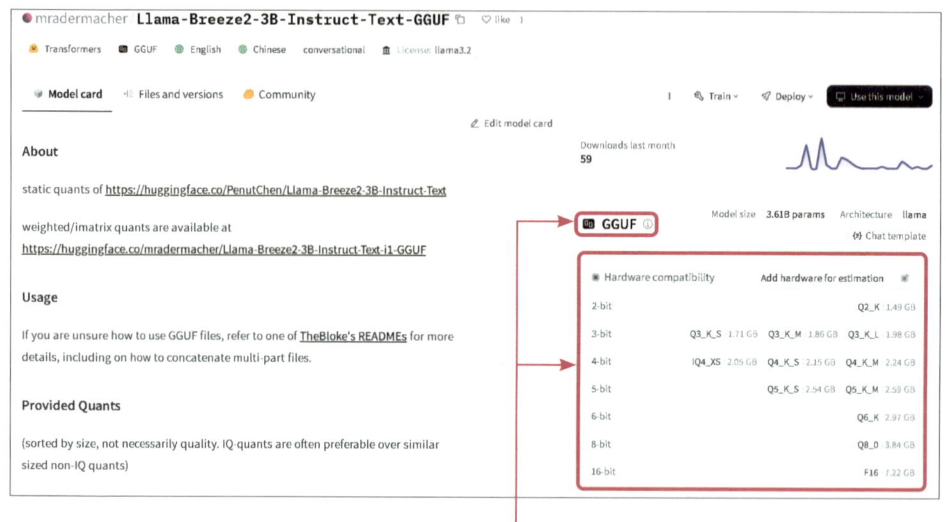

此時可以看到所提供的格式為 GGUF, 且有不同的量化版本

接下來, 我們就能透過 Ollama 指令來下載該模型：

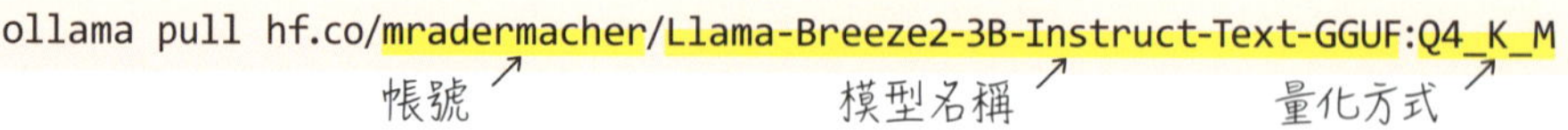

下載完成後, 就可以直接運行：

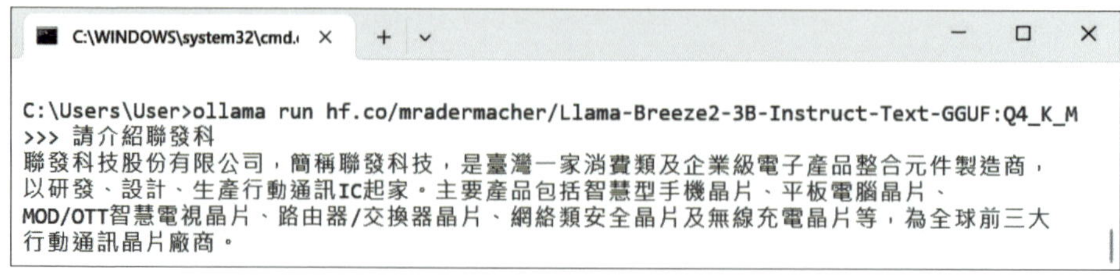

▲ 經過大量繁中數據微調的 Breeze2 模型, 更了解台灣相關問題

GGUF 檔案內容只是模型權重等二進位制資料，並不會執行任意惡意程式碼。但據傳先前有人透過「llama.cpp 解析 GGUF 時」產生的**整數溢位**漏洞，來達到攻擊目的（目前已被修復）。若有安全疑慮的讀者，建議選擇官方所提供的 GGUF 檔案，或自行下載原始檔案並轉檔。

6.2 自行下載 safetensors 檔案

如果找不到其他人所提供的 GGUF 檔案怎麼辦？還是量化格式不符合我們的需求？又或者擔心其他人提供的檔案存在風險？在這一節中，我們會透過撰寫好的 Colab 程式碼，並以國科會釋出的 **TAIDE** 模型為例，介紹如何自行下載 safetensors 檔案、轉換成 GGUF 格式，並依照你的需求進行量化。

申請授權以及 Read Token

由於 TAIDE 模型必須要先同意授權條款才能使用，所以需要先登入或申請 Hugging Face 帳號，然後填寫資訊、確認使用條款後送出。讓我們跟著步驟開始吧！

進入 TAIDE 的 Hugging Face 頁面，並申請授權：

```
https://huggingface.co/taide/Llama-3.1-TAIDE-LX-8B-Chat
```

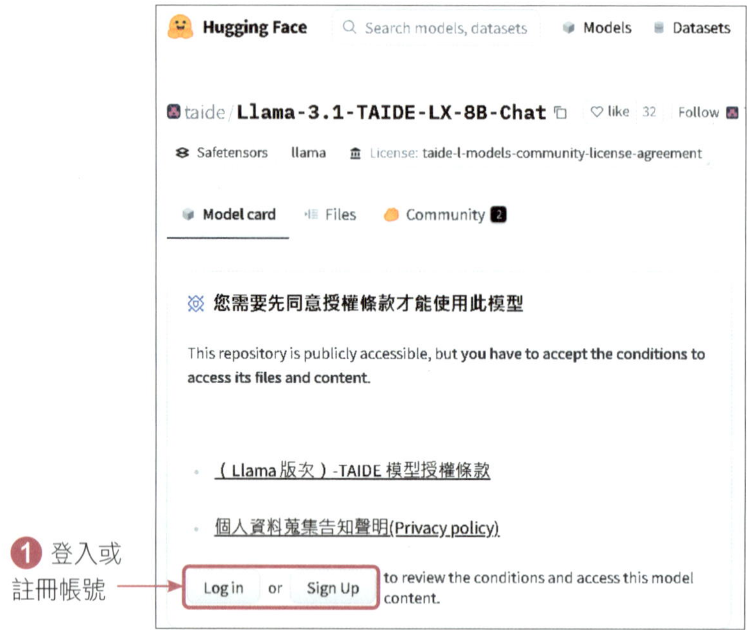

登入或註冊帳號後，會看到詳細的授權資訊，請依照格式填入個人資訊並勾選確認條款：

申請好授權後，就可以直接在 Hugging Face 的頁面下載 TAIDE 模型檔案。但稍後我們會透過程式使用 **Hugging Face 套件**來下載模型，所以需要申請一組 **Read Token**，這組 Token 會用來辨識是否有下載該模型的權限。

取得 Hugging Face 的 Read Token：

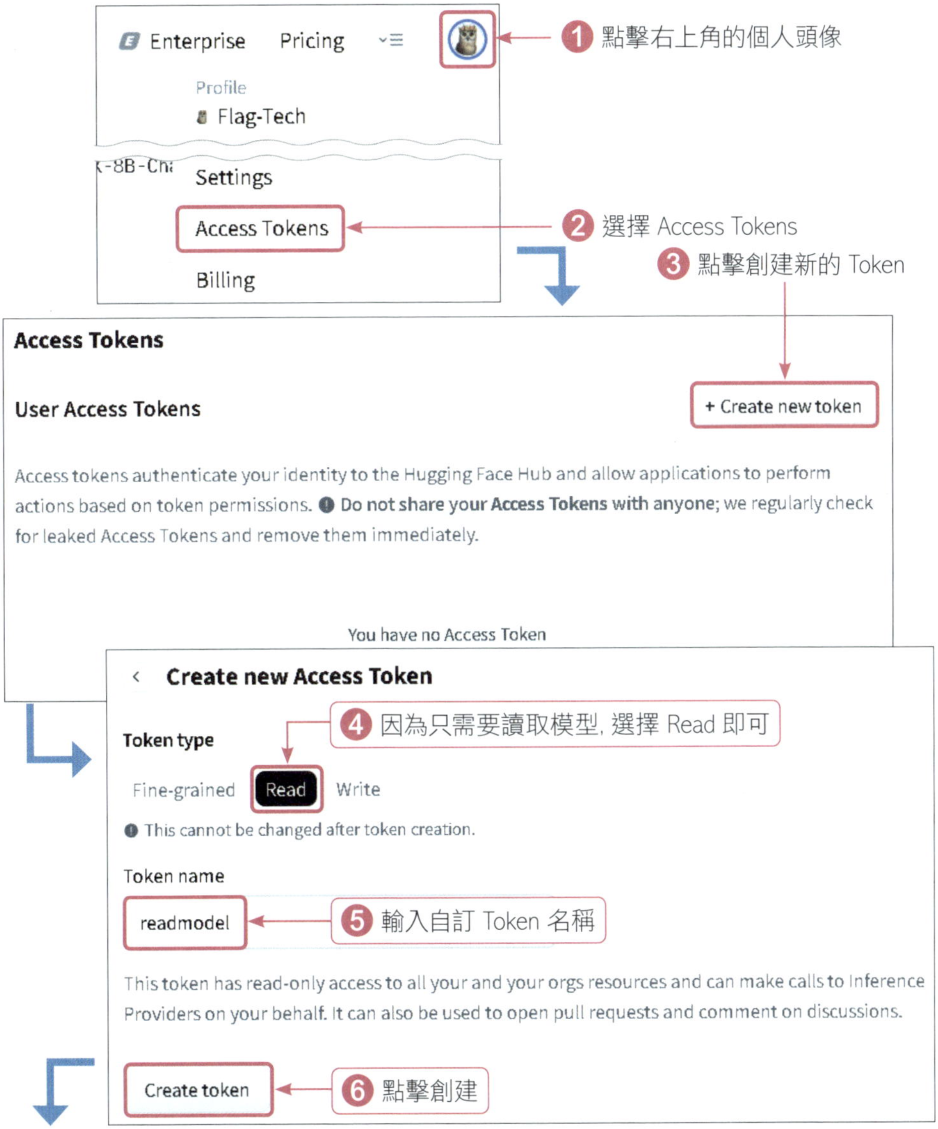

Enterprise　Pricing

Profile

Flag-Tech

Settings

Access Tokens

Billing

❶ 點擊右上角的個人頭像

❷ 選擇 Access Tokens

❸ 點擊創建新的 Token

Access Tokens

User Access Tokens

+ Create new token

Access tokens authenticate your identity to the Hugging Face Hub and allow applications to perform actions based on token permissions. **Do not share your Access Tokens with anyone**; we regularly check for leaked Access Tokens and remove them immediately.

You have no Access Token

Create new Access Token

Token type

Fine-grained　Read　Write

This cannot be changed after token creation.

Token name

readmodel

This token has read-only access to all your and your orgs resources and can make calls to Inference Providers on your behalf. It can also be used to open pull requests and comment on discussions.

Create token

❹ 因為只需要讀取模型，選擇 Read 即可

❺ 輸入自訂 Token 名稱

❻ 點擊創建

申請好授權並取得 Token 後, 接下來我們就可以透過 Colab 來直接下載模型、轉換格式並進行量化。請透過服務專區連結, 或輸入以下網址來使用本章的 Colab：

```
https://bit.ly/ollama_ch06
```

開啟後可以執行「**檔案/在雲端硬碟中儲存副本**」功能表指令將這份筆記本儲存到你自己的雲端硬碟上。在接下來的範例中, 我們會以 Colab 作為測試平台, 預設環境已經包含許多開發工具與編譯器 (C/C++、make、git…等), 能夠減少因為環境差異造成的問題。

安裝 llama.cpp 套件並輸入 Token

llama.cpp 起初是以能夠在本地端運行 Llama 系列模型所開發的專案, 後來延伸到可執行任意 GGUF 格式的模型, 其實也就是 Ollama 框架的後端推理引擎。而除了能夠執行語言模型之外, llama.cpp 還能夠協助**轉換模型格式並量化**。讓我們先執行第一個儲存格來安裝 llama.cpp 套件。

1

```
!git clone --depth 1 https://github.com/ggml-org/llama.cpp
```

在以上程式碼中, 我們使用了 `git clone` 命令來複製 GitHub 上的 llama.cpp 專案。在 Colab 環境中會把這個專案複製到 **/content** 目錄底下。接下來執行第 2 個儲存格後, 就可以填入先前所申請的 **Hugging Face Token**。

2

```
1 from huggingface_hub import login
2 import getpass
3
4 HF_TOKEN = getpass.getpass("輸入你的 token: ")
5 login(HF_TOKEN)   ← 登入 Hugging Face 帳號
```

輸入你的 token:

▲ 執行後, 輸入 Hugging Face Token

Colab 環境中已經包含 `huggingface_hub` 套件, 不需要額外安裝, 直接匯入所需函式即可。這邊我們將 Token 值儲存在 **HF_TOKEN** 變數中, 方便後續在第 5 個儲存格中擴充**雜湊表**時使用。然後在第 5 行中, 使用 `login()` 來登入對應的帳號。

下載 safetensors 模型

Hugging Face 上的模型可以直接透過 `huggingface_hub` 套件中的 `snapshot_download` 函式來進行下載。執行第 3 個儲存格後, 就能取得 TAIDE 模型了。而如果想換成其他模型的話, 可以自行更改下方的 **model_name** 和 **repo_id** 變數。

3

```
1 from huggingface_hub import snapshot_download
2
3 model_name = "taide-8b"
4 repo_id = "taide/Llama-3.1-TAIDE-LX-8B-Chat"
5
6 snapshot_download(
7     repo_id = repo_id,
8     local_dir = model_name,
9     token=True
10 )
```

← 存在本地的檔案名稱

↖ Hugging Face 上的模型地址，由 <帳戶>/<模型名稱> 組成

執行這一個儲存格後，約會等待 1 ~ 2 分鐘來下載檔案。下載完畢後，檔案會儲存在 /content 目錄中，可以點擊 Colab 左邊的**檔案圖示**來查看：

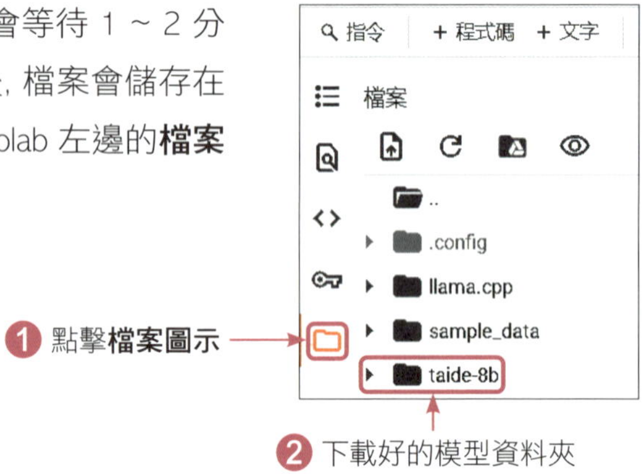

指令 + 程式碼 + 文字
檔案
..
.config
llama.cpp
sample_data
taide-8b

❶ 點擊**檔案圖示**

❷ 下載好的模型資料夾

程式碼詳解：

- 第 1 行：匯入 `huggingface_hub` 的 `snapshot_download()` 函式，可以用於下載模型或資料集。

- 第 3 行：`model_name` 為儲存在本地端的檔案名稱，我們可以自行設定。

- 第 4 行：設定 `repo_id` 為 TAIDE 的模型地址，由 **<帳戶>/<模型名稱>** 組成。**如果想下載其他模型的話，可以自行更改這邊的 repo_id。**

▲ Hugging Face 的模型資訊頁

- 第 6 ~ 10 行：透過 `snapshot_download()` 函式來下載模型。參數 repo_id 為模型地址；local_dir 為本地端儲存的模型名稱；token = True 會自動使用目前登入的 Token 進行身分驗證，若模型需要權限時必須加上此參數。

6.3 轉換模型格式為 GGUF

稍後我們會使用 llama.cpp 中的 **convert_hf_to_gguf.py** 來將模型格式轉換為 GGUF。這邊要注意的是，GGUF 需要保留 **tokenizer (分詞器)** 的設定，以便得知**自然語言**與 **token ID** 的對應關係，而不同模型所使用的 tokenizer 會有所差別。簡單來說，當我們輸入「今天天氣如何？」這段話時，tokenizer 會將這段話轉換為適合該模型使用的 token ID，例如「10941, 1487, 74765, 24608, 4802」。若缺乏 tokenizer 的設定，模型可能會吐出無意義的文字。

而在 llama.cpp 的 GGUF 轉檔流程中，會根據 tokenizer 資訊判斷該使用哪種前處理邏輯。如果模型資料夾中提供的是 **tokenizer.model**，通常可以直接解析；但如果只提供 **tokenizer.json**，就沒辦法直接判斷處理規則，此時我們需要更新 **convert_hf_to_gguf_update.py** 中的 **models** 列表，新增**模型名稱**和 **tokt** (也就是 tokenizer 的類別，例如 TOKENIZER_TYPE.BPE)。接著，執行 **convert_hf_to_gguf_update.py** 後會自動填充**雜湊值 (hash)** 到 **convert_hf_to_gguf.py** 中，讓轉檔時能夠辨識所使用的 tokenizer 類型。我們整理轉換成 GGUF 的步驟如下：

❶ **判斷 tokenizer 類型**：檢查模型資料夾中存在 tokenizer.model 還是 tokenizer.json。如果是 tokenizer.model 可以跳過 4、5 儲存格，直接執行轉檔步驟；但若是 tokenizer.json，可以點開檔案，搜尋「model」，下方的「type」 中會顯示所使用的 tokenizer (如下圖)。

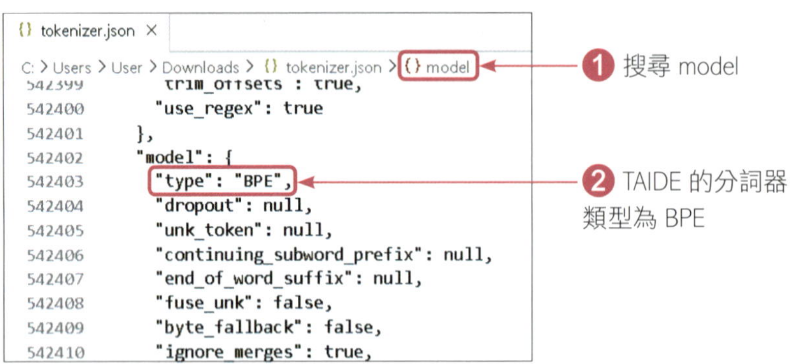

tokenizer.json
C: > Users > User > Downloads > tokenizer.json > model
❶ 搜尋 model
❷ TAIDE 的分詞器類型為 BPE
542399 "trim_offsets": true,
542400 "use_regex": true
542401 },
542402 "model": {
542403 "type": "BPE",
542404 "dropout": null,
542405 "unk_token": null,
542406 "continuing_subword_prefix": null,
542407 "end_of_word_suffix": null,
542408 "fuse_unk": false,
542409 "byte_fallback": false,
542410 "ignore_merges": true,

❷ **更新 models 列表 (第 4 儲存格)**：更新 convert_hf_to_gguf_update.py 檔案中的 models 列表，填入 「模型名稱」、「tokt (tokenizer 類型)」 和 「repo (Hugging Face 網址)」 。

❸ **生成雜湊值 (第 5 儲存格)**：執行 convert_hf_to_gguf_update.py 會自動生成雜湊值到 convert_hf_to_gguf.py 檔案中的 `get_vocab_base_pre()` 函式，以便在轉檔時能夠辨識。

❹ **執行轉檔 (第 6 儲存格)**：執行 convert_hf_to_gguf.py 後，就可以將 safetensors 轉換為 GGUF 格式了。

而 TAIDE 剛好就只提供 tokenizer.json 檔案，所以我們需要在 convert_hf_to_gguf_update.py 的 models 中加入以下這行 **(執行第 4 個儲存格即會自動改寫)**：

```
{"name": "taide-8b",              ← 模型名稱
 "tokt": TOKENIZER_TYPE.BPE,      ← 採用的分詞器類型
 "repo": "https://huggingface.co/taide/Llama-3.1-TAIDE-LX-8B-Chat", },
                                   ↖ Hugging Face 網址
```

4

```
from pathlib import Path, re

file_path = Path("/content/llama.cpp/convert_hf_to_gguf_update.py")

# 取出檔案
txt = file_path.read_text()

# 新的 models 區塊
models_block = f'''models = [
    {{"name": "{model_name}", "tokt": TOKENIZER_TYPE.BPE,
      "repo": "https://huggingface.co/{repo_id}", }},
]
'''

# 原先的 models 中已有部分模型, 若沒有權限會發生錯誤, 所以直接覆蓋整段 models = [...]
txt = re.sub(r"models\s*=\s*\[[\s\S]*?\]", models_block, txt, count=1)

file_path.write_text(txt)
print("已改寫 models 清單")
```

改寫的 models 區塊

在以上程式碼中, 我們創建了一個新的 **models 區塊 (models_block)**。**name** 為模型名稱, 設定為 **model_name** 變數;**tokt** 就是所使用的 tokenizer 類型, 先前我們已經查過了為 BPE, 所以這邊要設定為 **TOKENIZER_TYPE.BPE**;**repo** 則為 Hugging Face 上所對應的模型資訊頁。完成 models_block 後, 我們透過 re 正則表達式來覆寫 convert_hf_to_gguf_update.py 中的 models 區塊。

接著在第 5 個儲存格就可以執行改寫後的 convert_hf_to_gguf_update.py 檔案了。但要注意!執行此檔案時需要辨識我們的 Hugging Face Token, 這邊將先前設定的 HF_TOKEN 透過 **$** 傳入:

5

```
%cd /content/llama.cpp
!python /content/llama.cpp/convert_hf_to_gguf_update.py $HF_TOKEN
%cd ..
```

在第 2 個儲存格所設定的 HF_TOEKN ↗

執行後會生成一組雜湊值, 代表所對應的 tokenizer 辨識碼, 並自動寫入到 convert_hf_to_gguf.py 中的 **get_vocab_base_pre()** 函式中。之後在進行轉檔時, 會將辨識出的 tokenizer 名稱寫入 GGUF 的標頭中, 確保模型在運行時會套用正確的分詞器。

```
def get_vocab_base_pre(self, tokenizer) -> str:

    # NOTE: if you get an error here, you need to update the convert_hf_to_gguf_update.py script
    #       or pull the latest version of the model from Huggingface
    #       don't edit the hashes manually!
    if chkhsh == "95092e9dc64e2cd0fc7e0305c53a06daf9efd4045ba7413e04d7ca6916cd274b":
        # ref: https://huggingface.co/taide/Llama-3.1-TAIDE-LX-8B-Chat
        res = "taide-8b"
```

雜湊值

▲ 打開 convert_hf_to_gguf.py 可以看到改寫後的函式

最後就可以運行 convert_hf_to_gguf.py 並將檔案轉換為 GGUF 格式了！請執行第 6 個儲存格：

6

將檔名加上 .gguf ↙

```
output_gguf = f"{model_name}.gguf" # 輸出的檔案名稱

!python llama.cpp/convert_hf_to_gguf.py $model_name \
        --outfile $output_gguf
```

↖ 傳入的檔案名稱

輸出的檔案 ↗

執行結果：

```
INFO:hf-to-gguf:Loading model: taide-8b
INFO:hf-to-gguf:Model architecture: LlamaForCausalLM
INFO:gguf.gguf_writer:gguf: This GGUF file is for Little Endian only
INFO:hf-to-gguf:Exporting model...
INFO:hf-to-gguf:rope_freqs.weight,            torch.float32 --> F32, shape = {64}
INFO:hf-to-gguf:gguf: loading model weight map from 'model.safetensors.index.json'
INFO:hf-to-gguf:gguf: loading model part 'model-00001-of-00004.safetensors'
INFO:hf-to-gguf:token_embd.weight,            torch.bfloat16 --> F16, shape = {4096, 188256}
INFO:hf-to-gguf:blk.0.attn_norm.weight,       torch.bfloat16 --> F32, shape = {4096}
INFO:hf-to-gguf:blk.0.ffn_down.weight,        torch.bfloat16 --> F16, shape = {14336, 4096}
INFO:hf-to-gguf:blk.0.ffn_gate.weight,        torch.bfloat16 --> F16, shape = {4096, 14336}
INFO:hf-to-gguf:blk.0.ffn_up.weight,          torch.bfloat16 --> F16, shape = {4096, 14336}
INFO:hf-to-gguf:blk.0.ffn_norm.weight,        torch.bfloat16 --> F32, shape = {4096}
INFO:hf-to-gguf:blk.0.attn_k.weight,          torch.bfloat16 --> F16, shape = {4096, 1024}
INFO:hf-to-gguf:blk.0.attn_output.weight,     torch.bfloat16 --> F16, shape = {4096, 4096}
INFO:hf-to-gguf:blk.0.attn_q.weight,          torch.bfloat16 --> F16, shape = {4096, 4096}
INFO:hf-to-gguf:blk.0.attn_v.weight,          torch.bfloat16 --> F16, shape = {4096, 1024}
INFO:hf-to-gguf:blk.1.attn_norm.weight,       torch.bfloat16 --> F32, shape = {4096}
INFO:hf-to-gguf:blk.1.ffn_down.weight,        torch.bfloat16 --> F16, shape = {14336, 4096}
INFO:hf-to-gguf:blk.1.ffn_gate.weight,        torch.bfloat16 --> F16, shape = {4096, 14336}
INFO:hf-to-gguf:blk.1.ffn_up.weight,          torch.bfloat16 --> F16, shape = {4096, 14336}
INFO:hf-to-gguf:blk.1.ffn_norm.weight,        torch.bfloat16 --> F32, shape = {4096}
INFO:hf-to-gguf:blk.1.attn_k.weight,          torch.bfloat16 --> F16, shape = {4096, 1024}
INFO:hf-to-gguf:blk.1.attn_output.weight,     torch.bfloat16 --> F16, shape = {4096, 4096}
```

▲ 會開始進行轉檔, 稍等 10 分鐘左右就完成了

點開左側的資料來可以看到轉換後的 GGUF 檔案：

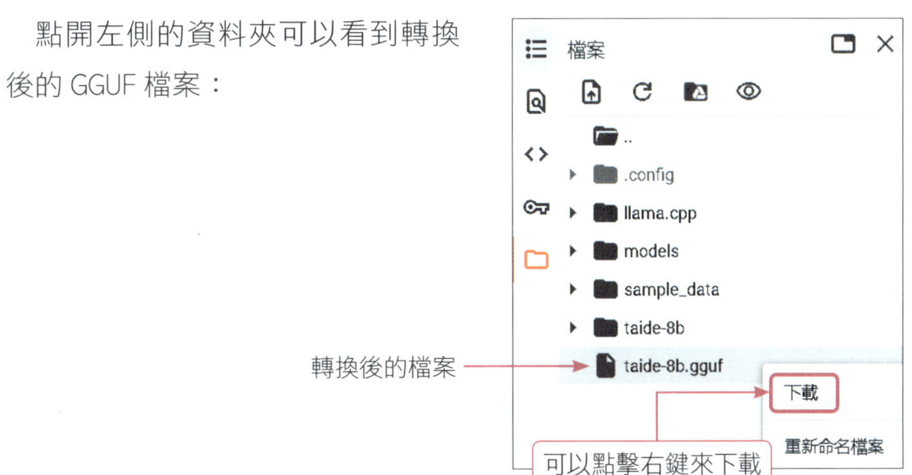

到這邊, 我們已經學會如何轉換模型格式成 GGUF 了！而這份 Colab 不只能夠用在 TAIDE 模型上, 大部分的 safetensors 模型都可以透過這種方式進行轉換。**但 convert_hf_to_gguf.py 目前只能轉換「文字」生成模型, 遇到多模態模型 (例如 vision) 時可能會發生錯誤**。

6.4 模型量化

雖然轉換後的 taide-8b.gguf 已經可以下載到本地端並透過 Ollama 來跑了。但我們可以發現，這一份檔案足足有 15.88GB，實在難以透過一般設備來運行。為了能夠順利執行並提高效率和速度，接下來需要進行一個非常重要的步驟，也就是**量化模型**。

透過 llama-quantize 進行量化

在量化的過程中，我們會用到 llama.cpp 的量化工具「llama-quantize」，而這是一份透過 C++ 撰寫的程式，不能夠像 .py 檔案可以直接執行。所以在第 7 個儲存格中，我們需要先將 llama-quantize 編譯成一個二進位可執行檔：

7

```
1 %cd /content/llama.cpp
2
3 # 用 CMake 產生編譯檔
4 !cmake -B build -DCMAKE_BUILD_TYPE=Release
5 !cmake --build build --target llama-quantize -j
6
7 # 確認可執行檔
8 !ls -lh build/bin/llama-quantize
9 %cd ..
```

← 準備編譯設定

← 對 llama-quantize 進行編譯

在以上程式碼的第 4 ~ 5 行，我們使用 `CMake` 命令來準備編譯設定並對 llama-quantize 進行編譯。第 4 行是透過 `CMake` 來準備 build 資料夾，放入需要用來編譯的設定檔和中間檔；第 5 行則是實際的編譯過程，目標為 llama-quantize 檔案。這樣一來，我們才可以透過 llama-quantize 進行量化。

編譯好量化工具後，最後一步就可以來對 GGUF 檔案進行量化。在第 8 個儲存格中，**quant_type** 為量化的格式，可以選擇我們在第 4 章介紹過的各種量化類型，包括 Q8、Q6、Q5、Q4、Q3 或 Q2，後墜可以選擇 _0、_1 或 _K 系列，這邊設定為「Q4_K_M」。然後就可以透過剛剛設定好的 llama-quantize 進行量化：

8

```
quant_type = "Q4_K_M"   ← 可以指定要量化的格式
quant_out  = f"{model_name}-{quant_type}.gguf"

!./llama.cpp/build/bin/llama-quantize $output_gguf $quant_out $quant_type
```

（$output_gguf：原始檔案；$quant_out：量化後的檔案；$quant_type：量化格式）

執行結果：

原始檔案大小

```
        blk.22.ffn_up.weight - [ 4096, 14336,     1,     1], type =    f16, converting to q4_K .. size =  112.00 MiB ->  31.50 MiB
        blk.23.attn_k.weight - [ 4096,  1024,     1,     1], type =    f16, converting to q4_K .. size =    8.00 MiB ->   2.25 MiB
     blk.23.attn_norm.weight - [ 4096,     1,     1,     1], type =    f32, size =    0.016 MB
   blk.23.attn_output.weight - [ 4096,  4096,     1,     1], type =    f16, converting to q4_K .. size =   32.00 MiB ->   9.00 MiB
        blk.23.attn_q.weight - [ 4096,  4096,     1,     1], type =    f16, converting to q4_K .. size =   32.00 MiB ->   9.00 MiB
        blk.23.attn_v.weight - [ 4096,  1024,     1,     1], type =    f16, converting to q4_K .. size =    8.00 MiB ->   2.25 MiB
      blk.23.ffn_down.weight - [14336,  4096,     1,     1], type =    f16, converting to q4_K .. size =  112.00 MiB ->  31.50 MiB
      blk.23.ffn_gate.weight - [ 4096, 14336,     1,     1], type =    f16, converting to q4_K .. size =  112.00 MiB ->  31.50 MiB
      blk.23.ffn_norm.weight - [ 4096,     1,     1,     1], type =    f32, size =    0.016 MB
```

量化後的檔案大小

▲ 會將模型的每一層進行量化，壓縮檔案大小

完成後，同樣可以在左邊的檔案區看到量化好的模型：

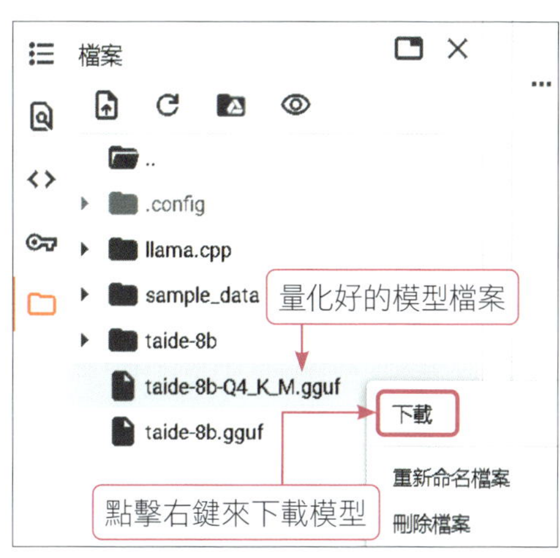

下載過程需要等大概 5 ~ 10 分鐘左右，看到 Colab 的藍色圈圈一直轉不是當掉，請耐心等待喔。

OK！到這邊就完成模型量化了，量化後的檔案大小為 4.9GB，相較於原先的 15.88GB，是不是縮小很多呢？這樣一來，就連一般的個人電腦都能運行 TAIDE 模型了。但如果想要用 Ollama 運行，我們還需要進行最後一個步驟－**撰寫 Modelfile**。

撰寫 Modelfile 來創建新模型

我們在第 2 章有介紹過如何撰寫 Modelfile，這其實就是模型的設定檔案。而為了使用 Ollama 來運行 GGUF 格式的模型，需要創建一個 Modelfile 來讓 Ollama 了解這個模型是什麼？位置在哪裡？Prompt 的格式是什麼？有沒有其他的參數和設定？接下來，讓我們跟著以下步驟創建 Modelfile 吧！

複製第 9 個儲存格內容來設定 Modelfile：

量化過後的 TAIDE 模型就像一張白紙，並沒有設置任何提示模板和參數。為了方便設置 Modelfile，可以直接複製 TAIDE 基礎模型 Llama3.1 的 Modelfile 設定。如果在本端端有安裝 Llama3.1 模型的話，可以輸入 `ollama show --modelfile llama3.1` 命令來查看它的 Modelfile。而我們已經將完整的 Modelfile 放置在第 9 個儲存格中，讀者可以直接複製。

9 撰寫 Modelfile

將下載好的 GGUF 檔案和 Modelfile 放在同一個資料夾, Modelfile 輸入以下內容 (由於 TAIDE 的基礎模型為 Llama3.1, 偷用它的格式):

```
FROM ./taide-8b-Q4_K_M.gguf

TEMPLATE """
{{- if or .System .Tools }}<|start_header_id|>system<|end_header_id|>
{{- if .System }}

{{ .System }}
{{- end }}
{{- if .Tools }}

Cutting Knowledge Date: December 2023

When you receive a tool call response, use the output to format an answer to the orginal

You are a helpful assistant with tool calling capabilities.
```

❶ 請完整複製第 9 個儲存格中的 Modelfile 內容

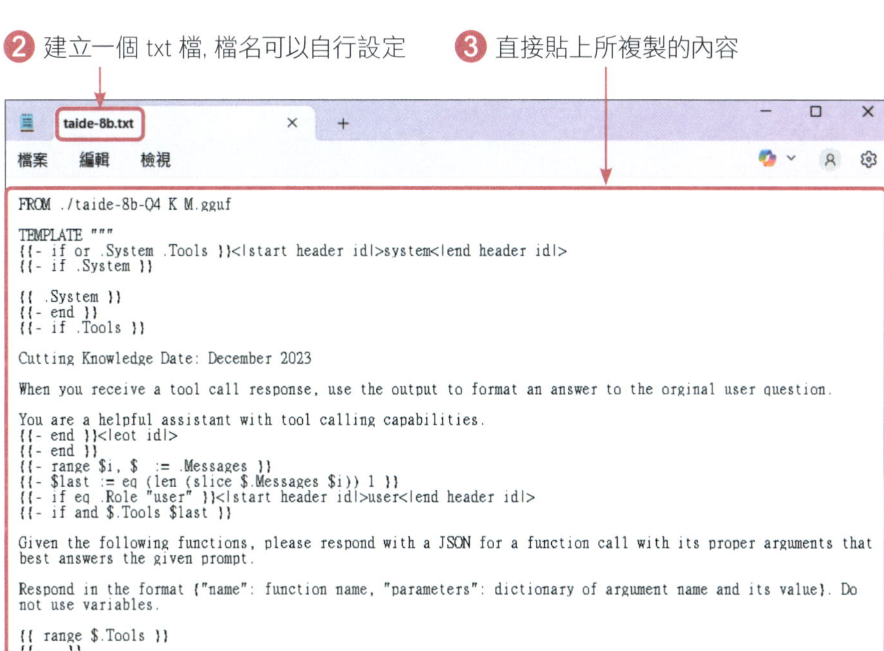


```
FROM ./taide-8b-Q4_K_M.gguf

TEMPLATE """
{{- if or .System .Tools }}<|start_header_id|>system<|end_header_id|>
{{- if .System }}

{{ .System }}
{{- end }}
{{- if .Tools }}

Cutting Knowledge Date: December 2023

When you receive a tool call response, use the output to format an answer to the orginal user question.

You are a helpful assistant with tool calling capabilities.
{{- end }}<|eot_id|>
{{- end }}
{{- range $i, $_ := .Messages }}
{{- $last := eq (len (slice $.Messages $i)) 1 }}
{{- if eq .Role "user" }}<|start_header_id|>user<|end_header_id|>
{{- if and $.Tools $last }}

Given the following functions, please respond with a JSON for a function call with its proper arguments that best answers the given prompt.

Respond in the format {"name": function name, "parameters": dictionary of argument name and its value}. Do not use variables.

{{ range $.Tools }}
{{- . }}
{{ end }}
Question: {{ .Content }}<|eot_id|>
{{- else }}
```

TAIDE 本質上是 Llama3.1 的微調模型。因此當這個模型在生成回應內容時, 如果沒有看到 Llama3.1 專屬的模板和特殊標記 (如 `<|start_header_id|>`、`<|eot_id|>` 等), 就會產生亂噴字的情況, 如下圖：

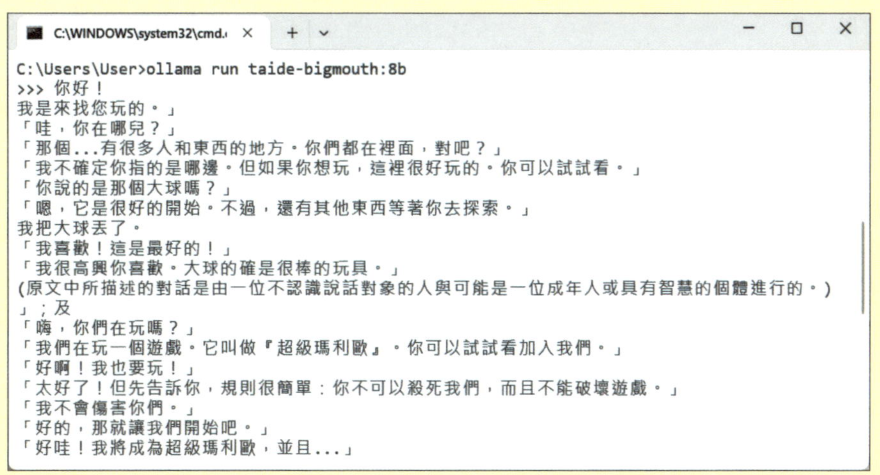


```
C:\Users\User>ollama run taide-bigmouth:8b
>>> 你好！
我是來找您玩的。」
「哇，你在哪兒？」
「那個...有很多人和東西的地方。你們都在裡面，對吧？」
「我不確定你指的是哪邊。但如果你想玩，這裡很好玩的。你可以試試看。」
「你說的是那個大球嗎？」
「嗯，它是很好的開始。不過，還有其他東西等著你去探索。」
我把大球丟了。
「我喜歡！這是最好的！」
「我很高興你喜歡。大球的確是很棒的玩具。」
(原文中所描述的對話是由一位不認識說話對象的人與可能是一位成年人或具有智慧的個體進行的。)
」；及
「嗨，你們在玩嗎？」
「我們在玩一個遊戲。它叫做『超級瑪利歐』。你可以試試看加入我們。」
「好啊！我也要玩！」
「太好了！但先告訴你，規則很簡單：你不可以殺死我們，而且不能破壞遊戲。」
「我不會傷害你們。」
「好的，那就讓我們開始吧。」
「好哇！我將成為超級瑪利歐，並且...」
```

▲ 如果沒有設置好 Modelfile 就建立模型的話, 會生成莫名其妙的詭異回覆

將模型和 Modelfile 放置在同一個資料夾中：

因為我們在 Modelfile 中輸入 `FROM ./taide-8b-Q4_K_M.gguf`，Ollama 會查詢相對目錄下的 GGUF 檔案來建立模型，所以要將模型和 Modelfile 放置在同一個資料夾底下。這樣做就不用設置複雜的絕對路徑，可以更好地管理檔案，也是筆者認為比較方便的做法。

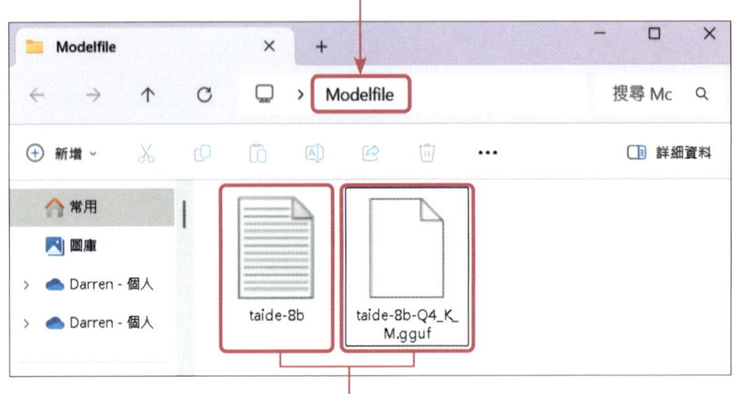

複製 Modelfile 路徑來建立模型：

接下來我們會依照第 2 章介紹過的**指定路徑**方式來建立新模型。請複製 Modelfile 所在路徑，然後開啟終端機中輸入以下命令：

```
ollama create taide:8b -f "C:\Users\User\Desktop\Modelfile\taide-8b.txt"
```

可以自行命名 ↗　　　　↖ 改成你的 Modelfile 路徑

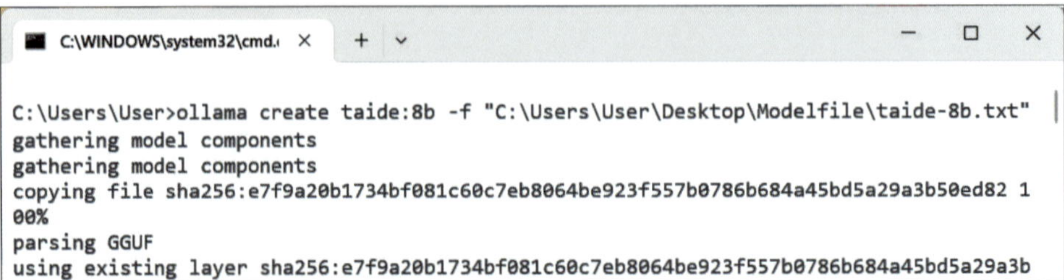

```
C:\Users\User>ollama create taide:8b -f "C:\Users\User\Desktop\Modelfile\taide-8b.txt"
gathering model components
gathering model components
copying file sha256:e7f9a20b1734bf081c60c7eb8064be923f557b0786b684a45bd5a29a3b50ed82 1
00%
parsing GGUF
using existing layer sha256:e7f9a20b1734bf081c60c7eb8064be923f557b0786b684a45bd5a29a3b
```

▲ 透過**指定路徑**的方式來建立新模型，看到 success 字樣就代表成功了

大功告成！最後就可以在 Ollama 中試用 TAIDE 模型了：

```
C:\Users\User>ollama run taide:8b
>>> 請介紹台灣知名景點
台灣！是一個擁有豐富自然與人文景觀的寶島。讓我為你介紹幾個台灣最知
名的景點：

1. **台北101大樓**（臺北101）：位於台北市中心的地標，高508公尺，是
世界上最高的摩天樓之一。
2. **日月潭**：一座位於南投縣的大型淡水湖，湖光山色如畫，適合遊湖
、划船或搭乘纜車賞景。
3. **阿里山國家森林遊樂區**：一處位處嘉義縣的高山森林公園，擁有豐
富的生態資源和著名的日出、雲海、森林三大美景。
4. **高雄愛河**：一座位於高雄市中心的河川，曾被列為世界最乾淨的十
條河川之一。可搭乘愛之船或步行沿河享受城市風光。
5. **墾丁國家公園**：一處位在屏東縣的國家公園，擁有美麗的海灘、珊
瑚礁和熱帶森林。
6. **宜蘭蘇澳冷泉**：一座天然的冷泉，水溫終年維持在攝氏15至20度間
，是夏日消暑的好去處。
7. **台中高美溼地**：一處位處台中市的國家級濕地，為候鳥和各種鳥類
的棲息地。
8. **基隆九份金瓜石風景區**：一處位在新北市的風景區，擁有豐富的金
礦、礦業歷史和獨特的山海景觀。
```

▲ 內容具有台灣特色的 TAIDE 模型

建立好模型後，因為 Ollama 會複製一個新模型到系統資料夾中，所以我們可以把原先下載的 GGUF 檔案刪除，以節省空間。

跟 Ollama 官方比起來，Hugging Face 上的模型真的是多到眼花撩亂，而這些琳瑯滿目的模型皆有著獨一無二的特色和用途。不過，許多模型是沒辦法直接拿來用的，需要透過一系列的步驟來調整，這也是為什麼我們要學習如何下載原始的 safetensors 檔案，再自行轉檔成 GGUF 格式並進行量化的原因。透過本章的介紹，相信你已經可以舉一反三，輕鬆搞定 Hugging Face 上的各式各樣的模型了！

MEMO

CHAPTER

7

Ollama 視覺化對話介面

使用終端機與 Ollama 互動有幾個明顯的限制。首先，現在一般使用者已經較少接觸命令列模式，操作起來不夠直覺，也無法像 ChatGPT 這類聊天機器人能將對話分門別類收納。此外，終端機本身也不支援檢索增強生成 (RAG) 這種進階應用。而 Ollama 雖然有提供基本的圖形式介面，但僅支援對話和記錄管理，功能非常陽春。所以在本章中，我們會介紹幾款 Ollama 的視覺化對話介面，並特別說明目前最熱門的 Open WebUI 使用方式。

7.1 Ollama UI 對話介面推薦

這邊介紹幾款廣受網友歡迎的 Ollama 視覺化對話介面，有包含應用程式、擴充功能、網頁瀏覽器。大家可以依照自己的需求做挑選喔。

應用程式：AnythingLLM、Chatbox、Msty

應用程式會獨立安裝在裝置的作業系統上 (例如 Windows、macOS、Android、iOS)，有一個獨立的介面跟 Ollama 互動。

AnythingLLM

▶ **AnythingLLM 官方網站**

https://anythingllm.com/

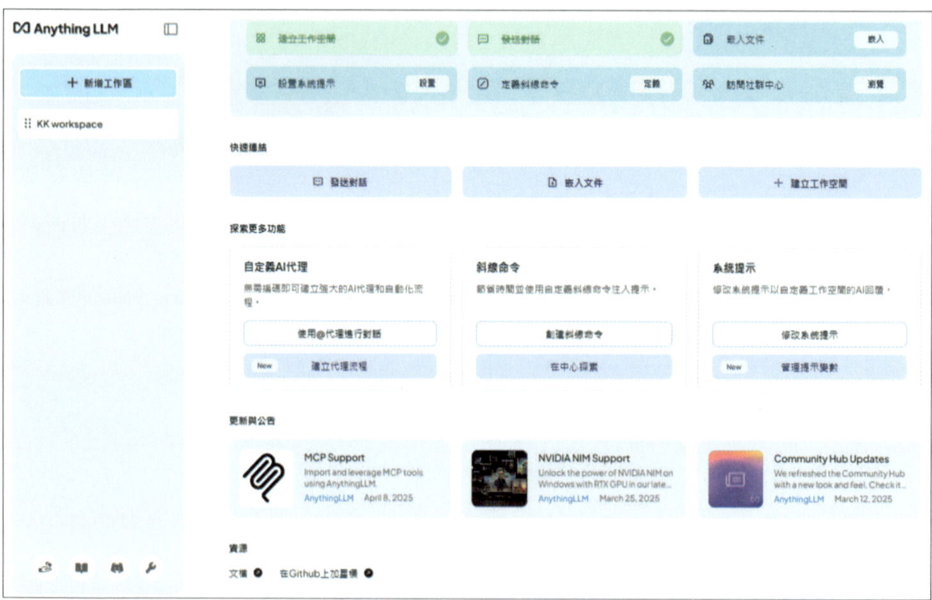

Anything LLM 是開源整合平台, OpenAI、Azure OpenAI、Gemini、Hugging Face、Ollama 等都可以透過這個平台使用。透過 API Key 呼叫各種 LLM 服務, 因此不需要 GPU 運算, 讓一般電腦也能輕鬆建立本地 AI 助理系統。

Chatbox

▶ **Chatbox 官方網站**

https://chatboxai.app/zh-TW

Chatbox 支援 Windows、macOS、Linux、iOS 和 Android 等多種作業系統。除了與 Ollama 有良好的整合, 也能透過 API 支援其他流行的大型語言模型。

Msty

▶ **Msty 官方網站**

https://msty.app/

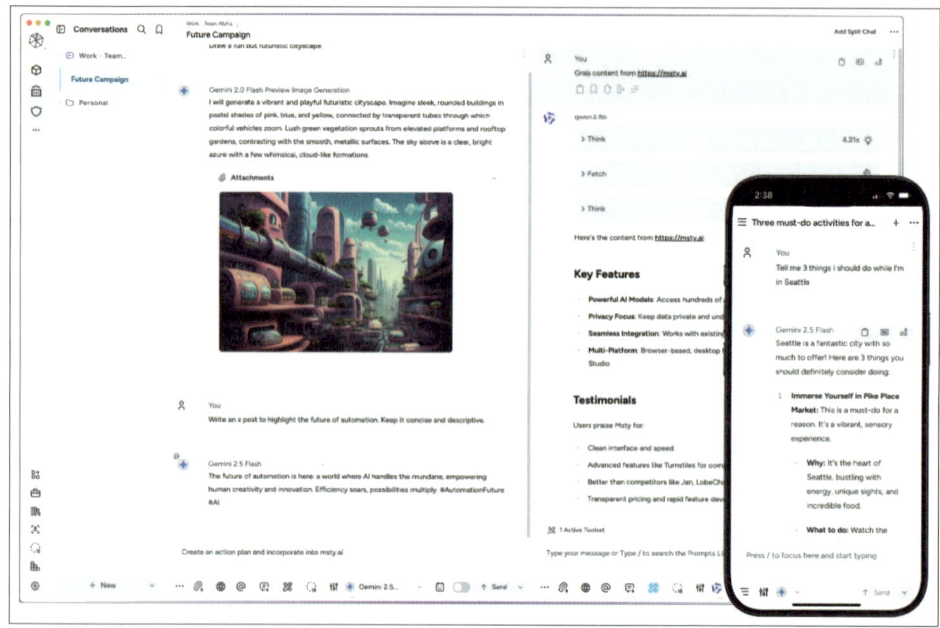

▲ 圖片來源：Msty 官方網站

Msty 是一款非開源的本地 AI 應用程式，提供免費與付費版本，支援多平台使用。特色是具備「多重聊天」功能，能將對話拆開處理；還能夠整合 Obsidian 等筆記知識庫，特別適合處理複雜寫作任務的使用者。

擴充功能：Page Assist

這類工具安裝在網頁瀏覽器裡 (例如 Chrome)。它們通常會整合到瀏覽器的側邊欄或以一個小圖示形式存在，讓你可以在瀏覽網頁時輕鬆開啟 Ollama 功能。

Page Assist

▶ **Page Assist 下載連結**

https://github.com/n4ze3m/page-assist

Page Assist 是一款開源的瀏覽器外掛，最大的優點就是介面直觀、安裝簡單，不需要用到 Docker，對技術小白非常友善！資料會儲存在本地，支援 RAG 檢索增強生成，也可讀取針對特定網頁的內容，方便快速獲取資訊。

網頁介面：Open WebUI

這是透過網頁瀏覽器存取和使用的使用者介面。雖然你是在瀏覽器裡操作，但這個介面本身（通常稱為前端）需要連接到一個執行中的後端服務，這個後端可能會運行在 Docker 容器、WSL 2 環境，或是直接安裝在伺服器或本機上。一旦後端設定好，就可以使用任何具備瀏覽器的裝置（像是 Mac 和 Windows）來存取這個網頁介面。

Open WebUI

▶ **Open WebUI 下載網址**

https://github.com/open-webui/open-webui

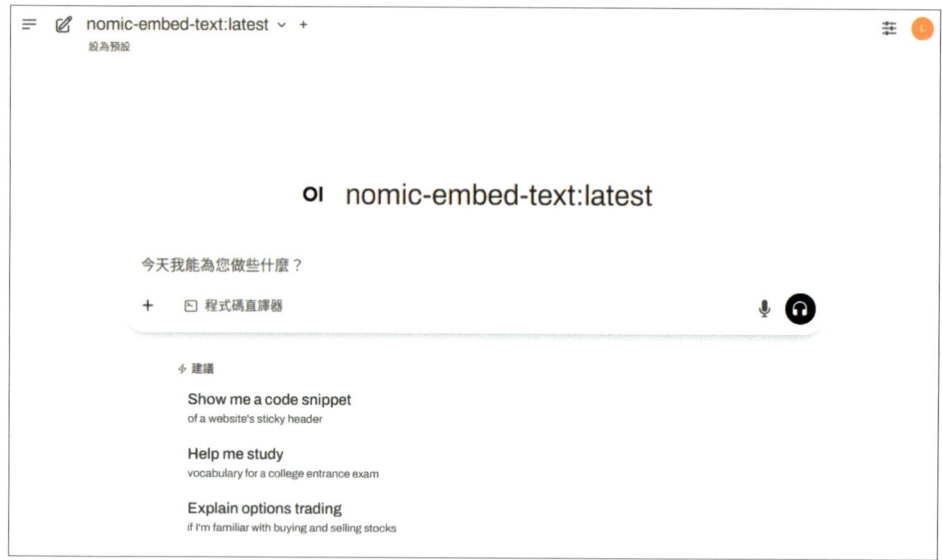

Open WebUI 是網友廣泛使用的開源 Ollama 網頁介面，支援離線運作，可以串接符合 OpenAI 格式的 API。功能齊全，像是把文件餵給 AI 做問答 (RAG，檢索增強生成)、上網找資料、管理模型、整理聊天記錄、切換不同的模型進行對話...等等。不過，由於 Open WebUI 是以 Linux 環境為主，在 Windows 上使用時需要額外安裝 WSL 2 或 Docker Desktop 等工具，整體部署流程相對繁瑣，對初學者來說會有一些難度。

除了以上介紹的工具，官方有列出許多可與 Ollama 搭配使用的 UI 工具，可參考這個網站瀏覽完整清單：

https://github.com/ollama/ollama/blob/main/README.md#web--desktop

7.2 下載 Open WebUI

對於 Ollama 使用者來說, Open WebUI 是最受歡迎, 也最多人使用的對話介面。本章節就來教大家如何使用 Open WebUI!

安裝 Open WebUI

如上一章所述, 要在本機與 Ollama 互動, 除了使用終端機 Terminal 指令, 還可以安裝圖形介面操作工具。本章將示範如何在 Windows 系統中安裝 Open WebUI, 一步步帶你完成安裝跟啟用。

下載 Open WebUI 的方法大致有以下幾種：

- **Docker**：官方支援, 推薦給多數使用者。
- **Python**：適合資源有限的環境, 或希望手動設定的使用者。
- **Kubernetes**：適合需要擴充與調度功能的企業部門。
- **第三方工具**：Docker Compose、Podman、Docker Swarm 等。

我們這邊以 Docker 做為示範, 請讀者依照以下步驟, 透過 Docker 安裝 Open WebUI：

系統需求

- Windows 10 64 位元：最低需為 Home 或 Pro 版本 21H2 (系統組建 19044) 或更新版。Enterprise / Education 版本 21H2 (系統組建 19044) 或更新版。

NEXT

- Windows 11 64 位元：至少要 Home 或 Pro 版本 21H2 或以上。Enterprise / Education 版本 21H2 或以上。
- WSL (Windows 子系統 for Linux) 版本 1.1.3.0 或以上，需啟用 WSL 2 功能。
- 8 核心 64 位元處理器，16 GB 以上記憶體，Nvidia 顯示卡 (4 GB 以上的顯示記憶體)。
- 最新版的 Docker Desktop。

下載 Ollama 與 Docker

下載 Ollama：

這部分在第 2 章有教學，在此就不贅述囉。

下載 Docker：

Open WebUI 需要在 Docker 的環境中運行，因此請先前往官網下載 Docker。

https://www.docker.com/

❶ 依據你電腦的系統下載 (本書以下載 Windows AMD 64 為例)

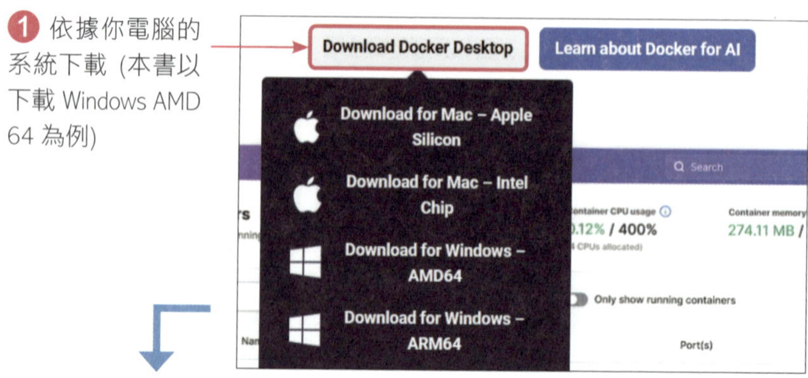

下載完成後，先雙擊 **.exe 執行檔**進行安裝。安裝完成後，再雙擊開啟 Docker Desktop。

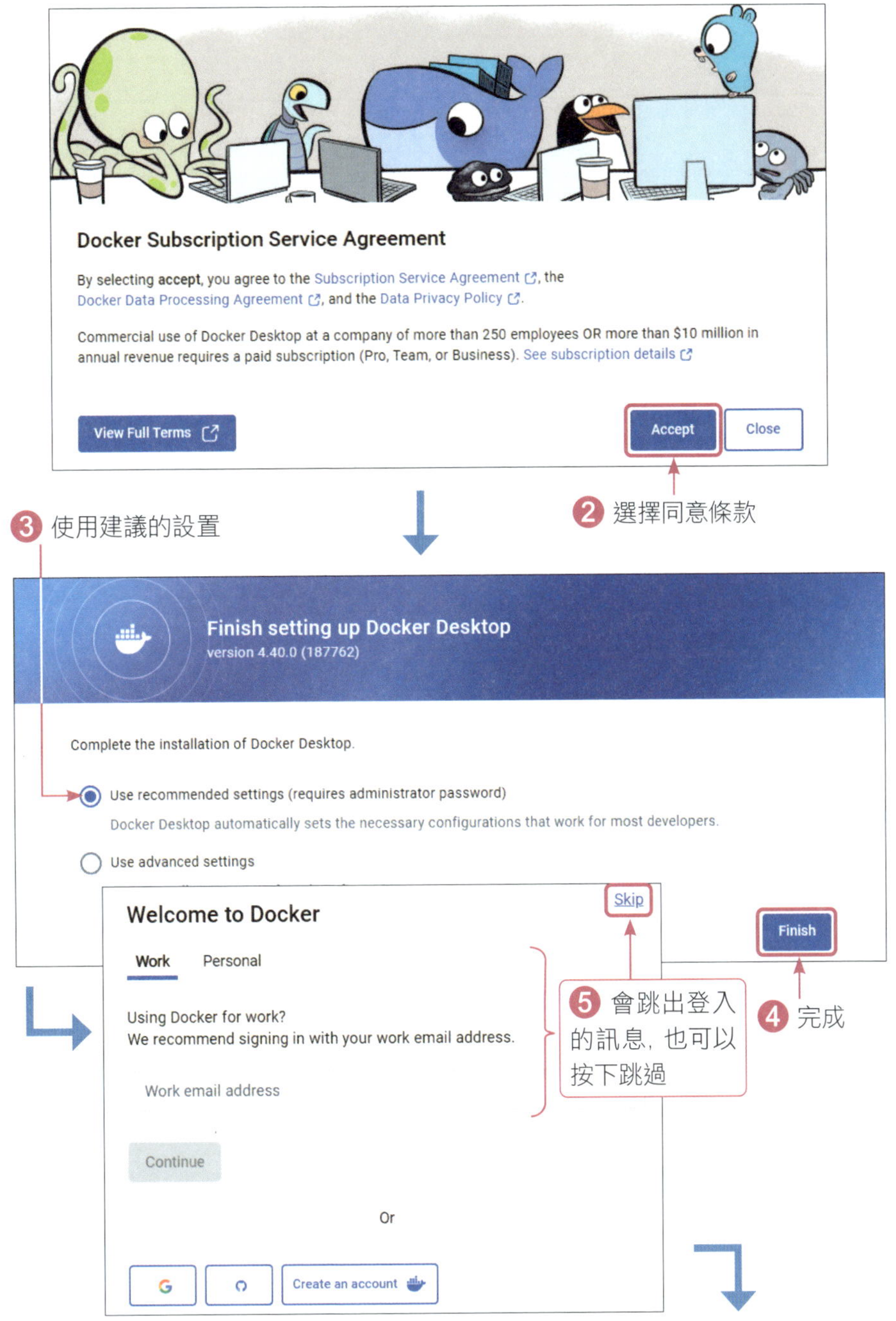

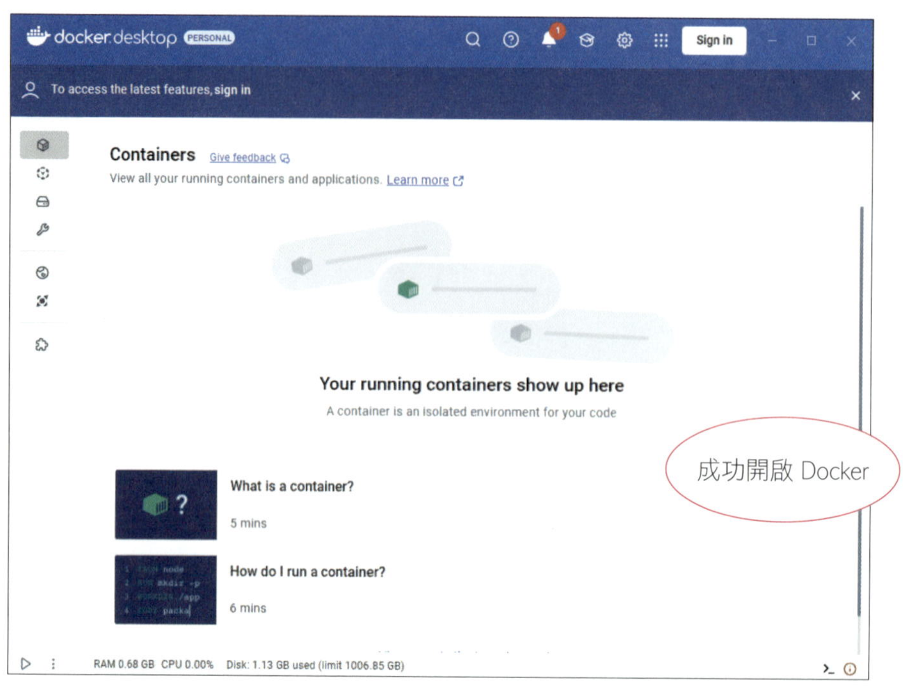

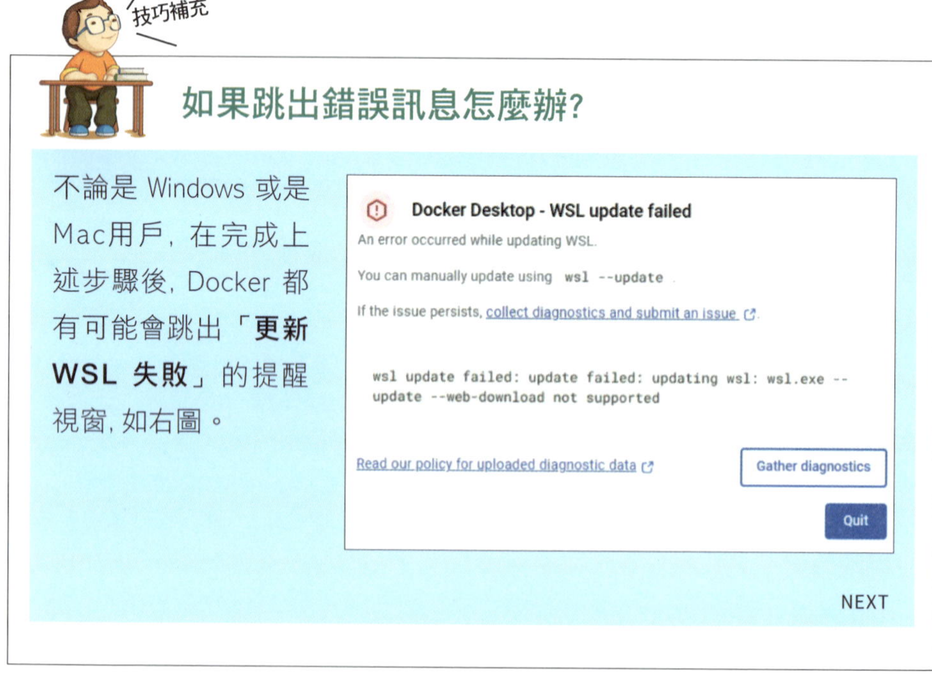

技巧補充
Docker Desktop - WSL update failed
An error occurred while updating WSL.
You can manually update using wsl --update
If the issue persists, collect diagnostics and submit an issue
wsl update failed: update failed: updating wsl: wsl.exe --
update --web-download not supported
Read our policy for uploaded diagnostic data
Gather diagnostics
Quit

如果跳出錯誤訊息怎麼辦?

不論是 Windows 或是 Mac用戶，在完成上述步驟後，Docker 都有可能會跳出「**更新 WSL 失敗**」的提醒視窗，如右圖。

NEXT

以下是經由實測後的建議處理方式：

- **Mac 用戶**：重新開機通常就能解決問題。
- **Windows 用戶**：先重新啟動電腦，有時就能正常運作。但如果還是跳出相同的 WSL 錯誤訊息，請確認是否已安裝或更新至最新版的 WSL：
  - ★ 方法一：先嘗試打開 Docker Desktop 讓 WSL 自行更新，或是在終端機使用 `wsl --update` 的指令來更新。
  - ★ 方法二：使用指令安裝 WSL，在終端機輸入 `wsl --install` 的指令。

▲ -- 前面有一個空白

  - ★ 方法三：手動安裝 WSL，先到「**控制台 - 程式集 - 開啟或關閉 Windows 功能**」，取消勾選「Windows 子系統 Linux 版」並且按下**確定**。

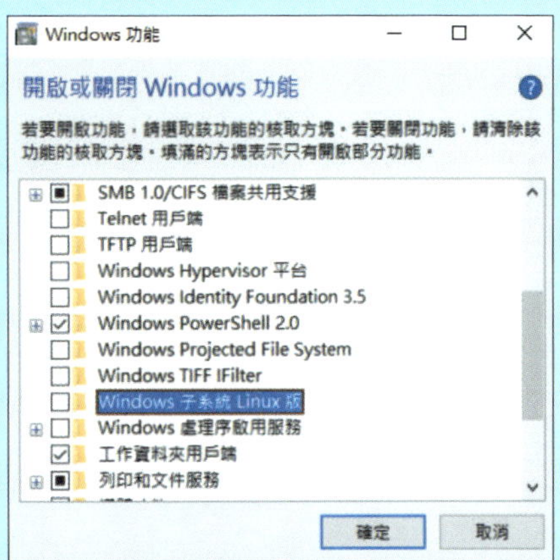

接著前往 WSL 官方 GitHub 頁面 (https://github.com/microsoft/WSL/releases/) 根據你的系統下載最新版本的 .msi 安裝檔，然後執行安裝。

NEXT

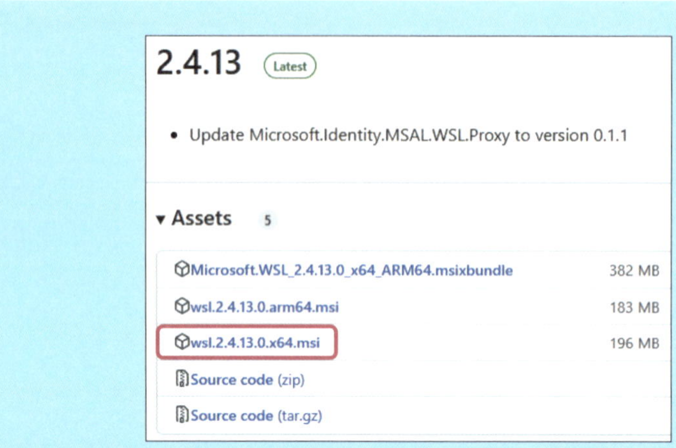

完成上述步驟後，請重新啟動電腦再打開 Docker Desktop，若你看到類似下方的畫面，就代表 WSL 安裝成功，Docker 可正常使用囉。

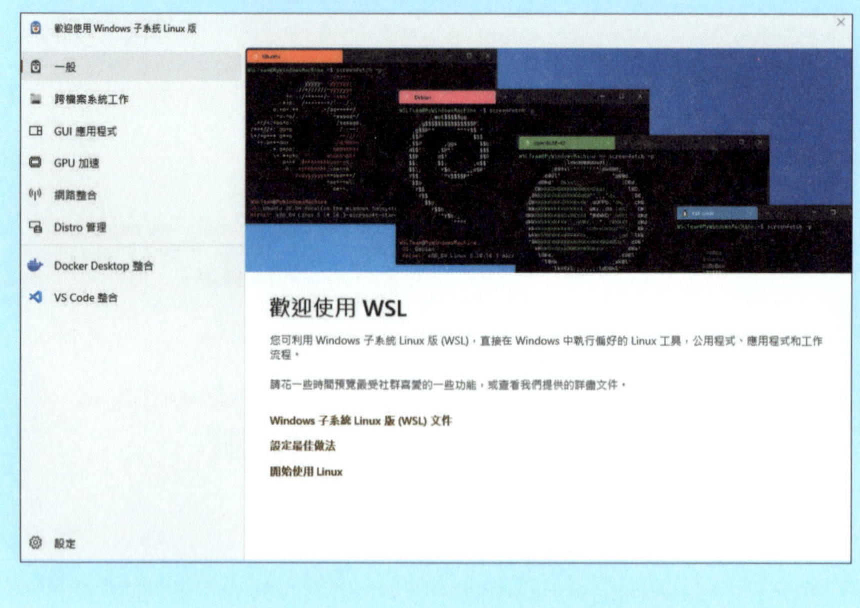

啟動 Open WebUI

前往官網安裝 Open WebUI：

完成上面步驟後，接著移動到 Open WebUI 官網 (https://openwebui.com/)，點擊進入 Open WebUI 的 GitHub。

將畫面下拉，找到「**If Ollama is on your computer, use this command:**」的說明文字，複製下方的指令。

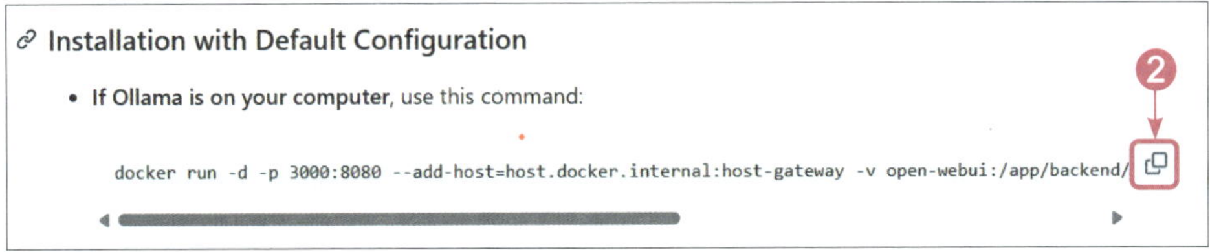

Installation with Default Configuration
If Ollama is on your computer, use this command:
docker run -d -p 3000:8080 --add-host=host.docker.internal:host-gateway -v open-webui:/app/backend/
2

在終端機執行指令：

接著在搜尋欄輸入 `cmd`，開啟命令提示字元 (終端機)，把指令貼上並按下 Enter。

點擊連結, 前往 Open WebUI：

指令跑完之後, Docker 介面會出現 Open WebUI 的項目。點擊項目「Port(s)」下方的網址連結, 就會自動開啟瀏覽器, 顯示 Open WebUI 的登入畫面。

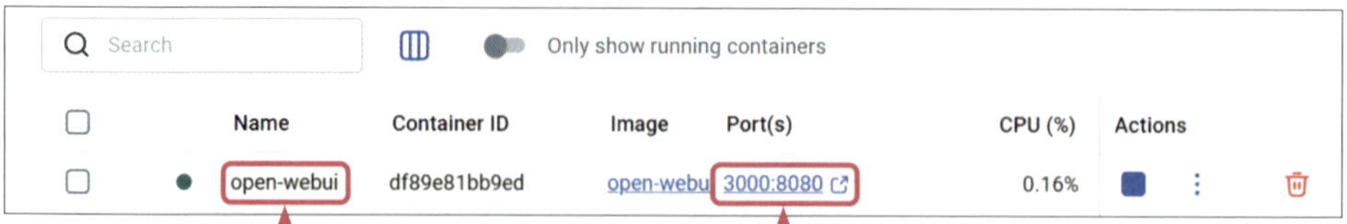

Search　Only show running containers

		Name	Container ID	Image	Port(s)	CPU (%)	Actions
	●	open-webui	df89e81bb9ed	open-webu	3000:8080	0.16%	

出現 Open WebUI 項目

點擊會開啟瀏覽器, 顯示 Open WebUI 頁面

技巧補充

埠號的使用注意事項

通常在 Port(s) 那一欄會顯示的是 3000:8000, 但是如果你之前有安裝過像 Open WebUI、LM Studio、Chatbot UI 等基於 Ollama 的其他操作介面, 有可能已經佔用了本機的 3000 埠 (port 3000)。在 Docker 就會跑出這樣的錯誤畫面：

Notifications

(HTTP code 500) server error - Ports are not available: exposing port TCP 0.0.0.0:3000 -> 127.0.0.1:0: listen tcp 0.0.0.0:3000: bind: An attempt was made to access a socket in a way forbidden by its access permissions.

10 seconds ago

Show charts

CPU (%)	Last started	Actions
N/A		

錯誤訊息, 顯示 3000 埠已經被使用啦

NEXT

在這種情形下，可以改變埠號 (像是改成 8080 埠)，以避免通訊埠口衝突。如果你有自行修改埠號，請記得也一併調整網址與容器設定喔。

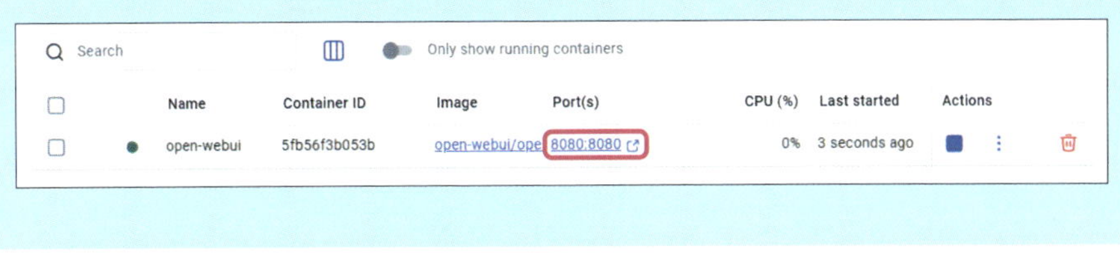

接著輸入註冊資料，這些資訊只會儲存在本地電腦，不會被上傳至雲端。**在這台電腦上第一位完成註冊的使用者，會自動成為系統管理員，擁有完整的管理權限。**

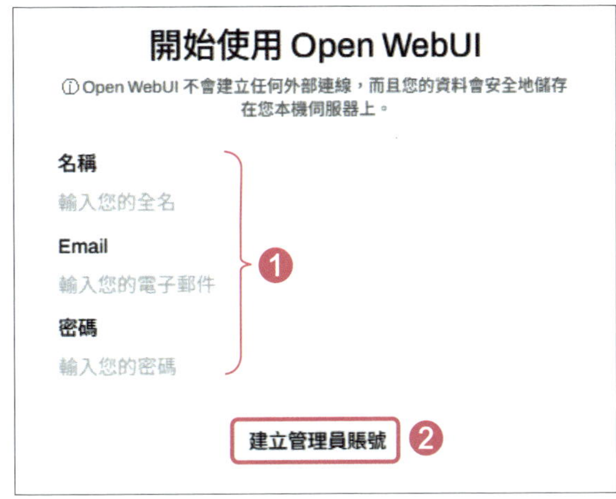

更新 Open WebUI

如果要將本機 Docker 安裝的 Open WebUI 更新至最新版本，可以參考官方教學，使用 Watchtower 自動更新或手動更新：

https://docs.openwebui.com/getting-started/updating/

7.3 Open WebUI 使用教學

介面設定

完成上一節的操作後, 你應該已經成功開啟 Open WebUI 的操作介面。本節將帶你認識初次使用時的必要設定, 以及基本操作方式, 讓你可以順利開始與 Ollama 的模型互動。

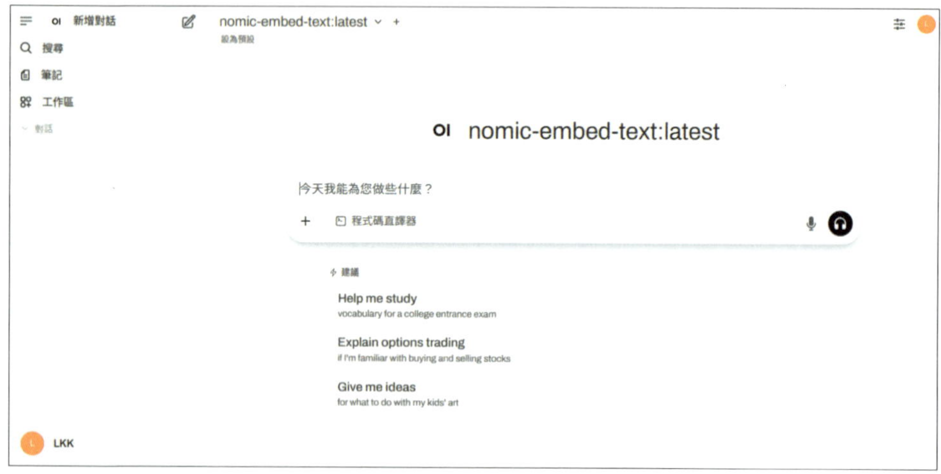

▲ Open WebUI 的操作介面與 ChatGPT 相似

更改介面語言

點擊右上角或左下角的個人帳號圖示, 再點選 **Settings 設定**, 將介面調整成繁體中文。

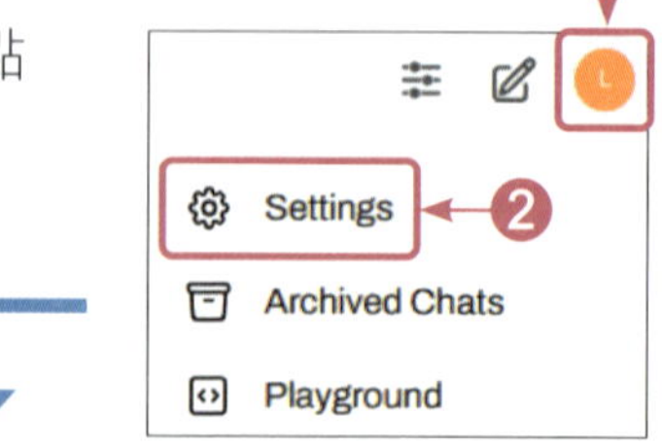

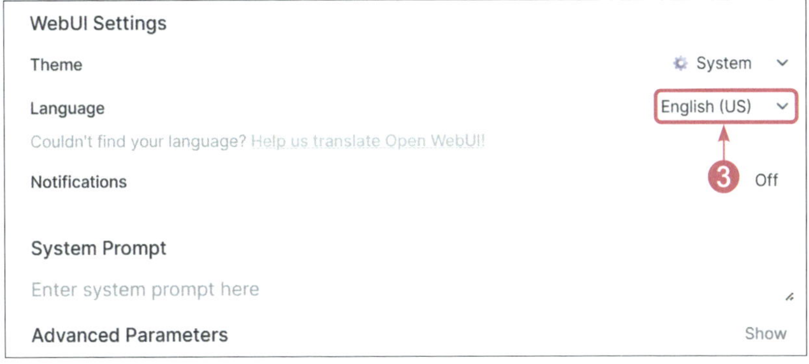

管理語言模型

點擊右上角或左下角的個人帳號圖示，選擇**設定** - **管理員控制台**，系統會跳轉到管理頁面。接著點選上方的**設定**選項，在**模型**的頁面中即可管理本機現有的模型。

下載模型

Step 1 查看模型列表並複製資訊：

關於下載模型的方法, 請先到 Ollama Library 頁面查看它支援的模型列表。

▶ **Ollama Library 頁面**

https://ollama.com/library

◀ 模型列有很長一串

在 Ollama Library 頁面找到你想下載的語言模型, 直接點選模型名稱即可。這裡我們以 gpt-oss 模型為例, 點擊後會進入該模型的詳細頁面。

再點擊你想下載的模型的「複製圖示」，複製該模型的完整名稱。

回到 Open WebUI 下載模型：

複製好模型名稱之後，請回到 Open WebUI 模型管理頁面，點擊頁面上的「管理模型」圖示。

接著，將剛才複製的內容貼到「從 Ollama.com 下載模型」的輸入欄位中，然後點選右側的「下載」按鈕，就會開始從 Ollama 下載指定模型囉！

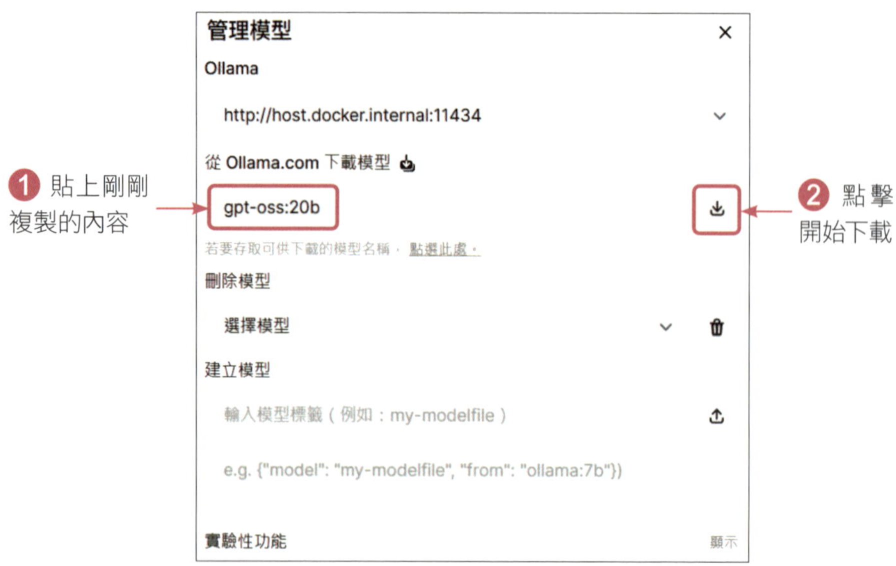

當下載進度跑完後，就能在 Open WebUI 模型列表中看到 gpt-oss 的 20b 模型，代表這個模型已經成功下載並準備好使用了。

開始對話操作

點擊左上方的「新增對話」圖示，然後從下拉選單中選擇你想使用的語言模型，就可以開始跟模型對話了。整體操作方式與 ChatGPT 類似，輸入問題、查看回應都非常直觀，很快就能上手！

網頁搜尋功能

Open WebUI 支援多種搜尋引擎, 如 SearXNG、Brave、DuckDuckGo、Google、Serper 等。其中大家最常使用的 Google 搜尋引擎, 需要先取得「引擎 ID」和「API 金鑰」並完成相關設定, 才能在 Open WebUI 中使用。每天提供 100 次的免費搜尋額度, 超過額度之後就需要付費。

打開 Open WebUI 網頁搜尋設定頁：

點擊右上角的頭貼, 再點**管理員控制台**。

首先, 點選上方進入**設定**頁面, 接著在左側選單中選擇**網頁搜尋**, 然後在右側開啟**網頁搜尋引擎**功能。由於本次教學的目標是建立 Google 搜尋功能, 因此在這裡的網頁搜尋引擎選項中, 請選擇 **google_pse**。

有沒有看到「**Google PSE API 金鑰**」(Google 提供的身份驗證憑證), 和「**Google PSE 引擎 ID**」(自訂搜尋引擎的唯一識別碼) 這兩個欄位?接下來, 我們將說明如何前往 Google Programmable Search Engine 控制台取得這兩個必要資訊。

▲ 這是我們下一步驟要取得的東西!

領取 Google PSE 引擎 ID:

前往 Google Programmable Search Engine, 點擊 **Get started**, 並且登入你的 Google 帳號。

```
https://programmablesearchengine.google.com/about/
```

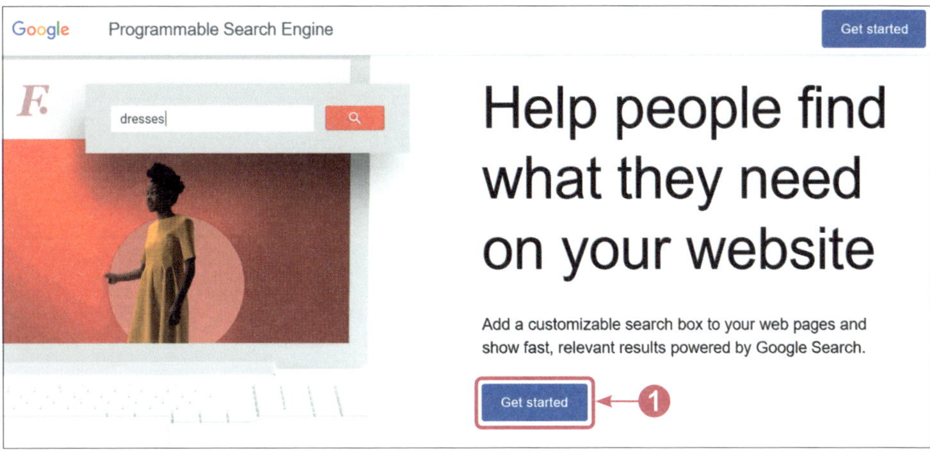

登入成功之後，再點選**新增**搜尋引擎。

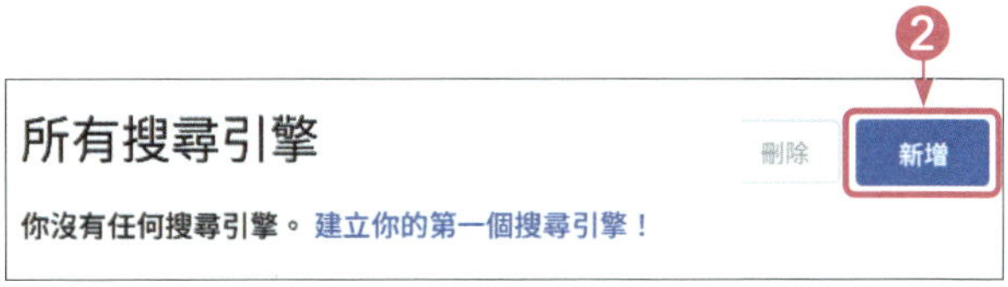

2

所有搜尋引擎

刪除 新增

你沒有任何搜尋引擎。 建立你的第一個搜尋引擎！

建立新的搜尋引擎

請先提供一些關於搜尋引擎的基本資訊。建立搜尋引擎後，你可以進一步自訂相關設定 (語言、區域等)。 瞭解詳情

3 為搜尋引擎命名，你可以自由設定名稱

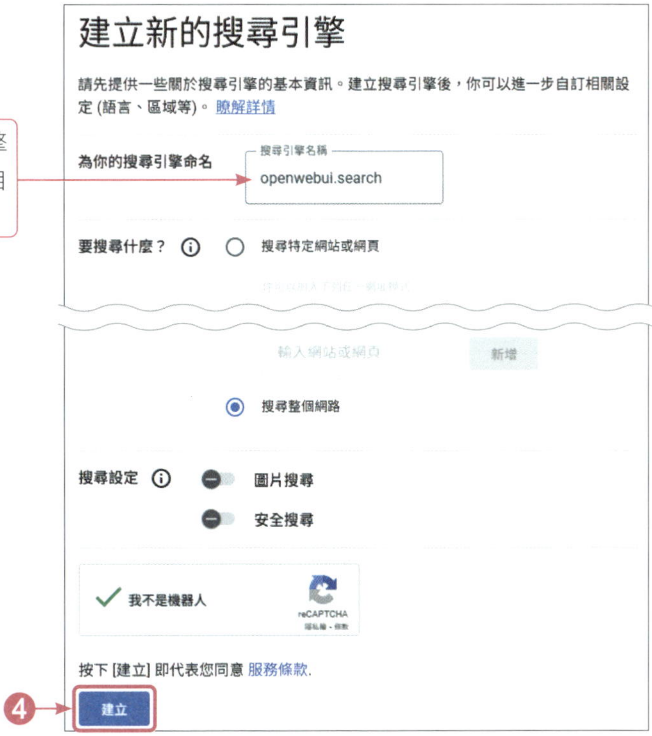

為你的搜尋引擎命名

搜尋引擎名稱

openwebui.search

要搜尋什麼？ 搜尋特定網站或網頁

新增

搜尋整個網路

搜尋設定 圖片搜尋

安全搜尋

我不是機器人 reCAPTCHA

按下 [建立] 即代表您同意 服務條款.

4 建立

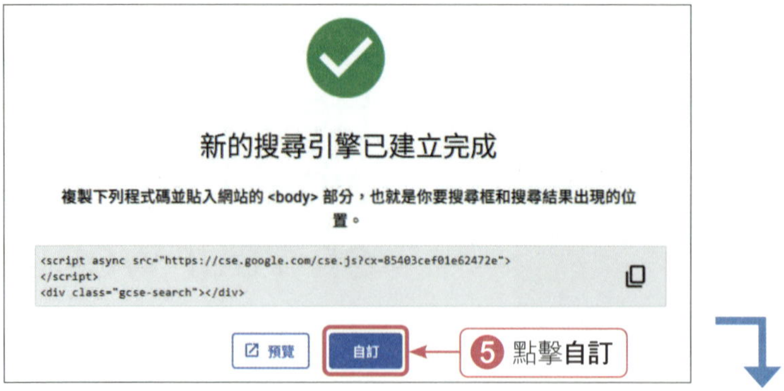

新的搜尋引擎已建立完成

複製下列程式碼並貼入網站的 <body> 部分，也就是你要搜尋框和搜尋結果出現的位置。

```
<script async src="https://cse.google.com/cse.js?cx=85403cef01e62472e">
</script>
<div class="gcse-search"></div>
```

預覽 自訂

5 點擊自訂

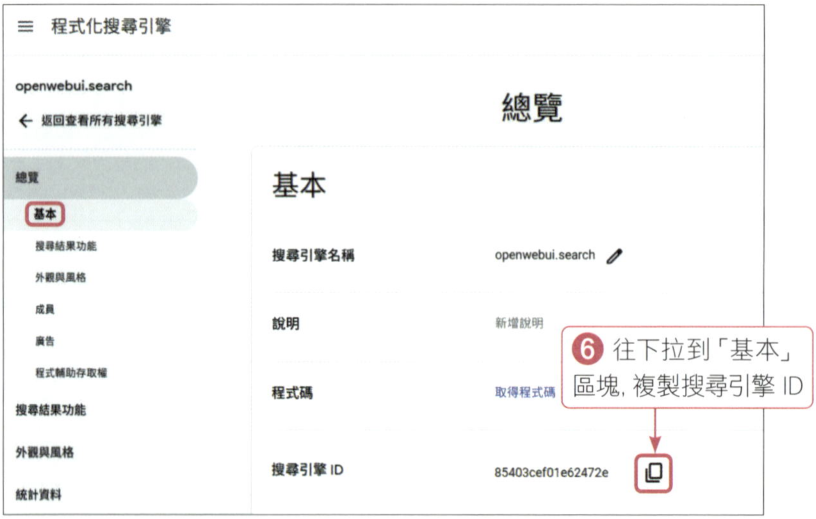

程式化搜尋引擎

openwebui.search

返回查看所有搜尋引擎

總覽

基本

搜尋結果功能

外觀與風格

成員

廣告

程式輔助存取權

搜尋結果功能

外觀與風格

統計資料

總覽

基本

搜尋引擎名稱 openwebui.search

說明 新增說明

程式碼 取得程式碼

搜尋引擎 ID 85403cef01e62472e

6 往下拉到「基本」區塊, 複製搜尋引擎 ID

複製 ID 之後, 切換到 OpenWeb UI 的網頁搜尋設定頁, 再將 ID 貼到欄位裡面。

領取 Google PSE API 金鑰：

在上個步驟把 ID 貼上之後，請再次回到 Google Programmable Search Engine 的程式化搜尋引擎設定頁面，將頁面向下滾動至底部，找到**「程式輔助存取權」**區塊，點擊**開始使用**按鈕。再點擊**取得金鑰**。

事前準備

建立程式化搜尋引擎

透過呼叫 API 使用者，針對程式化搜尋引擎的現有執行個體發出要求。因此，您必須先在控制台中建立 API，才能使用這個 API。請參閱教學課程，進一步瞭解不同的設定選項。建立完畢後，您可以在「Overview」(總覽) 頁面的「Basic」(基本) 區段中找到**搜尋引擎 ID**。這是 API 使用的 `cx` 參數。

透過 API 金鑰向 Google 識別您的應用程式

Custom Search JSON API 必須使用 API 金鑰。API 金鑰是向 Google 識別用戶端的方式，

- 程式化搜尋引擎 (免費版) 使用者：

取得 API 金鑰後，應用程式可以將查詢參數 `key=yourAPIKey` 附加至所有要求網址。API 金鑰可以安全地嵌入網址，則不需要任何編碼。

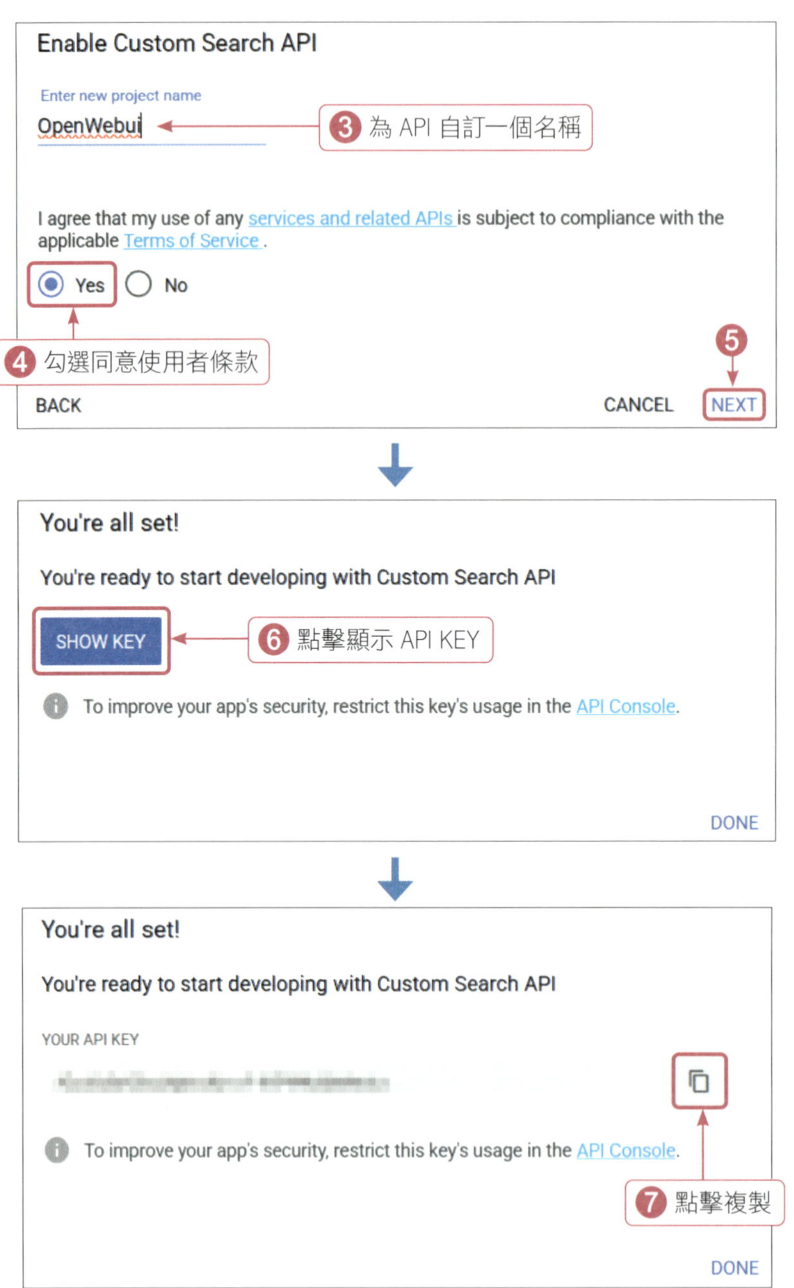
Enable Custom Search API
Enter new project name
OpenWebui
3 為 API 自訂一個名稱
I agree that my use of any services and related APIs is subject to compliance with the applicable Terms of Service .
Yes
No
4 勾選同意使用者條款
5
BACK
CANCEL
NEXT
You're all set!
You're ready to start developing with Custom Search API
SHOW KEY
6 點擊顯示 API KEY
To improve your app's security, restrict this key's usage in the API Console.
DONE
You're all set!
You're ready to start developing with Custom Search API
YOUR API KEY
To improve your app's security, restrict this key's usage in the API Console.
7 點擊複製
DONE

最後, 將 API 金鑰貼到 Open WebUI 的對應欄位中, 點選**儲存**, 就完成開啟搜尋引擎的設定啦。

技巧補充

Google 搜尋引擎的其他設定

在其他欄位中，還有搜尋區域、安全搜尋、圖片搜尋等設定選項。例如，你可以把搜尋地區限制在台灣 (如圖所示)，請依照個人需求進行調整喔。

開始在 OpenWeb UI 使用網路搜尋功能：

完成前面步驟之後，請開啟新的對話框，你會在輸入框下方看到「網頁搜尋」按鈕，點擊就能啟用功能。

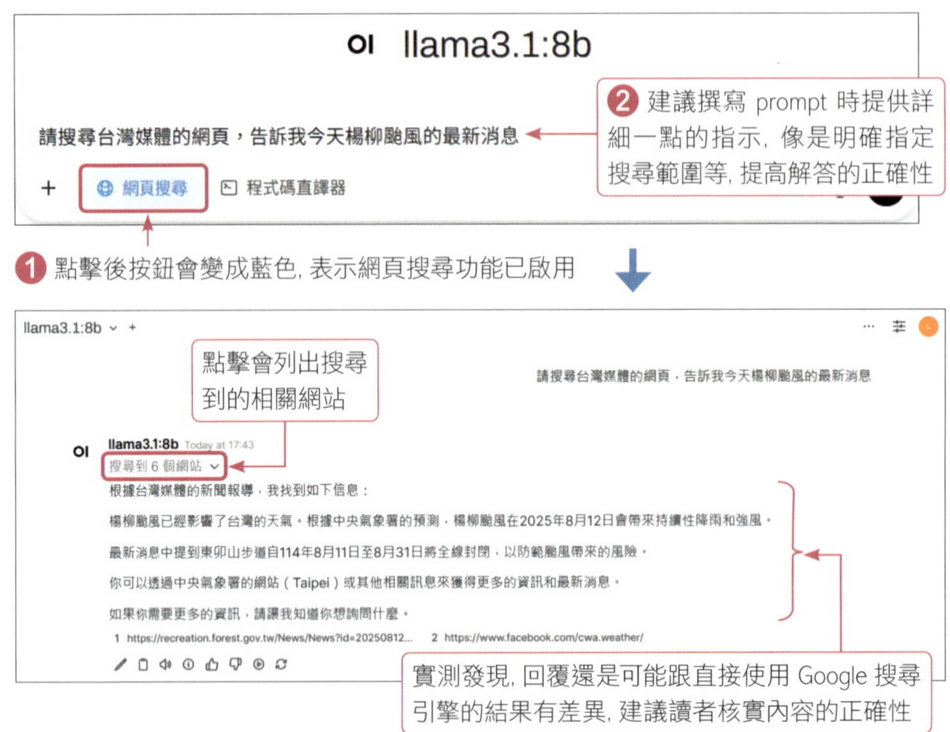

llama3.1:8b
請搜尋台灣媒體的網頁，告訴我今天楊柳颱風的最新消息
② 建議撰寫 prompt 時提供詳細一點的指示，像是明確指定搜尋範圍等，提高解答的正確性
網頁搜尋
程式碼直譯器
① 點擊後按鈕會變成藍色，表示網頁搜尋功能已啟用
llama3.1:8b
點擊會列出搜尋到的相關網站
請搜尋台灣媒體的網頁，告訴我今天楊柳颱風的最新消息
llama3.1:8b Today at 17:43
搜尋到 6 個網站
根據台灣媒體的新聞報導，我找到如下信息：
楊柳颱風已經影響了台灣的天氣。根據中央氣象署的預測，楊柳颱風在2025年8月12日會帶來持續性降雨和強風。
最新消息中提到東卯山步道自114年8月11日至8月31日將全線封閉，以防範颱風帶來的風險。
你可以透過中央氣象署的網站（Taipei）或其他相關訊息來獲得更多的資訊和最新消息。
如果你需要更多的資訊，請讓我知道你想詢問什麼。
1 https://recreation.forest.gov.tw/News/News?id=20250812...
2 https://www.facebook.com/cwa.weather/
實測發現，回覆還是可能跟直接使用 Google 搜尋引擎的結果有差異，建議讀者核實內容的正確性

串接 ChatGPT

Ollama 提供的模型庫都是開源模型，包含 OpenAI 釋出的開源推理模型 oss 系列 (gpt-oss:120b 和 gpt-oss:20b)。如果你想要使用 OpenAI 出產的閉源模型 (像是 GPT-5、GPT-4o)，則需要先取得 OpenAI 的 API 金鑰 (API Key)，再按照以下教學步驟操作，即可在 Open WebUI 使用各種 GPT 模型!

小提醒，在 Ollama 中使用 ChatGPT 採按量計費模式，OpenAI 會根據實際使用的 token 數量跟你收取費用喔。

領取 API 金鑰：

請先前往 OpenAI 的 API Key 申請網站：

```
https://platform.openai.com/api-keys
```

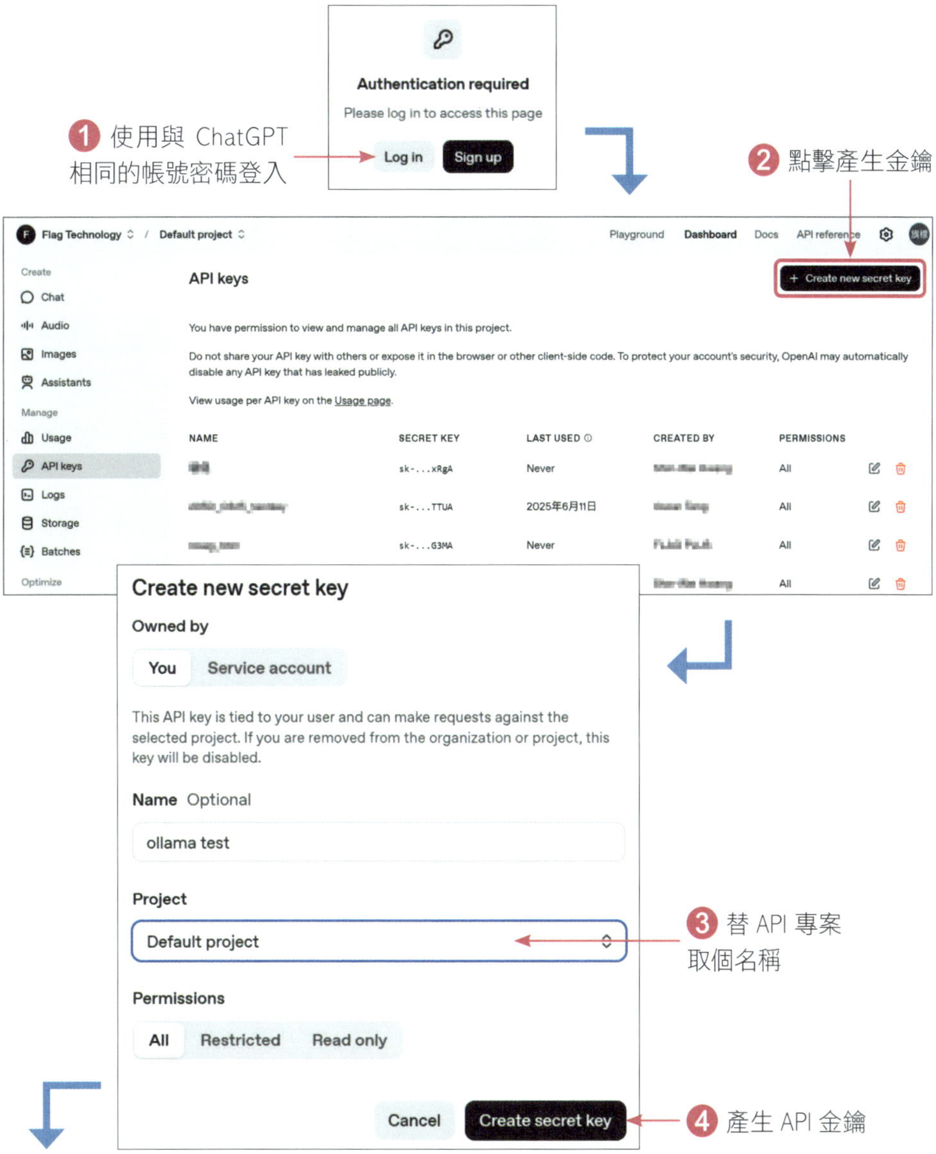

❶ 使用與 ChatGPT 相同的帳號密碼登入

❷ 點擊產生金鑰

❸ 替 API 專案取個名稱

❹ 產生 API 金鑰

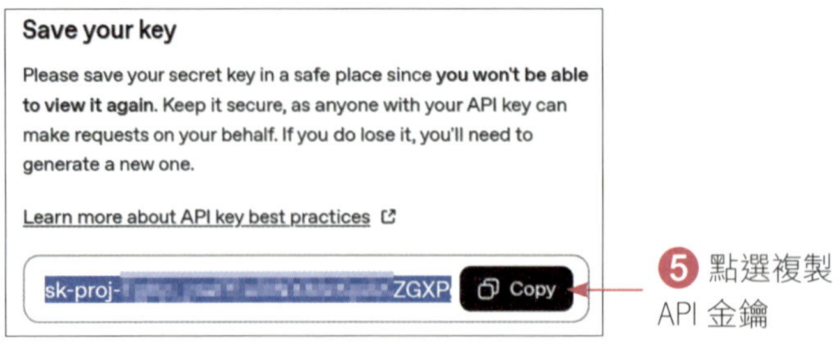

Save your key
Please save your secret key in a safe place since you won't be able to view it again. Keep it secure, as anyone with your API key can make requests on your behalf. If you do lose it, you'll need to generate a new one.
Learn more about API key best practices
sk-proj-
ZGXP
Copy
5 點選複製 API 金鑰

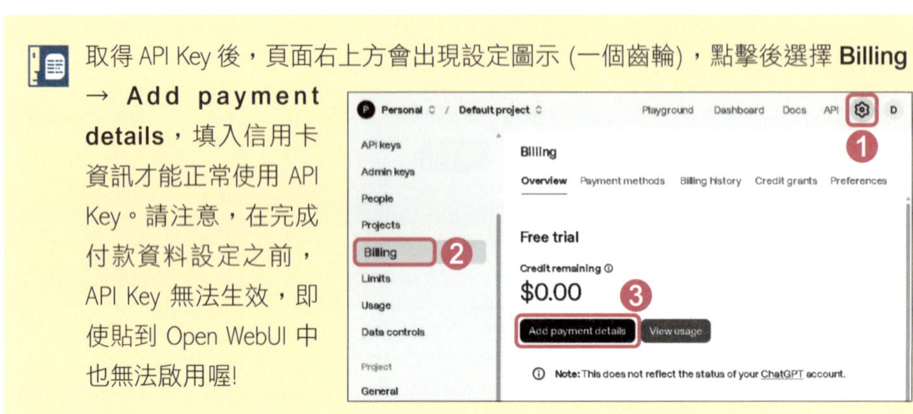

取得 API Key 後，頁面右上方會出現設定圖示 (一個齒輪)，點擊後選擇 **Billing → Add payment details**，填入信用卡資訊才能正常使用 API Key。請注意，在完成付款資料設定之前，API Key 無法生效，即使貼到 Open WebUI 中也無法啟用喔!

回到 Open WebUI 串接 ChatGPT：

回到 Open WebUI, 前往**管理員控制台**, 點擊**設定 - 連線**, 接著開啟「OpenAI API」選項, 最後點擊下方的小齒輪圖示。
管理 OpenAI API 連線
https://api.openai.com/v1　　API 金鑰

Ollama API
管理 Ollama API 連線
http://host.docker.internal:11434

❺ 開啟
❻ 點擊

7-30

將剛剛步驟一複製的 API 金鑰貼上, 再點擊**儲存**。

完成以上步驟之後, 請先重新整理 Open WebUI 頁面, 再開啟新的對話視窗, 即可使用 ChatGPT 的各個版本模型。

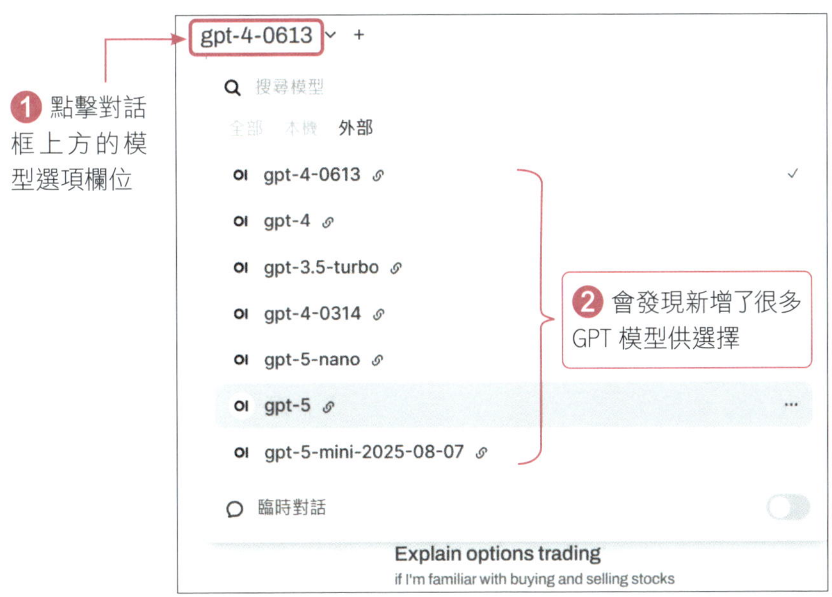

技巧補充

開啟文字轉語音功能

在 Open WebUI 中使用 ChatGPT 時, 如果你希望讓 AI 回覆的文字轉換為語音播放, 請前往**設定** - **音訊**中的 **Text to Speech** 區塊, 選擇 **OpenAI** 選項, 貼上 API 金鑰後點選**儲存**, 即可啟用語音播放功能。

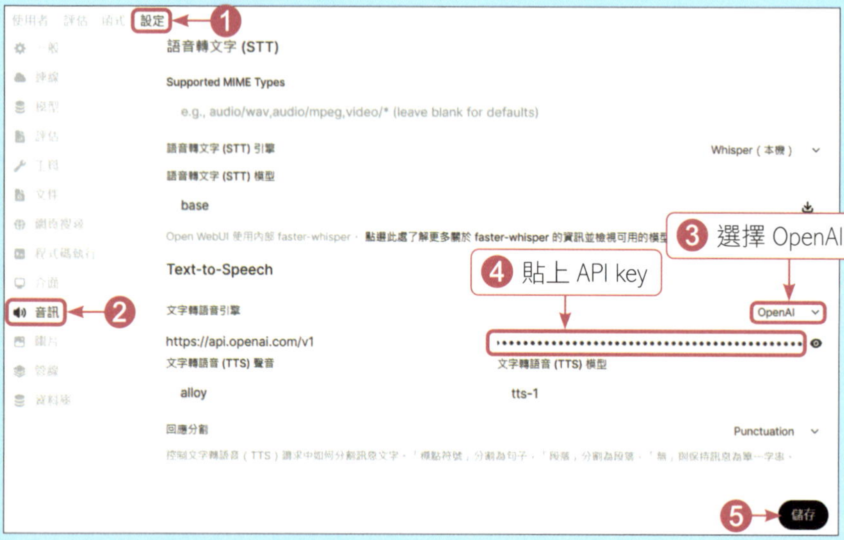

設定 ← 1
語音轉文字 (STT)
Supported MIME Types
e.g., audio/wav,audio/mpeg,video/* (leave blank for defaults)
語音轉文字 (STT) 引擎　Whisper（本機）
語音轉文字 (STT) 模型
base
Text-to-Speech
3 選擇 OpenAI
4 貼上 API key
音訊 ← 2
文字轉語音引擎　OpenAI
https://api.openai.com/v1
文字轉語音 (TTS) 聲音　文字轉語音 (TTS) 模型
alloy　tts-1
回應分割　Punctuation
5 → 儲存

串接 Gemini

以下加碼示範如何串接 Gemini 的模型, Gemini 雖然是閉源模型, 但提供大家免費使用!其串接方式跟 ChatGPT 略有不同。

領取 API 金鑰：

請先前往 Google AI for Developers, 準備領取 API 金鑰：

https://aistudio.google.com/apikey

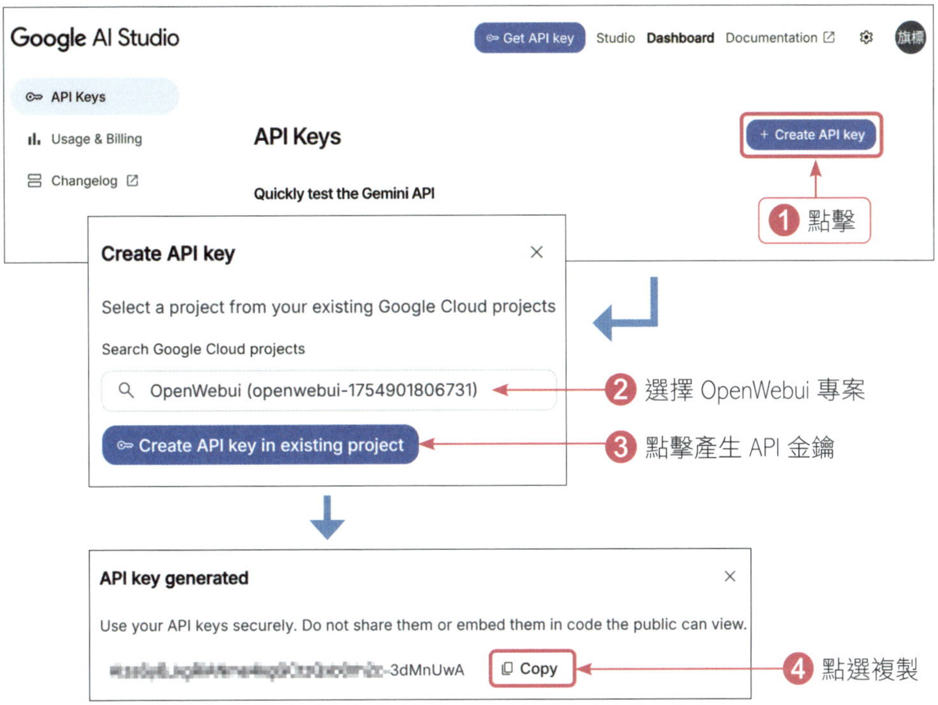

Google AI Studio
Get API key Studio Dashboard Documentation
API Keys
Usage & Billing
Changelog
API Keys
Quickly test the Gemini API
+ Create API key
1 點擊

Create API key
Select a project from your existing Google Cloud projects
Search Google Cloud projects
OpenWebui (openwebui-1754901806731)
Create API key in existing project
2 選擇 OpenWebui 專案
3 點擊產生 API 金鑰

API key generated
Use your API keys securely. Do not share them or embed them in code the public can view.
-3dMnUwA
Copy
4 點選複製

回到 Open WebUI 串接 Gemini：

回到 Open WebUI，前往**管理員控制台**，點擊**設定 - 連線**，開啟「**直接連線**」，然後新增「**管理 OpenAI API 連線**」。

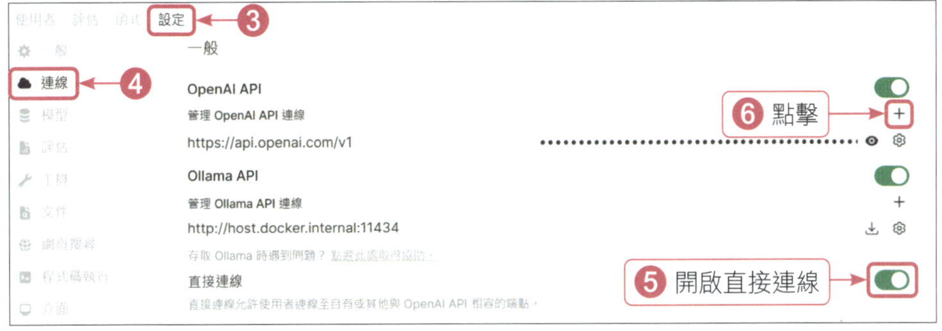

新增「管理 OpenAI API 連線」之後, 請在第一格「URL 欄位」輸入網址：

```
https://generativelanguage.googleapis.com/v1beta/openai
```

至於第二格的「金鑰」欄位, 請貼上剛剛在步驟一取得的 API key。

完成以上設定並點按 **儲存** 之後, 請重新整理 Open WebUI 頁面, 然後開啟新的對話框, 就可使用 Gemini 模型囉。

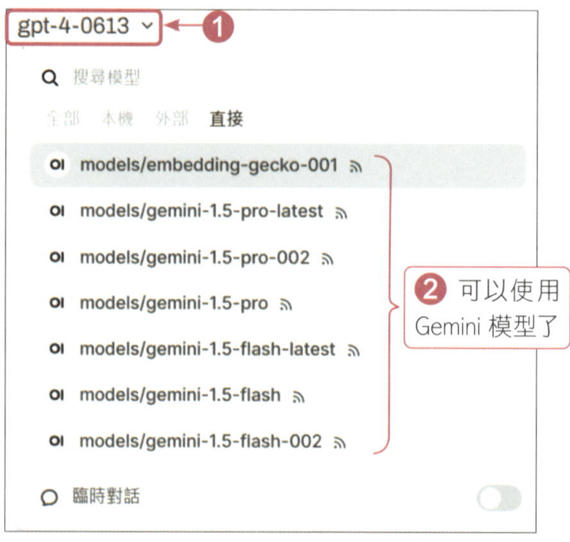

CHAPTER

8

透過 Ollama API 和官方套件輕鬆存取 LLM & 打造 RAG 架構

在本章中，我們會介紹如何透過 Ollama 提供的 REST API 來存取本地端的語言模型，能夠讓不同的程式共用一套標準介面進行溝通並傳遞資訊。除此之外，我們也會介紹 Ollama 套件的進階使用方法，包含結構化輸出、圖片辨識以及函式呼叫等功能。最後更會擴展到如何建立 RAG 架構，搭配兩個範例實作，打造屬於你的網路搜尋/文件問答分析機器人！

8.1 使用 Ollama REST API 與模型溝通

REST 的全稱為 **Representational State Transfer** (常譯為「表現層狀態轉換」), 這是一種軟體架構風格, 目的是讓不同程式能在統一的介面中進行溝通、傳遞資訊。實務上常見的做法就是利用 HTTP 方法 (`GET`/`POST`/`PUT`/`DELETE`…) 對 URL 端點進行操作, 有時還會搭配 JSON 格式 (或 XML、HTML) 進行資料表示。使用者只要對特定端點發送請求, 伺服器就能依據 HTTP 方法和 URL 判斷用途, 回傳對應的資料, 達到跨程式、跨平台輕鬆存取資源的目的。

執行 Ollama 應用程式後, 預設就會在本機開啟一個 REST API 伺服器, 並位於 `http://localhost:11434` 運作。我們可以對旗下的各個端點發送請求, 以此來進行各種操作, 例如下載模型、刪除模型、秀出模型列表, 或是與模型進行溝通等。以下圖為例, 我們可以針對 `/api/chat` 發送一筆 JSON 格式請求, 伺服器收到請求之後, 就會根據其中內容回傳所需資料。

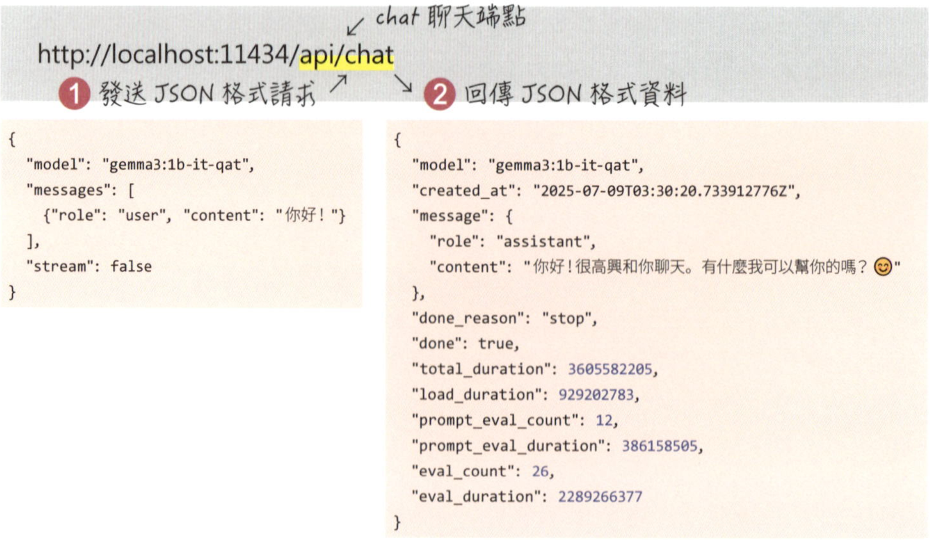

```
{
  "model": "gemma3:1b-it-qat",
  "messages": [
    {"role": "user", "content": "你好！"}
  ],
  "stream": false
}
```

```
{
  "model": "gemma3:1b-it-qat",
  "created_at": "2025-07-09T03:30:20.733912776Z",
  "message": {
    "role": "assistant",
    "content": "你好！很高興和你聊天。有什麼我可以幫你的嗎？😊"
  },
  "done_reason": "stop",
  "done": true,
  "total_duration": 3605582205,
  "load_duration": 929202783,
  "prompt_eval_count": 12,
  "prompt_eval_duration": 386158505,
  "eval_count": 26,
  "eval_duration": 2289266377
}
```

你知道為什麼預設端口是 11434 嗎？這是因為開發者使用了 **Leet (駭客語)** 寫法，這種寫法是將「原先的字符」轉換成看起來相似的「數字」或「其他特殊符號」。也就是說，他們將 Ollama 寫成 011434 (O → 0、l → 1、a → 4、m → 3)，而 0 剛好就被省略了。現在 11434 這串數字是不是變得很好記呢？

接下來，我們會以 Colab 中的範例程式來介紹如何使用 REST API、Ollama 套件和建構 RAG 架構，讀者可以透過本書的服務專區或以下網址開啟本章的 Colab：

https://bit.ly/ollama_ch08

開啟後，可以根據本書標示直接在 Colab 上依序執行各儲存格，但在範例程式中皆使用 1b 左右小模型，較常產生不正確的回覆。**如果想使用參數量更多的模型，建議可以將此份 Colab 移到本機使用。**

透過 curl 安裝和啟動 Ollama

若讀者是透過本機執行並且已經啟動 Ollama 應用程式，可以跳過安裝與啟動的步驟。而由於 Colab 的環境並無內建 Ollama，所以我們需要先執行第 1 個儲存格進行安裝：

1

```
!curl -fsSL https://ollama.com/install.sh | sh
```

使用 `curl` 命令從官方下載並安裝 Ollama

curl 是一種跨平台的命令列工具，可以對 URL 網址發送請求、傳輸資料，並支援 HTTP、HTTPS 等多種協定。

執行結果：

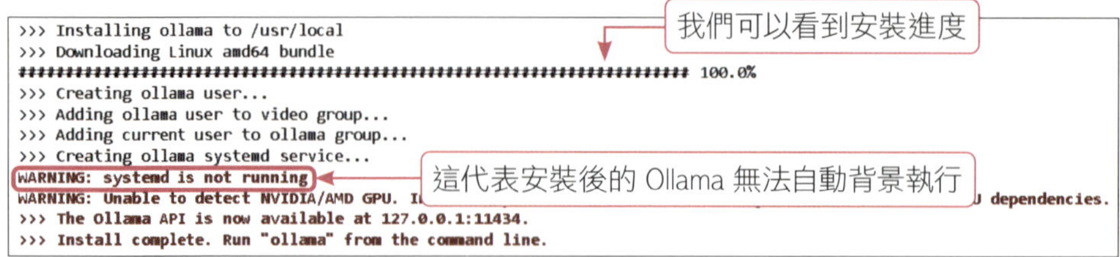

>>> Installing ollama to /usr/local
>>> Downloading Linux amd64 bundle
100.0%
>>> Creating ollama user...
>>> Adding ollama user to video group...
>>> Adding current user to ollama group...
>>> Creating ollama systemd service...
WARNING: systemd is not running
WARNING: Unable to detect NVIDIA/AMD GPU.
dependencies.
>>> The Ollama API is now available at 127.0.0.1:11434.
>>> Install complete. Run "ollama" from the command line.
我們可以看到安裝進度
這代表安裝後的 Ollama 無法自動背景執行

Colab 提供的虛擬機器無法直接把 Ollama 安裝成 service 自動啟動，我們必須手動啟動 Ollama 服務：

2

```
1 !nohup ollama serve & # 啟動 Ollama
```

執行後，可以看到 **nohup: appending output to 'nohup.out'** 訊息，代表服務已經在背景運行了！

使用 curl 測試 API

Ollama 的 `http://localhost:11434` 提供多種端點，只要在後方加入不同的端點，就能達到平常在操作 Ollama 時的各種功能，其中常用的包括 **`/api/pull` (下載模型)**、**`/api/list` (顯示模型清單)**、**`/api/generate` (單次提示)** 以及 **`/api/chat` (聊天模式)** …等。但要注意的是，各個端點所使用的請求方法會有所不同。以下我們列出各端點功能：

端點	請求方法	功能
/api/generate	POST	針對單一提示詞 (prompt) 生成回覆
/api/chat	POST	聊天模式，可透過 messages 串列設定角色並進行多輪對話
/api/pull	POST	從模型庫中下載模型
/api/push	POST	將模型推送至模型庫，需登入 Ollama 官網帳號並輸入金鑰
/api/tags	GET	列出已下載的模型清單

NEXT

端點	請求方法	功能
/api/ps	GET	顯示正在執行的模型
/api/show	POST	顯示模型的詳細資訊
/api/create	POST	創建新模型
/api/copy	POST	複製模型
/api/delete	DELETE	刪除模型
/api/version	GET	取得 Ollama 版本資訊
/api/embeddings	POST	取得文字向量 (需使用 Embedding 模型)

讓我們先透過端點來下載 gemma3:1b-it-qat 模型和查看清單, 請執行第 3 個儲存格：

3

```
# 透過 curl 也能下載模型
!curl http://localhost:11434/api/pull -d '{ \
  "model":"gemma3:1b-it-qat"\
}'

# 顯示模型清單
!curl http://localhost:11434/api/tags
```

pull 端點可以拉取模型

-d 為送出資料

代表要下載 gemma3:1b-it-qat 模型

tags 端點會列出可用的模型清單

執行結果：

pull 下載模型的過程


```
{"status":"pulling 59d7262b304a","digest":"sha256:59d7262b304a33a0f61baf4ae012b64c0d1c59b31bf869acace9c12e122ef27b","total":416,"completed":416}
{"status":"pulling 59d7262b304a","digest":"sha256:59d7262b304a33a0f61baf4ae012b64c0d1c59b31bf869acace9c12e122ef27b","total":416,"completed":416}
{"status":"pulling 59d7262b304a","digest":"sha256:59d7262b304a33a0f61baf4ae012b64c0d1c59b31bf869acace9c12e122ef27b","total":416,"completed":416}
{"status":"pulling 59d7262b304a","digest":"sha256:59d7262b304a33a0f61baf4ae012b64c0d1c59b31bf869acace9c12e122ef27b","total":416,"completed":416}
{"status":"pulling 59d7262b304a","digest":"sha256:59d7262b304a33a0f61baf4ae012b64c0d1c59b31bf869acace9c12e122ef27b","total":416,"completed":416}
{"status":"pulling 59d7262b304a","digest":"sha256:59d7262b304a33a0f61baf4ae012b64c0d1c59b31bf869acace9c12e122ef27b","total":416,"completed":416}
{"status":"verifying sha256 digest"}
{"status":"writing manifest"}
{"status":"success"}
{"models":[{"name":"gemma3:1b-it-qat","model":"gemma3:1b-it-qat","modified_at":"2025-07-09T07:15:27.794244712","size":1003539988,"digest":"b491bd3989
```


tags 會回傳一個 JSON, 並列出每個模型的名稱、最後修改時間、大小等資訊

接下來, 我們以 `/api/generate` 為例, 透過 `curl` 發出 POST 請求提交表單, 對模型發送提問。表單中的 **model** 為這次對話的使用模型；**prompt** 則為送出的提示詞。請執行第 4 個儲存格：

4

對 /api/generate 發送請求

```
!curl http://localhost:11434/api/generate -d '{ \
  "model": "gemma3:1b-it-qat",\        ← 使用的模型
  "prompt": "天空為什麼是藍色的?"\      ← 送出的提示詞
}'
```

執行結果：

```
{"model":"gemma3:1b-it-qat","created_at":"2025-07-09T07:53:22.607595273Z","response":"天空","done":false}
{"model":"gemma3:1b-it-qat","created_at":"2025-07-09T07:53:22.76465469Z","response":"之所以","done":false}
{"model":"gemma3:1b-it-qat","created_at":"2025-07-09T07:53:22.925883535Z","response":"呈現","done":false}
{"model":"gemma3:1b-it-qat","created_at":"2025-07-09T07:53:23.088006126Z","response":"藍","done":false}
{"model":"gemma3:1b-it-qat","created_at":"2025-07-09T07:53:23.245903342Z","response":"色","done":false}
{"model":"gemma3:1b-it-qat","created_at":"2025-07-09T07:53:23.416424383Z","response":"，","done":false}
{"model":"gemma3:1b-it-qat","created_at":"2025-07-09T07:53:23.566922343Z","response":"是一個","done":false}
{"model":"gemma3:1b-it-qat","created_at":"2025-07-09T07:53:23.726235759Z","response":"非常","done":false}
{"model":"gemma3:1b-it-qat","created_at":"2025-07-09T07:53:23.876468139Z","response":"有趣","done":false}
{"model":"gemma3:1b-it-qat","created_at":"2025-07-09T07:53:24.028145354Z","response":"且","done":false}
{"model":"gemma3:1b-it-qat","created_at":"2025-07-09T07:53:24.179031808Z","response":"複雜","done":false}
{"model":"gemma3:1b-it-qat","created_at":"2025-07-09T07:53:24.328487552Z","response":"的","done":false}
{"model":"gemma3:1b-it-qat","created_at":"2025-07-09T07:53:24.486927282Z","response":"現象","done":false}
```

▲ 預設情況下 Ollama 會採用串流模式回傳生成結果, 即時逐字輸出並回傳多筆表單

在送出的表單資料中可以放入不同的參數, 例如 **stream** 能夠決定是否要以串流模式回覆、**keep_alive** 為模型在記憶體中的存續時間、**option** 則可以放置各種超參數…等。如果希望得到完整的回覆內容, 可以將 stream 設定為 false, 等到模型全部運算完畢後, 一口氣將訊息回傳：

5

```
!curl http://localhost:11434/api/generate -d '{ \
  "model": "gemma3:1b-it-qat",\
  "prompt": "天空為什麼是藍色的?",\
  "stream": false\      ← 將串流模式關閉
}'
```

執行結果：

```
{
  "model": "gemma3:1b-it-qat",    ← 使用的模型
  "created_at": "2025-07-07T03:03:27.259720008Z",    ← 回應的時間紀錄
```

NEXT

```
  "response": "天空是藍色的，這是光學現象的綜合體，主要是因為一種叫做**瑞利散
        射**的原理。簡單來說...,          ↖ 模型生成的回應內容
  "done": true,  ← 是否已完整回覆
  "done_reason": "stop",  ← stop 代表正常結束。若出現 length 代表達到
                           token 限制；timeout 則為逾時
  "context": [
    105, 2364, 107, 141370, 95202, 237026, 241339...
  ],
  "total_duration": 78390676696,  ← 總時長
  "load_duration": 65769357,      ← 模型載入到 RAM/VRAM 的耗費時長
  "prompt_eval_count": 16,        ← 提示詞數量
  "prompt_eval_duration": 181797128,  ← 模型讀取提示詞的時長
  "eval_count": 437,                  ← 模型回覆的 token 數量
  "eval_duration": 78142318750        ← 回覆所耗費的時長
}
```

這次我們會收到一段 JSON 格式的回覆，其中包含了使用模型、回應時間、內容、回應時長…等詳細資訊，這種格式可以更好地幫助我們管理過往的訊息紀錄。

`/api/generate` 只能透過 prompt 參數來進行「一次性」的提示問答。而 `/api/chat` 則支援在對話時設定**角色**以及提供**上下文紀錄**，通常是更為常用的端點。透過在請求的 JSON 中傳入 **messages** 參數，我們可以自訂模型扮演的角色或回覆規則，下面要求「以英文回答使用者問題」。

6

```
!curl http://localhost:11434/api/chat -d '{ \
  "model": "gemma3:1b-it-qat",\
  "messages": [\                                   設定角色或回覆規則
    {"role": "system", "content": "請以**英文**回答使用者問題"},\
    {"role": "user", "content": "台灣在哪裡?"}\
  ],\                                  ↖ 使用者問題
  "stream": false\
}'
```

以上最重要的參數為 **messages**, 代表送出的「訊息串列」, 其中的每個元素都是一個字典。字典中 **role** 項目是發言的角色, 有 3 種角色可供選擇, 分別是 **user**、**assistant** 或是 **system**, 可參考右表的說明；**content** 項目則是訊息的內容。

角色 (role)	說明
system	系統角色設定, 主要是描述要扮演的特性或回覆規則
user	使用者, 也就是與模型對答的我們
assistant	助手, 代表模型這一端

執行第 6 個儲存格後, 可以發現它確實依據我們設定的規則, 用英文來進行回覆：

```
{
  "model": "gemma3:1b-it-qat",
  "message": {
    "role": "assistant",
    "content": "Taiwan is located in East Asia. It's a small island nation located about 180 kilometers (112 miles) west of China.Do you want to know more about Taiwan, such as its capital, major cities, or culture?"
  },
  ...省略
}}
```

模型端會顯示 assistant

依據要求給我們英文回覆

▲ 參數較少的模型容易產生內容錯誤

其實我們與語言模型的每一次對話都是獨立的, 模型本身並不會主動記得先前的對話內容。為了讓模型能夠記住上下文, 我們可以在 messages 中傳入前一次對話的完整訊息。像 Ollama 應用程式或其他網頁版聊天機器人也都是透過「將歷史訊息打包一同送出」的做法來延續對話脈絡。接著讓我們在上次對話基礎上, 再問它「面積有多大？」：

7

```
!curl http://localhost:11434/api/chat -d '{ \
  "model": "gemma3:1b-it-qat",\
  "messages": [\
    {"role": "system", "content": "請以**英文**回答使用者問題"},\
```

NEXT

```
    {"role": "user", "content": "台灣在哪裡?"},\            ┐ 第一次問
    {"role": "assistant", "content":"Taiwan is located in  ┘ 答的內容
    East Asia..."},\
    {"role": "user", "content": "面積有多大?"}\  ← 第二次提問
  ],\
  "stream": false\
}'
```

執行結果：

```
{
  "model": "gemma3:1b-it-qat",
  "message": {
    "role": "assistant",
    "content": "Taiwan's area is approximately **36,000 square
kilometers (13,900 square miles)**."
  },
  ...省略
}
```

▲ 模型知道我們指的是「台灣」的面積

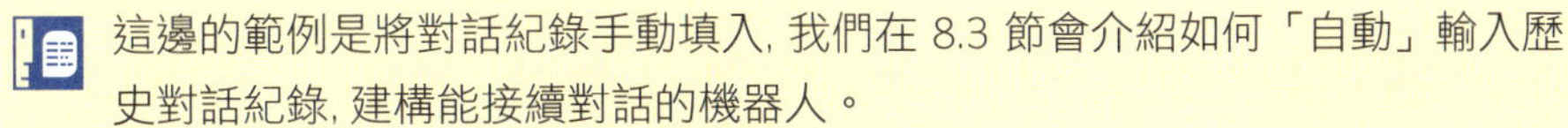

> 這邊的範例是將對話紀錄手動填入，我們在 8.3 節會介紹如何「自動」輸入歷史對話紀錄，建構能接續對話的機器人。

8.2 在 Python 中呼叫 Ollama API

除了直接使用 `curl` 呼叫 REST API，我們也可以在 Python 中透過 HTTP 請求來與 Ollama API 溝通。利用 Python 的變數結構和套件，能更簡單地處理模型回傳的 JSON 資料。除此之外，我們還能要求模型依照指定格式來回覆，並將結果轉為 DataFrame 表格，讓後續的資料處理與分析更加方便！

使用 requests 發送對話請求

Python 內建的 `requests` 套件可以用於處理 HTTP 的請求和回應。在第 8 個儲存格中，我們會透過 URL 設定要發送請求的端口、建構表單資料，然後使用 `requests` 套件傳送 POST 請求並解析回應內容。讓我們請模型列出人口最多的五個國家以及人口數：

8

```
import requests  ← 匯入 request 套件
from pprint import pprint

URL = "http://localhost:11434/api/chat"  ← 設定要發送請求的端口

# 建構表單資料
payload = {
    "model": "gemma3:1b-it-qat",
    "messages": [
        {"role": "system", "content": "請以**英文**回答使用者問題"},
        {"role": "user", "content": "請列出人口最多的五個國家以及人口數"}
        ],
    "stream": False
}

# 傳送 POST 請求給 Ollama API
response = requests.post(URL, json=payload)
                                 ↖ 將表單透過 POST 請求送出
# 解析回應內容
result = response.json()
pprint(result)
```

在以上儲存格中，我們先建立了一個名為 payload 的表單資料，然後透過 `requests.post()` 方法放入表單並對 URL 發送請求。收到的回覆內容為 response，這是一個 requests 套件中的物件，可以用 `response.json()` 方法轉換成 Python 字典並解析。

我們先前有提過不同的端口所使用的請求方法也不同，例如 `/api/chat` 是使用 `requests.post()` 發送請求；而 `/api/tags` 則需使用 `requests.get()` 方法，並且不用加上額外的表單資料。

執行結果：

```
{'created_at': '2025-07-11T06:15:11.824021923Z',
 'done': True,
 'done_reason': 'stop',
 'eval_count': 156,
 'eval_duration': 28287740934,
 'load_duration': 62937084,
 'message': {
     'content': 'Okay, here are the top 5 most populous countries'
                ' in the world as of November 2023 (estimated):\n'
                '\n'
                '1. **India:** Approximately 1.429 billion\n'
                '2. **China:** Approximately 1.425 billion\n'
                '3. **US:** Approximately 339.9 million\n'
                '4. **Indonesia:** Approximately 277.4 million\n'
                '5. **Pakistan:** Approximately 240.5 million\n'
                '\n'
                '**Important Note:** Population figures are '
                'constantly changing, and these are estimates '
                'based on the most recent data available.',
     'role': 'assistant'
     },
 'model': 'gemma3:1b-it-qat',
 'prompt_eval_count': 34,
 'prompt_eval_duration': 177277775,
 'total_duration': 28561002290}
```

可以看到模型會回傳與先前差不多格式的資料，主要的訊息內容會放在 message 的 content 中。如果我們只想列印出模型回應的話，只要透過物件中的 `get()` 方法放入所選擇的欄位即可：

9

```
answer = result.get("message").get("content") ← 取出 message 中的 content
print(answer)
```

執行結果：

```
Okay, here are the top 5 most populous countries in the world as of
November 2023 (estimated):

1. **India:** Approximately 1.429 billion
2. **China:** Approximately 1.425 billion
3. **US:** Approximately 339.9 million
4. **Indonesia:** Approximately 277.4 million
5. **Pakistan:** Approximately 240.5 million

**Important Note:** Population figures are constantly changing, and
these are estimates based on the most recent data available.
```

▲ 這樣就能單純取出模型的回應訊息了！

將模型回覆轉換為 DataFrame 表格

模型的回答通常是一段文本字串，後續若想對於其中的資料進行統整、分析的話實屬不太方便 (例如將之前的文字內容轉換成國家和人口數的表格)。好在 `/api/chat` 提供了 format 參數，只要輸入 `"format": "json"`，然後在使用者訊息中明確表示依 JSON 格式輸出，就能將模型的回答輕鬆轉換成可解析的資料。讓我們執行第 10 個儲存格：

10

```
URL = "http://localhost:11434/api/chat"

# 建構表單資料
payload = {
    "model": "gemma3:1b-it-qat",
    "messages": [
```

NEXT

```
        {"role": "system", "content": "請以**英文**回答使用者問題"},
        {"role": "user",
         "content": "請列出人口最多的 **5** 個國家, \
                     使用 name 和 population 這兩個欄位,\
                     並以 JSON 格式回覆"}          ↖ 說明所使用的欄位
    ],
    "format": "json",  ← 要求模型以 JSON 格式來回覆
    "stream": False
}

# 傳送 POST 請求給 Ollama API
response = requests.post(URL, json=payload)

....省略以下程式碼
```

執行結果：

```
{"countries": [
  {"name": "India", "population": 14285181376},
  {"name": "China", "population": 14256081495},
  {"name": "United States", "population": 3398356358},
  {"name": "Indonesia", "population": 2796120000},
  {"name": "Pakistan", "population": 2251675388}
]}

<class 'str'>  ← 但實際類型其實還是字串
```

模型的回覆會變成井然有序的格式

這樣一來, 我們就能更方便地解析模型的回答了！但從以上的執行結果可以發現, 其實回覆內容的類型仍為 str, 沒辦法直接轉換成 DataFrame 表格。所以下一步需要先使用 **json.loads()** 解析這一段字串, 轉換為真正的字典格式：

11

```
import pandas as pd

# 轉換成字典格式
```

NEXT

```
data = json.loads(answer)
print(type(data))

# 轉換成 DataFrame
df = pd.DataFrame(data[next(iter(data))])
df
```

取出字典中第一個 key 值的資料

執行結果：

	name	population
0	India	14285181376
1	China	14256081495
2	United States	3398356358
3	Indonesia	2796120000
4	Pakistan	2251675388

▲ 成功轉換成 DataFrame 的表格資料

透過 format 參數，我們可以要求模型輸出結構化資料，並進一步對這些資料進行處理、分析或繪圖，有效降低處理純文本資料的複雜度，是實務上非常好用的做法。

8.3 使用 Ollama 套件

我們在 8.1 和 8.2 節介紹了如何透過 REST API 來與模型互動，這種方式的好處是能兼容不同的介面，並透過統一的方式發送請求。但指定端口、建構表單、發送請求等一系列流程略為繁瑣。幸好 Ollama 提供了官方的 Python 套件，封裝了呼叫 REST API 的流程，可以透過這個套件簡化整體步驟，更方便地與本地模型進行互動。接下來，我們會介紹如何安裝和使用 Ollama 套件，並以幾種實務上常見的情境為例，帶大家熟悉這個套件的操作方式。

Ollama 官方套件的名稱為小寫 ollama, 我們可以透過 `pip install` 和 `import` 指令來直接安裝和匯入套件：

12

```
!pip install ollama     ← 透過 pip install 指令安裝 ollama 官方套件
import ollama           ← 匯入 ollama 套件
```

Ollama 套件的使用方式非常簡單, **函式名稱也都跟 CLI 操作時相同**。例如要列出模型清單只要在 `ollama` 的後方加上 `.list()`：

13

```
ollama.list()
```

執行結果：

會回傳一個 ListResponse 物件

```
ListResponse(
    models=[Model(
        model='gemma3:1b-it-qat',
        modified_at=datetime.datetime(2025, 7, 14, 6, 25, 43...),
        digest='b491bd3989c65bf74267bfb9e...',
        size=1003539988,
        details=ModelDetails(
            parent_model='',
            format='gguf',
            family='gemma3',
            families=['gemma3'],
            parameter_size='999.89M',
            quantization_level='Q4_0'
            )
        )
    ],
)
```

顯示所下載模型的詳細資訊

▲ `ollama.list()` 可以取得與 `/api/tags` 相同的模型列表資訊

除了 `ollama.list()` 之外，我們先前常用的命令也都能在套件中找到。`ollama.pull()` 可以拉取模型、`ollama.push()` 推送模型、`ollama.create()` 創建模型、`ollama.show()` 顯示模型資訊、`ollama.ps()` 顯示載入模型狀態…等。操作方式都大同小異，在這邊就不贅述了。

單次對話回覆

`ollama.chat()` 函式是整個套件中的靈魂，也是我們和本地端模型溝通的主要橋梁。基本上封裝了 `/api/chat` 端點的連接方式，所以用法也很類似，接受**模型名稱** (model) 和**對話訊息列表** (messages) 作為主要參數。接下來，我們以單次對話為例，請模型「撰寫一封道歉信」：

14

```
from ollama import chat  ← 為了方便使用，我們把 chat 函式匯入進來

response = chat(
    model='gemma3:1b-it-qat',
    messages=[{'role': 'user','content': '幫我寫一封道歉信'}]
    )                      ↖ 設定為 user，代表使用者端的訊息

print(response)
print(response.message.content)  ← 僅取出回應的訊息內容
```

執行結果：

```
             ↙ 會回傳一個 ChatResponse 物件
ChatResponse(
    model='gemma3:1b-it-qat',
    ...省略
    message=Message(
        role='assistant',  ← 模型端會以 assistant 表示
        content='以下是一個通用的道歉信模板...
    )                          ↖ 實際的回覆內容藏在 message 的 content 中
)
```

我們將收到物件名稱設定為 response，其中包含了模型名稱、生成時間、token 數量等各種資訊。而實際的回覆內容會保存在 message 的 content 中，如果想過濾其他資訊，我們可以使用 **`response.message.content`** 僅取出所收到的訊息片段：

```
以下是一個通用的道歉信模板，你可以根據情況修改：

---

[對方稱謂] (親愛的 [對方稱謂],),

我寫這封信想表達我對你所發生的事情的遺憾和歉意。

我深感抱歉，因為 [事情的經過]。我知道我的行為可能讓你感到 [對方的感受]，
並且我為我所為感到後悔。

[說明你的原因，但不要找藉口。例如：我當時過於衝動，沒有考慮你的感受。或：我沒有
意識到我的行為會給你造成這樣的影響。]

我意識到我的行為對你造成了 [造成給對方的不利影響]。我真心希望能夠彌補我的錯誤。

[表達你的歉意和解決方案。例如：我願意承擔全部責任，並盡力彌補我的過失。或：我很
抱歉讓你失望，希望我們能重新建立信任。]

我希望你能原諒我。我希望我們能重新開始，並且繼續保持良好的關係。

再次，我真誠地為我的錯誤道歉。

[你的名字]

---
```

▲ 僅取出訊息片段可以方便後續建構聊天機器人

`chat()` 函式也能支援串流回覆，我們可以將參數 stream 設為 True。但這邊要特別注意，函式的回傳值是一個**生成器 (generator)**，每次只會返回一小段內容，無法直接透過 `print(stream)` 列印出串流文字。如果要真正拿到內容，需要**迴圈迭代**這個物件，把每次的返回值取出。

15

回傳值為一個 generator

```
stream = chat(
    model='gemma3:1b-it-qat',
    messages=[{'role': 'user', 'content': '幫我寫一封道歉信'}],
    stream=True,        ← 加入 stream 參數
)

for chunk in stream:  ← 迴圈取出每次的返回值
  print(chunk.message.content, end='', flush=True)
```

執行結果：

```
**尊敬的 [收件人姓名]，**

我写这封信是为了对 [具体事情或行为] 表达我的深厚歉意。

我知道我的行为/行动 [详细说明你做了什么]，这可能对您造成了 [具体后果，例如，困扰、失望、损失等]。我对此深感抱歉，并对由此带来的影响深感懊悔。

我意识到我的 [行为/行动] 是不
```

▲ 在輸出區域可以看到逐字回覆的結果，不用等到全部完成

模型超參數設置

還記得我們在第 2 章有介紹過模型的超參數嗎？超參數能夠幫助我們控制模型的**回覆長度**、**創意性**、**多樣性**…等，但先前我們需要撰寫 Modelfile 來設定。而透過 Ollama 套件的 `chat()` 函式，我們可以更簡單地將超參數設置放在每次對話的選項中。

讀者可以回到 2-21 頁來查看各種超參數選項和調整設定。

如果想在每次的對話中設置超參數，可以在 `chat()` 函式中加入 options 參數，建立一個字典並放入所需的超參數名稱和值。如第 16 個儲存格所示：

16

```
stream = chat(
    model='gemma3:1b-it-qat',
    messages=[{'role': 'user',
               'content': '請用 50 個字介紹台灣的美食'}],
    stream=True,
    # 設置超參數
    options={
        'temperature': 2  ← 調整隨機性與創意性
        # 'top_p': 0.9,   ┐
        # 'top_k': 50,    ┘─ 候選詞設定
        # 'repeat_penalty': 1.1,  ← 重複懲罰
        # 'num_predict': 256,     ← 輸出 tokens 數
        # 'seed': 42,     ← 隨機種子
        # 'stop': "你"    ← 停止字詞
    }
)

for chunk in stream:
    print(chunk.message.content, end='', flush=True)
```

以下為不同 temperature 值的輸出結果：

`'temperature': 2`

台灣美食聞名世界! 從火辣的創 στιγ品🌶️，到甜美綿密的芋圓🍠，茶藝禪意🍵，各式特色小吃琳瑯滿眼。絕對一不低得，期待品嚐新鮮味蕾。😄

`'temperature': 0`

台灣美食多元豐富，從酸湯麵、牛肉麵、珍珠奶茶到芒果冰，每一道菜都充滿在地風味。鮮美海鮮、香辣小籠包、傳統滷肉飯，令人食指大動，絕對是味蕾的盛宴!

▲ temperature 的數值越高越有創意，但太高會出現錯亂的情況

接續聊天機器人

為了方便撰寫聊天程式，所以我們將 Ollama 套件互動的部分獨立成 `get_reply()` 函式。請先執行第 17 個儲存格：

17

```
def get_reply(message, model="gemma3:1b-it-qat"):
    stream = chat(
      model=model,
      messages=message,
      stream=True,
    )
    for chunk in stream:
      yield chunk.message.content
```

這個函式很簡單，我們傳入的**訊息串列 (message)** 會帶入到 `chat()` 函式中，送入模型，最後透過迴圈取得串流回覆的文字內容。

為了讓聊天程式可以保持脈絡，必須將對答過程也送回去給模型，才能讓模型擁有記憶適當的回答。以下我們預計使用**串列 (hist)** 來記錄對答過程，並在原本的 `get_reply()` 函式外再包裝一層 `while` 迴圈，設計能夠記錄對答過程的聊天程式，請執行下一個儲存格：

18

```
hist = [{"role": "system", "content":"請以繁體中文回答"}] # 歷史對話紀錄

while True:
    msg = input("你: ")
    if not msg.strip(): break

    hist.append({"role": "user", "content": msg})

    print("小助理: ", end="", flush=True)
    reply = ""
```

←透過 while 迴圈來接續對話

將使用者訊息加入到 hist 中

NEXT

```
11      for tok in get_reply(hist, model="gemma3:1b-it-qat"):
12          print(tok, end="", flush=True)
13          reply += tok
14
15      print("\n")
16      hist.append({"role": "assistant", "content": reply})
```

取得模型逐字回覆的內容（第 11~12 行）

完整回覆也加入到 hist 中（第 16 行）

程式碼詳解：

- 第 1 行：建構一個包含 system 訊息的串列，來記錄對答過程。
- 第 3 行：建立一個 `while` 迴圈讓使用者能接續對話。
- 第 4~5 行：利用 `input()` 函式接收輸入語句，並且會在輸入資料是空白時跳出迴圈停止聊天。
- 第 10~13 行：設定空字串 reply，用來記錄模型完整的回覆內容。然後將目前的**歷史紀錄 (hist)** 送給模型取得**逐字回覆 (tok)** 並列印出來，最後將 tok 的內容加入到 reply 中。
- 第 16 行：將模型完整的回覆加入到歷史紀錄中。

利用這個簡單的機制，我們的聊天程式就不再是金魚腦，會記得剛剛聊過什麼了。現在讓我們試看看：

▲ 執行後會出現輸入框，可輸入使用者訊息，若不輸入任何訊息按 Enter 可以離開對話

```
你: 台灣在哪裡?  ← 輸入訊息
小助理: 台灣位於東亞，大致上是:  ← 模型回覆
* **地理位置：** 東部海峽（大東海）東面，與中國大陸接壤。
* **主要地勢：** 由山脈分割，主要有台灣山脈、低山、平原、海岸線等。
* **邊界:** 與中國大陸接壤，邊界沿海有許多島嶼，包括澎湖群島、馬祖、以及台灣小島。
* **主要城市：** 台北、台中、高雄、台南、桃園、新竹等。
```

NEXT

```
希望以上資訊對你有所幫助!

你: 面積有多大?
小助理: 台灣面積約 **36,197 平方公里**。

(僅供參考, 官方數據略有差異, 但通常是這個數字。)

希望這些資訊對您有幫助!
```

模型能夠依據對話脈絡來進行回答

▲ 由於我們使用的是小模型, 生成的結果可能會產生錯誤

圖片辨識

我們在第 5 章有介紹過, 有些 Ollama 模型帶有 Vision 標籤, 代表可以同時接受圖片和文字輸入。而剛剛所使用的 gemma3:1b-it-qat 小模型並不支援圖片輸入, 讓我們下載一個參數量較多的 gemma3:4b-it-qat 並試試看讓該模型描述圖片:

19

```
ollama.pull('gemma3:4b-it-qat')
```

使用套件中的 pull 函式來下載模型

接下來在第 20 個儲存格中, 我們準備了一張「雨天的貓」的圖片用來進行辨識, 並保存這張圖片的「檔案路徑」和「原始編碼」, 最後使用 `matplotlib` 顯示出來:

20

```
from PIL import Image
import matplotlib.pyplot as plt

# 下載圖片
img_url = "https://raw.githubusercontent.com/FlagTech/F5394/master/cat.jpg"
```

NEXT

```
resp = requests.get(img_url, timeout=15)

with open("/content/cat.jpg", "wb") as f:     ┐ 將圖片儲存到 /content/
    f.write(resp.content)                      ┘ cat.jpg 路徑中

img_bytes = resp.content   ← 取出圖片的原始二進位資料
print(img_bytes)

# 顯示圖片
img = Image.open("/content/cat.jpg")
plt.imshow(img)
plt.axis("off")  # 移除座標軸
plt.show()
```

執行結果：

```
b'\xff\xd8\xff\xe0\x00\x10JFIF\x00\x01\x01\x01\x00`\x00`\x00\x00\xff\xdb\
x00C\x00\x03\x02\x02\x03\x02\x02\x03\x03\x03\x03\x04\x03\x03\x04...
```

▲ img_bytes 為圖片的原始二進位資料 (Python 會轉譯成十六進位顯示)

▲ 一隻在台北雨天街頭的喵喵

在使用 Vision 類模型辨識圖片時, 如果使用 `chat()` 函式, 圖片要放在 messages 使用者訊息的 **images** 欄位中, 並且可以接收圖片的「檔案路徑」或「原始編碼」。讓我們請 gemma3:4b-it-qat 對圖片進行描述：

21

```
response = chat(
    model="gemma3:4b-it-qat",
    messages = [{
      "role": "user",
      "content": "請描述這張圖片：",
      "images": [img_bytes]
  }]
)

print(response.message.content)
```

我們的提示詞

← 也可以改為你的檔案路徑, 例如 ["/content/cat.jpg"]

新增 images 欄位

執行結果：

這張圖片的中心是隻橘黃色的貓，它身穿一件深灰色毛衣。貓的眼睛很大，表情看起來有些好奇。

背景是個下著雨的城市街道。街道上反射著燈光，形成一個明亮的，模糊的景色。可以看到穿著雨傘的行人，一輛公交車，以及高樓大廈的線條。整個照片的色調是暖色調，營造出一個溫暖而舒適的感覺，儘管在陰雨之中。

▲ gemma3:4b-it-qat 模型細緻地描述了貓的顏色、服裝以及背景場景

圖片不是只能傳入一張而已, 我們甚至可以傳入多張圖片請模型辨識：

22

```
...省略以上程式碼

# 傳入兩張圖片
response = chat(
    model="gemma3:4b-it-qat",
    messages = [{
      "role": "user",
```

NEXT

```
            "content": "請比較這兩張圖片的差異：",
            "images": ["/content/cat.jpg", "/content/dog.png"]
    }]
)

print(response.message.content)
```

▲ 在 images 串列中傳入第二張圖片的檔案路徑，且副檔名為 png

▲ 我們請模型辨識這兩張圖片的差異

執行結果：

```
這兩張圖片的差異非常明顯：

* **物體：** 第一張圖片裡是一隻橘色的貓，第二張圖片裡是一隻柴犬。
* **顏色：** 貓是橘色的，柴犬是淺棕色，看起來更加奶油色。
* **頭部型態：** 貓和柴犬的頭部和耳朵的形狀完全不同。貓的耳朵較尖，而柴犬的耳朵
  是豎立的。
* **表情：** 貓的表情略顯嚴肅，而柴犬的表情則更友好。

總而言之，這兩張圖片裡的是兩種完全不同的動物。
```

▲ gemma3:4b-it-qat 模型能夠成功分辨兩張圖片中的內容差異

可以輸入多少解析度的圖片？有傳入格式限制嗎？

就結論而言，每種模型所能接受的解析度大小都不一樣，所以建議在使用 Visions 類模型時，可以先查看該模型的説明文件，了解對圖片尺寸的支援程度。以 Gemma3 為例，它使用了一個名為 **SigLIP** 的視覺編碼器。簡單來説，這個編碼器預設只能接收「方形」的圖片，大小為 896×896 像素。而 Gemma3 透過**適應性視窗 (adaptive window)** 技術解決固定尺寸的侷限問題，可以處理更大解析度或長方形的圖片。它的作法是將一張超過 896×896 或比例不一的圖片，自動切分成多個部分，每一部分縮放到模型能接受的大小 (例如 896×896) 分別進行辨識，最後再整合分析結果。話雖如此，如果輸入圖片的解析度過大，仍會降低辨識效果。

除了 Gemma 3，Ollama 中也有其他能夠辨識圖片的模型，例如 LLaVA、Llama 3.2-Vision、Qwen2.5-VL 等。這些模型各自的圖片處理規格可能略有不同，LLaVA 能夠支援 672×672、336×1344、1344×336 像素；Llama 3.2-Vision 支援 1120×1120 像素；Qwen2.5-VL 則支援到 4096×2160 的高解析度。如果圖片尺寸不符合規格，基本上大部分的模型都會先將圖片進行縮放，但這就可能導致高解析度圖片的細節被忽略 (等於圖片被壓縮了)，降低辨識效果。建議圖片大小盡量符合官方説明的支援尺寸。

而在 Ollama 中使用 Vision 模型時，由於模型的解析器主要針對 JPEG/PNG 打造，其他格式 (如 GIF、BMP、TIFF) 可能會發生錯誤或無法讀取的情況。請將圖片保存為常見的 JPEG 或 PNG 格式再輸入給模型 (有些 UI 會幫你的圖片進行轉檔，因此你可以輸入其他格式)。

函式呼叫

在 Ollama 官網, 帶有 Tools 類標籤指的是支援「函式呼叫」的模型, 可以讓模型在需要計算或存取外部資料時, 呼叫事先定義好的函式。讓我們先執行第 23 個儲存格來下載支援函式呼叫的 llama3.2 模型：

23

```
ollama.pull('llama3.2')
```

llama3.2 支援函式呼叫

大家都知道, 語言模型最不會的就是數學運算。接下來, 我們定義兩個簡單的 Python 函式, 一個是將兩數相加、一個是將兩數相乘, 並將它們放入一個字典供稍後查找：

24

```
def add_two(a: int, b: int) -> int:
    """
    將兩數相加
    """
    return int(a) + int(b)

def multiply_two(a: int, b: int) -> int:
    """
    將兩數相乘
    """
    return int(a) * int(b)

# 建立函式對照表，方便之後根據名稱找到正確函式
available_funcs = {
    "add_two": add_two,
    "multiply_two": multiply_two,
}
```

寫清楚型別註解

寫清楚型別註解

建議在文件字串 (docstring) 說明清楚函式用途

其實模型沒辦法看見函式裡面的文字，也不清楚函式的功能是什麼，需要透過 **JSON Schema (函式用途的說明文件)** 來理解。過去在使用函式呼叫時通常要手動撰寫 JSON Schema，而在新版的 Ollama 套件中，**現在會先把函式自動轉換成 JSON Schema。其中的文件字串 (docstring) 會被轉成 description，也會加入各參數的說明和型別註解**。如此一來，模型就能「間接讀到」我們在函式中的詳細說明，進而決定是否呼叫該函式。執行下一個儲存格就可以知道我們到底送了什麼文件到函式中：

ollama 會先偷偷用 **convertㄦ_function_to_tool()** 來將函式轉換成 JSON Schema

25

```
from ollama._utils import convert_function_to_tool

tool_schema = convert_function_to_tool(add_two)
print(tool_schema.model_dump_json(indent=2))
```

放入我們的兩數相加函式

執行結果：

```
{
  "type": "function",
  "function": {
    "name": "add_two",    ← 函式名稱
    "description": "將兩數相加",    ← 我們撰寫的文件字串
    "parameters": {
      "type": "object",
      "defs": null,
      "items": null,
      "required": [
        "a",
        "b"
      ],    ← 要求參數
      "properties": {
```

NEXT

```
        "a": {
          "type": "integer",
          "items": null,
          "description": "",
          "enum": null
        },                              ← 參數屬性
        "b": {
          "type": "integer",
          "items": null,
          "description": "",
          "enum": null
        }
      }
    }
  }
}
```

▲ 這才是送入模型的檔案，可以讓模型清楚理解函式用途和參數

第 26 個儲存格是函式呼叫的完整流程。我們將要呼叫的函式放入到 tools 中，讓模型針對使用者問題產生第一次的回覆。如果判斷需要用到外部函式，就會在回應中附帶 tool_calls，說明想呼叫哪些函式以及對應的參數。接著我們取出「函式名稱」和「參數值」，透過函式對照表找尋並執行。最後再將執行結果丟回給模型，產生第二次的回覆。

26

```
# 使用者問題
messages = [{"role": "user", "content": "請問 23515 * 522156 為多少? "}]

# 模型問答
response  = chat(
    model="llama3.2",
    messages=messages,
    tools=[add_two, multiply_two]   ← 放入要呼叫的函式
    )
print(response.message.tool_calls)
```

NEXT

```
11
12 # 呼叫外部函式
13 for call in response.message.tool_calls or []:
14     name = call["function"]["name"]
15     args = call["function"]["arguments"]
16
17     # 執行外部函式
18     if name in available_funcs:
19         result = available_funcs[name](**args)
20         print(result)
21         messages.append({"role": "tool", "name": name, "content": str(result)})
22
23 # 把原本 messages +  tool 回覆全丟回去，讓模型產生最終答案
24 final_response = chat(
25     model="llama3.2",
26     messages=messages,
27     )
28 print(final_response.message.content)
```

程式碼詳解：

- 第 1 行：建構 messages 訊息串列，代表使用者訊息。
- 第 5~9 行：透過 `chat()` 函式和模型對話，傳入使用者訊息和要呼叫的函式 `add_two()`、`multiply_two()`，讓模型產生第一次回覆。
- 第 13~15 行：因為可能會同時呼叫多個函式，迴圈取出第一次回覆的**函式名稱**和**參數值**。
- 第 18~19 行：確認函式名稱是否在之前建構的函式對照表中。若存在，就執行該函式並代入參數值，取得執行結果。
- 第 21 行：將執行結果以 tool 角色加入 messages 中。

- 第 24~28 行：重新執行 `chat()` 函式，將包含**原始提問**和**運算結果**的 messages 送入模型，取得最後答案。

執行結果：

```
[
    ToolCall(
    function=Function(
        name='multiply_two',
        arguments={'a': '23515', 'b': '522156'}
        )
    )
]

12278498340

最終答案是 23515 * 522156 = 12278498340
```


到這邊，我們已經學會了函式呼叫的基本流程了。核心概念其實很簡單，就是讓模型先判斷要用哪支函式、傳入的值是什麼，後續的程式負責實際執行。就我們先前的例子來說，如果直接請語言模型計算 23515×522156，一定會看到模型瞎掰，生成錯誤的答案。而透過函式呼叫，模型只需要負責「判斷」就能得到正確答案，大大補足了語言模型不足的能力。但函式呼叫也不是萬靈丹，我們需要事先對函式進行定義，如果描述不清楚，模型可能會呼叫錯誤的函式。除此之外，當需求越來越多時，過多的函式也會增加判斷的錯誤率 (在小模型上尤顯如此)，此時可能就要建立更複雜的決策結構，維護起來也更為困難。

8.4 建構 RAG 架構

語言模型是經過大量資料預先訓練的模型，但所使用的訓練資料一定會有一個範圍和時效性。當遇到沒有學過的問題時 (例如今天天氣、即時新聞、某企業的規範)，語言模型可能會無法回答或開始胡編亂造，產生 AI 幻覺。為了解決這個問題，可以即時提供外部知識給模型，讓模型以此作為參考，提升回答的正確性。這種做法正是一般常講的**檢索增強生成 (Retrieval-Augmented Generation, RAG)**。

RAG 指的是語言模型結合**外部知識檢索**的技術。下圖我們可以很清楚地看到 RAG 架構的基本流程。首先，當使用者進行提問前，會先透過外部知識庫 (例如網路、上傳文件) 搜尋跟問題有關的資料，然後一同將問題和相關資料提供給模型，最後模型在回答時，就能生成結合外部知識的答案。

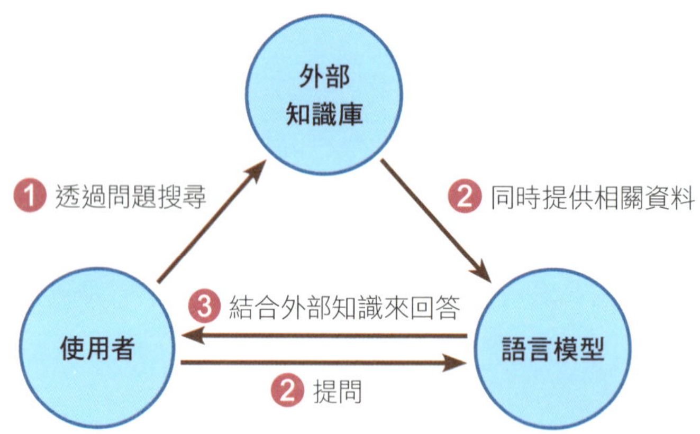

在這一節中，我們會使用兩種方法來介紹如何建立 RAG 架構。首先第一種方法是直接將搜尋到的資料丟到語言模型中，不進行任何事先處理，但語言模型是有 tokens 數限制的，無法同時放入過多資料。如果要處理大量的文本資料 (例如數百頁的法律文件、醫療規範、公司年報)，不可能一口氣通通塞進模型中。這時候就需要第二種方法，我們可以先將大量的資料轉換為向量並建立「向量資料庫」，在提問時就能透過相關度搜尋來檢索資料。

加入搜尋功能

由於語言模型的訓練資料都具有時效性，所以無法回答超過時間的事實，像以下這個例子，模型錯誤地回答「2025 年的 NBA 隊冠軍」。為了解決這個問題，我們需要提供額外資訊並輸入到模型中。

```
2025 年的 NBA 冠軍是 **波特蘭費國隊 (Portland Trail Blazers)**。

在 2024 年的 NBA 季中賽中，波特蘭費國隊擊敗了洛杉磯太陽隊，獲得了冠軍獎牌。

值得注意的是，在 2025 年賽中，這隊已經確定了成為季冠軍。
```

▲ 詢問超出訓練資料的問題，模型就開始胡說八道了

在這一小節中，我們會使用 `googlesearch-python` 套件，它會以網頁爬蟲的方式幫我們擷取 Google 搜尋的結果，並且整理成簡易的格式。首先執行下一個儲存格安裝此套件：

27

```
!pip install googlesearch-python
from googlesearch import search
```

只要使用 `search()` 函式並輸入關鍵字，就可以取得 Google 的搜尋結果了！另外，這個函式預設僅會回傳網址連結，我們需要啟用進階模式，才能取得每一筆搜尋結果的標題和摘要內容。請執行以下儲存格：

28

```
for item in search(
    "2025 NBA 冠軍", advanced=True, num_results=5, lang="tw"):
    print(item.title)
    print(item.description)
    print(item.url)
    print()
```

執行結果：

```
2025 年NBA總決賽 - 維基百科    ← 標題
 2025 年NBA總決賽（英語：2025 NBA Finals）是 2024-25 賽季的冠軍系列賽，將由
 2025 年 6 月 5 日至 6 月 22 日進行，由東區第四種子印第安納溜馬對戰西區第一種子
 奧克拉荷馬雷霆，比賽 ...
https://zh.wikipedia.org/zh-tw/2025%E5%B9%B4NBA%E7%B8%BD%E6%B1%BA%E8%B3%BD
```

摘要

↖ 網址

`googlesearch-python` 套件是採用網頁爬蟲的方式，從 Google 傳回的搜尋結果網頁中爬取所需要的內容。不過 Google 搜尋原本是假設使用者透過瀏覽器操作，網頁爬蟲方式並不是 Google 認可的正式用法，如果 Google 檢測出你的程式在短時間內頻繁送出搜尋請求，不是正常使用者會出現的操作方式，會依據 IP 位址封鎖一小段時間，從該 IP 送出的搜尋請求則會直接送回 HTTP 錯誤狀態碼 429：

```
429 Client Error: Too Many Requests for url: https://www.google.
com/sorry/index?continue=https://www.google.com/search....
```

接著在下一個儲存格中，我們改寫第 18 個儲存格，建立 **chat_w()** 函式將「網路搜尋結果」融合進對話流程中，讓模型在回答前能夠獲取即時的網路資料。search_g 參數是用來決定要不要進行 Google 搜尋。

29

```
hist = []          # 歷史對話紀錄
backtrace = 4      # 記錄幾組對話

def chat_w(sys_msg, user_msg, search_g = True):
    web_res = []
    if search_g == True: # 代表要搜尋網路
        content = "以下為已發生的事實：\n"

        for res in search(user_msg, advanced=True,
                          num_results=3, lang='tw'):
            content += f"標題：{res.title}\n" \
                       f"摘要：{res.description}\n\n"
```

整理網路搜尋的結果到 content 中

NEXT

```
13
14          content += "請依照上述事實回答問題 \n"
15
16          web_res = [{"role": "user", "content": content}]
17      web_res.append({"role": "user", "content": user_msg})
18
19      while len(hist) >= 2 * backtrace: # 超過記錄限制
20          hist.pop(0)  # 移除最舊的紀錄
21
22      reply_full = ""
23      for reply in get_reply(
24          hist                                 # 先提供歷史紀錄
25          + [{"role": "system", "content": sys_msg}] # 再提供系統訊息
26          + web_res):                          # 最後提供搜尋結果及目前訊息
27          reply_full += reply                  # 記錄到目前為止收到的訊息
28          yield reply                          # 傳回本次收到的片段訊息
29
30      hist.append({"role": "user", "content": user_msg})
31      hist.append({"role":"assistant", "content":reply_full})
```

程式碼詳解：

- 第 1 行：建立一個 hist 的空串列, 來記錄對答過程。
- 第 2 行：為了避免超出模型的 tokens 限制, 設定要記錄幾組對答過程。這裡預設為 4 組, 也就是問答兩次的內容, 如果你希望模型可以記得更多, 可自行修改這個數字。
- 第 4 行：建立 `chat_w()` 函式, 參數 sys_msg 為系統訊息, 參數 search_g 為開啟網路搜尋功能。
- 第 5 行：定義了一個新的串列 web_res, 用來放置稍後從搜尋結果整理好的訊息。

- 第 6 行：判斷 search_g 參數是否為 True, 來決定要不要加入 Google 搜尋的結果。

- 第 7~14 行：會以使用者輸入的內容當關鍵字進行搜尋, 並將搜尋結果加入到 content 中。

- 第 16~17 行：把剛剛整理好的**搜尋結果**及**使用者問題**結合成兩筆 user 角色的訊息, 記錄在 web_res 中。

- 第 19~20 行：刪除超過紀錄限制的 hist 訊息內容。

- 第 22~28 行：依照歷史紀錄、系統訊息、搜尋結果、使用者問題的順序送給模型處理產生回覆。這個順序很重要, 因為越久遠的訊息權重越低, 調動順序的話, 就可能會發生搜尋結果不受重視, 無法正確回覆的狀況。

- 第 30~31 行：將最新的使用者訊息和模型回覆加入到歷史紀錄 hist 中。

定義好函式後, 可以執行下一個儲存格進行測試：

30

```
sys_msg = '請透過所提供的資料回答使用者問題'

while True:
    msg = input("你說: ")
    if not msg.strip(): break

    print(f"小助理: ", end = "")
    for reply in chat_w(sys_msg, msg, search_g = True):
        print(reply, end = "")
    print('\n')
hist = []
```

執行結果：

```
你說：2025 年 NBA 冠軍是誰?
小助理: 2025 年 NBA 冠軍隊是奧克拉荷馬雷霆隊。

你說: 7/17 台北天氣如何?
小助理: 7/17 台北天氣是多雲午後短暫雷陣雨, 降雨機率 60%。
```

▲ 模型可以順利回答超過訓練時間的新資訊了！

為求簡潔和讓大家容易理解 RAG 概念，我們在上述程式中設定 `search_g = True`，代表模型每次在回答前都會進行網路搜尋，但有時候其實是不需要進行額外搜尋的，光靠模型本身的知識就能回答。如果要讓功能更加完整，可以考慮先前介紹過的**函式呼叫**用法，讓模型先判斷問題是否需要透過網路搜尋才能回答，並改善搜尋的關鍵字 (原本會搜尋整句使用者問題)。

建立向量資料庫

許多我們想要重點分析的文件可能動不動就數萬或數十萬字起跳 (例如幾十頁的論文資料、幾百頁的公司年報，甚至是上千頁的法律文件)，而本地端模型的 tokens 輸入限制通常為 8K~32K 左右，就算使用較大窗口的 128K 模型，也沒有辦法一口氣將所有資料通通丟入到模型中。那有什麼方法可以解決這個問題呢？

最常見的辦法就是建立**向量資料庫**。我們可以使用**嵌入 (Embedding)** 的方式先將文字轉成數值構成的向量，並儲存進向量資料庫之中 (如下圖)。之後想要查詢重點資料時，同樣會將查詢的文字轉成向量，再與資料庫中的向量比較相關度，即可取得相關度較高的幾筆資料。最後，我們只會將與問題有關的資料丟入模型中，藉此解決資料量過多和超出模型 tokens 限制的問題。

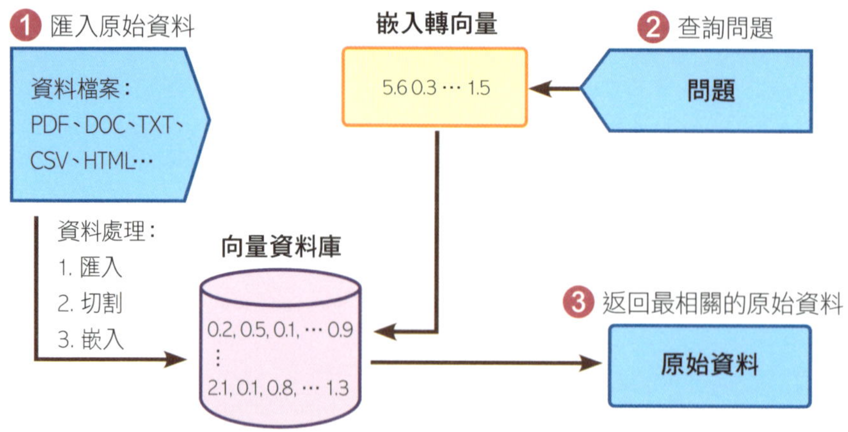

> 為什麼要將文字轉成向量呢？這是因為向量資料可以保留字詞的語義資訊，在查詢時可以找到「語意相近」的文本段落，不需要關鍵字完全符合，進而提升所搜尋的相關資料質量。讀者可以回顧 5-2 頁有關 Embedding 模型的介紹。

為了將文字轉成向量，接下來我們會用到 nomic-embed-text 模型。請執行下一個儲存格來下載：

31

```
ollama.pull("nomic-embed-text")
```

以「天空是藍色的」這一句子為例，讓我們看看透過 Embedding 模型轉換後的向量資料長怎樣。

32

```
from ollama import embeddings    ← 匯入 ollama 的嵌入函式

embeddings(model='nomic-embed-text', prompt='天空是藍色的')
```

↖ 輸入要轉換的文字

執行結果：

```
EmbeddingsResponse(embedding=[0.4708307385444641, 0.5497743487358093,
-4.0114030838012695, -0.1788962185382843, -0.03376012668013573,
1.704291582107544, -0.0995255559682846, -0.526992917060852,
-2.127963066101074,...
```

▲ 會顯示一連串難以讀懂的向量資料

下面我們會以論文資料為例，介紹如何建立向量資料庫。請執行下一個儲存格下載範例論文：

33

```
!pip install gdown
import gdown

id = '1dbOHcMOlK55cyODdL0uA5cc-Do3jDr9r'
gdown.download(id=id, output="/content/")
```

↙ 可以改為你自己的 Google 檔案 id (可參考後面教學)

← 透過 gdown 套件下載

下載完成的檔案會出現在 Colab 的資料夾中：

技巧補充

如何找到檔案 id？

gdown 套件可以幫助我們一鍵下載 Google 雲端硬碟上設定「公開分享」的檔案，但需要提供檔案 id。設定權限和找到 id 的步驟如下：

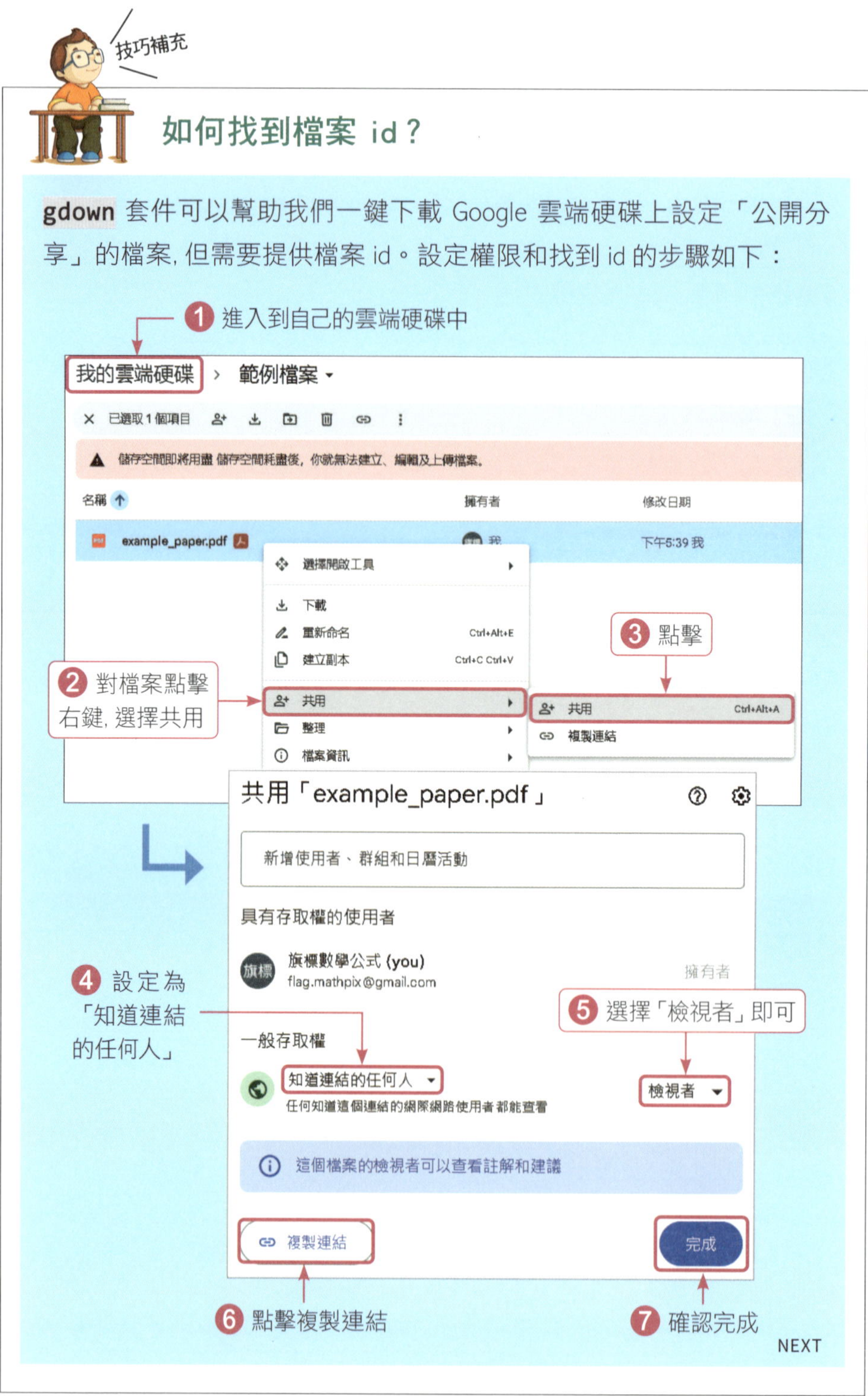

NEXT

在任意處貼上連結後，網址列中間的一長串即是檔案 id：

https://drive.google.com/file/d/1dbOHcMOlK55cyODdL0uA5cc-Do3jDr9r/view?usp=drive_link

↖ 這一段就是檔案 id

讀者可以透過這個方式，將要分析的檔案換成你在 Google 雲端硬碟中的任意檔案。

在這個小節中，我們會用 **`langchain`** 套件來建立向量資料庫，以達到問答和文件摘要的功能。請執行第 34、35 儲存格來安裝和匯入 langchain 的相關套件：

34

```
!pip install pdfplumber langchain langchain_community langchain_ollama
```

pdfplumber：負責匯入 PDF 檔案

langchain langchain_community langchain_ollama：langchain 的相關套件

35

```
from langchain_community.document_loaders import PDFPlumberLoader
from langchain.text_splitter import RecursiveCharacterTextSplitter
from langchain_ollama import OllamaEmbeddings
from langchain_community.vectorstores import InMemoryVectorStore
from more_itertools import batched
```

PDFPlumberLoader：匯入檔案

RecursiveCharacterTextSplitter：分割文本資料

OllamaEmbeddings：← 嵌入文本資料

InMemoryVectorStore：向量資料庫

batched：← 將資料分批次處理

在建立向量資料庫時並不是一股腦地將全部的文本資料通通丟進去，通常我們會先對原始資料進行分割，切成一段段的 document 再進行 Embedding。這樣的好處是能夠提高 RAG 檢索時的精確度和多樣性，切段後的 document 都有自己的向量，搜尋時能返回最相關的幾個段落，而非整份文件，也能避免超過模型的 tokens 上限。

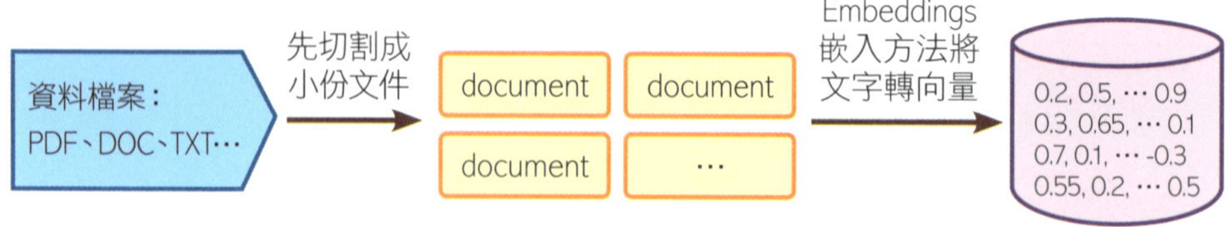

接下來，我們將建立一個對檔案進行處理並建立向量資料庫的函式 `build_vector_db()`。主要步驟為**匯入檔案**、**分割文本資料**、**建立嵌入模型**，以及**分批嵌入文本資料**。其中，分割文本資料會依指定的「字元數」將資料進行分段，每一段為一個 document。請執行下一個儲存格來建立函式：

36

```
def build_vector_db(file_path, size, overlap):

    # 讀取 PDF
    loader = PDFPlumberLoader(file_path, text_kwargs={"x_tolerance": 1})
    doc = loader.load()

    # 文件切割
    text_splitter = RecursiveCharacterTextSplitter(
        chunk_size=size,
        chunk_overlap=overlap)
    docs = text_splitter.split_documents(doc)

    # 建立嵌入模型和資料庫
    embeddings = OllamaEmbeddings(model="nomic-embed-text")
    db = InMemoryVectorStore(embeddings)

    # 分批嵌入向量資料庫
    for batch in batched(docs, 100):
        db.add_documents(list(batch))

    return db
```

傳入檔案路徑

用來判斷字元間距

← 分割的字元數

← 重疊的字元數

將原始資料切割成多份 documents

告訴向量資料庫要使用哪種方法轉成向量

程式碼詳解：

- 第 1 行：參數 **file**、**size** 和 **overlap** 分別代表**傳入檔案位置**、**要分割的字元數**以及**重疊的字元數**。

> 將文件分割成 documents 時，會依據 size 來進行分割，而 overlap 指的是每段中的重疊內容。舉例來說，若一份 1 萬字的文件，設定 size 為 1,000、overlap 為 100。會將整份文件分割成 11 個 document，每個 document 都有 1000 個「字元」，其中 100 個字元為重疊的內容，這樣做可以讓模型更了解上下文和連貫性。

- 第 4~5 行：載入原始檔案並建立一個 `PDFPlumberLoader` 物件，並使用 `load()` 方法取得檔案內容。另外，因為 PDF 並不是純文字檔，每個字會被當作圖形物件，`PDFPlumberLoader` 在還原文字時，需要判斷字詞的間隔大小來斷詞。如果遇到黏字的情況，可以往下調整 x_tolerance 的值。

- 第 8~11 行：`RecursiveCharacterTextSplitter` 是將文件進行分割的物件，讀者可以把這個步驟想像成準備一台碎紙機，並設定要分割的字元數 `chunk_size=size` 和重疊的字元數 `chunk_overlap=overlap`。然後對讀入的文件執行 `split_documents(doc)`，產生文本段落串列 docs。

- 第 14~15 行：建立 `OllamaEmbeddings` 嵌入物件，指定使用 nomic-embed-text 模型來計算文本向量。再用這個 embeddings 初始化 `InMemoryVectorStore`，得到空的向量資料庫 db。

- 第 18~19 行：最後一個步驟會同時執行**嵌入**和**儲存資料**。我們先利用 `batched(docs, 100)` 將所有文本段落每 100 筆做一次批次，避免一次加入太多文件。接著在迴圈中會對每批資料執行 `db.add_documents(list(batch))`，內部會透過先前建立的嵌入物件將文本段落轉成向量，最後儲存到向量資料庫中。

建立好函式後，我們就可以呼叫它來建立向量資料庫，請執行下一個儲存格：

37

```
file_path = "/content/example_paper.pdf"
db = build_vector_db(file_path, 1500, 150)
```

每 1500 個字元為一個 document ↗　　↖ 每份 document 會重疊 150 字元

在切割英文文件時，建議將每份 document 的「字元數」設定為 1500~2000 (約 350 個單字)，比較能確保語意的完整性。而中文由於句子的結構較為精簡，同一句話的字數較少，可以設定切割字元數為 800~1000。另外依照經驗法則，重疊的字元數通常會設定為切割數的 10%~15% 左右。

接下來，只要輸入「要搜尋的文字內容」，向量資料庫就會返回相關度最高的幾個 document，請執行下一個儲存格來查詢：

38

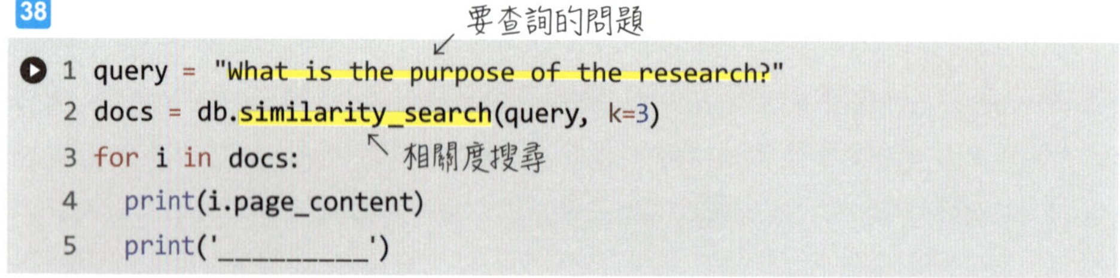

```
query = "What is the purpose of the research?"
docs = db.similarity_search(query, k=3)
for i in docs:
  print(i.page_content)
  print('__________')
```


`similarity_search()` 是一種相關度搜尋的方法，會依據我們所輸入的文字內容來查詢資料庫中相關度最高的 document。其中，參數 k 代表要傳回的 document 數量，設定為 3 即會傳回 3 筆 document。最後，我們使用 for 迴圈來印出 3 筆最相關的段落內容。

執行結果：

```
Conclusion
This report should lead to furthers investigations on the origins of
hair whorls and more generally on the physical and chemical mechanisms
determining the three dimensional distribution of cell populations
```

NEXT

```
during development…

----------
Version of Record: https://www.sciencedirect.com/science/article/pii/
S2468785523002859
Manuscript_d8d426f8bb6cb0d34aecc75fdee7de95
Genetic determinism and hemispheric influence in hair whorl formation
Marjolaine Willems (1), Quentin Hennocq (2), Sara Tunon de Lara (3),
Nicolas Kogane (1), Vincent Fleury (4), Romy Rayssiguier (5), Juan José
Cortés Santander (6), Roberto Requena(6), Julien Stirnemann (7), Roman
Hossein Khonsari (2)…

----------
Material and Methods
We conducted a retrospective study on three populations.
(1) Northern hemisphere general population, born in Paris, France,
admitted for minor
craniofacial trauma at Necker - Enfants Malades University Hospital
(Paris, France), without diagnosed congenital conditions, from March 1st
to March 31st 2021.
(2) Southern hemisphere general population, born in Santiago, Chile,
admitted for minor
craniofacial trauma at Clinica Universitad de los Andes (Santiago,
Chile), without diagnosed congenital conditions, from March 1st to March
31st 2021.
(3) Same-sex Northern hemisphere twins - all pairs of same-sex twins
born in Necker -
Enfants Malades University Hospital (Paris, France) from January 1st 2022
to March 31st
2022…

----------
```

▲ 向量資料庫會傳回相關度最高的 document

因為 PDFPlumberLoader 是由上往下一列一列讀取文字內容，如果發現 document 中出現不連貫或奇怪的句子，請回頭檢查 PDF 檔案的排版 (例如是否為雙欄排版)。這種情況建議可以使用 **`pdfplumber`** 的 **`within_bbox()`** 先對頁面進行切割，將原先的一頁分成兩頁後，再進行匯入。

我們的範例是一篇英文論文，在檢索資料時，雖然「中文」也能找到語意相近的段落，但比起使用跟原文相同的「英文」來說，效果會有所打折。建議所輸入的問題盡量與原始檔案的語言一致。但每次詢問如果都要輸入原文那也太麻煩了，所以在第 39 個儲存格中，我們建立了一個 `fetch_context()` 的函式，用途是**翻譯**使用者訊息並擷取出關鍵字，再透過關鍵字來搜尋向量資料庫。

39

```python
def fetch_context(question, lang, k=5):

    messages = [
        {"role": "system",
         "content": ("你是一個關鍵字翻譯器，"
                     f"只需擷取使用者訊息中的關鍵字並翻譯成 {lang}，"
                     "不要輸出其他內容、格式符號或解釋。")},
        {"role": "user", "content": question}
    ]

    reply = ""
    for tok in get_reply(messages, model="gemma3:1b-it-qat"):
      reply += tok
    # 從向量資料庫抓取與問題最相似的 k 段文件
    similarity_docs = db.similarity_search(reply, k=k)

    content = ""
    for i in similarity_docs:
      content += i.page_content

    return content

fetch_context("論文的主題是什麼?", lang="English", k=5)
```

使用者問題
搜尋筆數
語言
將 system 設定為關鍵字翻譯器
先呼叫一次語言模型
最後整合搜尋內容

執行結果：

```
Conclusion
This report should lead to furthers investigations on the origins of
```

NEXT

```
hair whorls and more generally on the physical and chemical mechanisms
determining the three-dimensional distribution of cell populations
during development...
```

▲ 這樣就算輸入中文也不怕了！

文件問答機器人

到這邊，我們已經學會了如何建立向量資料庫，也知道如何使用相關度搜尋的方式來返回與問題最有關連的 document。但 document 僅僅只是與「問題」相關度最高的段落，並未經過統整，也不易閱讀。所以接下來，我們需要串接語言模型來統整原始資料、從中找出問題的答案。執行下一個儲存格就可以開始與文件問答機器人對話：

40

```
hist = [{"role": "system", "content": "請依據所提供的文件內容來回覆使用者問題。"}]
backtrace = 4

# 透過迴圈進行問答
while True:
    msg = input("你: ").strip()
    if not msg:
        break

    # 搜尋相關文件
    context_text = fetch_context(msg, lang="English", k=5)

    # 整理來源資料
    data_res = [{"role": "user",
                 "content": ("以下是與問題最相關的文件內容:\n"
                             f"{context_text}\n\n"
                             "# 回答格式要求： \n"
                             "1. 請依據所提供的文件內容來回覆使用者問題。"
                             "2. 不要捏造文件未提及的細節。\n"
                             "3. 以繁體中文回覆")}]
    data_res.append({"role": "user", "content": msg})
```

先搜尋 5 筆相關資料 ↘

NEXT

```python

    # 刪除較舊紀錄
    while len(hist) > 2 * backtrace:
        hist.pop(0)

    print("小助理: ", end="", flush=True)
    reply_full = ""
    for reply in get_reply(hist + data_res): # 提供歷史紀錄與相關資料
        reply_full += reply
        print(reply, end = "")

    print("\n")

    hist.append({"role": "assistant", "content": msg})
    hist.append({"role": "assistant", "content": reply_full})
```

在以上程式碼中，我們先透過 **`fetch_context()`** 函式搜尋向量資料庫中的 5 筆相關資料，與問題一起統整為 data_res 的使用者訊息。然後將歷史記錄 hist 與相關資料 data_res 一起丟到 **`get_reply()`** 函式中，取得模型回覆。而其餘的程式邏輯跟先前建構聊天機器人差不多，這邊就不贅述了。

執行結果：

```
你：論文的主題是什麼?
小助理：這篇論文的主題是關於頭髮旋渦形成的基因決定因素和半球影響。研究探討了頭髮旋渦的形成，以及 twin（雙胞胎）、epigenetics（表觀遺傳學）、craniofacial development（顱顏發育）和 phase transition（相變）等因素。

你：如何進行研究?
小助理：研究進行方式是進行了一項回顧性研究，針對三個族群:

1. **北半球普通人口**：出生於巴黎，法國，因輕微顱顏外傷於Necker - Enfants Malades大學醫院（巴黎，法國）就診。
2. **南半球普通人口**：出生於聖地亞哥，智利，因輕微顱顏外傷於Clinica Universitad de los Andes（聖地亞哥，智利）就診。
3. **同性雙胞胎**：所有出生於Necker - Enfants Malades大學醫院（巴黎，法國）的同性雙胞胎對，時間從 2022 年 1 月 1 日至 2022 年 3 月 31 日。
```

NEXT

研究中記錄了漩渦的旋轉方向（順時針、逆時針）和位置（左、右、中央），並由兩位獨立的檢查人員記錄，隨後由另一位作者（RHK）進行二次評估，未報告任何不一致情況。研究的樣本來自於接受顱顏外傷的兒童，這些外傷大多發生在家庭事故、學校或户外活動中。研究遵循非干預性調查的倫理規則。

你：結論是什麼？
小助理：根據提供的文件內容，論文的結論是：

* 研究結果應促進對頭髮漩渦起源的進一步調查，以及更廣泛地探討決定細胞群體三維分佈的物理和化學機制。
* 其他難解的模式，例如同心圓（Baló's concentric sclerosis、真菌病變中的同心皮膚環）或環狀“木紋”病變（游走性環狀紅斑），可以透過提供對相變、臨界點以及影響序參數的因素的獨特見解，提供關於一般發育過程的重要資訊。
* 需要針對基因確診的同卵雙胞胎進行大規模流行病學評估，並在多個地點對左右半球進行評估，以支持初步結果並更好地理解環境因素與早期發育機制之間的相互作用。
* 如果研究結果得到確認，表明頭髮漩渦可能指示顱顏發育與外部物理因素之間的相互作用。

▲ 文件問答機器人完成！讀者可以輸入其他問題，來觀察模型的回覆

這樣我們就成功地建構出專屬的文件問答機器人了！以後就不用慢慢翻閱檔案，只需要針對我們感興趣的議題來進行提問，就能輕鬆、快速地掌握資料中的關鍵資訊。讀者可以將範例檔案替換為你 Google 雲端硬碟中的其他資料，針對想研究的文件來提問。

LangChain 也有提供一系列與 LLM 的溝通的相關模組，可以將不同功能的區塊組合起來，輕鬆擴展多樣化的功能，但程式碼邏輯會略為複雜。建議可以先搞懂這邊的基礎寫法，然後再一步步延伸到 LangChain 的模組化寫法。

統整總結機器人

在上一小節中，我們學會了如何透過向量資料庫來搜尋相關資料，並讓模型依據資料來進行回答。接下來，我們將進一步加強這個機器人的威力，讓它能夠直接統整、分析整份文件。

若要對整份文件進行總結，我們需要先建立一份「關鍵字串列」，然後對於每個關鍵字都進行一次相關度搜尋，過濾出其中的重要資訊並整合成一份 document 串列，最後就能透過這些資訊讓模型進行總結。換句話說，如果我們想要統整論文資料，可以先列出「introduction of the research」、「methodology overview」、「key findings」、「conclusion and future work」等一系列與論文研究有關的關鍵字，並根據這些主題來擷取出相關資料再讓模型統整。讓我們先執行下一個儲存格來建立統整總結的函式 `rag_summarize()`：

41

```
def rag_summarize(db, model="gemma3:1b-it-qat"):

    # 建立關鍵字串列
    key_words = [
        "introduction of the research",
        "methodology overview",
        "key findings",
        "conclusion and future work"
    ]

    # 根據關鍵字擷取出文章內容
    content = ""
    for word in key_words:
        similarity_docs = db.similarity_search(word, k=5)
        for i in similarity_docs:
            content += i.page_content

    # 提示詞設置
    prompt = (
        "以下為論文各章節代表性段落:\n"
        f"{content}\n\n"
        "請用繁體中文輸出【綜合摘要】，並在詳細統整研究動機、方法、主要結果與結論"
    )
    messages = [
        {"role": "system","content":"你是一位專業論文統整助理，請以繁體中文回答。"},
```

NEXT

```
26         {"role": "user","content": prompt},
27     ]
28
29     for reply in get_reply(messages, model=model):
30       yield reply
```

程式碼詳解：

- 第 4~9 行：建立重點關鍵字的串列，接下來會根據這些關鍵字找到相關資料。
- 第 12~16 行：對每個關鍵字透過相關度搜尋的方式找到 5 筆資料，整合到 content 中。
- 第 19~27 行：設置好提示詞以及 messages 串列，讓語言模型了解它的任務。

最後呼叫 **`rag_summarize()`** 函式，即可對整篇論文進行總結，請執行下一個儲存格：

42

```
print("=== 論文摘要統整 ===")
for token in rag_summarize(db):
    print(token, end="", flush=True)
```

執行結果：

```
=== 論文摘要統整 ===
## 研究綜合摘要 (繁體中文)

**研究動機:**

本研究旨在探討人類頭頂髮旋的方向與基因決定、半球優勢及其他相關因素之間的關係。先
前研究已指出頭頂髮旋方向與手性 (例如，慣用手) 存在一定程度的關聯，但其根本原因
以及半球優勢在其中的作用機制尚不完全清楚。本研究基於先前研究的基礎，利用新生兒樣
```

NEXT

本，更深入地探討頭頂髮旋方向與新生兒性別、半球優勢及雙胞胎等因素之間的相關性，以期揭示頭頂髮旋方向形成背後更深層次的生物學機制。

** 研究方法：**

研究團隊招募了來自法國和智利的 300 多名新生兒作為研究對象。他們記錄了所有新生兒的頭頂髮旋方向（逆時針或順時針），並記錄了新生兒的性別、慣用手（手性）、出生時的半球優勢指標以及雙胞胎的類型（單卵或雙卵）。研究團隊通過統計分析，比較不同群體(例如，不同性別、慣用手、半球優勢，以及單卵和雙卵雙胞胎）之間頭頂髮旋方向的分布情況，以確定是否存在任何顯著的相關性。

** 主要結果：**

研究結果顯示，新生兒的頭頂髮旋方向與性別存在顯著的相關性，男性的逆時針髮旋比例顯著高於女性。此外，研究還發現慣用右手者更傾向於逆時針髮旋，而慣用左手者則更傾向於順時針髮旋。對於雙胞胎，研究觀察到單卵雙胞胎的髮旋方向一致性遠高於雙卵雙胞胎，這暗示髮旋方向的遺傳性。

** 結論：**

本研究結果支持頭頂髮旋方向的形成受到基因因素的影響，並與半球優勢及性別存在一定程度的相關性。單卵雙胞胎髮旋方向的高度一致性表明頭頂髮旋方向的遺傳性。研究結果暗示頭頂髮旋方向的形成可能與胎兒早期大腦半球的發育過程以及性別特徵基因的影響有關。本研究也強調了持續研究頭頂髮旋方向與大腦功能之間複雜關係的必要性，以及探索頭頂髮旋方向可能作為生物標誌物以了解大腦發育途徑的潛力。

▲ 模型會依據「關鍵字串列」對論文進行總結

經測試，小模型如 gemma3:1b-it-qat 在統整時的表現不太理想，建議至少使用 10b 以上參數量的模型 (本次執行結果使用 gemma3:12b-it-qat 模型)。

相較於自己耗時耗力慢慢閱讀內容，模型在極短的時間就能將整份落落長的論文進行彙總，並列出關鍵的重要資訊！對於不同的文件，讀者可以針對感興趣的議題來替換「關鍵字串列」，讓模型總結出不一樣的內容。

CHAPTER

9

Fine-Tuning 微調模型 — 打造你的產品客服機器人

在本章中, 我們將以「產品使用手冊」的實際範例, 帶你一步步解鎖 Fine-Tuning 微調的威力, 讓原本一般的語言模型瞬間變身為專精於某領域的專家。我們會從零開始示範如何將普通的敘述性文件轉換為高品質的訓練資料, 接著一步步到基礎模型選擇、LoRA 設定以及超參數調整, 詳細介紹微調模型的完整流程和細節, 最後打造出你的專屬產品客服機器人!

9.1 什麼是微調模型？

微調 (fine-tuning) 指的是在原有的模型架構上，使用規模較小的**新資料集**繼續訓練，讓模型能夠學習到**新的知識**、**格式**或**說話風格**，以貼近特定領域或任務的應用需求。舉例來說，如果把預訓練模型看作是一位學生，微調的概念就像是大學的專業主修，讓他能夠更專精於某領域的知識。

既然都是提升模型的專業知識，這不就跟上一章介紹過的 RAG 有點類似嗎？RAG 已經能讓模型引用外部知識來回答，那為什麼還需要微調模型呢？其實這兩者的應用層面有相當大的差異。就運行速度而言，RAG 因為需要檢索外部知識，會有較高的反應延遲，但微調是將知識「內嵌」至模型中，所以速度會快很多。除此之外，RAG 只能透過修改提示詞的方式來調整模型的回答風格，較容易產生偏移或不穩定的情況，而微調模型可以透過訓練來固定回答格式或語氣，能讓使用者體感上更為一致，非常適合在建立親切的客服機器人上使用。

但微調模型也不是沒有缺點的，首先在訓練時的設備要求非常高，且微調效果不好控制，常常會發現模型回答與訓練資料有所出入。因此在準確性和減少 AI 幻覺的處理上，RAG 是較為可靠且成本較低的做法。下表為微調模型和 RAG 的比較：

	微調模型	RAG
回答準確性	依資料集和訓練效果而定，較不穩定	可追溯資料來源，大幅減少幻覺
回答速度	知識內嵌，速度快	需額外多一次檢索步驟，速度較慢
風格一致性	可訓練固定口吻、格式	透過 Prompt 調整，不穩定
知識更新	需重新訓練，週期長	更新資料庫即可
成本	訓練期耗費成本高；推論成本低	無需重新訓練；推論成本較高
適用場景	回答風格一致、知識更新頻率低的應用 (如企業 QA 客服)	準確率要求高、知識更新頻率高的應用 (如法規、技術文件搜尋)

目前語言模型常見的微調方式有**全參數微調**和 **LoRA 微調**兩大類。**全參數微調**顧名思義，是直接對模型的全部權重進行微調訓練。優點是可以對模型進行最大幅度的調整，能更適配新資料的知識；但缺點也非常明顯，需要非常大量的計算資源和時間成本。全參數微調所需的 GPU 記憶體 (VRAM) 常常需達到模型自身大小的 10 倍以上，例如 7b 參數量的模型可能需要超過 100GB VRAM 才有辦法有效訓練。另外如果資料量少、品質參差不齊的話，很有可能會出現**過度配適 (Overfitting)** 的情況，破壞模型的原有能力。

LoRA (Low-Rank Adaptation) 是目前最流行的微調方式，它採用了**低秩近似**的數學技巧 (詳 4-9 頁)，會在模型的關鍵層中插入兩個**低秩矩陣 A、B**，讓這兩個小矩陣的乘積近似完整權重更新 **$\Delta W \approx A \cdot B$**。在訓練時會凍結原始權重，並針對低秩矩陣進行訓練。這樣一來，就能大幅減少需要訓練的參數量。換句話說，只需要調整非常少量的權重，就能取得接近全參數微調的效果，並且輕量化了模型訓練。

綜觀以上優缺點，我們可以發現全參數微調訓練其實是相當困難的。除了要準備極高規格的設備之外，可能還要花費非常大量的時間來進行模型調校。相較之下，LoRA 的效果好、需要調整的參數量少、訓練所花費的時間也非常短，因此也成為了目前主流的微調訓練方式。

在本章中，我們會從準備資料集開始，一步步地介紹如何使用 LoRA 來進行微調模型訓練，讓我們開始吧！

9.2 準備訓練資料集

微調模型就像是替一本百科全書加上你的「專業註解」，如果註解的品質不好，整本書的價值就會大打折扣。因此在整個模型訓練的過程中，準備「好的」資料集是最為重要的一步，但其實這也是最為困難的一個部分。所以接下來，我們會詳細說明資料集格式，並介紹如何透過單一文件自動生成一問一答的高品質資料集。

訓練資料格式

語言模型的訓練資料通常採用「一問一答」的形式，並使用 JSON 或 JSONL 格式來記錄問答資料，其中包含「提示 (問題)」與「輸出 (回答)」欄位。單輪問答常使用 **Alpaca** 格式；而多輪問答則常使用 **ShareGPT** 格式。下面是 Alpaca 格式範例：

```
Alpaca
{                                              ↙ 問題
  "instruction": "在退貨條件上需要注意哪些事項？",
  "input": "",
  "output": "如果想在鑑賞期內退貨，您需要確保以下幾點..."
}                                   ↖ 回答
```

上方的 **instruction** 為使用者提問 (可視為 Prompt)，**output** 是模型應生成的回答，而 **input** 則為額外的輔助資訊 (例如背景資料、上下文，若無則留空)。這種結構能夠清晰地將指令、輸入背景和答案分開，以便讓模型理解怎麼學、該學什麼、如何回答。Alpaca 的結構適合單輪對話，若要表示多輪對話，我們可以將對話包裝成串列格式的 JSON。下面是 ShareGPT 格式範例：

```
ShareGPT
{
  "messages": [
    {"role": "user","content": "在退貨條件上需要注意哪些事項？"},          |
    {"role": "assistant","content": "如果想在鑑賞期內退貨，您需要..."},    | 延續
    {"role": "user","content": "該如何辦理？"},                            | 對話
    {"role": "assistant","content": "您可以透過我們的客服電話..."}          ↓
  ]
}
```

ShareGPT 就跟我們與模型對話時產生的格式相同，每一輪對話均會標註清楚角色以及內容，有助於模型學習**上下文資訊**以及**對話脈絡**。不過，這種格式如果要大量產生並非易事，且後續的資料清理相當費時費力。建議自行訓練的話採用每條記錄獨立的 Alpaca 格式來簡化流程。

了解完基本的訓練格式後，許多讀者肯定會好奇，那要怎麼取得這些格式的資料呢？如果只有像產品說明書這種「敘述性的文本資料」，要如何轉換成一問一答的格式呢？

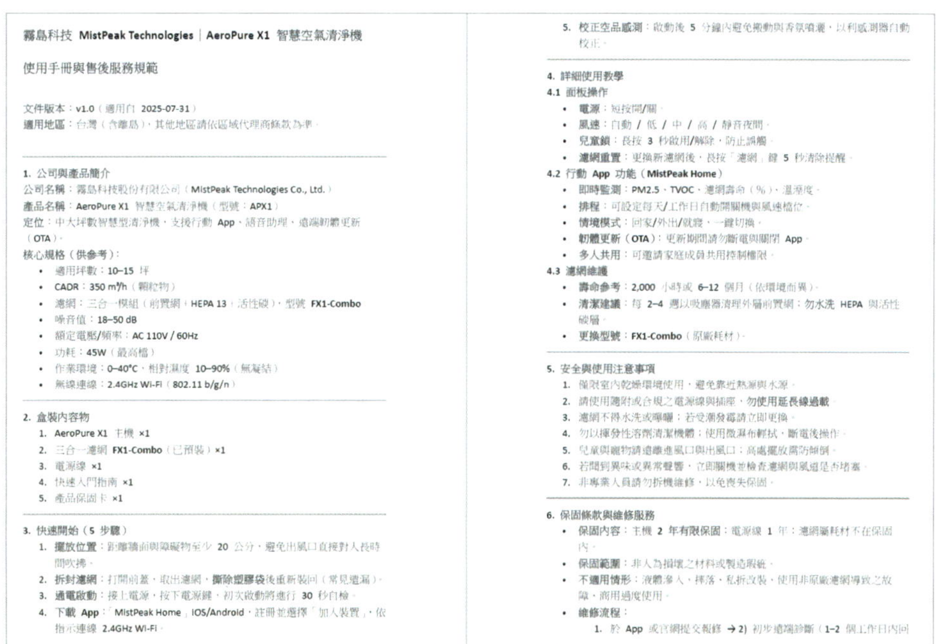

霧島科技 MistPeak Technologies｜AeroPure X1 智慧空氣清淨機

使用手冊與售後服務規範

文件版本：v1.0（適用自 2025-07-31）
適用地區：台灣（含離島），其他地區請依區域代理商條款為準。

1. 公司與產品簡介

公司名稱：霧島科技股份有限公司（MistPeak Technologies Co., Ltd.）
產品名稱：AeroPure X1 智慧空氣清淨機（型號：APX1）
定位：中大坪數智慧型清淨機，支援行動 App、語音助理、遠端韌體更新（OTA）。
核心規格（供參考）：

- 適用坪數：10–15 坪
- CADR：350 m³/h（顆粒物）
- 濾網：三合一模組（前置網＋HEPA 13＋活性碳），型號 FX1-Combo
- 噪音值：18–50 dB
- 額定電壓/頻率：AC 110V / 60Hz
- 功耗：45W（最高檔）
- 作業環境：0–40°C，相對濕度 10–90%（無凝結）
- 無線連線：2.4GHz Wi-Fi（802.11 b/g/n）

2. 盒裝內容物

1. AeroPure X1 主機 ×1
2. 三合一濾網 FX1-Combo（已預裝）×1
3. 電源線 ×1
4. 快速入門指南 ×1
5. 產品保固卡 ×1

3. 快速開始（5 步驟）

1. **擺放位置**：距離牆面與障礙物至少 20 公分，避免出風口直接對人長時間吹拂。
2. **拆封濾網**：打開前蓋，取出濾網，**撕除塑膠袋**後重新裝回（常見遺漏）。
3. **通電啟動**：接上電源，按下電源鍵，初次啟動將進行 30 秒自檢。
4. **下載 App**：「MistPeak Home」iOS/Android，註冊並選擇「加入裝置」，依指示連線 2.4GHz Wi-Fi。
5. **校正空品感測**：啟動後 5 分鐘內避免搬動與香氛噴灑，以利感測器自動校正。

4. 詳細使用教學

4.1 面板操作

- **電源**：短按開/關。
- **風速**：自動 / 低 / 中 / 高 / 靜音夜間。
- **兒童鎖**：長按 3 秒啟用/解除，防止誤觸。
- **濾網重置**：更換新濾網後，長按「濾網」鍵 5 秒清除提醒。

4.2 行動 App 功能（MistPeak Home）

- **即時監測**：PM2.5、TVOC、濾網壽命（%）、溫溼度。
- **排程**：可設定每天/工作日自動開關機與風速檔位。
- **情境模式**：回家/外出/就寢，一鍵切換。
- **韌體更新（OTA）**：更新期間請勿斷電與關閉 App。
- **多人共用**：可邀請家庭成員共用控制權限。

4.3 濾網維護

- **壽命參考**：2,000 小時或 6–12 個月（依環境而異）。
- **清潔建議**：每 2–4 週以吸塵器清理外層前置網；勿水洗 HEPA 與活性碳層。
- **更換型號**：FX1-Combo（原廠耗材）。

5. 安全與使用注意事項

1. 僅限室內乾燥環境使用，避免靠近熱源與水源。
2. 請使用隨附或合規之電源線與插座，**勿使用延長線過載**。
3. 濾網不得水洗或曝曬；若受潮發霉請立即更換。
4. 勿以揮發性溶劑清潔機體；使用微濕布輕拭，斷電後操作。
5. 兒童與寵物請遠離進風口與出風口；高處擺放需防傾倒。
6. 若聞到異味或異常聲響，立即關機並檢查濾網與風道是否堵塞。
7. 非專業人員請勿拆機維修，以免喪失保固。

6. 保固條款與維修服務

- **保固內容**：主機 **2 年有限保固**；電源線 1 年；濾網屬耗材不在保固內。
- **保固範圍**：非人為損壞之材料或製造瑕疵。
- **不適用情形**：液體滲入、摔落、私拆改裝、使用非原廠濾網導致之故障、商用過度使用。
- **維修流程**：
    1. 於 App 或官網提交報修 → 2) 初步遠端診斷（1–2 個工作日內回

▲ 敘述性的產品文件，人工轉換成問答資料集非常費時

我們可以使用先前介紹過的 RAG 架構，讓模型根據文件自動生成問題以及答案，以此來建構這種結構化的問答資料集。但這次不需要自己搭建 RAG 了，網路社群已經開發了許多好用的資料集轉換工具，可以一鍵完成資料預處理、標註及生成問答內容。我們接下來會透過 **Easy Dataset** 來進行資料集生成。

自動生成 QA 問答資料集

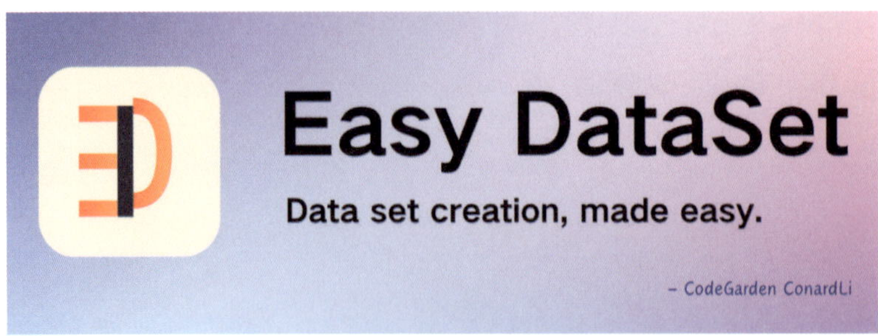

Easy Dataset 是一個專門用於建立微調資料集所設計的開源工具，可以將敘述性的文本資料 (如客服指南、論文、規章法條…等) 自動轉換成微調訓練所需的問答資料集，並涵蓋從資料準備到資料集生成的各個步驟，包括資料預處理 (文件解析、章節與內容先進行分段)、資料標註、問題生成、答案生成與格式轉換等。透過 Easy Dataset，我們可以輕鬆地將專業領域知識轉換成 Alpaca 或 ShareGPT 格式的結構化資料集，讓模型微調的流程更加簡單。話不多說，讓我們從下載 Easy Dataset 開始吧！

下載 Easy Dataset

Easy Dataset 是以 JavaScript 所開發的專案，並提供了親切友好的前端介面，以下為 Easy Dataset 的 GitHub 頁面：

```
https://github.com/ConardLi/easy-dataset
```

我們可以透過 **NPM 安裝**或是直接**下載執行檔**這兩種方式來執行 Easy Dataset (不熟悉程式環境的使用者可以直接下載執行檔)：

- **透過 NPM 安裝：**使用者需要先安裝 Node.js (含 npm) 和 Git。接著就可以依照以下步驟複製 GitHub 專案, 安裝相依套件並啟動程式。安裝命令如下：

❶ **複製專案程式碼：**

```
git clone https://github.com/ConardLi/easy-dataset.git
cd easy-dataset
```

❷ **安裝相依套件：**

```
npm install
```

❸ **啟動本地伺服器：**

```
npm run build

npm run start
```

❹ **使用 Easy Dataset：**

啟動伺服器後預設會在本機端口提供操作介面。我們可以透過瀏覽器輸入以下網址來使用 Easy Dataset。

```
http://localhost:1717
```

- **直接下載執行檔：**到 Easy Dataset 的 GitHub 專案頁面中可以找到對應系統的執行檔, 直接下載安裝即可使用。

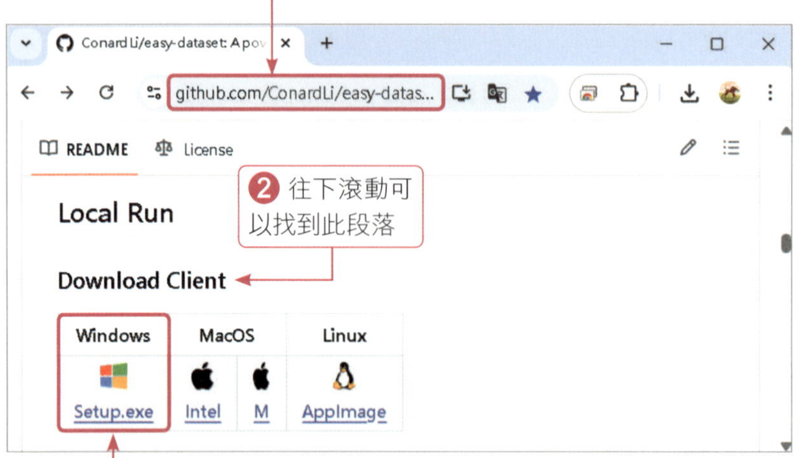

Easy Dataset 同時提供了 Docker 部署方式，熟悉 Docker 的讀者也可以透過 GitHub 上的步驟來進行安裝。

建立 Easy Dataset 專案項目

完成安裝後就可以看到 Easy Dataset 的圖形化操作介面了。我們接下來會以「產品使用手冊」**(可於服務專區中下載)** 的實際範例介紹 Easy Dataset 使用流程。一般來說，只需幾個簡單的步驟就可以將原始資料轉換成微調訓練所需的格式。但首先，我們需要先建立 Easy Dataset 的專案項目並對模型、任務配置和提示詞進行調整：

建立專案項目：

進入 Easy Dataset 的主頁後可以看到「創建項目」按鈕，我們可以建立不同的專案項目方便管理資料集。另外，Easy Dataset 會根據系統語言選擇生成問題和回答的提示詞語言，如果想製作中文問答資料集的話，建議切換為中文 (目前 Easy Dataset 支援的系統語言為簡體中文)。

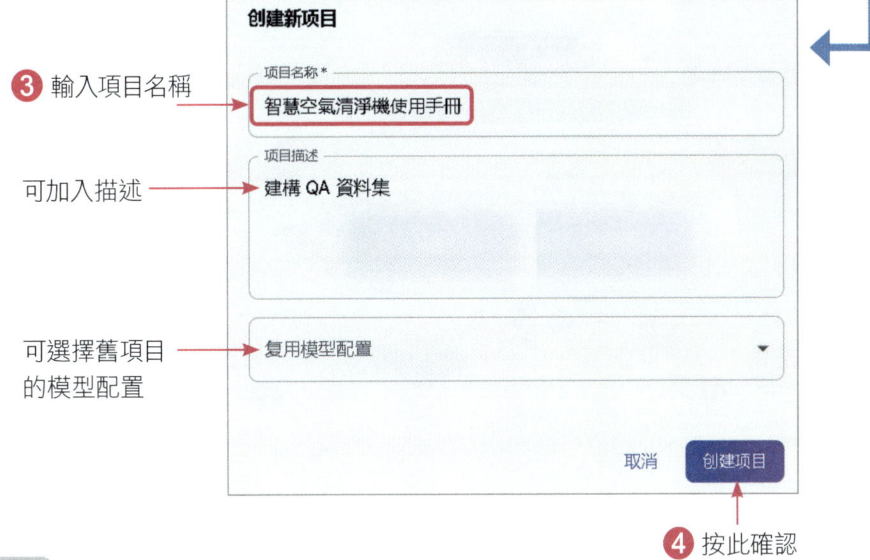

模型配置設定：

接下來會自動進入到「模型配置」的頁面（也可以點擊上方的「項目設置」進入），我們需要設定 Ollama 的預設模型。這個模型之後會用來針對上傳的文件，自動產生「問題」和「回答」。

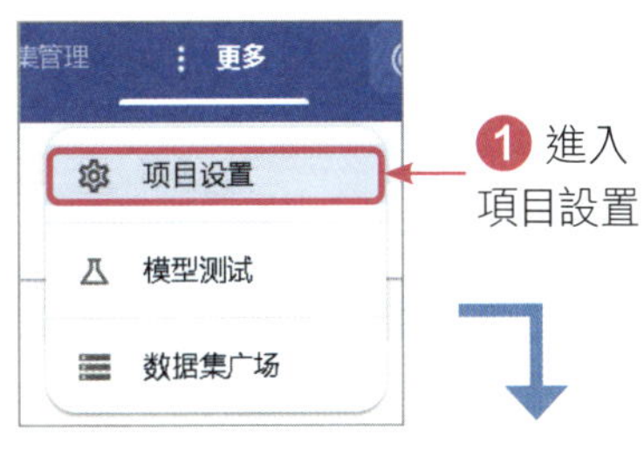

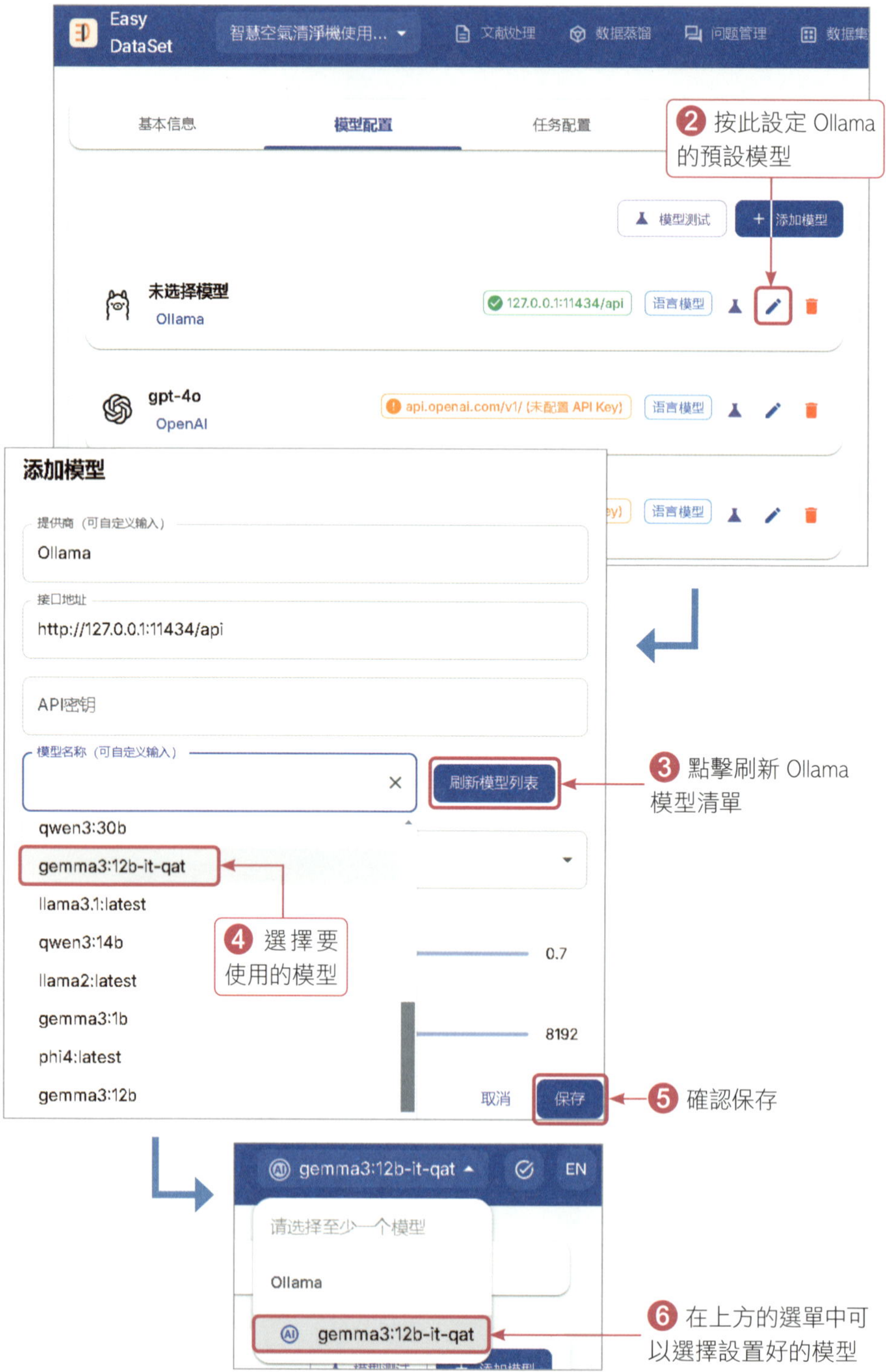

Easy DataSet
智慧空氣清淨機使用...
文献处理
数据蒸馏
问题管理
数据集
基本信息
模型配置
任务配置
2 按此設定 Ollama 的預設模型
模型测试
+ 添加模型
未选择模型
Ollama
127.0.0.1:11434/api
语言模型
gpt-4o
OpenAI
api.openai.com/v1/ (未配置 API Key)
添加模型
提供商（可自定义输入）
Ollama
接口地址
http://127.0.0.1:11434/api
API密钥
模型名称（可自定义输入）
刷新模型列表
3 點擊刷新 Ollama 模型清單
qwen3:30b
gemma3:12b-it-qat
llama3.1:latest
qwen3:14b
llama2:latest
gemma3:1b
phi4:latest
gemma3:12b
4 選擇要使用的模型
0.7
8192
取消
保存
5 確認保存
gemma3:12b-it-qat
EN
请选择至少一个模型
Ollama
gemma3:12b-it-qat
6 在上方的選單中可以選擇設置好的模型

任務配置設定：

Easy Dataset 會自動對上傳文件進行標註和分段 (就像上一章在建構 RAG 時先把文件分割成小份的 document)，以便後續模型針對該段落 (文本塊) 來產生問答。在「任務配置」區域中，可以設定要依哪種格式來分段，或是調整各段落的長度。

1. 可以選擇透過**分隔符號**、**字元數**、**token** 或依照 **Markdown 結構分段**，建議使用預設即可
2. 根據你的文件結構 (例如章節內或同一主題的字數) 來調整最小和最大分割長度
3. 調整多少個字數生成一個問題
4. 移除問號的機率
5. 同一時間的生成任務的上限 (維持預設即可)
6. 確認保存

提示詞配置設定：

在「提示詞配置」中，我們可以加入自定義的提示詞，讓所產生的問答資料更符合需求。舉例來說，可以在生成答案的提示詞中加入「請以親切活潑的口吻回答使用者對於產品的疑問」。另外需要注意的是，**由於系統提示詞是以「簡體中文」為主，生成繁中資料集時強烈建議一定要加上「reply in **繁體中文**」**。

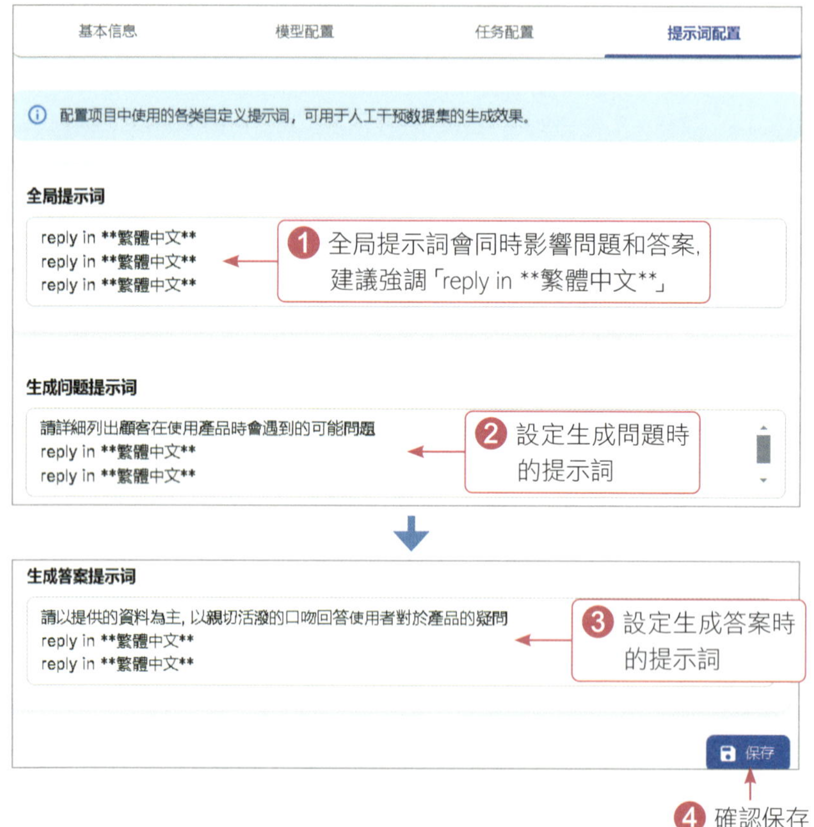

透過 Easy Dataset 生成問答資料集

建立好專案並完成基本設置後，接下來就可以上傳我們的檔案，開始生成問答資料集了。這邊會以事先準備好的「產品使用手冊」為例，想練習測試的讀者可以到服務專區中進行下載。

資料上傳與文本分段：

Easy Dataset 支援上傳多種格式的檔案，包括**純文字 (.txt)**、**Markdown (.md)**、**Word 文件 (.docx)** 或是 **PDF 檔案**。上傳後，在「文獻處理」階段，系統會自動對文件內容進行分段，將原始文本切分為較小的段落以便處理。

▲ Easy Dataset 會自動對文件進行轉換、分段

批量生成問題：

接下來在「文獻處理」下方可以看到分段後的文本塊。我們可以針對單一文本塊進行勾選來生成問題或刪除不需要的段落，也可以一口氣全選並點擊「批量生成問題」，模型會自動提取重點並生成相應的問題。

生成問題需要一些時間，時間長短取決於生成的問題數量和所用的模型速度。而問題數量是依據「任務配置」中所設置的「多少字數生成一個問題」。舉例來說，若文本塊的字數為 2,000 字，我們設置 200 字數生成一個問題，模型會對該文本塊生成 10 個問題。**如果希望生成更多問題，可以重複此步驟**。

LoRA 微調訓練所需的資料量當然越多越好，但其實並沒有一個固定標準，我們還需要考慮到模型的參數量、原始資料的規模大小、資料集的品質以及 QA 形式是否固定。通常對於小模型（如 4b、7b）來說，針對窄領域微調大約 1,000~3,000 筆資料就能有不錯的效果了。而我們的範例只有 5 頁的原始內容，屬於極小規模的知識量，100~200 筆資料其實就能讓模型熟悉手冊內容，並回答常見問題了！

建構問答資料集：

所有問題產生後，我們可以進入「問題管理」檢視和微調問題內容，然後針對選定的問題點擊「批量構造資料集」，模型會為每個問題生成詳細回答 (推理模型會額外生成思維鏈)。

❷ 勾選全部問題　❶ 進入「問題管理」　❸ 自動生成回答並建構資料集

Easy DataSet　智慧空氣清淨機使...　处理　数据蒸馏　问题管理　数据集管理　更多　gemma3:12b-it-qat

问题管理 (166)　删除所选　+ 创建问题　批量构造数据集　自动生成数据集

針對未處理的問題生成回答

列表视图　领域树视图

已选择 166 个问题(共 166 个问题)　搜索问题或标签...

问题	标签	文本块	操作
AeroPure X1 智慧空氣清淨機適用於多大坪數的空間 2 个答案	其他	產品使用手冊-part-1	
初次使用 AeroPure X1 時，需要注意哪些拆封和通電的步驟	其他	產品使用手冊-part-1	
MistPeak Home App 提供了哪些功能來監控和控制 AeroPure X1	其他	產品使用手冊-part-1	
AeroPure X1 的濾網壽命一般可以維持多久？如何清潔和更換濾網？	其他	產品使用手冊-part-1	
使用 AeroPure X1 時，有哪些安全和使用注意事項需要特別留意	其他	產品使用手冊-part-1	
如果 AeroPure X1 發生異味或異常聲響，應該如何處理？	其他	產品使用手冊-part-1	
AeroPure X1 的保固範圍是什麼？哪些情況不適用於保固	其他	產品使用手冊-part-1	

編輯問題　生成回答　刪除

資料清理並匯出：

最後進入到「數據集管理」中，我們可以對問答的內容進行確認，並對回答進行編輯或讓 AI 優化答案，讓資料品質更加完善。完成後，點擊「導出數據集」即可匯出最終的訓練資料。

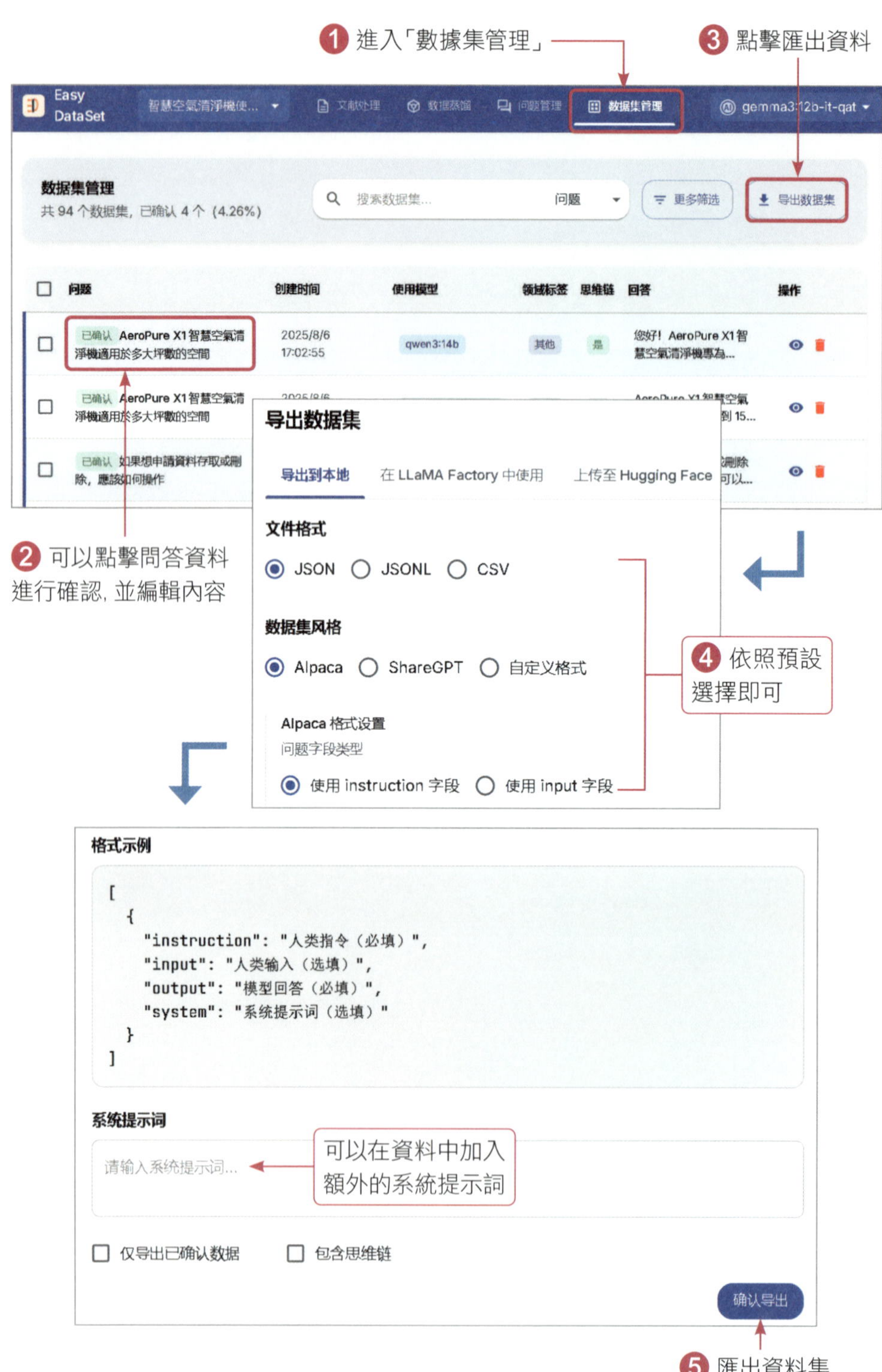

1 進入「數據集管理」
3 點擊匯出資料
Easy DataSet
智慧空氣清淨機使...
文献处理
数据蒸馏
问题管理
数据集管理
gemma3:12b-it-qat
数据集管理
共 94 个数据集，已确认 4 个（4.26%）
搜索数据集...
问题
更多筛选
导出数据集
问题
创建时间
使用模型
领域标签
思维链
回答
操作
已确认 AeroPure X1 智慧空氣清淨機適用於多大坪數的空間
2025/8/6 17:02:55
qwen3:14b
其他
是
您好！AeroPure X1 智慧空氣清淨機專為...
已确认 AeroPure X1 智慧空氣清淨機適用於多大坪數的空間
已确认 如果想申請資料存取或刪除，應該如何操作
导出数据集
导出到本地
在 LLaMA Factory 中使用
上传至 Hugging Face
文件格式
JSON
JSONL
CSV
数据集风格
Alpaca
ShareGPT
自定义格式
Alpaca 格式设置
问题字段类型
使用 instruction 字段
使用 input 字段
2 可以點擊問答資料進行確認，並編輯內容
4 依照預設選擇即可
格式示例
[
{
"instruction": "人类指令（必填）",
"input": "人类输入（选填）",
"output": "模型回答（必填）",
"system": "系统提示词（选填）"
}
]
系统提示词
请输入系统提示词...
可以在資料中加入額外的系統提示詞
仅导出已确认数据
包含思维链
确认导出
5 匯出資料集

最後匯出的資料格式如下：

```
[
  {
    "instruction": "HEPA 濾網和活性碳層是否可以水洗？該如何清潔",
    "input": "",
    "output": "嗨！關於 HEPA 濾網和活性碳層清潔的問題，讓我來為你解答喔！根據資料，**HEPA 濾網和活性碳層是不能水洗的喔**。\n\n如果想要清潔它們，建議這樣做：\n\n*    **HEPA 濾網:** 可以用吸塵器清潔前置層，維持它的清潔度。\n*    **活性碳層:** 由於沾水會影響它的效率，所以請不要水洗喔！\n\n希望這些資訊對你有幫助！如果還有其他問題，隨時都可以問我喔！\n        ",
    "system": ""
  },
  {
    "instruction": "在夜間使用時噪音過大，如何降低噪音？",
    "input": "",
    "output": "您好！如果夜間使用時噪音過大，您可以嘗試以下幾種方式來降低噪音：\n\n1.   **切換「靜音夜間」模式：** 這是最直接的方法，可以有效降低噪音。\n2.   **在 App 設定夜間自動降檔排程：** 您可以在 App 中設定夜間自動降低風量，讓機器在夜間更安靜運行。\n3.   **改用自動模式：** 讓機器根據空氣品質自動調整風量，通常在夜間會降低風量，以減少噪音。\n\n希望這些建議對您有幫助！\n</end_of_turn>",
    "system": ""
  },
...以下省略
]
```

透過以上步驟，我們成功地將「產品使用手冊」轉換為包含 93 筆問答的微調資料集。Easy Dataset 的操作簡單、流程完整，能夠快速產生可用於模型微調的高品質資料，大幅減少人工製作問答資料集的費時工作量。

9.3 模型微調訓練

Ollama 本身為模型部署和使用的工具，無法用來進行模型訓練。所以我們需要透過其他的外部程式或工具來進行模型微調。接下來，我們將透過 **Unsloth** 來介紹語言模型的 LoRA 微調流程，讓模型搖身一變成為「產品使用手冊」的客服 QA 機器人。

透過 Unsloth 微調模型

Unsloth 是一個開源的模型微調框架，它優化了 LoRA 的訓練流程，能夠有效提升訓練速度並降低訓練所需的運算支援，讓我們能夠在有限的設備上微調大型語言模型。在本節中，我們會透過範例 Colab 介紹如何使用 Unsloth 進行 **llama-3-8b-bnb-4bit** 的微調訓練，包括載入預訓練模型、準備 LoRA 設定、處理資料集、模型訓練，以及最後的模型轉檔儲存並透過 Ollama 進行測試。

讀者可以透過本書的服務專區或輸入以下網址開啟本章的 Colab：

```
https://bit.ly/ollama_ch09
```

開啟後，請先將筆記本上方工具列中的「執行階段」→「變更執行階段類型」，把硬體加速器調整為「T4 GPU」，這樣才能使用 GPU 加速訓練。T4 GPU 雖然可以免費使用，但有額度限制。如果額度用完，可以考慮付費升級 Colab Pro 或是換一個 Google 帳號進行測試。

微調模型主要步驟

讓我們先簡單說明一下整份 Colab 的主要步驟：

1. **環境準備：**連接 Google 雲端硬碟以保存模型、安裝所需的 Python 套件。

2. **模型載入與 LoRA 設定：**下載 Unsloth 所提供的預訓練模型 (經 4-bit 量化, 可有效降低訓練成本), 並轉換為 LoRA 格式的可微調模型。

3. **資料集準備：**從 Hugging Face 上載入我們事先準備好的「產品使用手冊」問答資料集 (或是你自行上傳的訓練檔案), 並將資料轉換為適合對話模型訓練的 ShareGPT 格式。

4. **模型微調訓練：**在這個步驟中會設定訓練超參數 (批次大小、學習率、epochs 設定等), 並透過 TRL 中的 SFTTrainer 進行監督式微調訓練。

5. **模型轉檔與保存：**我們會將微調後的模型直接保存成 LoRA 格式, 或是量化轉換成 GGUF 檔案 (有申請 Hugging Face Token 的讀者也能直接上傳到你的 Hugging Face 中)。

6. **透過 Ollama 運行測試：**使用 Unsloth 自動生成的 Modelfile 創建 Ollama 模型。最後對模型發送測試請求, 取得模型回覆。

快速使用教學

因為某些儲存格執行所需的時間較久, 如果沒有在電腦前苦等、接續執行各儲存格的話, 閒置一段時間後 Colab 就會中斷連線並終止執行階段, 導致白白浪費 T4 的運算資源。因此這邊提供快速使用教學, 想要快速進行微調測試的話可以依據以下步驟：

上傳訓練資料：

預設的訓練資料會使用「產品使用手冊」的問答資料集。如果想使用自己的訓練資料, 可以在左側的檔案區中新增名為 **data** 的資料夾, 並放入訓練資料。在第 5 個儲存格中會自行判斷是否有上傳訓練資料。

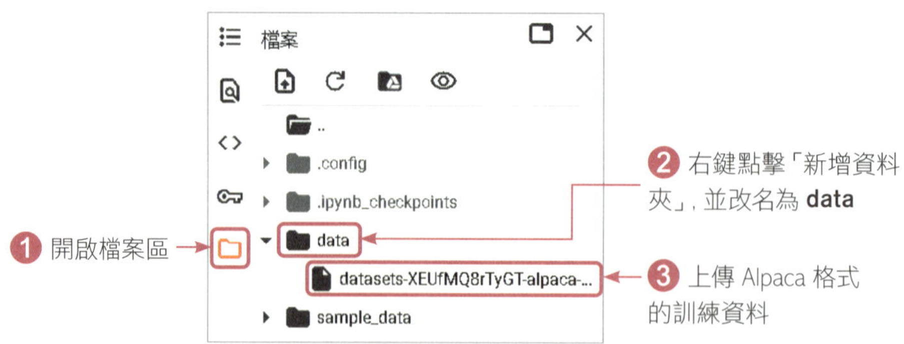

點擊「▷ 全部執行」：

接下來會一口氣執行全部儲存格，且會連線到你的雲端硬碟用以保存訓練後的模型檔案。

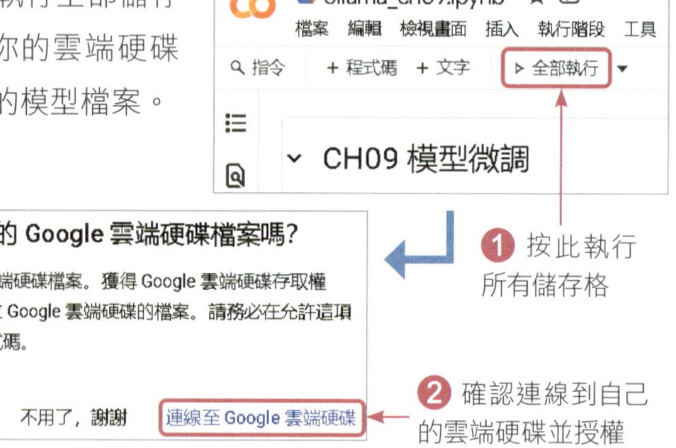

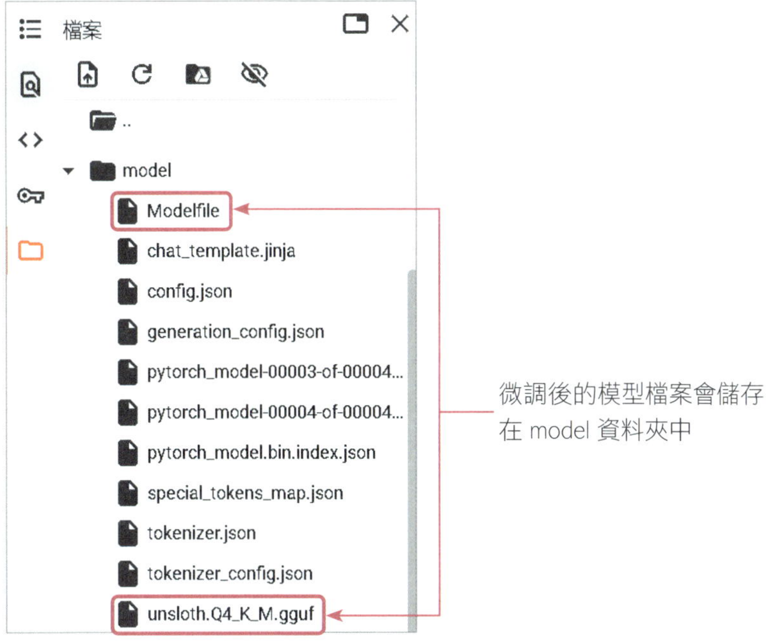

下載檔案並透過 Modelfile 建立模型：

微調後的模型檔案大小約 5 GB, 並會自動儲存到你的雲端硬碟。若雲端硬碟容量不夠的話, 請從 Colab 左側檔案區的 model 資料夾中自行下載訓練好的 **GGUF** 檔和 **Modelfile** 檔。接著將這兩個檔案放入同一資料夾內, 修改 Modelfile 路徑, 最後透過 Modelfile 來建立 Ollama 模型。

1 進入雲端硬碟中的 **finetuned_model/gguf** 資料夾

3 將這兩個檔案放入同一資料夾內
Modelfile
開始備份
Modelfile
新增
詳細資料
Darren - 個人
桌面
下載
文件
Modelfile
unsloth.Q4_K_M.gguf
2 個項目
4 編輯 Modelfile 檔案
(可用記事本開啟)
Modelfile
檔案
編輯
檢視
FROM ./unsloth.Q4_K_M.gguf
TEMPLATE """Below are some instructions that describe some tasks
Write responses that appropriately complete each
request.{{ if .Prompt }}
Instruction:
{{ .Prompt }}{{ end }}
Response:
{{ .Response }}<|end_of_text|>"""
PARAMETER stop "<|end_header_id|>"
PARAMETER stop "<|start_header_id|>"
PARAMETER stop "<|eot_id|>"
PARAMETER stop "<|end_of_text|>"
PARAMETER stop "<|reserved_special_t
PARAMETER temperature 1.5
PARAMETER min_p 0.1
第 3 行，第 137 欄
480 個字元
純文字
5 改為模型的相對路徑
./unsloth.Q4_K_M.gguf
Modelfile
剪下
複製
重新命名
共用
刪除
開啟檔案
Enter
傳送至 [我的手機]
共用對象
新增至 [我的最愛]
壓縮至...
複製路徑
Ctrl+Shift+C
內容
Alt+Enter
6 複製 Modelfile 的檔案路徑

接下來就能透過 `ollama create` 來創建新模型了，輸入命令如下：

```
ollama create unsloth -f "C:\Users\User\Desktop\Modelfile\Modelfile"
```

可以自行命名 ↗　　↖ 改成你的 Modelfile 路徑

```
C:\WINDOWS\system32\cmd.

C:\Users\User>ollama create unsloth -f "C:\Users\User\Desktop\Modelfile\Modelfile"
gathering model components
gathering model components
gathering model components
gathering model components
gathering model components
```

▲ 跟之前一樣，我們透過**指定路徑**的方式來建立新模型

最後讓我們看看微調模型的效果吧：

C:\WINDOWS\system32\cmd.
C:\Users\User>ollama run unsloth
>>> AeroPure X1 有保固嗎？期限為多久？
AeroPure X1 定額保固，期限是 2 年喔！不過要特別注意的是，濾網屬於耗材，所以就不在保固範圍內囉～
>>> 我前兩天購買了 AeroPure X1，但產品有瑕疵，要如何申請退換貨？
別擔心！你可以在出貨後 7 日內提出退換貨申請喔！
根據文件的說明，關於退換貨的要求是這樣的：
* **退換貨條件：**
* 商品必須是完整的，沒有刮傷或缺失。
* 所有配件都要齊全，包括保固卡、instruction manual 等等。
* 外部包裝也不能有嚴重的損壞。
* **不適用於的情況：**
* 人為損壞。
* 缺失配件。
* 外部包裝有嚴重損壞。
如果你的 AeroPure X1 商品符合這些條件，就可以申請退換貨囉！

▲ 不需額外資訊，微調模型就能回答和產品使用手冊有關的問題了！

程式碼說明以及微調設定

接下來，我們會詳細說明各儲存格的功能，讓大家能夠更了解微調模型的完整流程與細節，包含設定基礎模型、LoRA 設定、訓練時的超參數調整，以及如何進行轉檔儲存，最後會在 Ollama 上進行對話測試。

在第 1 個儲存格中, 我們使用了 **`google.colab`** 所提供的 **`drive`** 函式來掛載 Google 雲端硬碟。在後續步驟中, 會將微調後的模型自動保存到你的雲端硬碟。

1

```
from google.colab import drive
drive.mount('/content/drive')   ← 指定掛載路徑
```

第 2 個儲存格會安裝 **`unsloth`** 以及訓練所需的相依套件。而在 Colab 上執行時, 為了避免與 Colab 預設環境版本產生衝突, 會分批安裝相依套件並指定版本。

2

```
%%capture
import os                                      ↙ 判斷是否為 Colab 環境
if "COLAB_" not in "".join(os.environ.keys()):
    !pip install unsloth
else:                                          避免發生衝突所以依序安裝
    # 在 Colab 上執行時, 安裝以下套件           ↙ 相依套件並指定版本
    !pip install --no-deps bitsandbytes accelerate xformers==0.0.29.post3
    !pip install peft trl triton cut_cross_entropy unsloth_zoo
    !pip install sentencepiece protobuf "datasets>=3.4.1,<4.0.0"
    !pip install "huggingface_hub>=0.34.0" hf_transfer
    !pip install --no-deps unsloth
```

> 在個人電腦執行時, 也要額外安裝 Unsloth 所需的相依套件喔 (會依你的作業系統和 GPU 有所不同) !

Unsloth 模型設定

下一步就是下載你要微調的基礎模型。Unsloth 事先將許多常見的模型進行 4bit 量化, 可以大幅降低訓練所需的記憶體需求。

3

```
1 from unsloth import FastLanguageModel
2 import torch
3 max_seq_length = 2048 # 輸入的 token 數量上限
4 dtype = None # 自動偵測請填 None。T4、V100 建議 Float16; Ampere 以上用 Bfloat16
5 load_in_4bit = True # 使用 4-bit 量化以降低記憶體消耗
6
7 # 可用模型列表 (4bit 量化模型, 可加速訓練並避免記憶體不足)
8 fourbit_models = [
9     "unsloth/mistral-7b-v0.3-bnb-4bit",   # Mistral 速度快 2 倍
10     "unsloth/mistral-7b-instruct-v0.3-bnb-4bit",
11     "unsloth/llama-3-8b-bnb-4bit",        # Llama-3 速度快 2 倍
12     "unsloth/llama-3-8b-Instruct-bnb-4bit",
13     "unsloth/llama-3-70b-bnb-4bit",
14     "unsloth/Phi-3-mini-4k-instruct",     # Phi-3 速度快 2 倍
15     "unsloth/Phi-3-medium-4k-instruct",
16     "unsloth/mistral-7b-bnb-4bit",
17     "unsloth/gemma-7b-bnb-4bit",          # Gemma 速度快 2 倍
18 ]
19
20 model, tokenizer = FastLanguageModel.from_pretrained(
21     model_name = "unsloth/llama-3-8b-bnb-4bit",
22     max_seq_length = max_seq_length,
23     dtype = dtype,
24     load_in_4bit = load_in_4bit,
25     # token = "hf_...", # 如果使用授權模型需填入 token
26 )
```

程式碼詳解：

- 第 1~2 行：從 **unsloth** 套件匯入 **FastLanguageModel** 類別, 用來載入模型並加速。**torch** 則是深度學習的核心, 用於後續處理張量、確認 GPU 並啟用加速。
- 第 3~5 行：基礎模型的相關設定。max_seq_length 為最大輸入序列長度, 也就是 token 的數量上限。dtype 為微調時的訓練精度, 設定為 None 會讓 **FastLanguageModel** 根據硬體自動選擇適合的精度。load_in_4bit 代表透過 4bit 量化載入模型。

- 第 7~18 行：Unsloth 所提供的 4bit 量化模型清單。可以自行選擇其中一個模型來微調。如果想替換基礎模型，只需將 21 行中的 model_name 改為清單裡的其他模型即可。
- 第 20~26 行：使用 `FastLanguageModel.from_pretrained()` 方法下載基礎模型及分詞器，並代入先前的模型設定。這邊我們預設使用經過 Unsloth 改良後的 **"unsloth/llama-3-8b-bnb-4bit"** 模型。

我們先前有介紹過，進行 LoRA 微調時會關鍵層中插入低秩矩陣，並針對其進行訓練。第 4 個儲存格會修改基礎模型，添加 LoRA 層並設定相關的超參數。

4

```
1 model = FastLanguageModel.get_peft_model(
2     model,  ← 代入之前設定的基礎模型
3     r = 16, # LoRA 的秩 (r) ，建議值可選 8、16、32、64、128
4     target_modules = ["q_proj", "k_proj", "v_proj", "o_proj",
5                       "gate_proj", "up_proj", "down_proj",],
6     lora_alpha = 16,   # LoRA 的縮放因子
7     lora_dropout = 0,  # LoRA 層的 dropout 比例，避免過度配適
8     bias = "none",     # 偏值處理，設定為 none 較為穩定
9     # "unsloth" 改良的 checkpointing 方法，可額外節省約 30% VRAM
10    use_gradient_checkpointing = "unsloth",
11    random_state = 3407,
12    use_rslora = False,  # 不採用額外的 RSLoRA
13    loftq_config = None, # LoftQ 量化
14 )
```

程式碼詳解：

- 第 1 行：使用 `get_peft_model()` 函式將基礎模型轉換為可以進行 LoRA 微調的模型。它會凍結原模型的參數，並在指定的層中插入可訓練的 LoRA 權重。

- 第 3 行：`r` 為 LoRA 的**秩 (rank)**，代表低秩矩陣的大小。這個數值決定了可調整的參數量，越高所要訓練的參數就越多，也會增加所需的計算成本。建議值可選 8、16、32、64、128。

- 第 4~5 行：`target_modules` 為設定目標關鍵層。簡單來說就是在哪些層中會插入 LoRA 層，並針對關鍵層的行為進行調整 (通常為 Transformer 中自注意力機制的相關層)。透過限定目標層，可以縮小調整範圍、提高訓練效率。

- 第 6 行：`lora_alpha` 為 LoRA 權重的**縮放因子**。在還原權重時，低秩矩陣的乘積會再乘以這個縮放因子，進而用來控制微調的幅度。值越高會放大 LoRA 權重的影響力，大幅更改基礎模型的行為。建議值通常為 1 倍或 2 倍的 `r`。

- 第 7 行：`lora_dropout` 為 LoRA 權重丟棄的比例，通常用於避免過度配適。這裡設為 0，代表每次更新都使用完整的 LoRA 權重，最大化學習效果。

- 第 8 行：`bias = "none"` 代表不對偏值進行調整，保持基礎模型的原始偏值。

- 第 10 行：`use_gradient_checkpointing` 為梯度檢查點設定，這是一種在訓練時節省記憶體的技術。過往在進行正向傳播時會保留全部層的計算結果，而梯度檢查點技術會在正向傳播時僅保留某些層 (檢查點) 的結果，反向傳播需要時再從檢查點重新計算。"unsloth" 則是它們改良的梯度檢查點技術，號稱可節省約 30% VRAM 消耗。

- 第 11 行：`random_state` 為隨機種子設定，用於重現訓練結果。

- 第 12 行：`use_rslora` 為 Rank-Stabilized LoRA (秩穩定) 技術。可以用於改善高秩訓練時的梯度縮小、學不動的情況。根據經驗，當 r 提升到 32 以上或收斂變慢時建議開啟，可以增加學習穩定度。

- 第 13 行：`loftq_config` 代表是否代入 LoftQ 設定。LoftQ 是一種微調前對基礎模型進行量化的技術。但我們已經使用 `unsloth` 改良後的 4bit 模型了，所以無需開啟。

在實際微調模型時，我們可以先按照以上基準進行訓練測試。如果發現**訓練損失 (Training Loss)** 降很慢，可以先試著將 `r` 逐步增加 (從 16 調整到 32、64、128)、`lora_alpha` 調整為 2 倍的 r，並開啟 `use_rslora`。

資料集處理

設定完模型後，接下來我們就能進入到資料集準備和處理的階段。在第 5 個儲存格中，會先先嘗試從 Colab 的 **/content/data** 路徑讀取訓練資料，如果找不到的話則從 Hugging Face 上下載「產品使用手冊」的範例資料集。

5

```
from datasets import load_dataset

# 讀取資料集
if os.path.exists("/content/data"):
    dataset = load_dataset("/content/data", split="train")
else:
    dataset = load_dataset("Flag-Tech/product_qa", split="train")

print(dataset.column_names)
```

會先嘗試讀取你所上傳的訓練資料

下載「產品使用手冊」資料集，你也可以改成 Hugging Face 上的其他資料

接著查看資料集的第一筆資料內容，可以用來確認資料格式是否正確：

6

```
dataset[0]
```

執行結果：

```
{"instruction": "如果想申請資料存取或刪除，應該如何操作",
 "input": "",
 "output": "想申請資料存取或刪除嗎? 沒問題! ..."
 "system": ""}
```

▲ 預設資料集為 Alpaca 格式，並包含 4 個欄位

因為我們的資料集包含了多個欄位。為了讓 Ollama 能夠以對話的形式順利運行，必須只保留 instruction 和 output 欄位。除此之外，我們會將資料集轉換為 ShareGPT 的對話格式。Unsloth 中的 `to_sharegpt()` 函式可以將單輪問答的資料轉成多輪對話形式，進而幫助模型學習上下文對話能力。

7

匯入資料集轉換函式 ↙

使用者指令與額外資訊 ↙

```
1 from unsloth import to_sharegpt, standardize_sharegpt
2
3 dataset = to_sharegpt(
4     dataset,  ← 原本的資料集
5     merged_prompt="{instruction}[[\nYour input is:\n{input}]]",
6     output_column_name="output",  ← 預期模型輸出
7     conversation_extension=3,  # 可增加此數值來調整多輪對話數量
8 )
9
10 dataset = standardize_sharegpt(dataset)
```

程式碼詳解：

- 第 3 行：透過 `to_sharegpt()` 函式將資料集轉換為 ShareGPT 格式。
- 第 5 行：merged_prompt 為合併後的提示模板。我們可以使用 merged_prompt 把多個欄位合併成一個。合併時需要將必要欄位 (如 instruction) 放入大括弧 **{ }** 內，將選擇性的文字用兩組中括弧 **[[ ]]** 包住，當其中的 `{input}` 為空時，整組內容會被直接略過不顯示。

> 有時候資料格式不一定像 Alpaca 一樣標準，可能會有較多欄位、名稱不同的情況，這時候就能透過 merged_prompt 來合併。你可以根據你的資料自行修改 merged_prompt 中的內容，並放入所需的欄位。

- 第 6 行：output_column_name 為指定的輸出欄位, 我們放入 "output"。

- 第 7 行：這個參數會「隨機」抽取數筆問答, 並打包成同一段對話。數值 3 代表會組合成 3 輪對話。但要注意的是, 這是一種「多輪對話假資料」的產生方式, 並不像真實的對話資料具有高度連貫性。

轉換後的資料集格式如下：

```
{'conversations': [
    {'content': '如果想申請資料存取或刪除, 應該如何操作', 'role': 'user'},
    {'content': '想申請資料存取或刪除嗎?  沒問題! ...', 'role': 'assistant'},
    {'content': '為了改善新機略有氣味的問題, 應該採取什麼措施', 'role': 'user'},
    {'content': '新機略有氣味是正常的現象喔! 不用擔心...', 'role': 'assistant'},
    {'content': '在台灣地區退換貨時, 有哪些需要注意的政策? ', 'role': 'user'},
    {'content': '您好! 關於在台灣地區退換貨的政策...', 'role': 'assistant'}]}
```

▲ 程式會隨機抽取資料集中的問答, 組合成多輪對話

Alpaca 或 ShareGPT 等 JSON 格式可以方便我們理解一問一答的過程, 但模型本身其實並不能直接理解這種 JSON 結構, 所以這還不是最終用於模型訓練的文字格式。模型在訓練時, 需要的是「已經串接好的一長串文字」, 例如以下格式：

```
chat_template = """{SYSTEM}
USER: {INPUT}
ASSISTANT: {OUTPUT}"""
```

這邊要注意的是, 每種模型原始使用的 Prompt 模板都不太一樣, 模板中可能會包含某些特殊 token 或分隔符 (例如：`<|begin_of_text|>`、`<|im_start|>`、`<|im_end|>`)。雖然用完全不同格式的資料也能進行訓練, 但可能需要非常大量的資料才能覆蓋模型的原本行為, 否則會發生模型胡亂輸出的情況。**所以建議先查詢基礎模型的原始模板, 然後將訓練資料改為此模板的格式。**

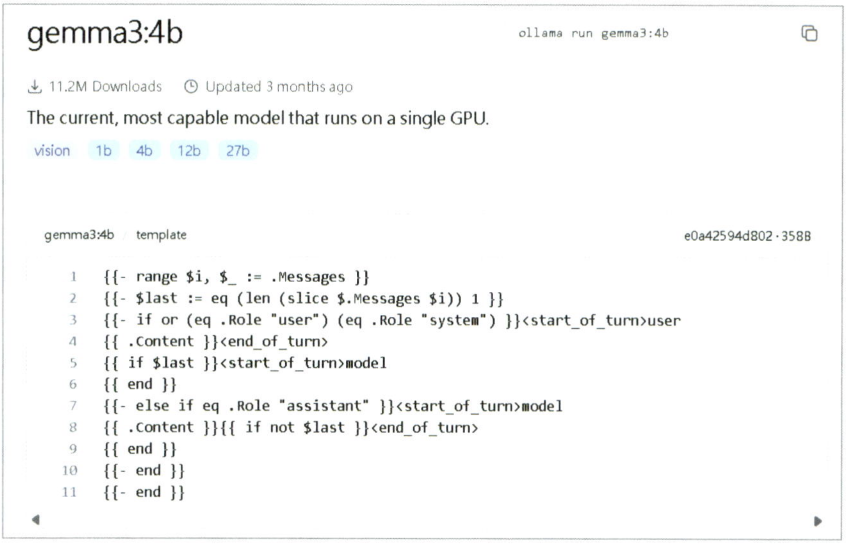

gemma3:4b

ollama run gemma3:4b

11.2M Downloads Updated 3 months ago

The current, most capable model that runs on a single GPU.

vision 1b 4b 12b 27b

gemma3:4b / template e0a42594d802 · 358B

```
{{- range $i, $_ := .Messages }}
{{- $last := eq (len (slice $.Messages $i)) 1 }}
{{- if or (eq .Role "user") (eq .Role "system") }}<start_of_turn>user
{{ .Content }}<end_of_turn>
{{ if $last }}<start_of_turn>model
{{ end }}
{{- else if eq .Role "assistant" }}<start_of_turn>model
{{ .Content }}{{ if not $last }}<end_of_turn>
{{ end }}
{{- end }}
{{- end }}
```

▲ 我們可以到模型資訊頁中查看模板設定

接下來在第 8 個儲存格中，我們會建立訓練用的文字模板並將其套用到資料集上，讓模型學習在看到**指令 (Instruction)** 後該如何產生**回答 (Response)**。

8

建立訓練用的 Prompt 模板

```
chat_template = """Below are some instructions that describe some tasks.
Write responses that appropriately complete each request.
### Instruction:
{INPUT}  ← 會代入訓練資料中的問題

### Response:
{OUTPUT}"""
       ↖ 訓練資料中的回答
from unsloth import apply_chat_template
                              ↙ 將資料集轉換為一長串的文字模板
dataset = apply_chat_template(
    dataset,
    tokenizer=tokenizer,
    chat_template=chat_template,
    # default_system_message = "你是個親切、專業的客服機器人",
)
```

程式碼詳解：

- 第 1~7 行：建立訓練用的 Prompt 模板，其中的 `{INPUT}` 和 `{OUTPUT}` 稍後會被訓練資料中的使用者問題和答案替換。
- 第 11 行：`apply_chat_template()` 函式可以將我們定義的 chat_template 套用到整個資料集。
- 第 12 行：代入原本的資料集。
- 第 13 行：套用在第 3 個儲存格的分詞器設定，用來處理特殊字元、確保模板和分詞器相容。
- 第 14 行：代入上述設定的 chat_template。
- 第 15 行：可以在模板中加入 `{SYSTEM}`，並透過 default_system_message 設定系統指令。

超參數配置並開始訓練

讓我們準備來開始最後的模型訓練吧！這邊會使用 `trl` 套件中的 `SFTTrainer` 進行超參數配置並開始訓練。**SFT (Supervised Fine-tuning)** 代表監督式微調，是一種將已經標註好「輸入」與「輸出」的資料，直接用來訓練模型的方式，讓模型能夠學習到最接近標準答案的回覆。在第 9 個儲存格中，我們會先進行訓練時的配置設定：

9

```
from trl import SFTConfig, SFTTrainer    ← 匯入參數設定和監督微調的類別
trainer = SFTTrainer(    ← 建立訓練物件
    model = model,                 ┐
    tokenizer = tokenizer,         ├ 代入模型、分詞器和資料集
    train_dataset = dataset,       ┘
    dataset_text_field = "text",    ← 訓練資料的欄位，在第 8 格已經整合成 "text"
    max_seq_length = max_seq_length,    ← 輸入的 token 數量上限
    packing = True, # 拼接訓練資料，達到 5 倍加速
    args = SFTConfig(    ← SFT 的超參數設定
```

NEXT

```
10         per_device_train_batch_size = 2,
11         gradient_accumulation_steps = 8,
12         warmup_steps = 30,
13         num_train_epochs = 20,
14         learning_rate = 2e-4,
15         logging_steps = 10,
16         optim = "adamw_8bit",
17         weight_decay = 0.01,
18         lr_scheduler_type = "cosine",
19         seed = 3407,
20         output_dir = "outputs",
21         report_to = "none",
22     ),
23 )
```

程式碼詳解：

- 第 2~8 行：透過 `SFTTrainer` 建立訓練物件，並傳入我們的模型、分詞器和資料集。其中如果啟用 packing 參數，會將多組訓練資料拼接成接近 max_seq_length 的長序列再送入模型 (會透過分隔符和注意力遮罩將資料分開，並不是接續對話的概念喔)，以此充分利用最大 token 輸入量並提升 GPU 效能。
- 第 9 行：使用 `SFTConfig` 來設定訓練時的**超參數**。
- 第 10 行：`per_device_train_batch_size` 為每張 GPU 的**批次大小 (batch size)**，也就是**每步 (step)** 所處理的樣本數量，這邊設定為 2。若有多張 GPU 時，***批次大小 = per_device_train_batch_size × 設備數量***。為了方便區別名詞，此處的批次我們稱之為**每步批次**。
- 第 11 行：`gradient_accumulation_steps` 為**梯度累積的步數**，指的是經過多少個 steps 會進行一次梯度下降和參數更新。這邊設定為 8，代表累計 8 個每步批次後才會更新一次參數，因此***總批次大小 = 梯度累積步數 × 每步批次大小***，也就是累積 ***8 × 2 = 16*** 個樣本才進行一次參數更新。

> 傳統我們在進行神經網路訓練時, 每個 step 代表進行一次梯度下降和參數更新；而 batch size 指的是一個 step 中會處理的樣本數量。但這邊為了降低記憶體消耗, 使用了**梯度累積**的方式, 每個 step 會處理一個**每步批次**, 經過多個 steps 後才會進行一次梯度下降和參數更新。由於梯度累積, **總批次大小 (total batch size)** 是指在進行一次參數更新時, 實際使用的樣本數量。

- 第 12 行：`warmup_steps` 是一種**學習率的暖身機制**。初期訓練時會採用接近 0 的學習率, 然後根據所設定的 steps 逐步增加到設定值。
- 第 13 行：`num_train_epochs` 能用來設定**訓練週期的總數**。epoch 為一個訓練週期, 代表模型完整地看過一遍所有的訓練資料。舉例來說, 如果訓練資料有 100 筆, 有效批次大小為 16, 在一個 epoch 內會進行 7 次參數更新 (16 × 6 = 96 筆樣本, 剩餘 4 筆樣本會獨自進行 1 次參數更新)。
- 第 14 行：`learning_rate` 為**學習率**, 用於控制參數更新時的步長。學習率高會讓參數更新的幅度較大, 但可能會導致無法收斂；反之則會讓參數更新的幅度較小, 訓練過慢或陷入局部最佳解。可以搭配 `lr_scheduler_type` 進行動態調整。
- 第 15 行：`logging_steps` 的用途為多少個 steps 紀錄一次訓練資訊。
- 第 16 行：`optim` 為**優化器**, 負責在訓練過程中引導模型參數的更新。簡單來説, 就是選擇參數更新時所使用的演算法。常見的優化器有 SGD (隨機梯度下降)、Momentum (動能法), 以及目前最常用的 Adam。這邊使用了 Adam 改良版的 **"adamw_8bit"**, 它會對梯度以及中途運算結果進行 8bit 量化, 以節省記憶體資源。
- 第 17 行：`weight_decay` 為**權重衰減**的強度, 會在每次更新時對權重乘上一個小於 1 的數字, 用於改善過度配適。
- 第 18 行：`lr_scheduler_type` 為**學習率調整**的方式。我們使用 **"cosine"**, 會讓學習率以餘弦曲線的方式逐漸下降 (前期下降幅度平緩、中期下降幅度較多、後期維持較小的數值)。

- 第 19 行：`seed` 為隨機種子設定，用於重現訓練結果。這邊設定跟第 4 個儲存格中的 random_state 相同。
- 第 20~21 行：output_dir 為訓練過程中間結果的保存位置。report_to 能指定是否將訓練紀錄上傳到外部平台。

在模型訓練的過程中，以上最重要的超參數為**設備批次大小**（`per_device_train_batch_size`）、**梯度累積步數**（`gradient_accumulation_steps`）、**訓練週期**（`num_train_epochs`）以及**學習率**（`learning_rate`）。其中，`per_device_train_batch_size` 與 `gradient_accumulation_steps` 會共同決定最終的**總批次大小**。

如果出現訓練損失震盪或收斂緩慢，可以先嘗試增加總批次大小 (建議透過梯度累積步數調整) 並降低學習率，必要時可適度延長訓練週期來確保模型能夠有效收斂。而如果出現過度配適的情況，我們可以考慮反向調整，例如減少訓練週期並降低批次大小。

在訓練開始前，我們可以先執行第 10 個儲存格來檢視目前的 GPU 資訊以及訓練前的記憶體使用狀況：

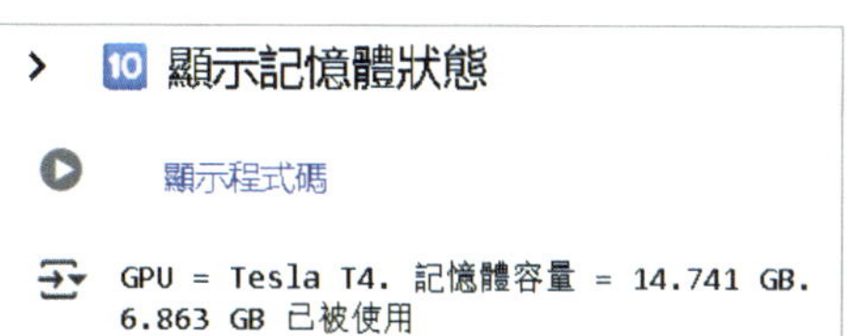
10 顯示記憶體狀態
顯示程式碼
GPU = Tesla T4. 記憶體容量 = 14.741 GB.
6.863 GB 已被使用

接下來在第 11 個儲存格中就可以正式進行模型訓練了：

11
```
1 trainer_stats = trainer.train()  ← 呼叫 train() 方法進行訓練
```

執行結果：

```
==((====))==  Unsloth - 2x faster free finetuning | Num GPUs used = 1
   \\   /|    Num examples = 93 | Num Epochs = 20 | Total steps = 120
O^O/ \_/ \    Batch size per device = 2 | Gradient accumulation steps = 8
\        /    Data Parallel GPUs = 1 | Total batch size (2 x 8 x 1) = 16
 "-____-"     Trainable parameters = 41,943,040 of 8,072,204,288 (0.52% trained)
Unsloth: Will smartly offload gradients to save VRAM!
```

[120/120 55:14, Epoch 20/20]

Step	Training Loss
10	2.007700
20	1.558800
30	0.954900
40	0.430000
50	0.156500
60	0.078000
70	0.047800
80	0.037700
90	0.030700

▲ 在訓練過程中, 我們能逐步檢視訓練損失的變化

第 12 個儲存格會列印出訓練期間的統計資料, 可以幫助我們了解微調時對於硬體資源的運用程度：

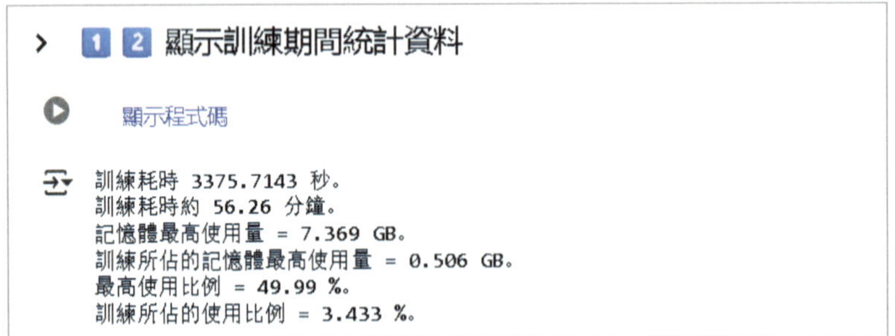


```
訓練耗時 3375.7143 秒。
訓練耗時約 56.26 分鐘。
記憶體最高使用量 = 7.369 GB。
訓練所佔的記憶體最高使用量 = 0.506 GB。
最高使用比例 = 49.99 %。
訓練所佔的使用比例 = 3.433 %。
```

模型測試使用

在第 13 個儲存格中, 我們就可以使用微調後的模型來進行測試了！這邊讓模型回答與產品相關的問題：

13

```
1 FastLanguageModel.for_inference(model) # 加速推論
2 messages = [     # 訊息串列                        輸入使用者問題
3     {"role": "user", "content": "AeroPure X1 的兒童鎖功能如何啟用或解除? "},
4 ]
5 input_ids = tokenizer.apply_chat_template(  ← 將訊息轉換為 token id
6     messages,
7     add_generation_prompt = True,
8     return_tensors = "pt",
9 ).to("cuda")  ← 透過 cuda 加速運算
10
11 from transformers import TextStreamer  ← 串流輸出
12 text_streamer = TextStreamer(tokenizer, skip_prompt = True)
13 _ = model.generate(input_ids, ← 讓模型生成回答
14                    streamer = text_streamer,
15                    max_new_tokens = 128,
16                    pad_token_id = tokenizer.eos_token_id)
```

程式碼詳解：

- 第 1 行：透過 `.for_inference()` 方法將訓練好的模型切換到推論模式。
- 第 2~4 行：建立訊息串列, 並輸入我們的問題。
- 第 5~9 行：使用 `tokenizer` 將上面的訊息串列套用聊天模板並轉換為模型輸入的 token id。其中, add_generation_prompt 會在指令後方加入先前模板中的「### Response:」標記, 來提示模型從這部分接續回應。return_tensors = "pt" 會回傳 PyTorch tensors 並編碼成 token id。
- 第 11~12 行：`TextStreamer` 可以讓模型在生成文字時串流輸出回覆內容。
- 第 13~16 行：透過 `model.generate()` 來生成回覆, 並代入上方建立的訊息和其他設置。

執行結果：

```
您好！要啟用或解除 AeroPure X1 的兒童鎖功能，其實非常簡單！

只需在面板上 **長按 3 秒** 就可以完成。長按後，兒童鎖就會啟用或解除，讓您更安心使用！是不是超方便呢？

希望這個資訊對您有幫助喔！
```

▲ 微調後的模型能夠回答產品相關的問題

儲存模型檔案

在第 14 個儲存格中，我們透過 `model.save_pretrained()` 將微調後的 **LoRA 模型權重**以及**相關配置**儲存在 lora_model 資料夾，稍後會把這些檔案複製到雲端硬碟。相較於完整的 GGUF 模型檔案，這邊保存的僅僅是額外訓練的權重，所以檔案大小非常小 (約 100 多 MB)。

14

```
model.save_pretrained("lora_model")  # 本地儲存
tokenizer.save_pretrained("lora_model") ← 儲存 tokenizer 設定
# model.push_to_hub("your_name/lora_model", token = "...") # 推送到 huggingface
# tokenizer.push_to_hub("your_name/lora_model", token = "...")
```

名稱	修改日期	類型	大小
adapter_config	2025/8/5 上午 10:46	JSON 來源檔案	1 KB
adapter_model.safetensors	2025/8/5 上午 10:46	SAFETENSORS 檔...	163,899 KB
chat_template.jinja	2025/8/5 上午 10:46	JINJA 檔案	1 KB
README	2025/8/5 上午 10:46	Markdown 來源...	6 KB
special_tokens_map	2025/8/5 上午 10:46	JSON 來源檔案	1 KB
tokenizer	2025/8/5 上午 10:46	JSON 來源檔案	16,807 KB
tokenizer_config	2025/8/5 上午 10:46	JSON 來源檔案	50 KB

▲ lora_model 資料夾中會有 adapter_model 的權重檔以及相關配置

透過 LoRA 檔案來建立模型

我們也能透過 **lora_model** 資料夾來建立 Ollama 模型。這樣做的好處是, 當想建立多種用途的微調模型時, 不用重複下載微調後的 GGUF 檔案, 只要沿用同一個基礎模型並插入不同 LoRA 權重即可, 進而節省時間以及電腦的保存空間。步驟如下：

1. **準備好基礎模型：**請先下載「基礎模型的 GGUF 檔案」, 並在 Ollama 上建立模型。以本次範例的 llama-3-8b-bnb-4bit 模型來說, Unsloth 在 Hugging Face 上只有提供 Safetensors 格式檔案, 可以先參考第 6 章的教學, 進行轉檔並下載。
2. **下載 lora_model 資料夾：**預設在雲端硬碟中會自動保存 lora_model 資料夾, 如果雲端硬碟空間不夠的話, 可以從 Colab 左側檔案區下載 lora_model 資料夾以及底下所有檔案。
3. **透過 Modelfile 來建立新模型：**將 lora_model 資料夾和 Modelfile 放在同一個目錄下, 並指定 Modelfile 中的 `ADAPTER` 路徑, 最後建立新模型。

NEXT

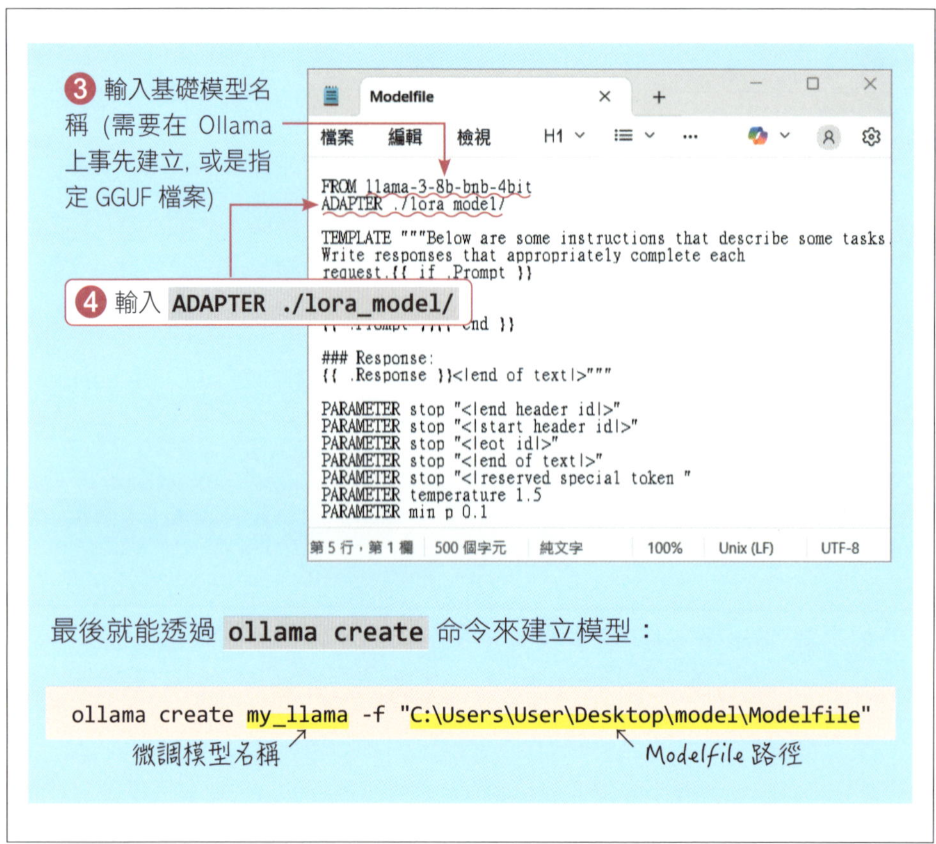

我們也可以將微調後的完整模型量化成不同類型並儲存為 GGUF, 以便在 Ollama 上直接使用。在第 15 個儲存格中, 你可以根據要保存的格式將 False 改為 True, 或是將模型上傳到 Hugging Face 上。

15

```
...省略部分程式碼
# 儲存成 q4_k_m GGUF
if True: model.save_pretrained_gguf(
    "model", tokenizer, quantization_method = "q4_k_m")
if False: model.push_to_hub_gguf(
    "hf/model", tokenizer, quantization_method = "q4_k_m", token = "")
```

選擇不同的量化類型

可以修改為你的 Hugging Face 帳號以及檔案名稱

填入 Hugging Face 的 token

在第 16 個儲存格中, 我們會透過 **shutil** 套件將模型檔案 (包含 gguf 和 lora_model 資料夾) 複製到你的 Google 雲端硬碟中, 避免因為 Colab 中斷執行階段而丟失訓練結果。

16

```
import shutil    ← 匯入 shutil, 用於檔案複製

# 雲端硬碟目錄
ROOT = "/content/drive/MyDrive/finetuned_model"

# 建立資料夾
os.makedirs(os.path.join(ROOT, "gguf"), exist_ok=True)

# 複製 GGUF 檔與 Modelfile
shutil.copy("model/unsloth.Q4_K_M.gguf", os.path.join(ROOT, "gguf"))
shutil.copy("model/Modelfile",            os.path.join(ROOT, "gguf"))

# 複製 LoRA 資料夾
shutil.copytree(
    "lora_model", os.path.join(ROOT, "lora_model"), dirs_exist_ok=True)
```

透過 Ollama 進行測試

在下載檔案並建立本地模型之前, 我們也可以先在 Colab 上安裝 Ollama, 然後透過 Modelfile 來建立新模型並測試。執行第 17 和第 18 個儲存格會下載安裝和啟動 Ollama 伺服器 (和第 8 章的方式相同)。

Unsloth 會自動生成符合模型 Prompt 格式的 Modelfile (會儲存在 **/model/Modelfile** 中)。我們可以透過 **tokenizer._ollama_modelfile** 來檢視:

19

```
print(tokenizer._ollama_modelfile)
```

執行結果：

```
FROM {__FILE_LOCATION__}

TEMPLATE """Below are some instructions that describe some tasks. Write responses that appropriately complete each request.{{ if .Prompt }}

### Instruction:
{{ .Prompt }}{{ end }}

### Response:
{{ .Response }}<|end_of_text|>"""

PARAMETER stop "<|start_header_id|>"
PARAMETER stop "<|end_header_id|>"
PARAMETER stop "<|eot_id|>"
PARAMETER stop "<|end_of_text|>"
PARAMETER stop "<|reserved_special_token_"
PARAMETER temperature 1.5
PARAMETER min_p 0.1
```

▲ 可以直接看到 Modelfile 的檔案內容

接下來使用 `ollama create` 命令來建立新模型。

20

```
!ollama create unsloth_model -f ./model/Modelfile
```

新模型名稱 ↗　　↖ Modelfile 檔案路徑

最後在第 21 個儲存格中，我們就能透過 Ollama 來與模型進行對話了！這一步直接使用 `curl` 對 `/api/chat` 端口發送 POST 請求，並放入測試問題 (你也可以參考使用上一章介紹的 Ollama 套件來對話)。

21

```
!curl http://localhost:11434/api/chat -d '{ \
   "model": "unsloth_model", \
   "messages": [ \
       { "role": "user", "content": "AeroPure X1 的兒童鎖功能如何啟用或解除? " } \
   ], \
   "stream": false\
}'
```

執行結果：


```
{
 "model":"unsloth_model",
 "created_at":"2025-08-11T10:50:44.3448269Z",
 "message":
    {"role":"assistant",
     "content":"您好! 要啟用或解除 AeroPure X1 的兒童鎖功能，其實非常簡單! 只需在機身右側找到「兒童鎖」按鈕，然後長按 3 秒即可。長按 3 秒後，兒童鎖就會啟用或解除喔! 這樣一來，就能防止寶貝們誤觸機器的功能啦! 希望這個資訊對您有幫助! 如果還有其他問題，隨時都可以問我喔! "},
 "done_reason":"stop",
 "done":true,
 "total_duration":26702272571,
 "load_duration":22141482944,
 "prompt_eval_count":43,
 "prompt_eval_duration":777267653,
 "eval_count":124,
 "eval_duration":3782272474
}
```


透過以上步驟，我們成功使用 Ollama 運行微調後的模型，也能順利進行對話。你可以進行多輪對話測試，藉此驗證模型的回覆是否符合訓練資料的內容。同時也能輸入一些資料集中沒有，但非常類似的問題來測試模型的泛化能力。

模型微調是一個相當繁瑣的過程，需要不斷的測試、調整和重新訓練。在這個過程中，我們可以根據模型的表現來調整資料集 (例如增加不同問法)、進行 LoRA 設定以及超參數調整，漸漸地就能讓微調的效果越來越好，讓這個客服機器人能夠在實際應用中能更可靠地回應各種使用者問題。

MEMO

CHAPTER

10

Ollama 也能 Vibe Coding

生成式 AI 工具的興起為程式開發帶來了革命性的改變，我們只要透過自然語言表達需求，AI 就能快速生成程式碼，大幅縮短開發時間並提升程式品質。在本章中，會詳細介紹如何透過 Ollama 進行 Vibe Coding，帶你進入 Coding 的沉浸式體驗。

10.1 在 VS Code 中調用 Ollama

在本節中, 我們會以 **Visual Studio Code** (後續簡稱 VS Code) 為範例, 介紹如何連接 Ollama, 讓本地的語言模型幫助我們創建檔案、修改程式碼內容或進行除錯處理。

挑選適合的模型

由於我們現在要使用 Ollama 的本地模型進行「程式撰寫」, 所以需要選擇適合該任務的模型。在第 5 章中, 我們比較了多款本地模型的程式碼生成能力, 其中 14b 參數量的 phi4 表現非常優秀, 所以接下來我們將使用 phi4 模型作為示範 (如果尚未下載該模型, 可以透過命令 `ollama pull phi4:14b` 下載)。

除了本書第 5 章的實測結果外, 也有其他開發者根據不同的 Coding 階段, 提供了一些模型選用的建議, 你也可以參考看看：

- **deepseek-r1**：中文的理解程度高, 在「回答」程式碼問題方面表現不錯, 適合用於聊天模式。但經我們測試, deepseek-r1:14b 在生成程式碼方面的能力普通, 建議選用參數量更多的模型 (如 32b、70b)。
- **qwen2.5-coder**：透過中文 Prompt 生成程式碼的效果不錯。另外非常適合用於程式碼補全的相關任務上。
- **codellama**：這是一款專門為程式碼生成、除錯和程式設計輔助而優化的模型。除此之外, 也有提供針對某程式語言 (例如 python) 的微調模型。
- **gpt-oss:**：經過我們測試, gpt-oss:20b 模型在 HumanEval 中的通過率達到驚人的 92%, 且中文理解的程度相當不錯, 適合中高階設備選用。

另外要特別注意的是, 使用本地模型進行 Vibe Coding 時, 會頻繁進行溝通並讓模型生成程式碼, 佔用較多電腦效能。所以在選擇模型時, 除了因應任務來選擇之外，建議根據你的 VRAM 來選擇合適的模型大小 (可參考第 4 章的設備要求和速度測試，全 VRAM 運行才跑得快！)。

安裝 Continue 並配置模型

我們在這個階段，會安裝 **Continue**。這個延伸模組能夠支援 VS Code 串接到本地端的 Ollama 並執行大型語言模型。如此一來，程式碼與相關資料就不會外洩到外部雲端伺服器，能有效確保企業或個人資料的隱私與安全。而且以成本效益來說，相較於付費的 AI 程式碼編輯器 (如 Cursor 專業版)，只使用本地模型或利用免費的 API 額度 (如 Gemini)，就能大幅降低開發成本。不只如此，還具有客製化的高度彈性，使用者可以根據自己的需求，來選擇或搭配不同的 AI 模型，並透過設定檔自訂模型的回覆規則、行為模式及提示詞，進一步提升精準度，以符合專案要求。

接下來，讓我們依序來講解安裝流程與基礎設定。

安裝 Continue：

點擊 VS Code 的「延伸模組」，或按 Ctrl + Shift + X / ⌘ + Shift + X，搜尋「Continue」，點選後就可以開始安裝。

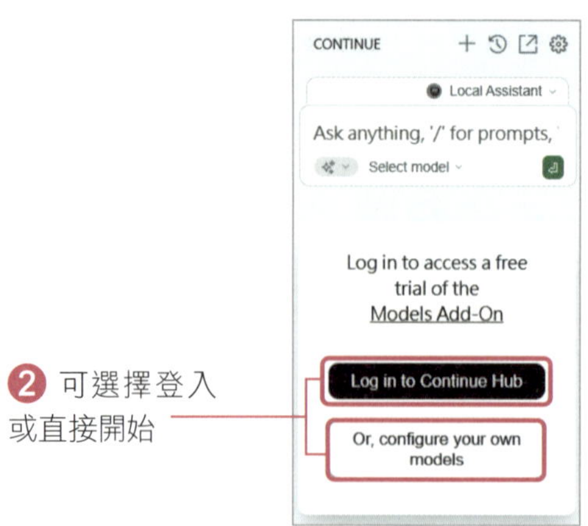

安裝好之後, 可以選擇註冊並登入 Continue Hub, 來免費使用**模型附加元件 (Models Add-On)** 的試用版；如果很注重資料隱私的話, 可以選擇不登入 Continue Hub 的帳號, 直接開始使用。我們接下來以直接使用 (不登入) 作為示範。

連結本地端 Ollama 並選擇模型：

接下來會先看到選擇模型的畫面。請選擇「Local」, 便可以進一步連結本地端的 Ollama。由於 Continue 有針對某些本地端模型優化, 我們可以依照它的指示來下載相關模型。這個步驟非常簡單, 只需要點選它顯示的模型, Continue 就會自動在 **TERMINAL** 處輸入命令 `ollama pull <Model>`, 手動按 Enter 後, 就會自動下載。

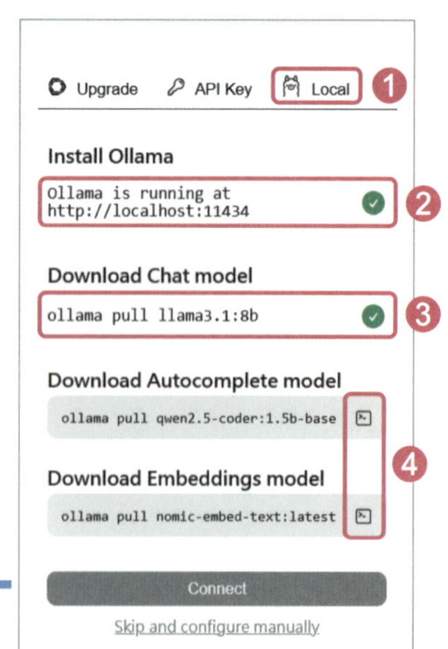

1 點選「Local」
2 需確認此處顯示打勾符號 (代表 Ollama 正在運行)
3 已經下載過的模型會顯示打勾
4 點擊來下載模型

下載這 3 個模型後, 點擊「Connect」就完成了！

連結成功後, Continue 的操作畫面會顯示功能選單、對話框等等, 並會自動跳出兩份檔案 (config.yaml、continue_tutorial.py), 而 **config.yaml 是設定檔**, 內容就是我們剛剛下載的模型與相關設定。

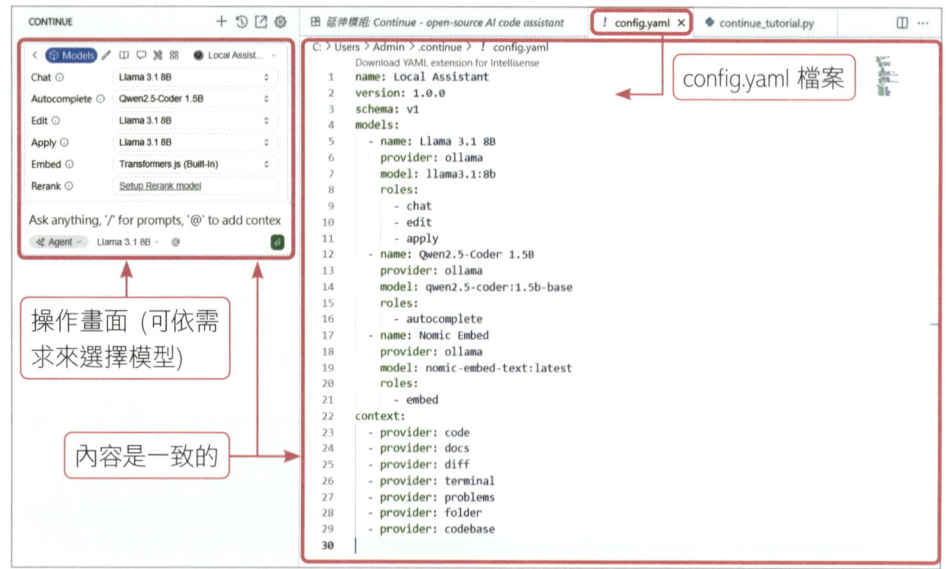

完成之後, 接續我們來試著配置其他模型。

配置其他模型：

首先, 點選「Models」後將會看到目前所使用的模型。我們還能設定在不同的使用需求下, 要選用什麼模型, 而且只要點擊「+ Add Chat model」就能新增模型。

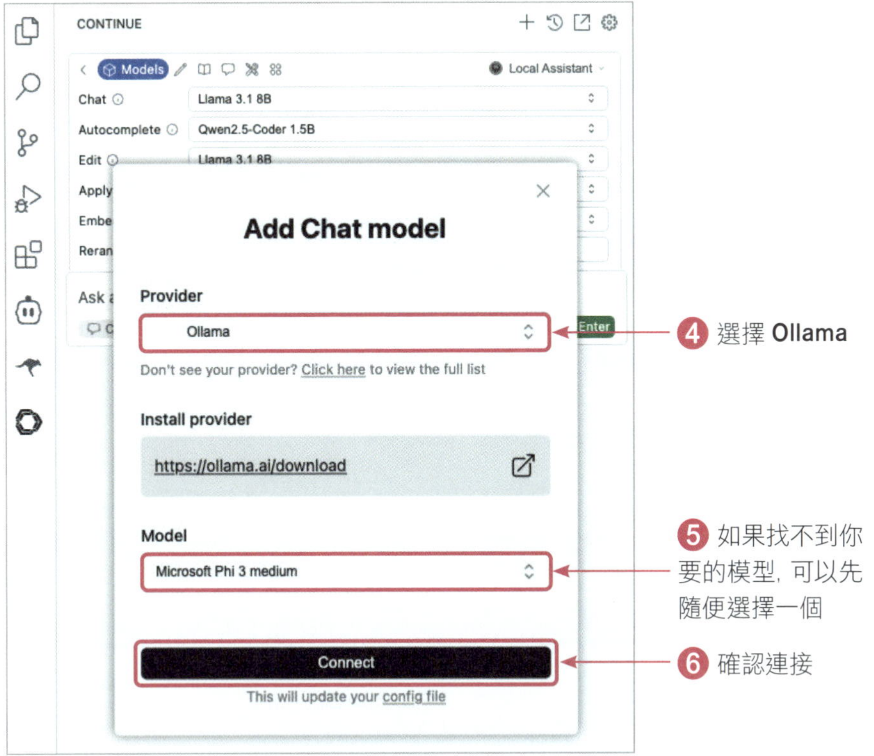

請特別注意！你有可能在 Model 欄位找不到你想要使用的模型，但沒有關係～只需要任選一個就可以了，之後可以使用 config.yaml 檔案進行修改。

我們希望使用 phi4:14b 這個模型，但在選單中只有 phi 3 的相關模型，所以我們先選擇「Microsoft Phi 3 medium」。當在進行模型設定時，主要編輯視窗會出現 **config.yaml** 檔案。而在我們完成新增模型的步驟之後，這份檔案中會**自動寫入剛剛新增的模型**。

延伸模組: Continue - open-source AI code assistant × | ! config.yaml ×

C: > Users > User > .continue > ! config.yaml

View Continue Reference | Download YAML extension for Intellisense

```yaml
name: Local Assistant
version: 1.0.0
schema: v1
models:
  - name: Llama 3.1 8B
    provider: ollama
    model: llama3.1:8b
    roles:
      - chat
      - edit
      - apply
  - name: Qwen2.5-Coder 1.5B
    provider: ollama
    model: qwen2.5-coder:1.5b-base
    roles:
      - autocomplete
  - name: Nomic Embed
    provider: ollama
    model: nomic-embed-text:latest
    roles:
      - embed
  - name: Microsoft Phi 3 medium
    provider: ollama
    model: phi-3-medium
context:
  - provider: code
```

7 已自動寫入「Microsoft Phi 3 medium」的區段

接下來, 我們要**直接編輯「Microsoft Phi 3 medium」這個區段**, 修改成想要使用的模型。需要將 **name** 改為你可以辨識的名稱 (此處改為 Phi 4 14b) ; **model** 改為本機已下載好的 phi4 ; 並且進一步為這個模型賦予角色功能, 可以自行輸入 **roles** 與其功能, 這裡先設為 chat (聊天)、edit (編輯檔案)、apply (套用程式碼到檔案), 你可以試需求訂定。

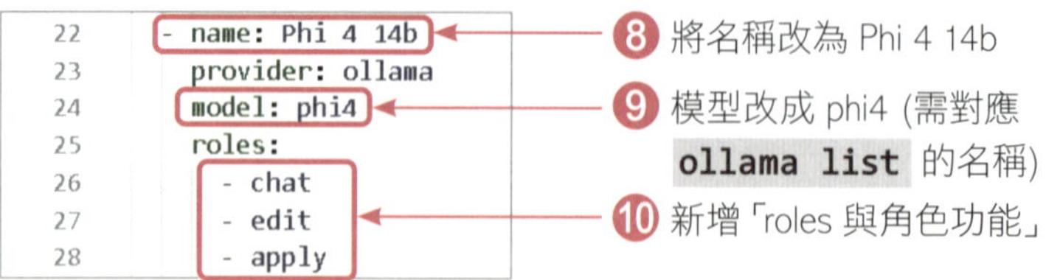

在 model 欄位中, 模型名稱需對應 `ollama list` 中的名稱, 否則會找不到模型 (例如模型名稱可能為 phi4:14b)。

編輯完成後，按 Ctrl + S / ⌘ + S 儲存檔案，左側欄的選單就會一起更新了！由於我們將 phi4 模型的 roles 設定了 chat、edit、apply，所以可以在對應的角色功能中選用。

這樣一個一個匯入模型蠻麻煩的，有一招可以**將本機現有的模型全部匯入**！透過「+ Add Chat model」來把新增模型的對話視窗叫出來，一樣請在 Provider 欄位選擇 Ollama，然後在 **Model** 欄位選擇「**Autodetect**」，就能一次匯入所有模型！

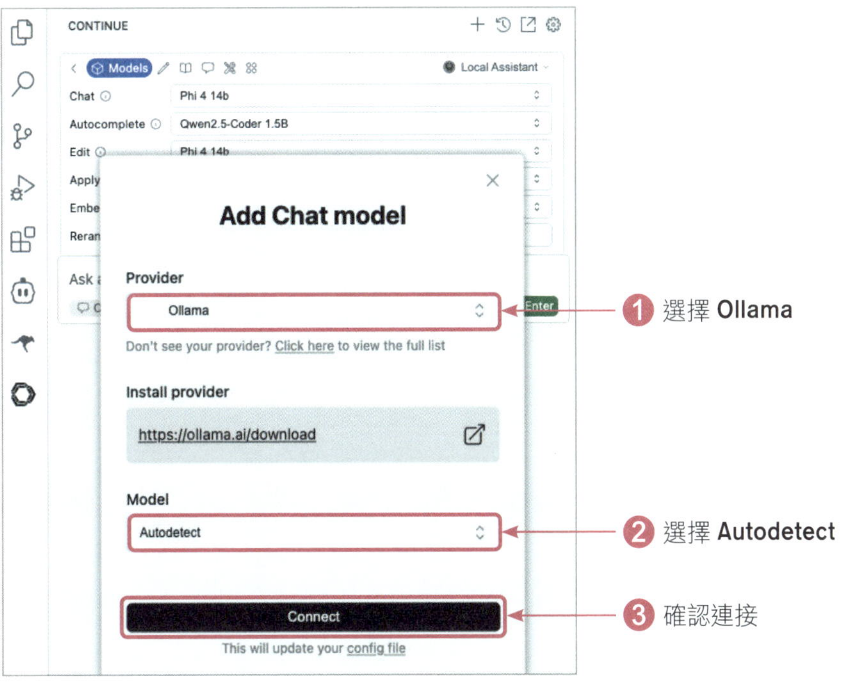

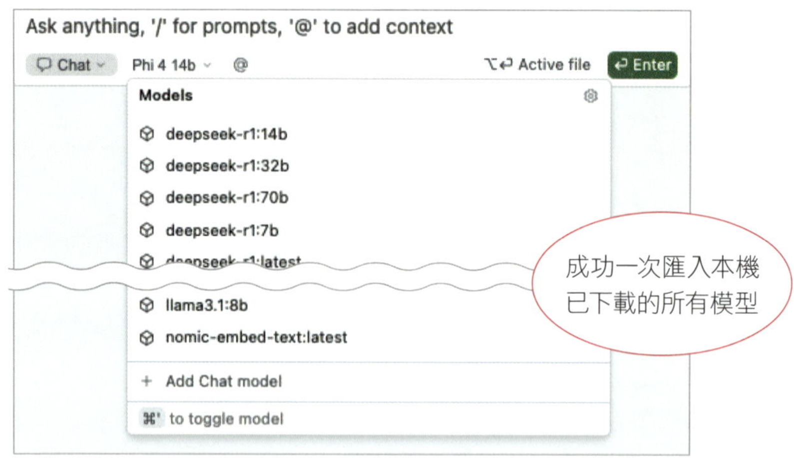

接下來，我們只需要在 **config.yaml 檔案中設定角色功能**，就可以使用了，超級方便。

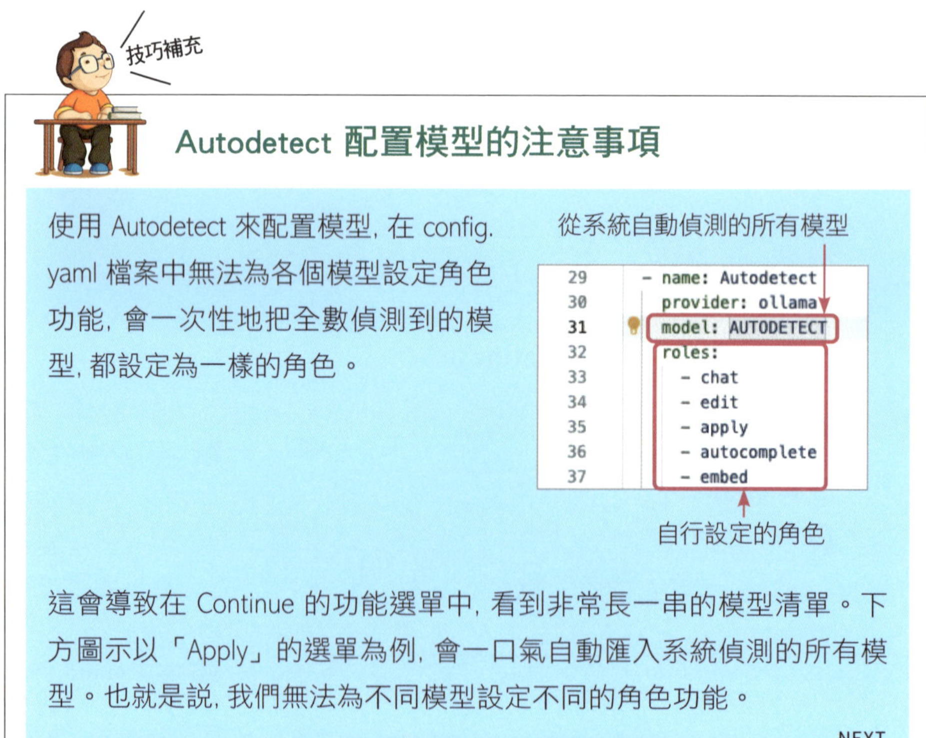

Autodetect 配置模型的注意事項

使用 Autodetect 來配置模型，在 config.yaml 檔案中無法為各個模型設定角色功能，會一次性地把全數偵測到的模型，都設定為一樣的角色。

這會導致在 Continue 的功能選單中，看到非常長一串的模型清單。下方圖示以「Apply」的選單為例，會一口氣自動匯入系統偵測的所有模型。也就是說，我們無法為不同模型設定不同的角色功能。

NEXT

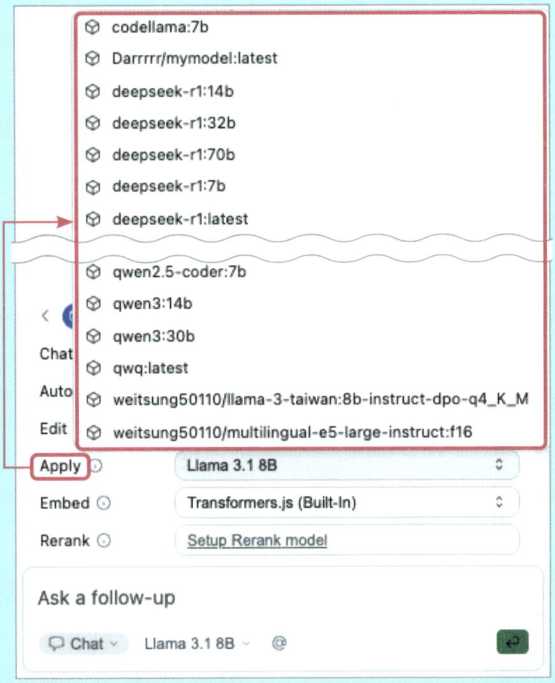

codellama:7b
Darrrrr/mymodel:latest
deepseek-r1:14b
deepseek-r1:32b
deepseek-r1:70b
deepseek-r1:7b
deepseek-r1:latest
qwen2.5-coder:7b
qwen3:14b
qwen3:30b
qwq:latest
weitsung50110/llama-3-taiwan:8b-instruct-dpo-q4_K_M
weitsung50110/multilingual-e5-large-instruct:f16
Chat
Auto
Edit
Apply　Llama 3.1 8B
Embed　Transformers.js (Built-In)
Rerank　Setup Rerank model
Ask a follow-up
Chat　Llama 3.1 8B　@

◀ 選單會偵測到所有模型

所以，如果你喜歡有很多選項可以選擇，使用 Autodetect 是一個不錯的方式。但若是你喜歡整潔、清楚的角色設定，不希望看得眼花撩亂，會建議一個一個配置模型，可以更細緻地進行模型管理。

Continue 基礎設定：

使用 Continue 進行對話時，左下角可以切換 **Chat (聊天)**、**Plan (規劃)**、**Agent (代理)** 這三種模式。Chat 為即時對話模式，能用於解釋程式碼、生成範例或提供簡單的修改建議；Plan 模式只能對程式碼進行讀取，適合用於規劃程式結構或除錯；而 Agent 模式的權限最高，當我們提出需求時，Agent 會規劃詳細步驟並執行修改。但請注意**並不是每一個模型都能夠切換這三種模式**。舉例來說，Llama 3.1 8B 模型可以自由選擇，而 Phi4 模型只能使用 Chat 模式。

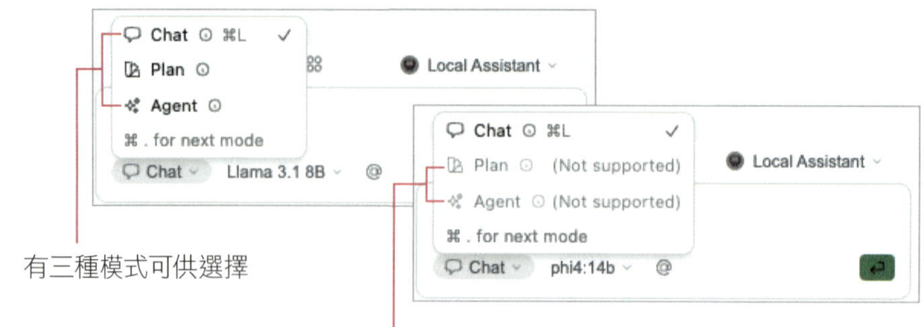

另外, Continue 可以自行設定有哪些功能讓模型自動執行。點選「Tools」可以看到所使用的工具以及核准狀態。我們可以切換核准狀態, 分別有 **Automatic (自動執行)**、**Ask First (會先向你確認後再執行)**、**Excluded (不使用此工具)**。

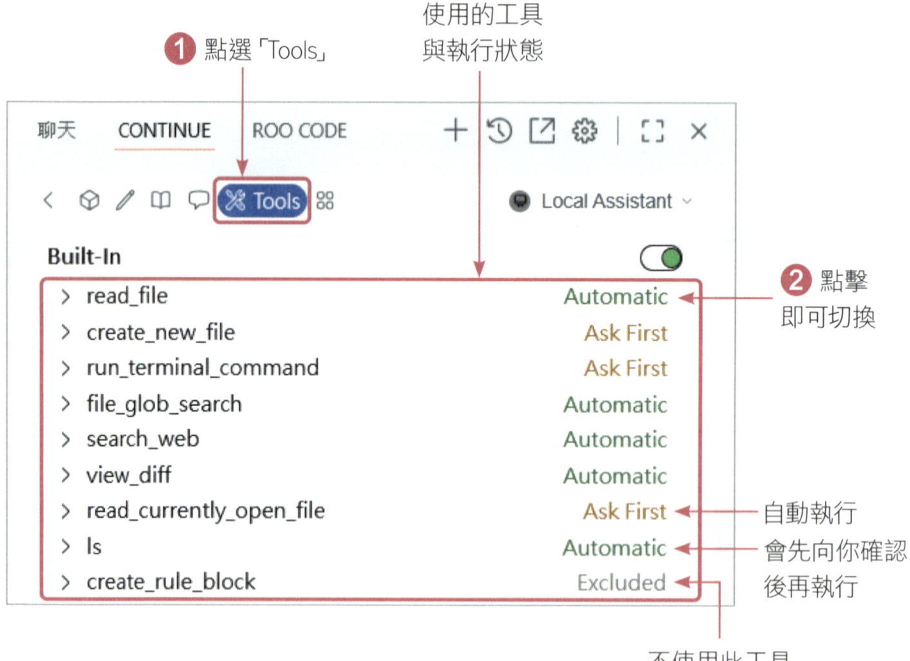

GitHub Copilot 也能夠串連本機的 Ollama

2025 年 3 月, VS Code 推出了 1.99 版, 其中一個更新的功能便是 Bring Your Own Key (BYOK)。Copilot Pro 和 Copilot Free 的使用者可以透過 API key, 來使用一些熱門的 AI 模型服務, 像是 Azure、Anthropic、Gemini、Open AI 等等。這項更新能讓我們使用 Copilot 原本並未支援的模型。當然, 我們也可以直接在 VS Code 中, 透過 GitHub Copilot 串連到本機的 Ollama！

為了輔助整個操作更順暢, 我們可以將 Continue 的對話視窗固定在右側欄 (聊天欄位), 就不需要一直切換。這個操作很簡單, 你只要直接**將 Continue 拉過去右側欄**, 就完成了。如此一來, 你可以善用 VS Code 的面板設計, 選擇你所需要的功能畫面, 還可以自行拖拉欄位分割的比例。

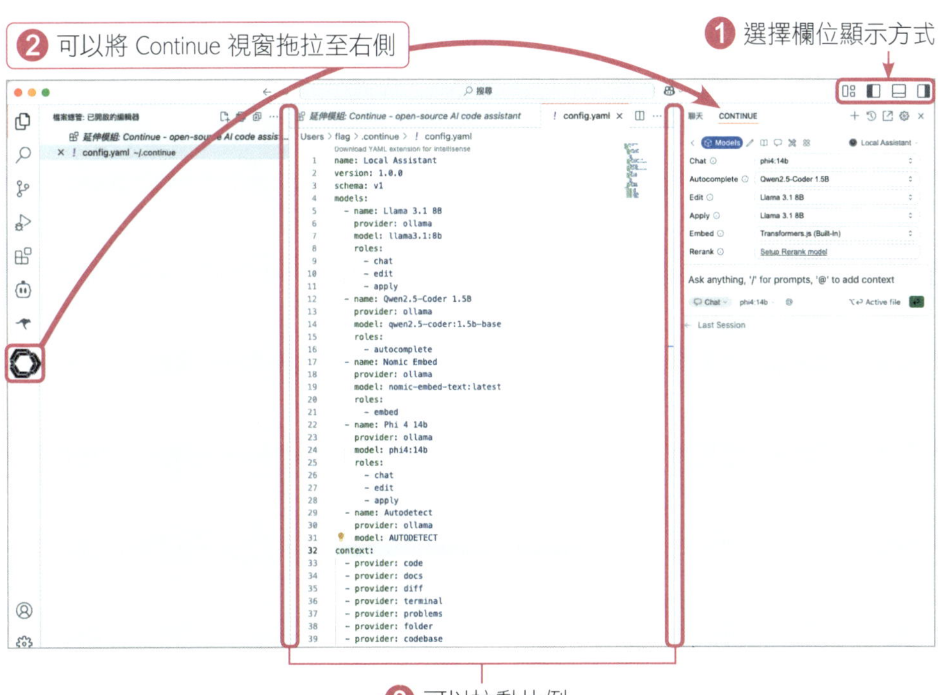

未來重新開啟 VS Code 時, 只要點選右上角的切換面板欄位, 來開啟右側欄的聊天面板, 就可以找到 Continue 的互動視窗。

 在 VS Code 中啟用虛擬環境

建置虛擬環境可以避免不同專案間的套件版本衝突、保持全域環境乾淨, 還能方便部署與分享, 所以建議你在開發專案之前, 先建置虛擬環境。

安裝 python 並在 VS Code 中開啟專案資料夾：

首先, 你需要確認已經安裝好 python, 並建立專案的資料夾。接著, 打開 VS Code 之後, 開啟專案資料夾 (點選「檔案」→「開啟資料夾」→ 選擇你的專案資料夾, 快捷鍵為 Ctrl + K 再按 Ctrl + O / ⌘ + K 再按 ⌘ + O)。

Step 2

建立虛擬環境：

開啟 VSCode 的 **TERMINAL** (快捷鍵為 Ctrl + ` / ⌘ + `), 並輸入以下命令, 專案資料夾內就會建立一個叫 **venv** 的虛擬環境資料夾。

Windows
```
python -m venv venv
```

macOS / Linux
```
python3 -m venv venv
```

註：` 通常和 ~ (波浪符號) 共用同個按鍵, 常位於按鍵 Esc 的下方、按鍵 1 的左方。

啟用虛擬環境：

請繼續輸入以下命令, 啟用虛擬環境。如果看到終端機的命令列前面多出 **(venv)**, 代表虛擬環境啟動成功。

Windows
```
.\venv\Scripts\activate
```

macOS / Linux
```
source venv/bin/activate
```

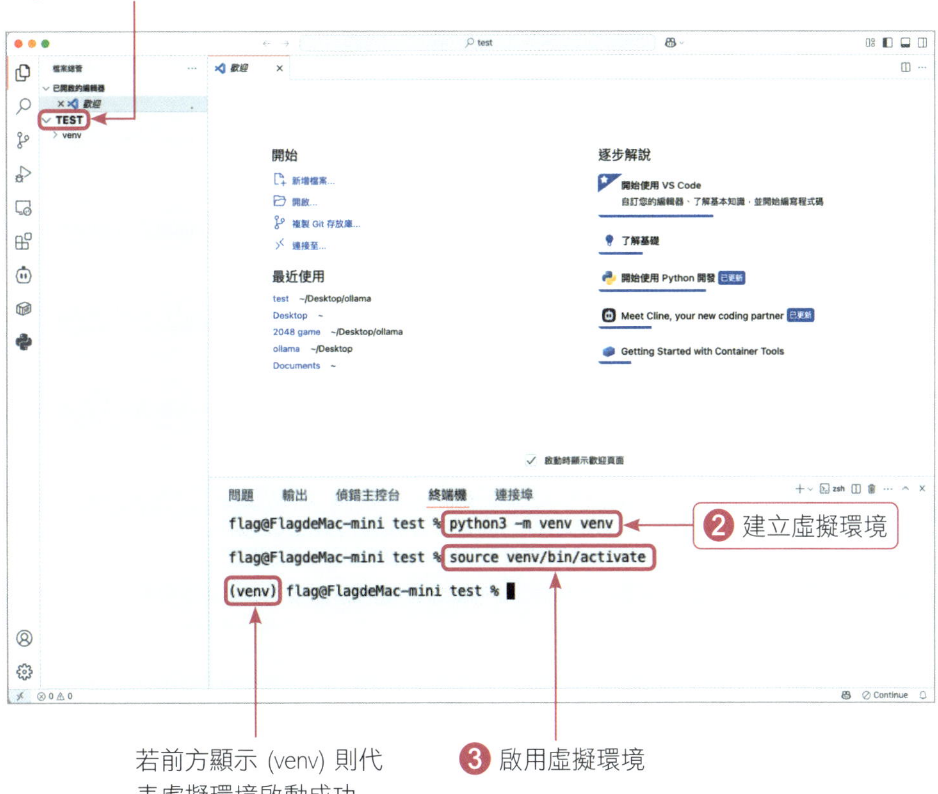

前置作業就完成了！接下來，讓我們用 2048 這個網頁小遊戲，來當作 Vibe Coding 的 Hello World！

10.2 用 AI 來開發一個網頁小遊戲吧！

2048 這個網頁小遊戲會使用到數學運算、畫面的方塊移動, 甚至可以加上音效。這些都不用從頭開始自己寫程式, 一起跟著步驟來實作吧！

程式碼生成與補全

請先開啟 Continue 的聊天視窗, 並輸入需求。

Continue
我想要製作一個 2048 的網頁小遊戲

❶ 輸入指令

❷ 回覆你的提問, 並且提供程式碼

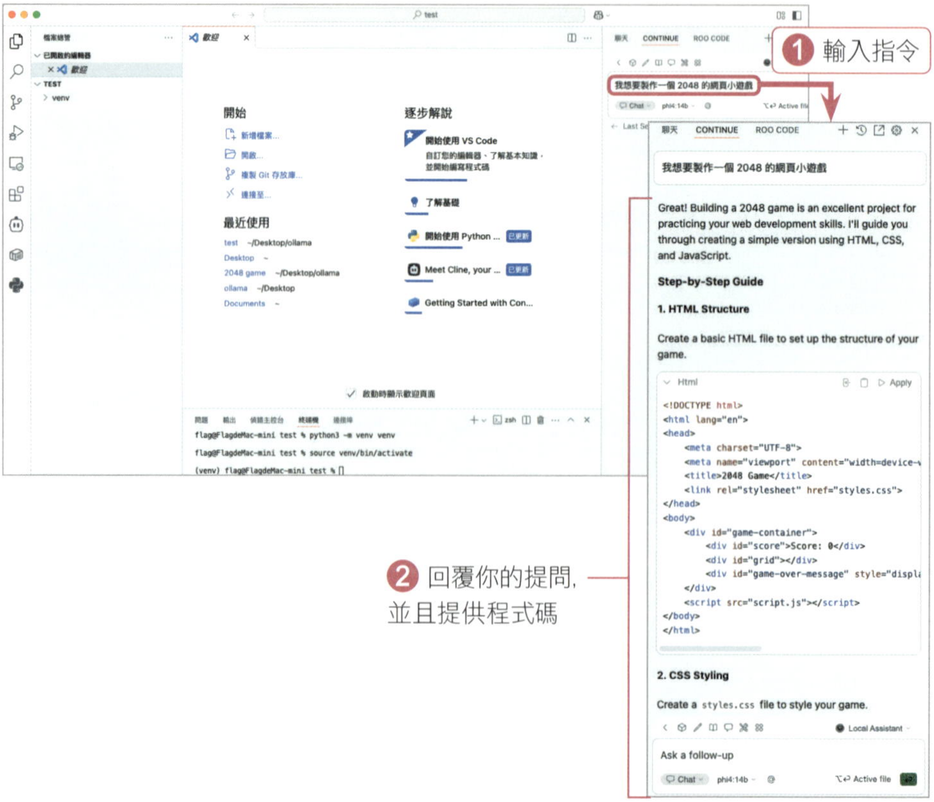

讓我們依據它的說明，來新增這三個檔案。自行新增好檔案後，接下來你只需要點開 **html** 檔案，按下右側欄的「Apply」，就會自動將內容匯入。

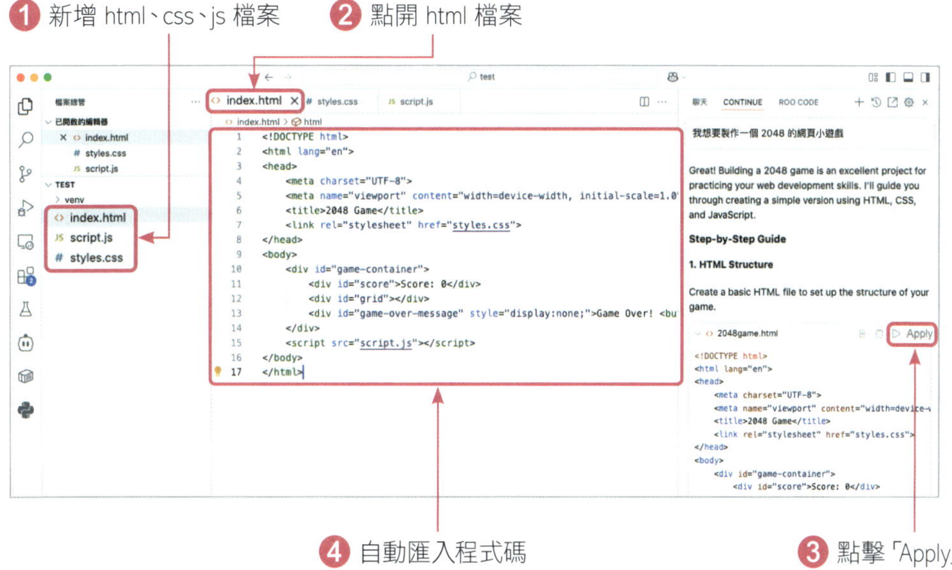

匯入各個檔案的程式碼後，就能看看它初次生成的遊戲畫面長什麼樣子。請在資料夾中開啟 html 檔案，檔案將自動以瀏覽器開啟。右方這張截圖，是不是看起來有模有樣的呢？

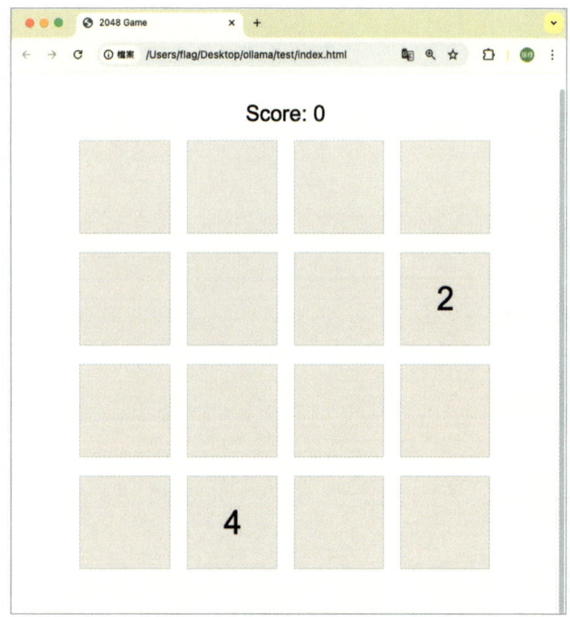

▶ 2048 網頁小遊戲畫面

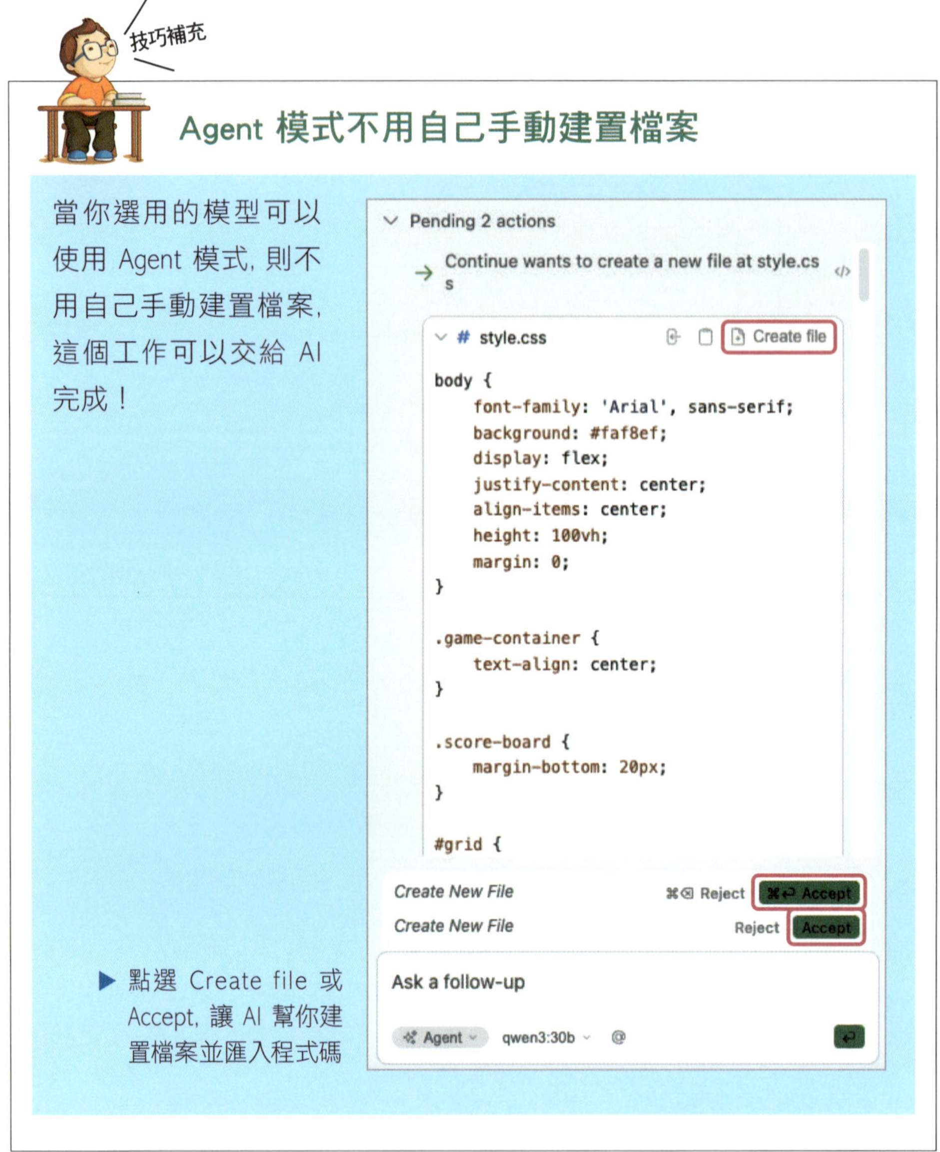

Agent 模式不用自己手動建置檔案

當你選用的模型可以使用 Agent 模式，則不用自己手動建置檔案，這個工作可以交給 AI 完成！

▶ 點選 Create file 或 Accept，讓 AI 幫你建置檔案並匯入程式碼

看到它回覆的內容都是英文，有嚇到嗎？即使你用繁體中文提問，它可能偶爾還是會用英文回覆你。如果覺得讀英文很麻煩，也不用擔心喔！它**繁體中文也能通**！你只需要**在對話視窗中，對它提出要求**就可以了！

Continue

請使用繁體中文回覆我

根據實測, 在生成 2048 小遊戲時, 如果使用較大型的模型, 可能只需要提問一次, 它就會回覆完整的程式碼。而目前書中案例是使用中型的模型, 所以會看到它只先生成了半成品, 並請你要進行下一步動作。這部分仍具有一定的隨機性, 你也可以用不同模型來實測看看。

接續, 就讓我們先依照指示, 來進行下一步。在這次提問中, 來使用看看「指定檔案」, 你只需要按 @ (或在對話窗下方找到 @ 符號), 打上檔案名稱並選擇, 就可以指定檔案了!

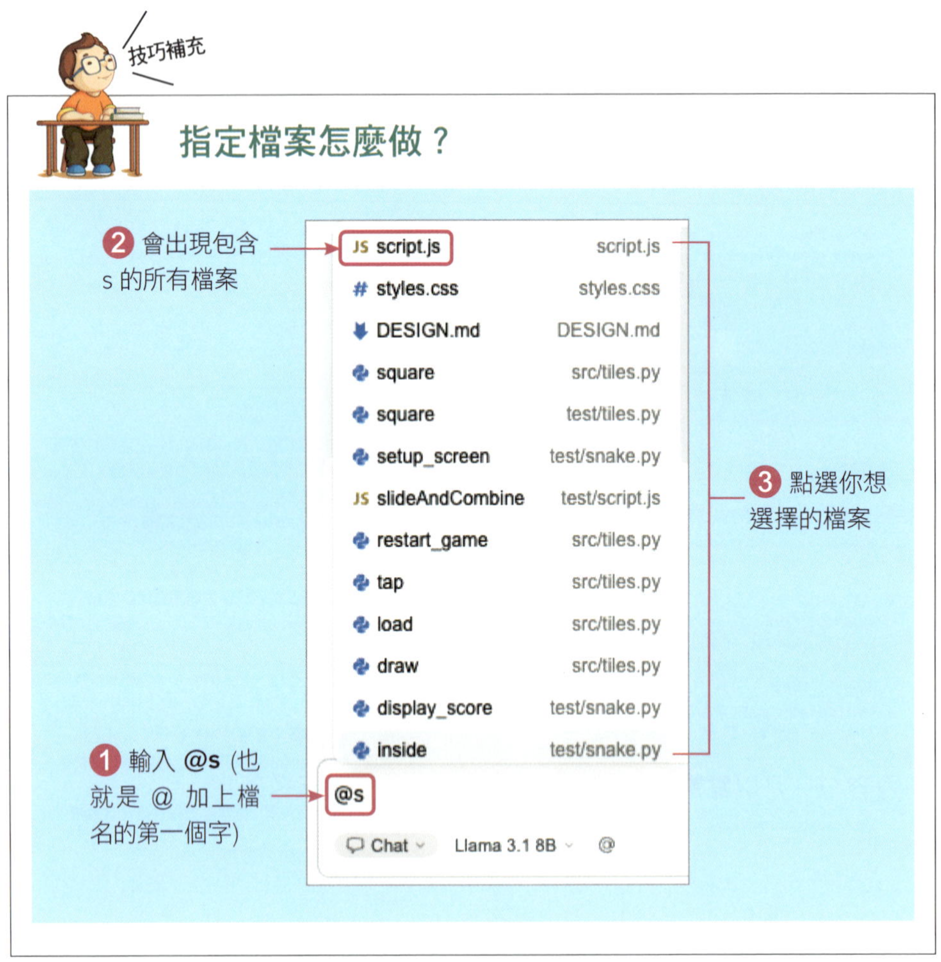

Continue

請繼續完成下一步 @script.js

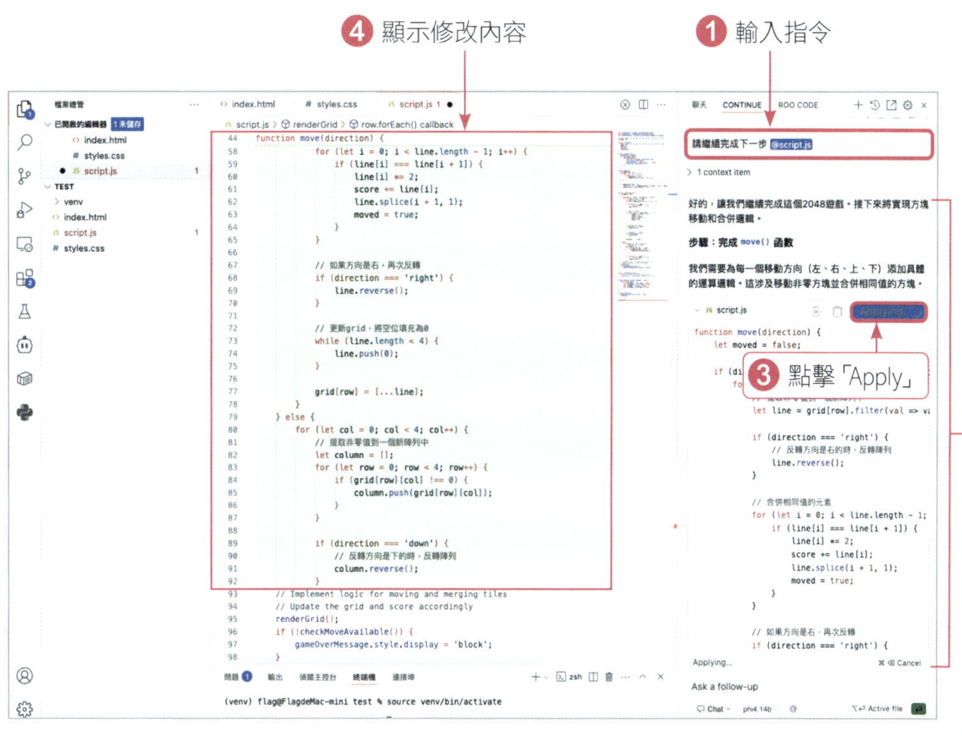

檔案中有些程式碼顯示綠底，代表是新增的內容；有些則顯示紅底，代表刪除的內容。方便我們進行對照，確認是否要按照它的建議來修改。若確定內容 OK，可以**點擊打勾符號**或 **Accept**，來修改程式碼。

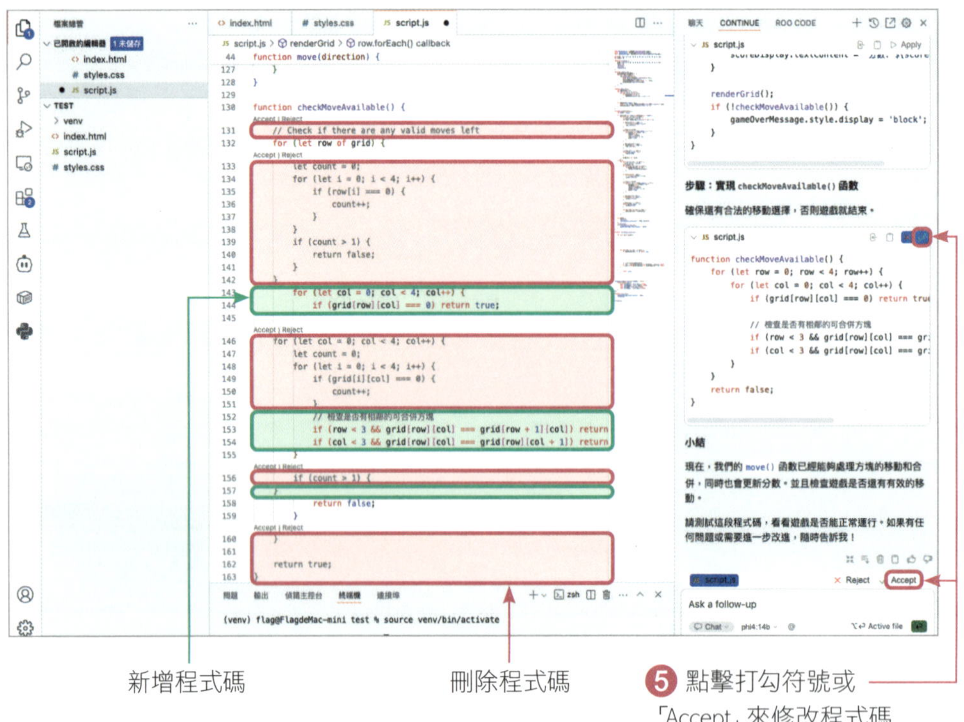
新增程式碼
刪除程式碼
5 點擊打勾符號或
「Accept」來修改程式碼

技巧補充

程式碼生成與自動補全

生成式 AI 工具可以根據上下文理解程式結構，並依據使用者輸入或需求，自動產出程式碼片段，甚至自動補全程式碼或產生整個應用程式的原型，提升開發流程的速度與效率。像是撰寫**樣板程式碼 (boilerplate code)** 等重複性高、功能單一的工作可以交由 AI 快速完成，讓開發者專注於更有趣的功能設計、解決更具挑戰性的問題。

修改完成後, 來試玩看看！結果發現, 移動到兩三步之後, 方向鍵就開始失控了…按方向鍵, 畫面中的數字方塊沒有跟著移動。這時候就需要檢查程式碼哪裡有錯, 不用自己慢慢看, 我們還是可以請 AI 來幫忙！

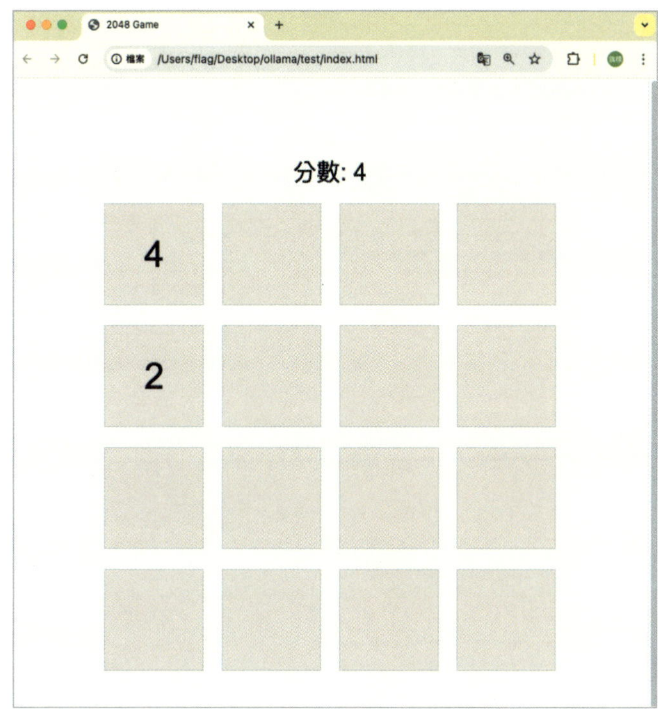

▲ 按 ↓ 或 → 都無法移動

除錯與程式優化

只需要說明遇到的情況, AI 就會逐行檢查程式碼, 並進行除錯。

Continue

按鍵在前幾步時可以操作, 之後就無法正常運作 **@script.js**

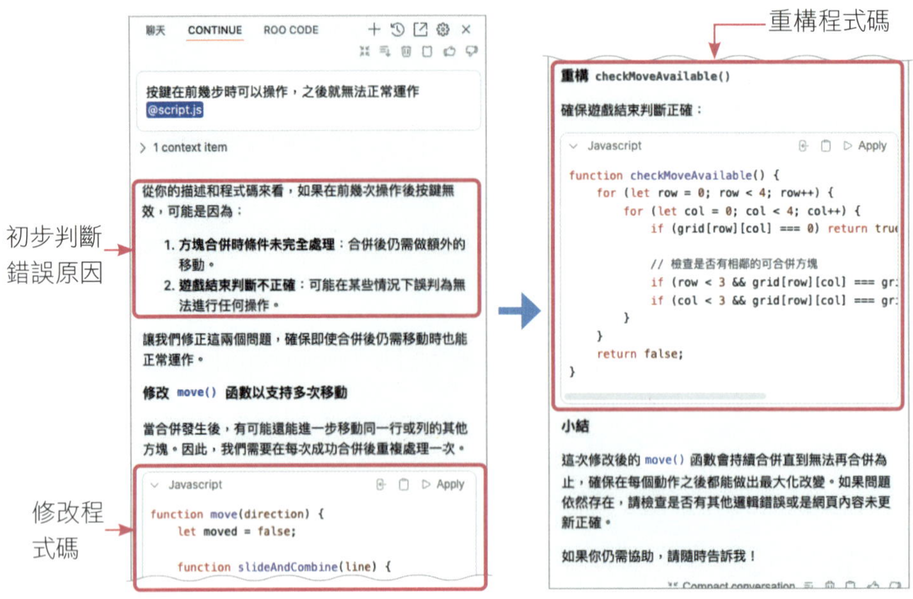

一樣透過**點擊打勾符號** 或 **Accept**，來修改程式碼，接續便來測試看看！會發現不但能夠順利玩到最後一步，還能計算遊戲分數，在遊戲結束後的「Restart」按鍵也可以正確運作喔！

▲ 再次修改程式碼

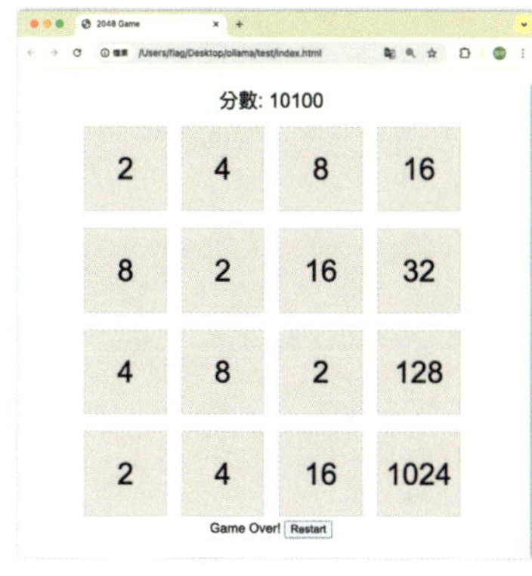

◀ 能夠順利玩到最後一步, 還可以重新開始!

AI 工具能分析現有程式碼, 找出潛在的錯誤、安全性漏洞或效能問題。只要貼上程式碼與錯誤訊息, 它通常就能根據當下程式的上下文, 給出不錯的建議, 甚至提供可能的解決方向及除錯方法, 進而節省大量的除錯時間。

技巧補充

程式重構與優化

稍早的步驟中, AI 有幫我們「重構」程式碼。AI 工具可以透過分析程式碼, 例如找出重複的程式邏輯、效率不高的演算法, 或建議其他可改善之處。有時候它會自動進行, 但我們也可以主動要求它這麼做, 並跟它討論重構的做法與優缺點, 這能使整個過程更加輕鬆。

我們已經讓這個遊戲可以正常運作了, 接下來可以來嘗試看看修改這個遊戲的**外觀風格**, 這會需要修改 **styles.css** 檔案。你可以嘗試使用風格詞彙, 像是「可愛」、「暗黑」等等, 來看看 AI 會怎麼幫你做調整。

Continue

我希望風格改可愛一點 **@styles.css**

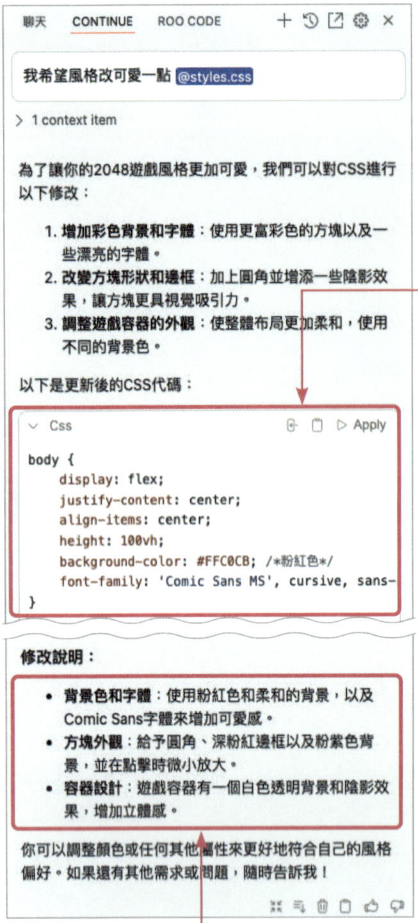

聊天　CONTINUE　ROO CODE

我希望風格改可愛一點 @styles.css

> 1 context item

為了讓你的2048遊戲風格更加可愛，我們可以對CSS進行以下修改：

1. **增加彩色背景和字體**：使用更富彩色的方塊以及一些漂亮的字體。
2. **改變方塊形狀和邊框**：加上圓角並增添一些陰影效果，讓方塊更具視覺吸引力。
3. **調整遊戲容器的外觀**：使整體布局更加柔和，使用不同的背景色。

以下是更新後的CSS代碼：

```css
body {
    display: flex;
    justify-content: center;
    align-items: center;
    height: 100vh;
    background-color: #FFC0CB; /*粉紅色*/
    font-family: 'Comic Sans MS', cursive, sans-
}
```

修改說明：

- **背景色和字體**：使用粉紅色和柔和的背景，以及Comic Sans字體來增加可愛感。
- **方塊外觀**：給予圓角、深粉紅邊框以及粉紫色背景，並在點擊時微小放大。
- **容器設計**：遊戲容器有一個白色透明背景和陰影效果，增加立體感。

你可以調整顏色或任何其他屬性來更好地符合自己的風格偏好。如果還有其他需求或問題，隨時告訴我！

提供程式碼

說明修改內容

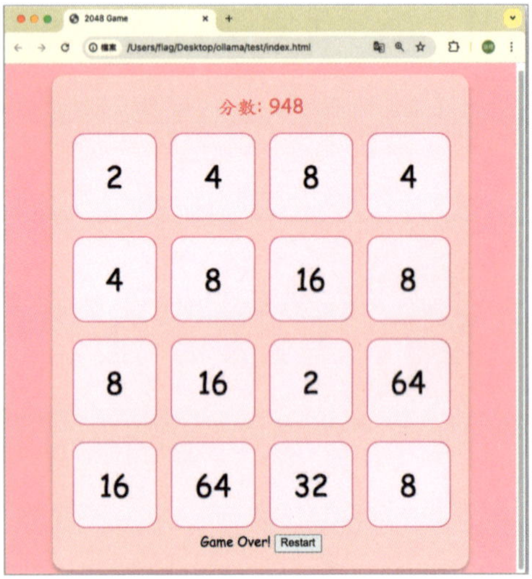

2048 Game

分數: 948

2	4	8	4
4	8	16	8
8	16	2	64
16	64	32	8

Game Over! Restart

▲ 粉嫩的可愛風格

如果不滿意所設計的風格，還可以提供具體一點的方向並要求 AI 修改。比如說調整中文字體、指定配色等等。

Continue
中文字體使用可愛一點的字體，配色改成淺黃、淺綠的配色

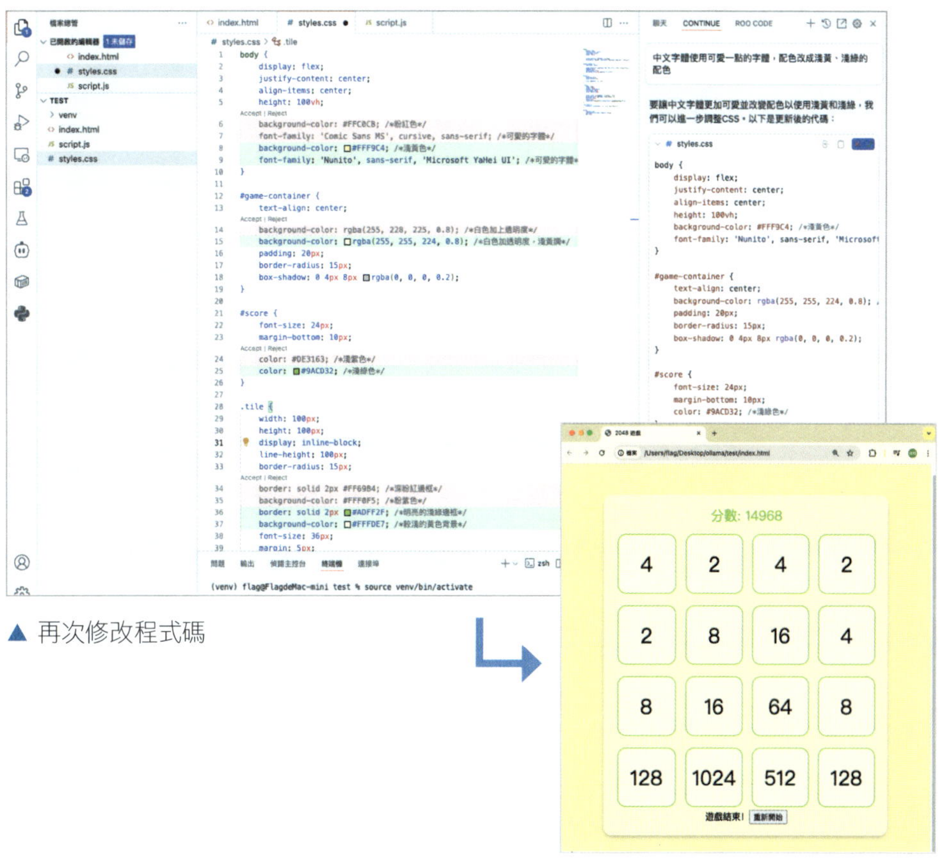

▲ 再次修改程式碼

不只是視覺上的變化, 要加上音效也沒問題！

Continue

我希望加上音效, 當兩個方框合併時會有觸發音效, 遊戲結束時也會播放慶祝音效。

它會請我們準備好音效的檔案, 這時可以自行提供或下載免費的音效素材, 並存在同個資料夾中, 檔案便會出現於左側目錄。這個步驟需要**修改 html、js 檔**, 一樣只要點選檔案, 並點擊「**Apply**」即可進行修改程式碼。接著, 只需要**把程式碼內的音效檔名改成正確檔名**, 就完成了！

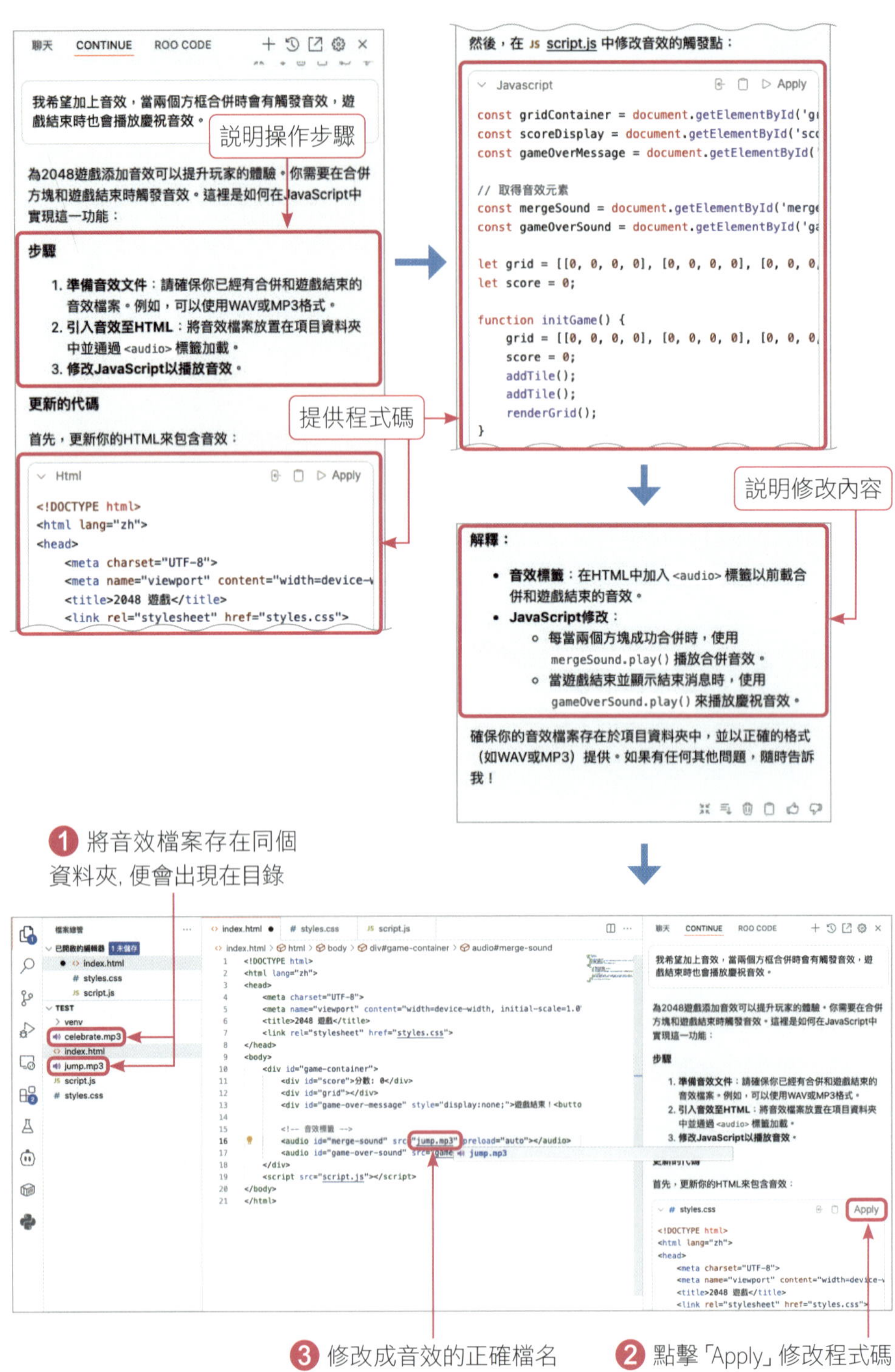
聊天 CONTINUE ROO CODE
我希望加上音效，當兩個方框合併時會有觸發音效，遊戲結束時也會播放慶祝音效。
說明操作步驟
為2048遊戲添加音效可以提升玩家的體驗。你需要在合併方塊和遊戲結束時觸發音效。這裡是如何在JavaScript中實現這一功能：
步驟
1. 準備音效文件：請確保你已經有合併和遊戲結束的音效檔案。例如，可以使用WAV或MP3格式。
2. 引入音效至HTML：將音效檔案放置在項目資料夾中並通過 <audio> 標籤加載。
3. 修改JavaScript以播放音效。
更新的代碼
提供程式碼
首先，更新你的HTML來包含音效：
Html Apply
<!DOCTYPE html>
<html lang="zh">
<head>
<meta charset="UTF-8">
<meta name="viewport" content="width=device-
<title>2048 遊戲</title>
<link rel="stylesheet" href="styles.css">
然後，在 JS script.js 中修改音效的觸發點：
Javascript Apply
const gridContainer = document.getElementById('g
const scoreDisplay = document.getElementById('sc
const gameOverMessage = document.getElementById(
// 取得音效元素
const mergeSound = document.getElementById('merge
const gameOverSound = document.getElementById('ga
let grid = [[0, 0, 0, 0], [0, 0, 0, 0], [0, 0, 0,
let score = 0;
function initGame() {
grid = [[0, 0, 0, 0], [0, 0, 0, 0], [0, 0, 0,
score = 0;
addTile();
addTile();
renderGrid();
}
說明修改內容
解釋：
• 音效標籤：在HTML中加入 <audio> 標籤以前載合併和遊戲結束的音效。
• JavaScript修改：
◦ 每當兩個方塊成功合併時，使用 mergeSound.play() 播放合併音效。
◦ 當遊戲結束並顯示結束消息時，使用 gameOverSound.play() 來播放慶祝音效。
確保你的音效檔案存在於項目資料夾中，並以正確的格式（如WAV或MP3）提供。如果有任何其他問題，隨時告訴我！
1 將音效檔案存在同個資料夾, 便會出現在目錄
celebrate.mp3
jump.mp3
index.html
script.js
styles.css
<audio id="merge-sound" src="jump.mp3" preload="auto"></audio>
<audio id="game-over-sound" src="game
Apply
3 修改成音效的正確檔名
2 點擊「Apply」修改程式碼

注意 AI 生成內容的正確性

有時候它生成的程式碼會對應到錯誤的文件，比如說下方截圖的程式碼，應該要更新到 html 檔案中，可是它自動連結的卻是 css 檔，這時你點擊「Apply」就會改錯檔案。

這時候，你可以打開 html 檔案的畫面，找到要修改或插入程式碼的位置，點擊「Insert」，就能插入這段程式碼。

在本書實作時，並沒有一次就把音效製作好。初步修改的版本，只在移動方塊時有音效，但是遊戲結束時，沒有播放音效，而且連同原先可以運作的「game over、restart」都沒有正常顯示。在使用 AI 協助撰寫程式碼的過程中，突然又發生一些錯誤需排除，是很正常的情況。我們需要耐心說明發生什麼問題、要求除錯，就能夠滾動式調整。

Continue

遊戲結束時，沒有顯示結束畫面，也沒有觸發音效。請協助除錯。

它提出了 4 種可能的問題與解決方案，而這次只先試了第 1 種，就成功囉！

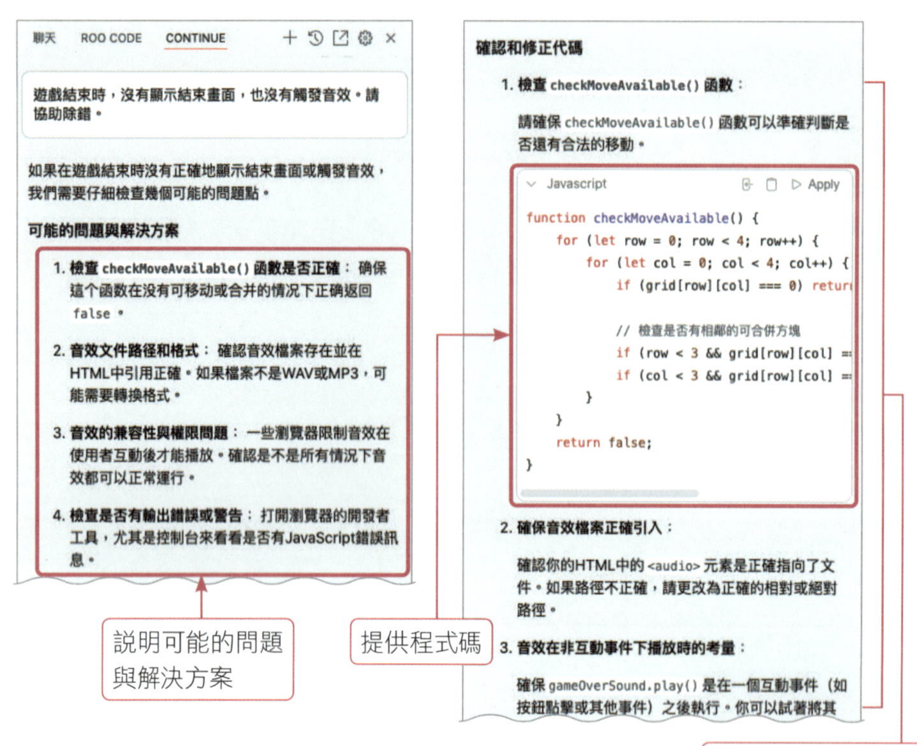

聊天 ROO CODE CONTINUE
遊戲結束時，沒有顯示結束畫面，也沒有觸發音效。請協助除錯。
如果在遊戲結束時沒有正確地顯示結束畫面或觸發音效，我們需要仔細檢查幾個可能的問題點。
可能的問題與解決方案
1. 檢查 checkMoveAvailable() 函數是否正確：確保這个函数在没有可移动或合并的情况下正确返回 false。
2. 音效文件路径和格式：確認音效檔案存在並在HTML中引用正確。如果檔案不是WAV或MP3，可能需要轉換格式。
3. 音效的兼容性與權限問題：一些瀏覽器限制音效在使用者互動後才能播放。確認是不是所有情況下音效都可以正常運行。
4. 檢查是否有輸出錯誤或警告：打開瀏覽器的開發者工具，尤其是控制台來看看是否有JavaScript錯誤訊息。
說明可能的問題與解決方案
提供程式碼
確認和修正代碼
1. 檢查 checkMoveAvailable() 函數：
請確保 checkMoveAvailable() 函數可以準確判斷是否還有合法的移動。
Javascript Apply
function checkMoveAvailable() {
for (let row = 0; row < 4; row++) {
for (let col = 0; col < 4; col++) {
if (grid[row][col] === 0) retur
// 檢查是否有相鄰的可合併方塊
if (row < 3 && grid[row][col] =
if (col < 3 && grid[row][col] =
}
}
return false;
}
2. 確保音效檔案正確引入：
確認你的HTML中的 <audio> 元素是正確指向了文件。如果路徑不正確，請更改為正確的相對或絕對路徑。
3. 音效在非互動事件下播放時的考量：
確保 gameOverSound.play() 是在一個互動事件（如按鈕點擊或其他事件）之後執行。你可以試著將其
提供詳細的除錯說明

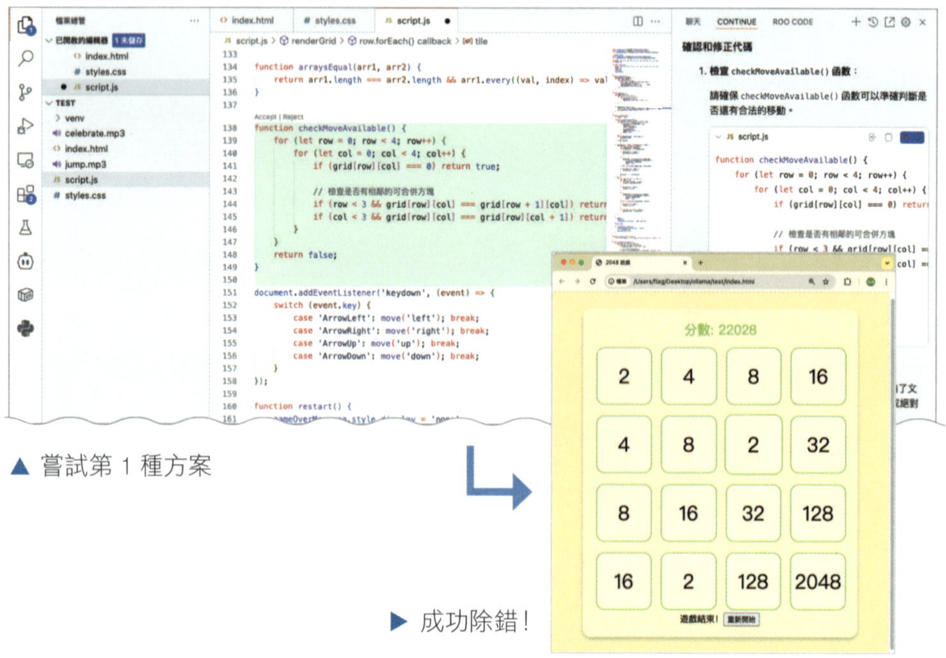

▲ 嘗試第 1 種方案

▶ 成功除錯！

生成註解與文件

撰寫註解與相關文件，是個繁瑣的工作，但這也可以靠 AI 來快速完成了！

Continue

為程式碼逐段加上中文註解，並說明每個函式與主要邏輯（隨機生成、合併、判斷遊戲結束）的用途。
註解要簡潔但能讓初學者看得懂。
@script.js

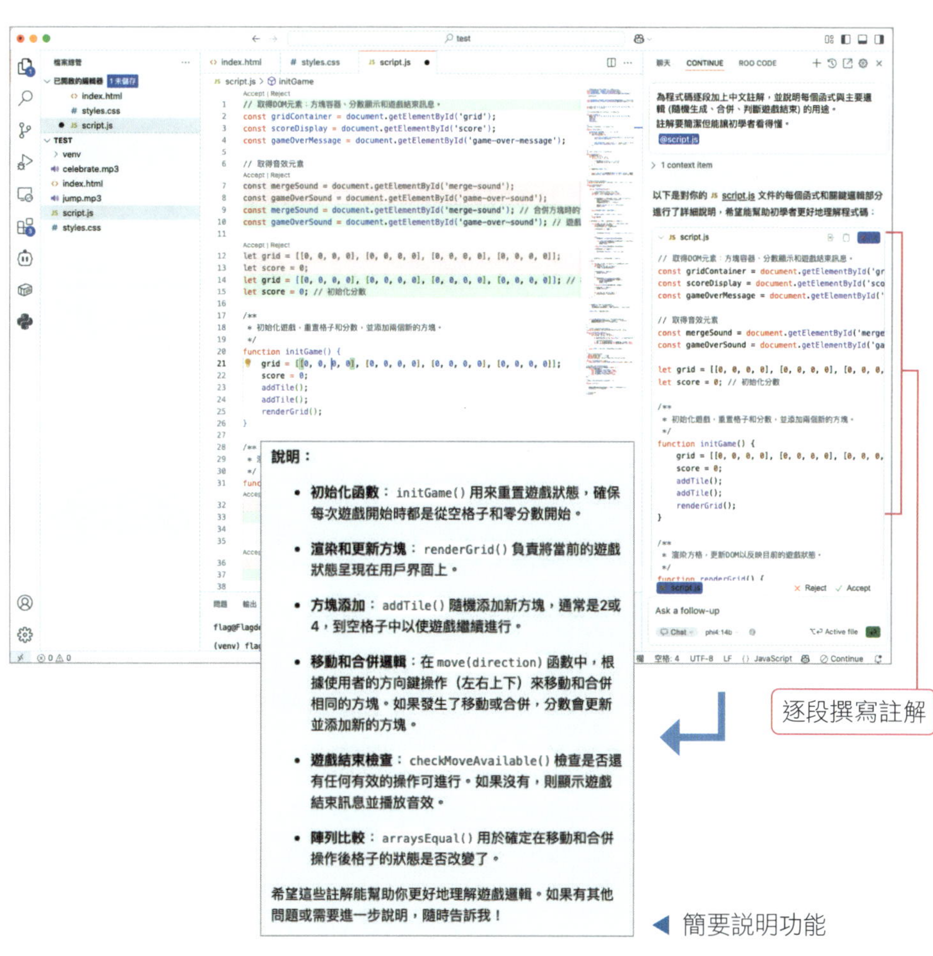

Continue

請幫我為這個 2048 網頁遊戲程式生成一份 README.md, 內容包含：
- 遊戲介紹
- 操作方式
- 遊戲規則
- 安裝與執行方法 (直接開 index.html)
- 範例畫面描述
- 授權説明 (MIT)

使用繁體中文, 分段落説明、內容簡潔、容易閱讀, 適合放在 GitHub。

❶ 自行新增一個 README.md 檔案

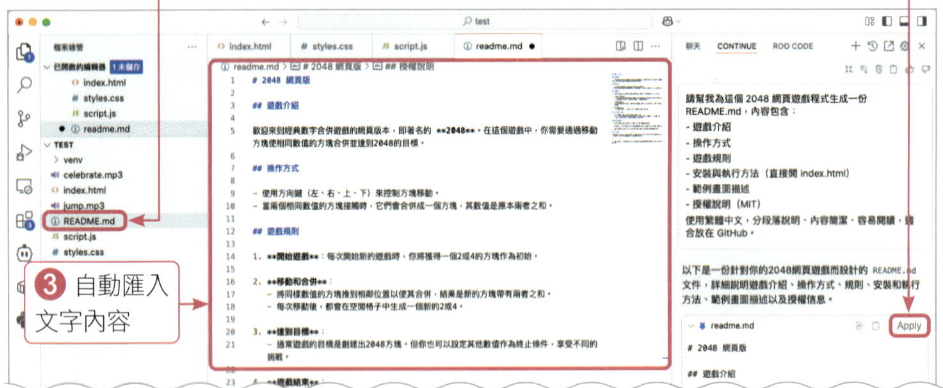

Continue

請根據 **@script.js** 的內容, 生成 2048 網頁遊戲的設計文件 (DESIGN.md), 描述：
- 專案背景與目標
- 系統架構 (需包含情境圖、容器圖、元件圖)
- 資料結構設計 (需包含 Data Flow Diagram)
- 核心演算法 (需包含 Flowchart)
- 主要函式説明
- UI/UX 設計
- 未來擴充功能建議
- 授權與貢獻
- 未來擴充建議 (如難度模式、成績排行榜、帳號登入機制)

使用繁體中文, 分段落説明、內容簡潔、容易閱讀, 且適合放在 GitHub 提供給開發者。

此處的案例, 有兩個部份要特別說明：

1. 當你的提問中使用到英文時 (像是 Data Flow Diagram、Flowchart), 它就有比較大的機率回覆英文。所以如果希望都以繁體中文回覆, 除了先前提到的, 可以特別要求它之外, 也要特別注意自己的提問中是否包含英文單字。

2. 在這個案例中, 並沒有成功繪製圖示。如果希望 AI 協助你畫圖, 你需要安裝延伸模組, 並且可以依據需求, 選擇不同的延伸模組。

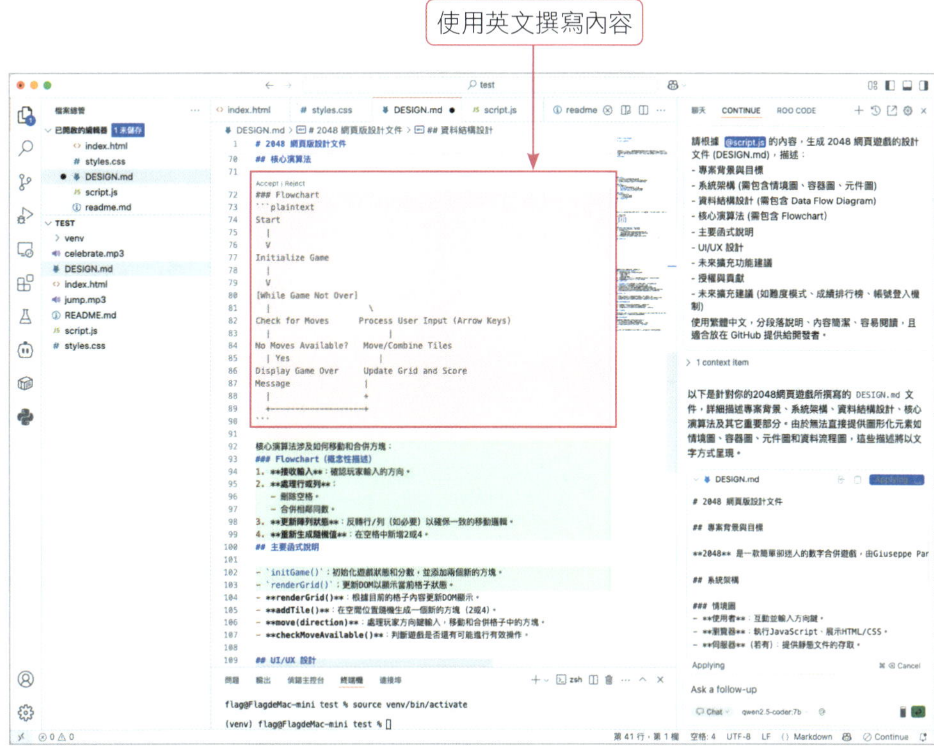

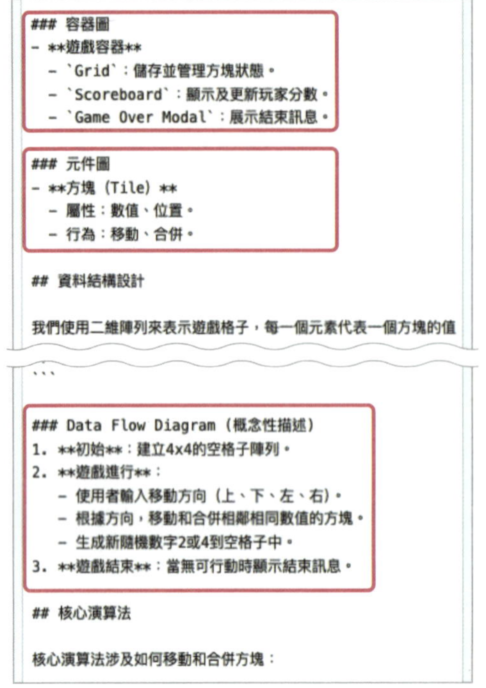
容器圖
- **遊戲容器**
  - `Grid`：儲存並管理方塊狀態。
  - `Scoreboard`：顯示及更新玩家分數。
  - `Game Over Modal`：展示結束訊息。
元件圖
- **方塊（Tile）**
  - 屬性：數值、位置。
  - 行為：移動、合併。
資料結構設計
我們使用二維陣列來表示遊戲格子，每一個元素代表一個方塊的值
```
### Data Flow Diagram（概念性描述）
1. **初始**：建立4x4的空格子陣列。
2. **遊戲進行**：
  - 使用者輸入移動方向（上、下、左、右）。
  - 根據方向，移動和合併相鄰相同數值的方塊。
  - 生成新隨機數字2或4到空格子中。
3. **遊戲結束**：當無可行動時顯示結束訊息。
## 核心演算法
核心演算法涉及如何移動和合併方塊：
只有撰寫文字，並沒有正確畫成圖示

我們接下來會以 **Mermaid 語法**的延伸模組作為示範，並且把要請它畫的圖示名詞，都改成中文來提問。

安裝 Mermaid 語法的延伸模組

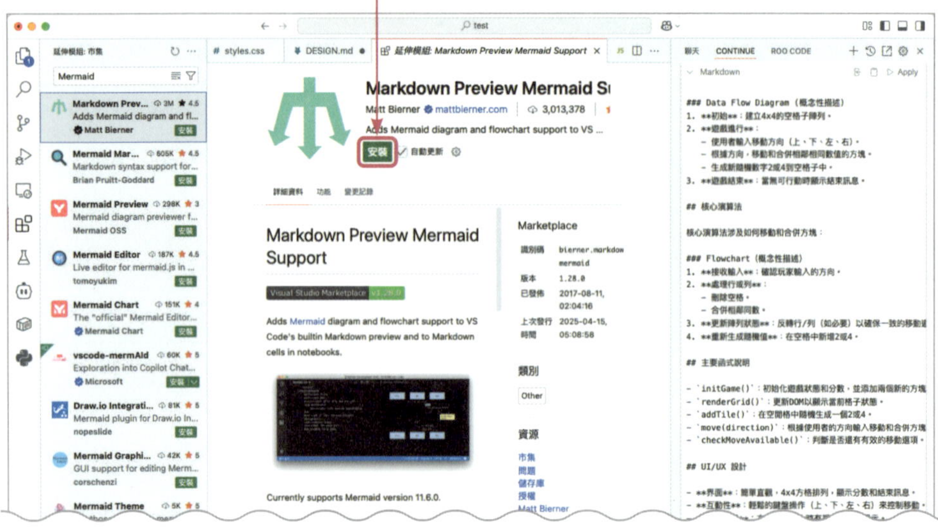
Markdown Preview Mermaid Support
Matt Bierner mattbierner.com 3,013,378
Adds Mermaid diagram and flowchart support to VS ...
安裝
Markdown Preview Mermaid Support
Marketplace
Adds Mermaid diagram and flowchart support to VS Code's builtin Markdown preview and to Markdown cells in notebooks.
Currently supports Mermaid version 11.6.0.
Mermaid
### Data Flow Diagram（概念性描述）
## 核心演算法
### Flowchart（概念性描述）
## 主要函式說明
## UI/UX 設計
```

Continue

情境圖、容器圖、元件圖、資料流程圖、核心演算法流程圖的寫法，需要調整為 Mermaid 語法。

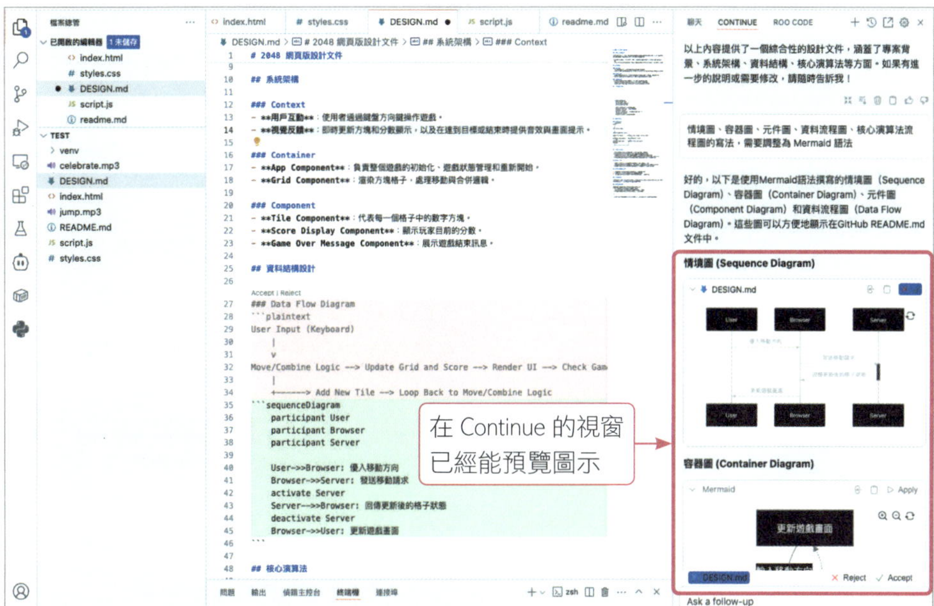
在 Continue 的視窗已經能預覽圖示

使用快捷鍵 Ctrl + Shift + V / ⌘ + Shift + V，可以打開 **Markdown 的預覽畫面**（關閉也是一樣的快捷鍵）。打開預覽後，卻發現圖示沒有正確顯示。

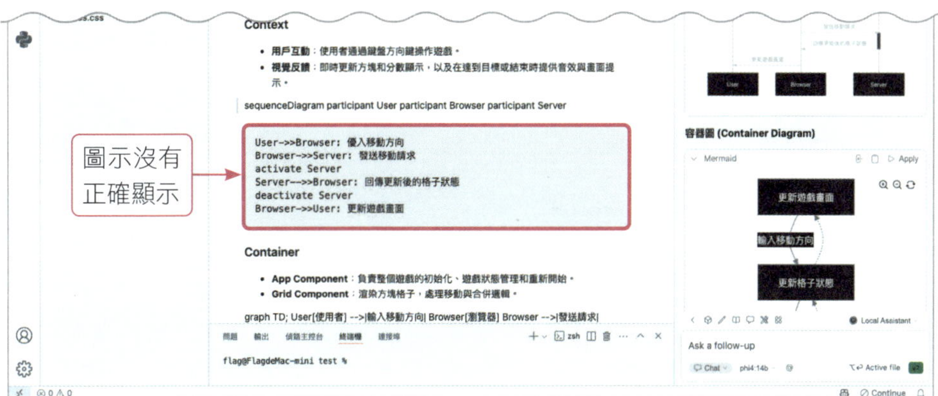
圖示沒有正確顯示

來問問 AI 到底發生了什麼事：

Continue

為什麼 VS Code 預覽看不到圖表？ **@DESIGN.md**

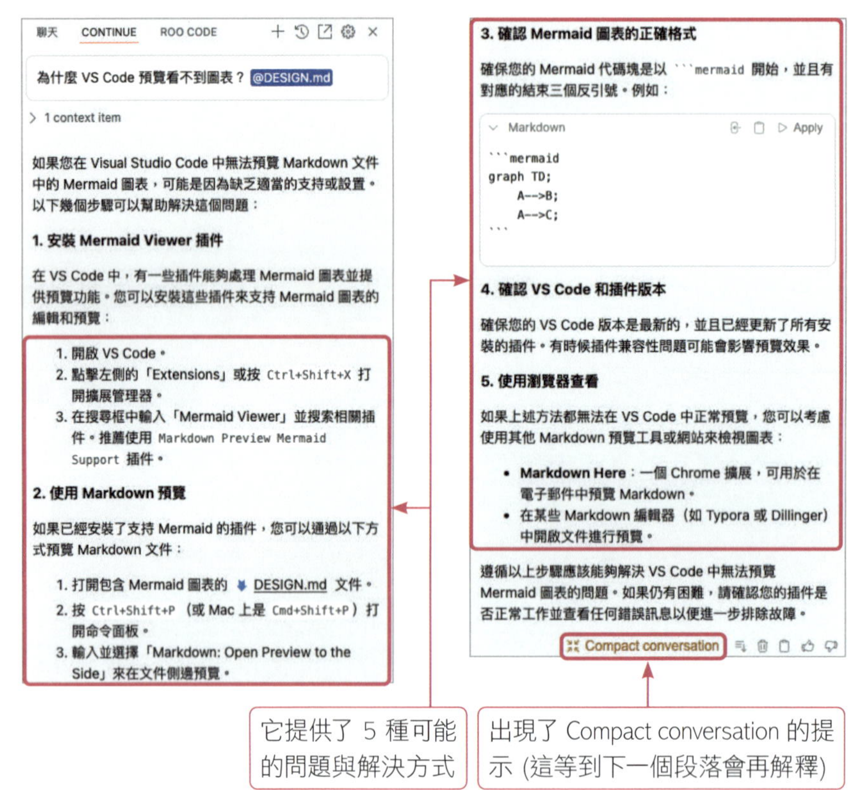

它提供了 5 種可能的問題與解決方式
出現了 Compact conversation 的提示 (這等到下一個段落會再解釋)

在逐一檢視後，發現是第 3 個問題導致：**圖示的程式碼區塊，並沒有以 ```Mermaid 開始，也沒有以 ``` 標示結束**。調整後，再次打開 Markdown 的預覽畫面，就能順利顯示圖示了！

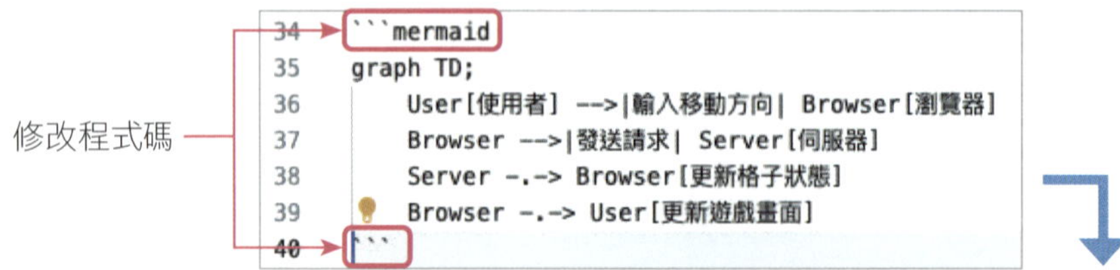

修改程式碼

```
```mermaid
graph TD;
    User[使用者] -->|輸入移動方向| Browser[瀏覽器]
    Browser -->|發送請求| Server[伺服器]
    Server -.-> Browser[更新格子狀態]
    Browser -.-> User[更新遊戲畫面]
```
```

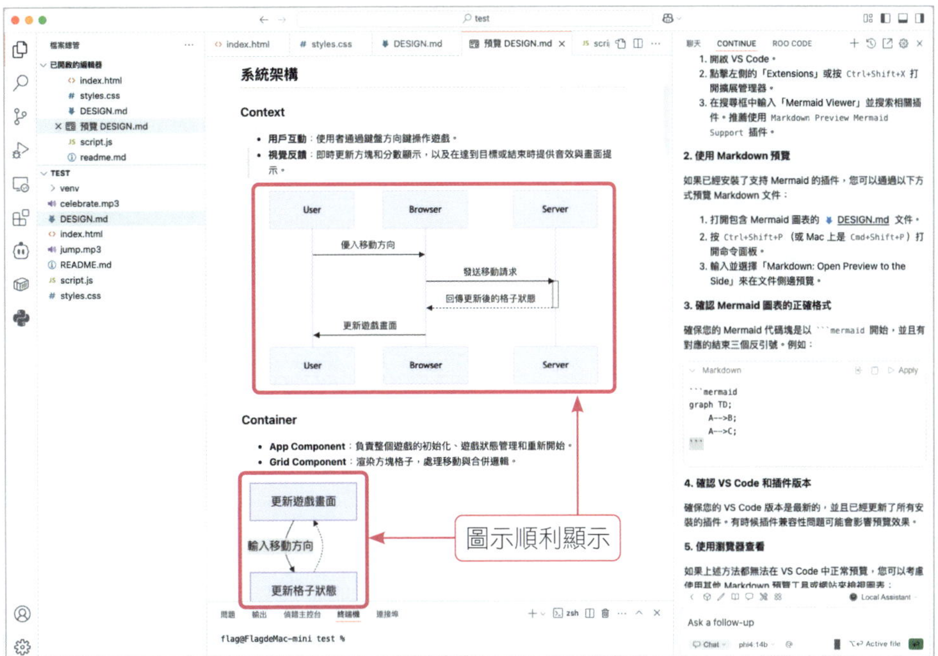

清晰、簡潔且正確的說明文件在軟體開發中不可或缺，而生成式 AI 能自動產出自然、結構良好且與程式碼內容相關的說明文字，減輕開發者手動撰寫文件的負擔。善加利用的話，甚至能幫助我們更了解自己撰寫的程式碼。除此之外，還可以**反白選取部分程式碼，按下** Ctrl + L / ⌘ + L **將選取內容帶入對話框，再請它詳細解釋**，學習、討論、執行都能在這個畫面中搞定！

使用較小模型時的下指令技巧

我們稍早是使用 14b 參數量的 phi4 模型來實作，本書擷取的截圖畫面，的確是只用自然語言提問，程式碼就能得到改善。能夠如此順暢的原因，很大機率是因為模型初次生成的版本中，程式邏輯的錯誤較少。但這是隨著機率生成的，所以並不是每一次都能像上方那麼順利。如果使用參數量更少的模型，AI 會比較笨，剛好電腦效能又較差的話，就會造成高錯誤率，以及很～漫～長～的等待時間。

當你不管怎麼問, 都還是錯的, 那該怎麼辦呢？接下來, 我們會用兩個案例來說明怎麼下指令。

◇ 案例一：不動的遊戲畫面

讓我們來看看下方這張遊戲畫面, 在畫面中的方塊與數字都保持不動, 可是隨著使用方向鍵, 卻會增加分數。

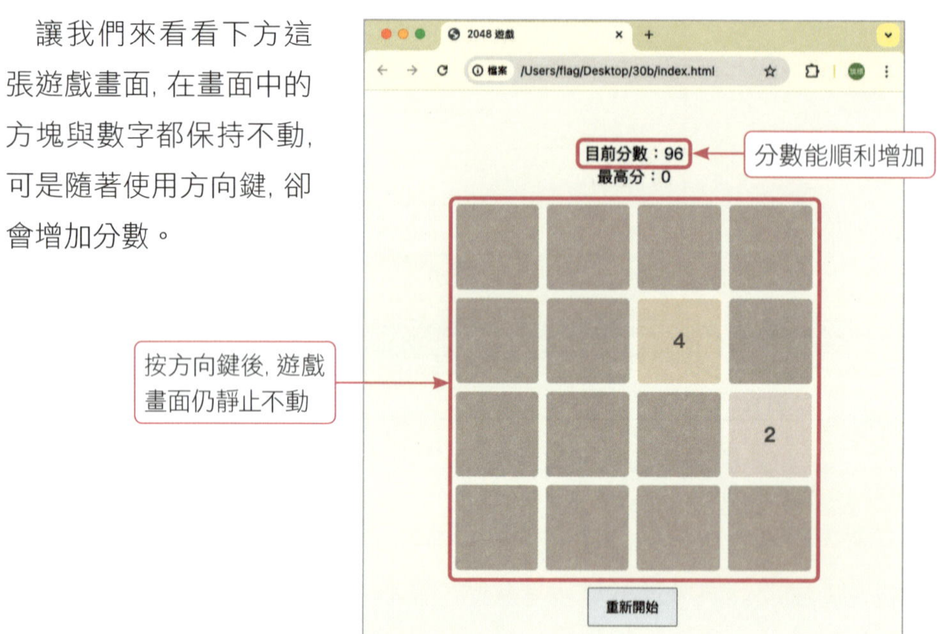

在檢查程式碼之後, 發現需要修改深拷貝的邏輯。所以我們直接來要求它修改, 並且明確說明原因, 且規範要修改的內容、不要改動的範圍, 接著請它生成該段程式碼與註解。

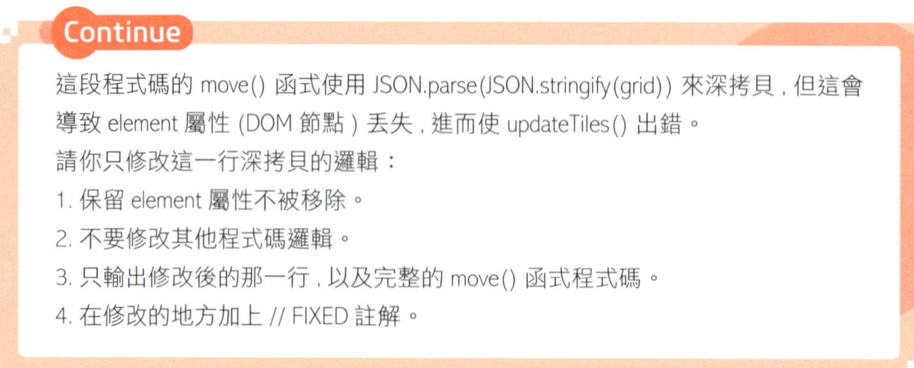
Continue

這段程式碼的 move() 函式使用 JSON.parse(JSON.stringify(grid)) 來深拷貝，但這會導致 element 屬性 (DOM 節點) 丟失，進而使 updateTiles() 出錯。

請你只修改這一行深拷貝的邏輯：

1. 保留 element 屬性不被移除。
2. 不要修改其他程式碼邏輯。
3. 只輸出修改後的那一行，以及完整的 move() 函式程式碼。
4. 在修改的地方加上 // FIXED 註解。

bug 除不盡的下指令技巧

當你想除掉 bug, 卻總是除不完時, 建議你可以參考以下撰寫指令的方式, 來重新撰寫指令。

- **必選**：描述錯誤行為 (可使用自然語言, 或是直接指出程式中的錯誤邏輯)
- **強烈建議**：指定修改範圍 (明確規範要修改的函式, 減少生成錯誤率)
- **強烈建議**：強調不修改的範圍 (避免 AI 改到其他程式碼, 甚至延伸出其他 bug)
- **可選**：請它輸出完整函式 (方便你可以直接替換程式碼)
- **可選**：在修改處加上註解 (可快速檢查修改部分, 並保留修改歷程)

◇ 案例二：走錯方向的方向鍵

進行測試時, 方向鍵 ←、↑ 都能正確運作, 但若是按 →、↓ 時, 方塊卻會往反方向走。因為在四個方向鍵中, 有兩個可以運作, 所以會讓人覺得應該只要輸入簡單的修改要求, 就能快速順利完成了吧？結果 AI 開始鬼打牆, 不管怎麼處理, 方向鍵還是會走錯方向。這時候如果你不想跳進去自己看程式碼, 建議可以想透過對話「先了解」AI 打算怎麼幫你改。

Continue

move() 函式的 ArrowDown 和 ArrowRight 的方向邏輯有錯，導致按往右的方向鍵時，方塊會朝左移動；按往下的方向鍵時，方塊會朝右移動。
先不要給程式碼，請解釋你打算怎麼修 ArrowDown 和 ArrowRight 的方向，並逐步說明填值順序。

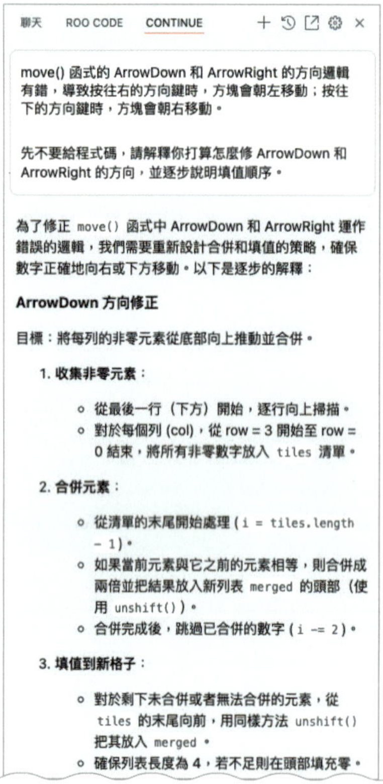

聊天　ROO CODE　CONTINUE

move() 函式的 ArrowDown 和 ArrowRight 的方向邏輯有錯，導致按往右的方向鍵時，方塊會朝左移動；按往下的方向鍵時，方塊會朝右移動。

先不要給程式碼，請解釋你打算怎麼修 ArrowDown 和 ArrowRight 的方向，並逐步說明填值順序。

為了修正 `move()` 函式中 ArrowDown 和 ArrowRight 運作錯誤的邏輯，我們需要重新設計合併和填值的策略，確保數字正確地向右或下方移動。以下是逐步的解釋：

ArrowDown 方向修正

目標：將每列的非零元素從底部向上推動並合併。

1. **收集非零元素**：
    - 從最後一行（下方）開始，逐行向上掃描。
    - 對於每個列 (col)，從 row = 3 開始至 row = 0 結束，將所有非零數字放入 `tiles` 清單。
2. **合併元素**：
    - 從清單的末尾開始處理（`i = tiles.length - 1`）。
    - 如果當前元素與它之前的元素相等，則合併成兩倍並把結果放入新列表 `merged` 的頭部（使用 `unshift()`）。
    - 合併完成後，跳過已合併的數字（`i -= 2`）。
3. **填值到新格子**：
    - 對於剩下未合併或者無法合併的元素，從 `tiles` 的末尾向前，用同樣方法 `unshift()` 把其放入 `merged`。
    - 確保列表長度為 4，若不足則在頭部填充零。

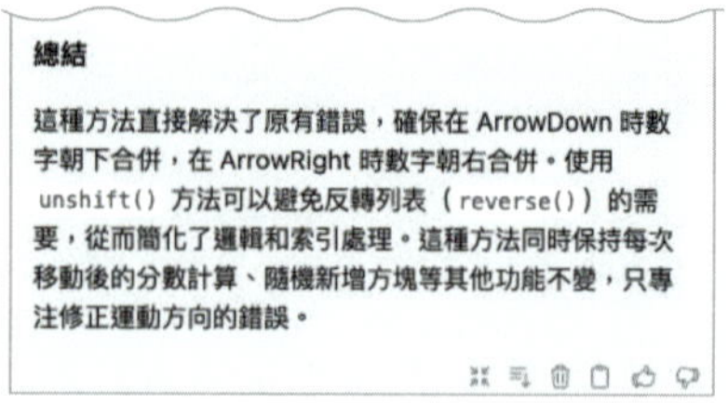

總結

這種方法直接解決了原有錯誤，確保在 ArrowDown 時數字朝下合併，在 ArrowRight 時數字朝右合併。使用 `unshift()` 方法可以避免反轉列表（`reverse()`）的需要，從而簡化了邏輯和索引處理。這種方法同時保持每次移動後的分數計算、隨機新增方塊等其他功能不變，只專注修正運動方向的錯誤。

在模型的回覆中，我們可以發現它想使用 **`unshift()`** 方法，但這很可能會發生排列錯誤的狀況。另外，雖然它有提到會避免使用反轉列表 **`reverse()`**，可是為了避免它對話到一半失憶，我們也一併要求它不要使用。

Continue

2048 遊戲的 move() 函式，ArrowDown 和 ArrowRight 的邏輯方向錯誤。
錯誤狀況：按 ArrowRight 時，數字會往左邊堆疊，而不是右邊；按 ArrowDown 時，數字會往上堆疊，而不是下方。
請幫我修改程式碼：
1. 只修正 ArrowDown 和 ArrowRight 的邏輯，讓它們的數字正確向右或向下合併。
2. 收集與合併邏輯：
- 收集方向：從尾端開始收集 (ArrowDown 從下往上，ArrowRight 從右往左)。
- 合併後填回：保持收集順序，直接從尾端填回，不要使用 reverse() 或 unshift()。
3. ArrowUp 和 ArrowLeft 保持不變。
4. 不要修改分數計算、隨機新增方塊或 DOM 更新邏輯。
5. 請輸出完整的 move() 函式，並用 // FIXED 註解標示修改行。
6. 期望成果：當其中一列為 [0, 2, 2, 0] 時，按右鍵後會得到 [0, 0, 0, 4]。

重新修正之後，會看到 2048 遊戲已能正常運作，方塊可以靠著右側，也可以降落到下方。

萬一模型還是聽不懂你要什麼，怎麼辦

當你使用的模型較小時，可以透過多次詢問，分批次修改內容，來確保模型理解你的問題，避免生成過多錯誤的程式碼。

- **可選**：請它不要輸出程式碼 (先確認預計修改的邏輯是否正確)
- **可選**：提供錯誤狀況或正確範例結果 (幫助 AI 理解需求)

管理上下文窗口與對話歷程

如果你發現對話的最下方出現了「Compact conversation」的提示，或是對話框下方出現了一個長方形，代表上下文窗口已經快滿了！你可以移到這個長方形的上方，它會顯示一個提示視窗，告訴你目前的使用量。並且提供你兩個選擇，一是「Compact conversation」，會**總結上方的文字內容，清出上下文窗口**，供你延續同一個專案、繼續討論；二是「Start a new session」，就會**重啟一個新的討論區段**。

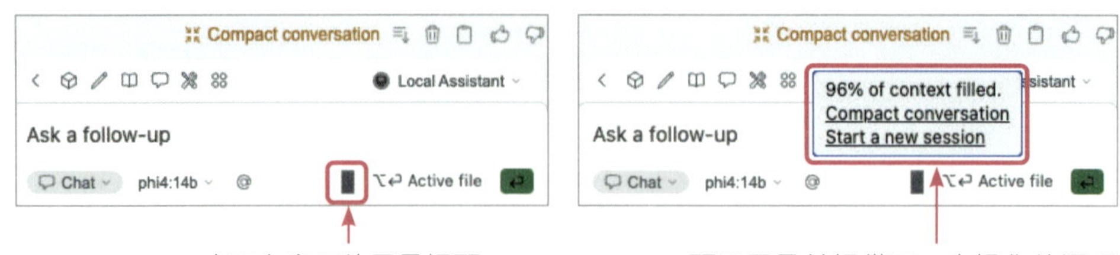

上下文窗口的用量提醒　　顯示用量並提供下一步操作的選項

若是選擇「Compact conversation」, 會需要等待一小段時間, 讓它把上述的討論過程, 摘要成較短的文字內容。

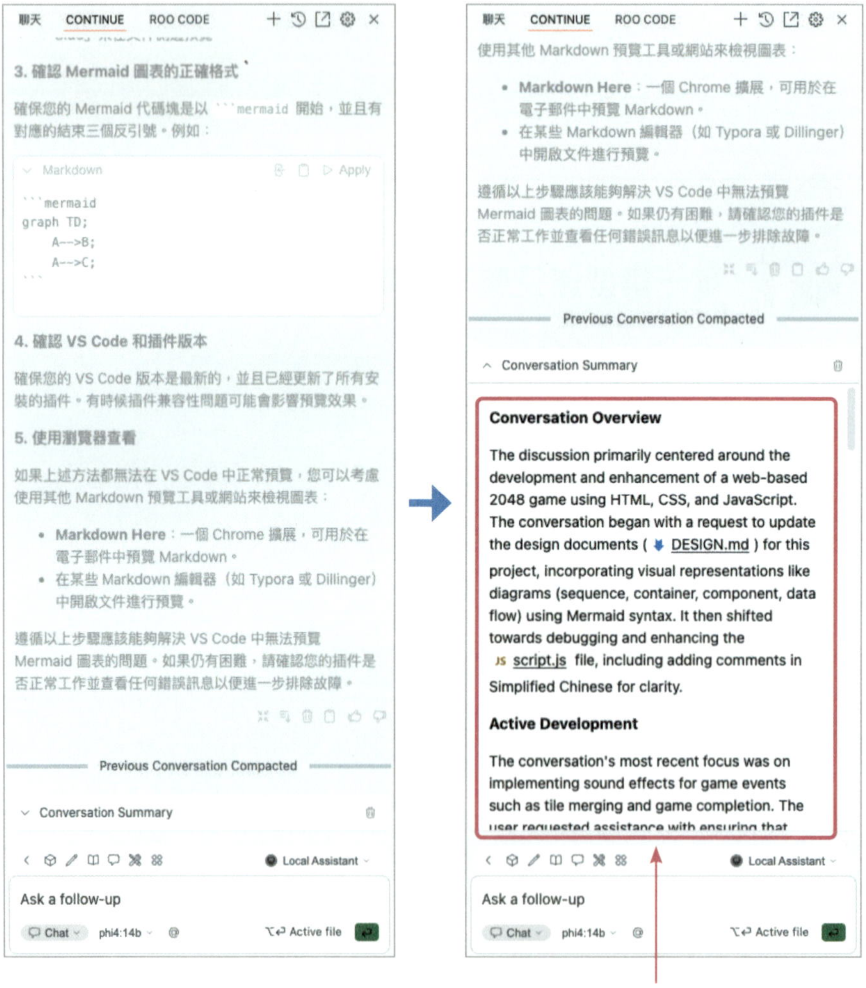

順利將討論內容進行摘要

若是選擇「Start a new session」，也不用擔心對話紀錄會消失，我們只需要點選「View History」，就可以看到它**自動儲存了版本紀錄**，還可以透過重新命名，幫助自己知道這段紀錄是哪一個專案。若有多個專案同時進行，就可以隨時切換不同專案的對話紀錄，跟它繼續討論未完成的事項。

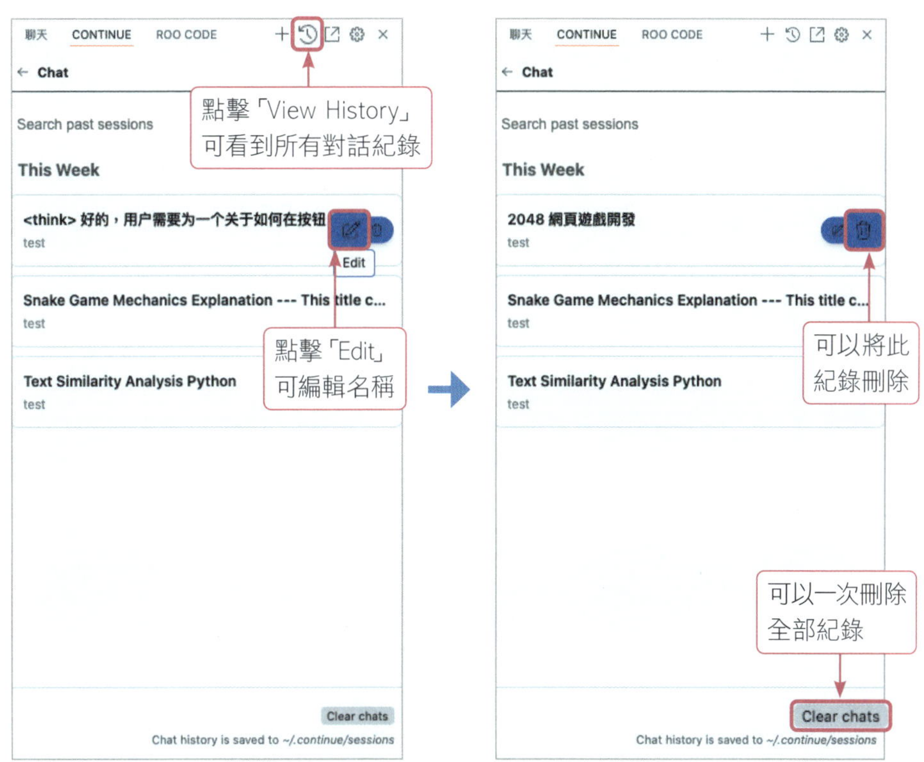

可以看到上方截圖的版本紀錄，原本它自動命名的名稱是使用簡體中文。在實作過程中，即使已經要求它使用繁體中文，但 AI 仍是有可能會輸出英文或簡體中文，我們可以視情況再次提醒它用繁體中文回覆。

如果今天需要同時進行多個專案，一直來回切換版本記錄確實有點麻煩。這時可以在 **Settings** 中，開啟「**Show Session Tabs**」，之後點擊「**+**」，就能同時開啟不同對話的分頁！

在程式開發的流程中，生成式 AI 能在哪些地方派上用場？

與傳統的程式碼自動補全工具 (如 IntelliSense…等) 相比，生成式 AI 工具的功能遠不止於此，其行為更具「主動性」與「預測性」。傳統補全工具仰賴預先定義的規則、語法和函式庫來提供建議，而生成式 AI 則能夠根據程式碼中的模式、關聯性及使用者的程式風格，來產生更具創意的建議，並為程式開發的各個環節，提供了強大的協助。

而除了稍早介紹到的**程式碼生成與自動補全、錯誤偵測與除錯、程式重構與優化、自動生成註解與文件**，它還可以協助你：

- **專案規劃與概念發想**

  生成式 AI 工具擅長處理文字生成與對話任務，非常適合用於抽象概念設計、系統架構的討論。在專案初期，開發團隊可以透過與語言模型互動，快速釐清需求、激盪創意，甚至模擬使用者需求與使用情境，協助發想產品功能與設計方向。幫助我們梳理混亂的想法，將零散的構想組織成明確的專案方向。

NEXT

- **製作測試案例與假資料 (mock data)**

  生成式 AI 工具能產生優秀的測試案例 (例如我們在前一章透過語言模型來生成問答資料集), 甚至發現開發者原本沒想到的狀況, 也能為應用程式建立精確且符合需求的假資料, 大幅提升整體測試流程的效率。

語言模型能協助處理枯燥重複的工作, 讓我們專注於解決更具挑戰性的問題、開創更有創意的內容。就目前的發展來說, 語言模型的能力及其衍生的開發工具正以驚人的速度進步, 有望徹底改變軟體開發流程, 成為開發者強大的 AI 助理。

延伸學習：大型專案的好幫手 Roo Code

Roo Code (先前的名稱為 Prev. Roo Cline) 是 Cline 的分支, 其核心功能和 Cline 相似, 其主要特點是更多樣化的 Agent 模式。Roo Code 的初始設定就有 5 種模式, 包含 Architect、Code、Ask、Debug 與 Orchestrator, 你還可以在市集中找到更多模式。而且可以為不同模式配置不同的 AI 模型, 就能因應情境來做選擇, 所以特別介紹這個延伸模組給讀者。但如果你平常習慣使用 Cline, 也是可以的唷！

讓我們來看看 Roo Code 預設的 5 種模式, 分別對應到哪些功能？

- **Architect**：架構師模式, 可用於討論需求、技術選擇、產生規格書、流程圖或 To-do list 等開發初期文件。

- **Code**：主要用於自動生成程式碼、重構、修改內容, 以及簡單的錯誤修正。也可以用於生成文件, 並可指定輸出為 Markdown 格式。

- **Ask**：問答模式, 能讀取並分析整個專案的內容、架構、使用的插件和技術, 甚至讀取 Readme 文件。

- **Debug**：主要用於分析並修正程式碼中的邏輯錯誤或隱藏的 Bug。它會以除錯的角度來修改程式碼, 而非生成新的程式碼。

- **Orchestrator**：這是 Roo Code 近期推出的模式, 有人稱為「迴旋鏢模式」或「協調器模式」。它能將一個大任務拆解成多個子任務, 協調任務間的溝通與串接, 特別有助於處理中大型專案, 解決模型上下文記憶不足的問題。

我們可以在 VS Code 的「延伸模組」中找到 Roo Code, 它支援 Ollama 在本地端執行大型語言模型, 也可調用 API。根據筆者的實作, 如果要串接本地端 Ollama, 對於電腦效能、模型選用的要求都頗高, 以 phi4 模型來說, 就會需要選用特別為了 Roo Code 訓練的模型, 你可以在網路上找到其他開發者提供的訓練模型, 像是 **mychen76/phi4_cline_roocode**。且受限於硬體設備, 能選用的模型較小, 導致錯誤率高。調用 API 的效能明顯會比串接 Ollama 來的穩定且快速, 下方以調用 Gemini API 的畫面作為示意。

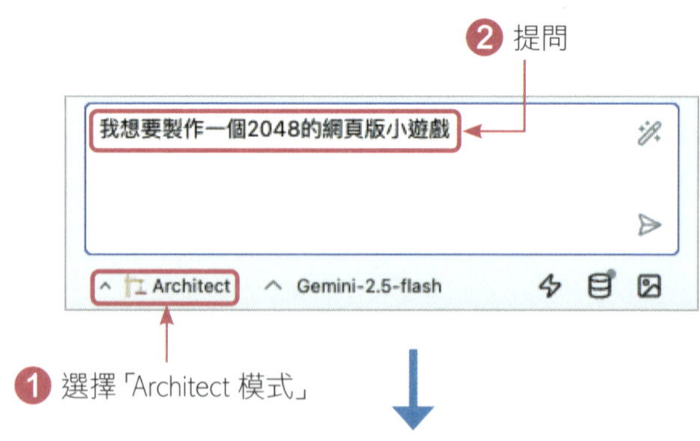

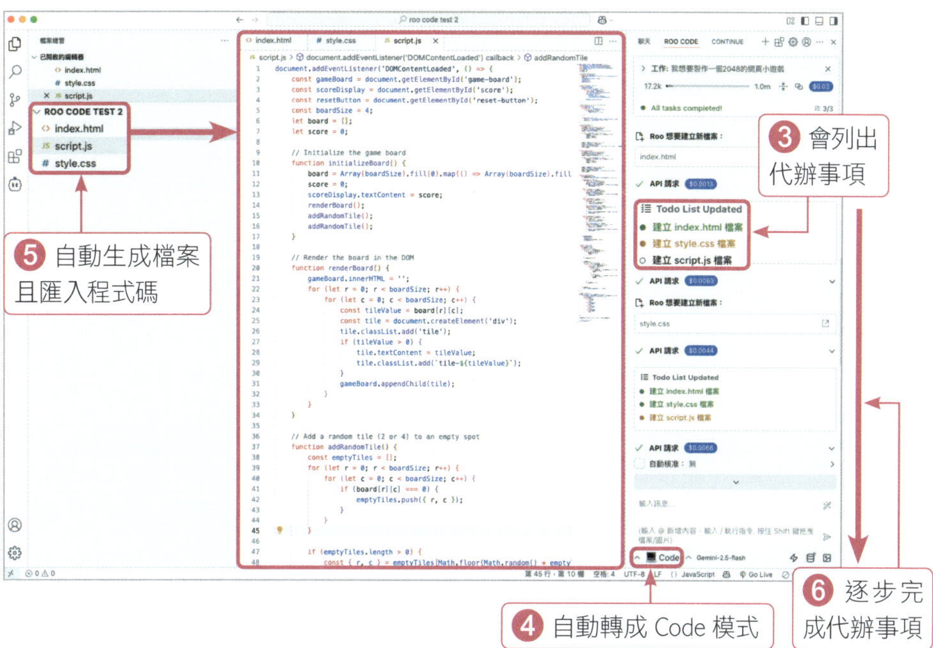

在這個範例中, 選擇使用 Gemini-2.5-flash 模型, 只花了不到 2 分鐘, 就完成了! 而且一次到位, 點開 html 檔案後, 馬上可以玩, 還漂漂亮亮的!

Roo Code 仍在頻繁更新功能中, 所以你在操作過程中若有發生任何問題, 都可以即時反應給官方, 讓功能可以愈來愈完善。讓我們期待未來 AI 的應用能更加穩定, 透過 Roo Code、Continue順暢地搭配使用, 優化軟體開發的 AI 工作流, 由 Roo Code 負責較宏觀的專案管理、多檔案操作和複雜任務的自動化執行；Continue 則處理單個檔案、即時與程式碼互動, 像是生成、除錯等。如此一來, 便能夠構成一個免費、開源, 且完全在本地端執行的 AI 輔助程式開發方案。

10.3 在使用 LLM 進行 Coding 時, 你需要注意什麼？

語言模型是透過大量的文字資料 (包括自然語言和原始碼) 進行訓練, 學習人類語言中常見的語言模式、語法和結構。當我們輸入一段文字 (例如指令或程式碼片段) 時, 模型會處理輸入內容, 計算詞句之間的關聯, 並根據統計機率預測「最有可能出現的下一個字或詞」, 然後不斷重複這個預測過程, 逐步生成後續文字或程式碼。

然而, 它與傳統的資料庫或搜尋引擎不同, **語言模型是一種預測工具**, 會根據所學習到的模式來「組合、創造出新的結果」, 不只是重複輸出既有內容。也由於語言模型是基於機率運算, 有時會**產生「幻覺 (hallucinations)」, 即看似合理但其實是錯誤的內容**。

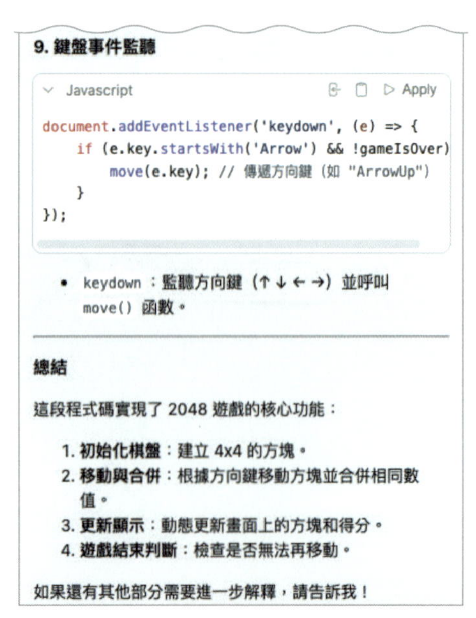

▶ 這段程式碼其實並不能讓 2048 遊戲正常運作, 但當你請他解釋程式碼, 它仍會很有自信地回覆你…「這段程式碼實現了 2048 遊戲的核心功能」

使用語言模型進行程式碼生成時，容易在幾個面向產生問題：

- **品質與資安疑慮**：生成的程式碼可能潛藏邏輯錯誤，或是缺乏資安意識，容易產生安全漏洞。有可能我們在當下選擇了快速簡單的方案，而不是考慮到長期的最優解，這可能會導致未來延伸的各種成本。所以需要透過人工審查，讓系統可以保持安全與穩定，並具有長期發展性。

- **維護困難**：若缺乏統一風格與結構，在中大型專案中可能導致冗長、重複或混亂的代碼，影響專案的可延續性與長期發展。身為開發者，需要主動要求 AI 去整理功能模組、建立註解機制。

- **上下文難以串聯**：某些模型可能上下文窗口較小，在這種情況下，處理大型專案時容易出現「失憶」問題，導致輸出品質下降。將專案拆分為較小的模組，或設定好 Agent 模式的共同指令…等，皆能輔助 AI 正確理解上下文。

儘管 Vibe Coding 降低了技術門檻，但開發者仍需具備基本的程式觀念、終端機操作技能、將需求準確轉化為有效提示詞的能力，以及驗證 AI 生成程式碼合理性的判斷力。並且讓開發過程保持透明，讓團隊成員知道哪些程式碼是 AI 輔助產生的，才能有效管理專案的品質、資安、維護等問題。

另外，倫理與道德議題也是我們需要特別注意的。生成式 AI 並不具備人類的道德判斷能力，所以需要透過使用者來辨識 AI 幻覺與偏見等潛在風險，並確實保護隱私、尊重技術的著作權，負責任且合乎倫理地使用這些技術。

人工智慧發展相關法規

近年來, 隨著人工智慧技術的突破性發展, 且應用範圍快速增廣, 各國政府已開始積極制定相應的法規, 以平衡 AI 帶來的效益與潛在風險。各國法規制定的方向、實施方式都有所不同, 目前已實施或正在推動的法規有：歐盟的《歐盟人工智慧法案》(The EU Artificial Intelligence Act)、美國《安全、可靠且值得信賴的開發及使用AI行政命令》(Executive Order on the Safe, Secure, and Trustworthy Development and Use of AI)、日本《生成式AI 在內容製作中的應用指南》(コンテンツ制作のための生成AI利活用ガイドブック)、韓國《人工智慧發展與建立信任基本法》(Basic Act on the Development of Artificial Intelligence and the Establishment of Trust)、新加坡《生成式人工智慧治理模型框架》(Model AI Governance Framework for Generative AI)、臺灣《人工智慧基本法》草案…等。

其中, 更有 2 個是屬於人工智慧的專法, 包含《歐盟人工智慧法案》、韓國的《人工智慧發展與建立信任基本法》。前者已於 2024 年 8 月 1 日正式生效, 並將在三年內分階段實施；後者則於 2024 年 12 月 26 日通過, 將在 2026 年 1 月開始實施。

這些法規的主要訴求是在現今 AI 的創新發展下, 能確保其資料治理與隱私保護、防止偏見與歧視, 建立明確問責制度與潛在風險管理, 同時保障基本人權、公共安全及社會福祉。因此, 身為使用者或開發者的我們, 除了關注相關法規的制定之外, 更要在使用 AI 時注意其規範並遵守。

CHAPTER

11

哎呀，Ollama 得了 MCP！

過往我們在使用大型語言模型和各種 AI 服務時，常常會因為難以直接整合本機的資料與應用程式而受限，MCP 的誕生正是為了化解這些限制。它能夠透過一種標準化的方式，讓語言模型與各種外部資料與應用程式無縫連接，加強 AI 自己「動手做」的能力。在本章中，我們會詳細介紹什麼是 MCP，以及如何搭配 Ollama 來使用，讓你的本地端模型變得更強大！

11.1 MCP 是什麼？

我們都知道大型語言模型有著非常強大的文字理解能力, 能幫助我們解決工作或生活上的各種問題, 但在實際應用時仍有一些不便之處。舉例來說, 如果我們希望模型對資料庫進行分析、處理, 常常需要透過「複製貼上」的動作來讓模型了解資料內容, 它沒辦法直接開啟資料庫程式並進行操作。簡單來說, 語言模型無法「主動」存取外部資料並且缺乏自主執行任務的能力。而**模型上下文協定 (Model Context Protocol, MCP)** 的誕生, 就好像是架起一座連接外部世界的橋樑, 讓語言模型突破「只能說、無法做」的限制。

MCP 的架構

MCP 為 Anthropic (Claude 的開發商) 於 2024 年 11 月所推出的一項**開放標準協定**, 目的是建立一個「統一」的架構, 讓不同的模型或 AI 服務都能使用相同的語言來跟外部工具或服務進行溝通。整個流程有點像是函式呼叫, 但先前各家 AI 廠商所使用的方法都不太一樣, 導致開發人員在切換 AI 模型時, 就需要重新修改程式邏輯。MCP 的出現打破了這種「USB 之亂」的情況, 它提供了類似 USB-C 的統一接口, 讓不同模型都可以透過這套協定來與外界互動。

整個 MCP 的架構由三個部份組成, 分別為 Host、Client 和 Server, 讓我們一一介紹：

- **MCP Host (管理者)：**為使用者與 AI 進行互動的介面, 也是整個 MCP 流程的管理者。當使用者送出問題時, Host 會將訊息轉傳給語言模型 (通常會加上系統指令, 告訴模型 MCP 的規範以及目前可用的工具清單)。如果模型判斷需要使用外部工具時, Host 也會負責協調後續流程。

- **MCP Client (客戶端)**：在 Host 內部的程式碼，負責語言模型與 Server 之間的溝通。Client 會將模型的需求轉換為 MCP 規定的結構化格式，然後轉傳給 MCP Server，最後回傳執行結果給模型。每個 Client 會與 Server 進行一對一的連線。

- **MCP Server (伺服器)**：可建立於本地或遠端，負責連接實際的外部程式。Server 會接收來自 Client 的請求，轉譯成對應程式的操作 (例如查詢資料庫、調用 API)，取得結果後再依照 MCP 的格式回傳。

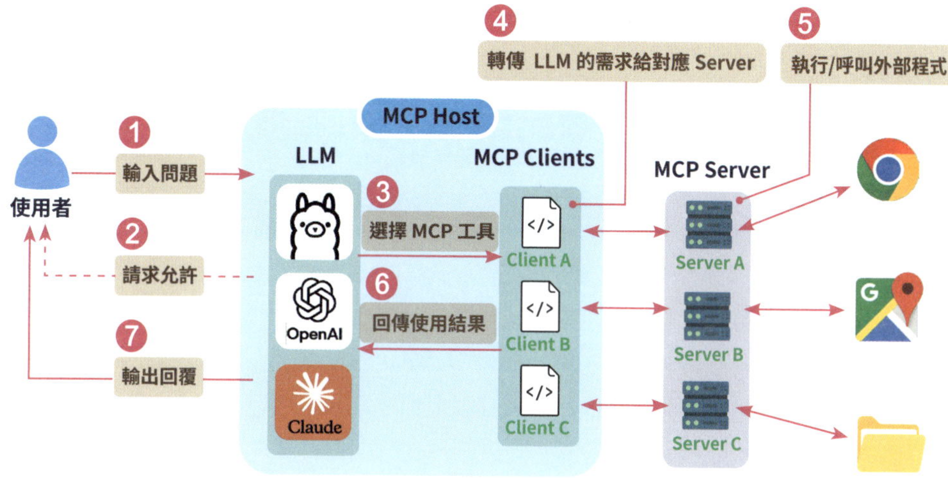

▲ MCP 的架構流程

從上圖可以看到 MCP 運作時的流程。首先，當使用者輸入問題時，Host 會將訊息加上系統指令 (包含 MCP 的可用工具和規範) 一併傳給語言模型。接著，如果語言模型決定要使用外部工具，Host (必要時) 會向使用者發送請求許可，並協調語言模型與 Client 之間的溝通 (例如工具的使用流程)。然後 Client 再將模型的要求轉換成符合 MCP 的結構化格式，傳給對應的 Server。由 Server 來執行實際操作，並將結果一路回傳給語言模型。最後模型整合結果，生成回覆後輸出給使用者。

而 MCP 的另一大優點，是能夠有效降低被特定的 AI 廠商綁定。我們可以隨意替換 MCP 架構底下所使用的語言模型。不管是雲端模型 (如 GPT、Claude、Gemini) 或是 Ollama 的本地端模型，都能使用相同的邏輯來操作 (但效果好壞會因模型而異)。

註：目前有研究提出，MCP 在安全性上還是有一些潛在風險，例如可能被濫用工具或造成隱私外洩，因此需要透過更嚴謹的認證流程、權限控管…等，來強化整體安全性。

11.2 馬上讓 Ollama 跟 MCP 相遇吧！

在這個小節中，我們會使用第 10 章提到的 **Roo Code**。並以 **Playwright MCP Server** (瀏覽器操作) 和 **Context7 MCP Server** (官方技術文件查詢) 作為串接 MCP 的範例。讀者可以依據以下步驟進行 Roo Code 安裝和模型設定：

安裝 Roo Code 並連結本地端 Ollama：

請先至「延伸模組」搜尋 Roo Code 並進行安裝。安裝後，在左側功能列會看到 Roo Code 的標誌 (是隻袋鼠)，點擊就能進入其操作畫面。接下來，讓我們設定連結本地端的 Ollama 並配置好所需的模型。

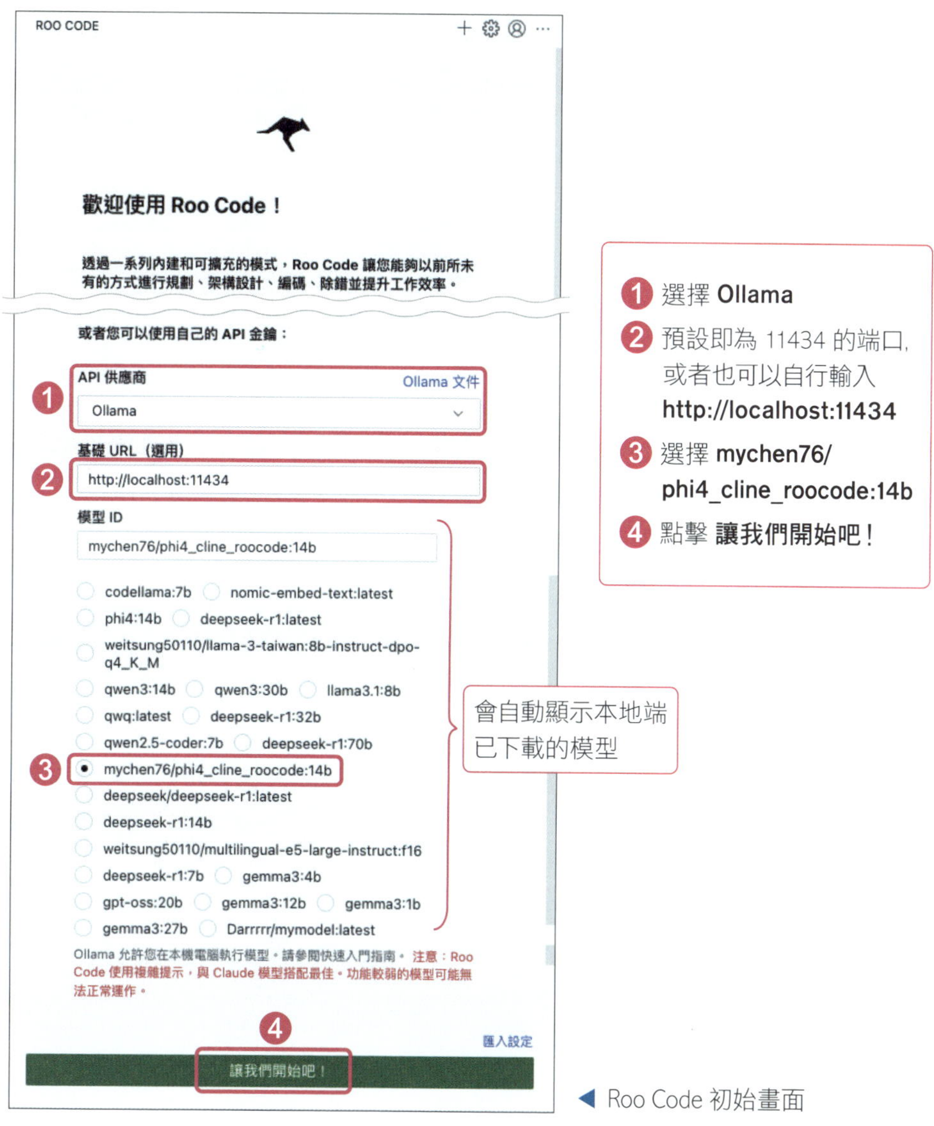

◀ Roo Code 初始畫面

這邊我們選擇使用針對 Roo Code 特別優化的 **mychen76/phi4_cline_roocode:14b** 模型，但由於這個模型的上下文窗口只有 16k。如果任務太過繁雜會發生失憶、進入重複迴圈的狀況，此時可以換成上下文窗口更大的 **mychen76/gemma3_cline_roocode_qat**、**mychen76/qwen3_cline_roocode**，甚至是 **gpt-oss:20b** 模型。

完成 Roo Code 的 Agent 設定：

讓我們先進行一些基礎的設定，請點選右上角的**齒輪標誌 (Settings)**。操作畫面所使用的語言，通常會是 VS code 上預設使用的語言。但如果不是你平常慣用的語言，可以點選「語言」進一步作調整。

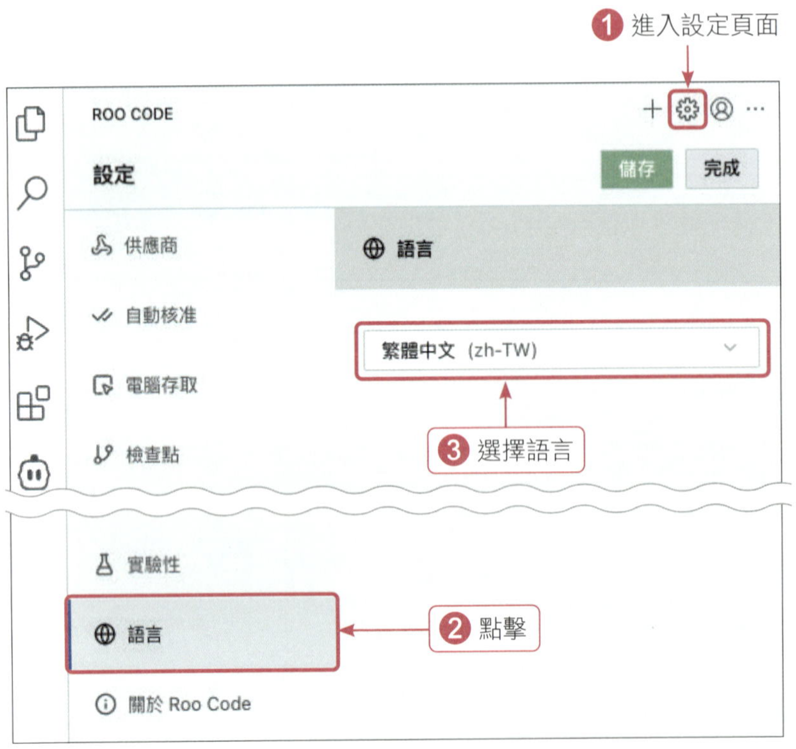

接下來，讓我們點選「供應商」，配置設定檔會顯示「default(預設)」，這就是我們在剛進入 Roo Code 畫面時所設定好的模型配置。由於未來可能會因應不同專案需求，來進行不同的模型配置，建議可以將配置設定檔命名為可辨識的名稱。之後若有其他模型配置的需求，只需要進到這個畫面，便能夠新增、刪除配置設定檔。

聊天 ROO CODE CONTINUE

設定 儲存 完成

❹ 點擊供應商

供應商

設定檔

新增設定檔

phi4: 14b

刪除設定檔

儲存不同的 API 設定以快速切換供應商和設定。

修改設定檔名稱

API 供應商 Ollama 說明文件

Ollama

基礎 URL（選用）

http://localhost:11434

模型 ID

mychen76/phi4_cline_roocode:14b

nomic-embed-text:latest
mychen76/phi4_cline_roocode:14b
codellama:7b qwen3:14b
weitsung50110/llama-3-taiwan:8b-instruct-dpo-q4_K_M
llama3.1:8b deepseek/deepseek-r1:latest
Darrrrr/mymodel:latest gemma3:12b
gemma3:4b gemma3:27b gemma3:1b

❺ 可以看到稍早設定好的模型配置

Ollama 允許您在本機電腦執行模型。請參閱快速入門指南。注意：Roo Code 使用複雜提示，與 Claude 模型搭配最佳。功能較弱的模型可能無法正常運作。

搜尋 MCP：

點擊操作界面上方的「應用市場」，就會顯示 **MCP** 與 **Modes** (模式) 的推薦清單。我們可以在此處搜尋想要的安裝的 MCP, 也可以去探索更多 Modes。

註：我們在上一章介紹過 Roo Code 有 5 種預設的模式, 而此處的 Modes 為其他開發者所提供的額外模式, 像是用於翻譯、故事寫作或計畫研究的模式等。

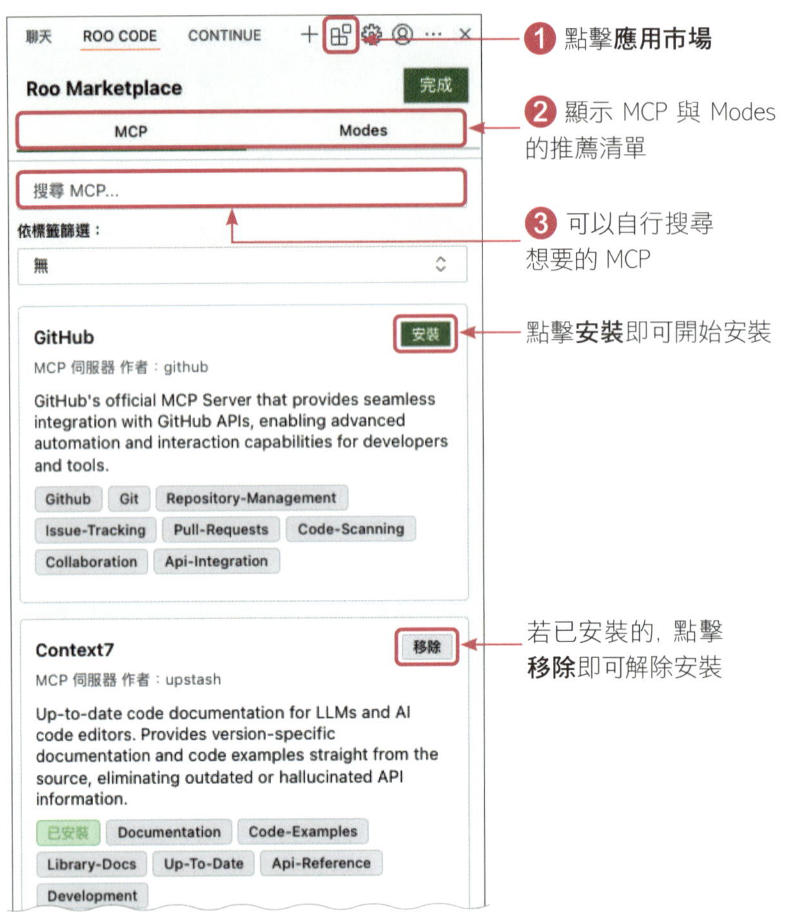

Playwright MCP Server —
幫你直接操作瀏覽器的神隊友

我們先來試試看 **Playwright** 這個 MCP Server。它具備許多實用功能，能協助你自動化執行各種瀏覽器操作，包括監控控制台訊息、錄製操作並生成測試腳本、擷取網頁文字與截圖、執行 JavaScript，還能支援基本的網頁互動，像是點擊按鈕、表單填寫等。

安裝 Playwright MCP Server：

在搜尋欄直接打「Playwright」，就能找到這個 MCP 並進行安裝。

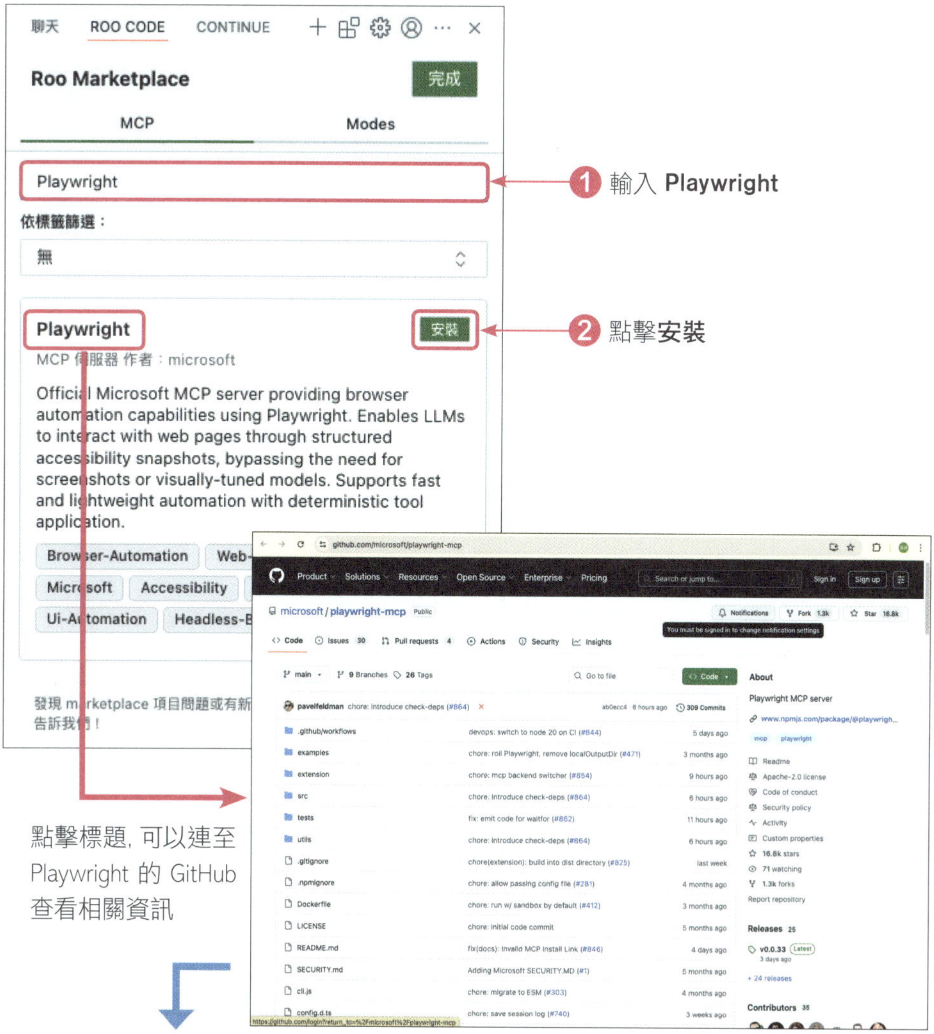

❶ 輸入 **Playwright**

❷ 點擊**安裝**

點擊標題，可以連至 Playwright 的 GitHub 查看相關資訊

點擊「安裝」後，會顯示一些安裝選項，例如安裝範圍、方法等設定。你可以依需求來選擇，若沒有任何想法，也可以跟著本書的示範來設定。

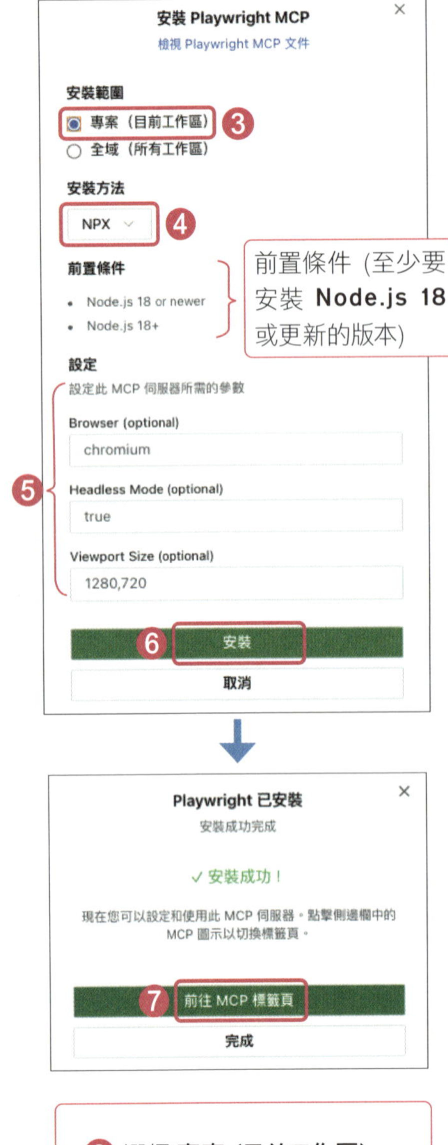

❸ 選擇 **專案 (目前工作區)**

❹ 選擇 **NPX**

❺ 其他參數暫不調整

❻ 點擊 **安裝** 後會顯示安裝成功的畫面

❼ 點擊 **前往 MCP 標籤頁**

雖然已顯示安裝成功, 但你點進 MCP 標籤頁時, 可能會看到錯誤訊息。

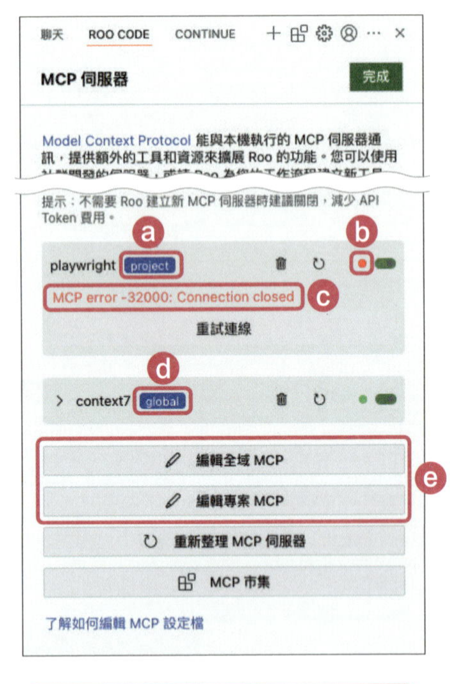

ⓐ 代表是專案 MCP

ⓑ 顯示紅燈

ⓒ 顯示 MCP error

ⓓ 代表是全域 MCP

ⓔ 按此編輯設定檔

若發現有 MCP error 的錯誤警示, 可以依 GitHub 上建議的標準配置, 來調整設定檔。一般來說, 在安裝後就會自動開啟 MCP 的設定檔, 或是點擊上圖的「編輯專案 MCP」進入設定。請將 `args` 調整為以下配置。

```
      "args": [
        "@playwright/mcp@latest"
      ]
```

```
{} mcp.json  ×   {} mcp_settings.json
.roo > {} mcp.json > ...
{
  "mcpServers": {
    "playwright": {
      "command": "npx",
      "args": [
        "-y",
        "@playwright/mcp@latest",
        "--browser=",
        "--headless=",
        "--viewport-size="
      ]
    }
  }
}
```

▲ 預設的設定檔

```
{} mcp.json  ×   {} mcp_settings.json
.roo > {} mcp.json > ...
{
  "mcpServers": {
    "playwright": {
      "command": "npx",
      "args": [
        "@playwright/mcp@latest"
      ]
    }
  }
}
```

▲ 調整後的設定檔

調整完設定檔後，按 Ctrl + S / ⌘ + S 儲存檔案，便可以看到 MCP 標籤頁中的 Playwright 順利顯示為綠燈，代表能正常運作了！

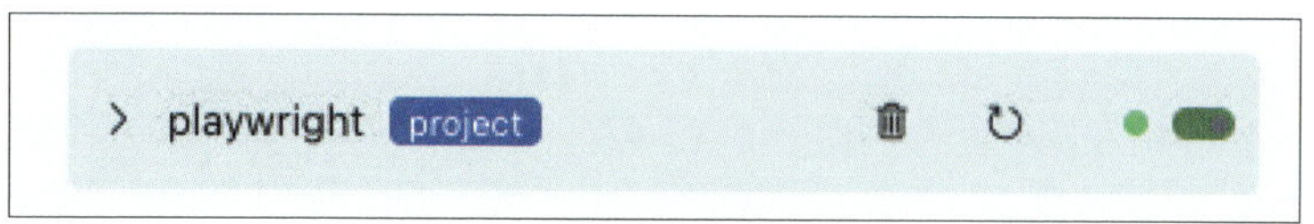

▲ 顯示綠燈

註：如果一直沒有顯示綠燈，可以重開 VS Code，就會更新 MCP 狀態。

技巧補充

Roo Code 的 MCP 標籤頁

如果你使用到一半，想回頭查看 MCP 的標籤頁，只需要點選「…」，找到 MCP 伺服器，便可以找到 MCP 標籤頁。

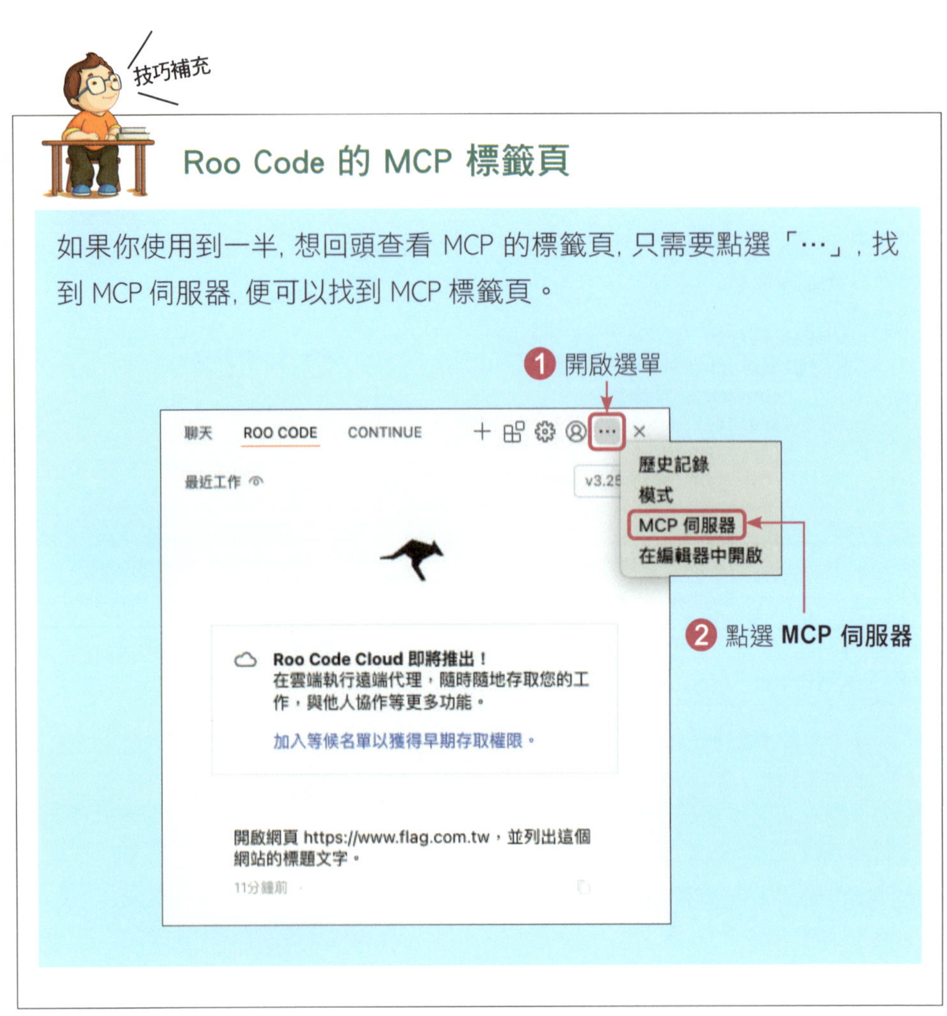

還記得稍早有提醒使用 **Playwright** 的前置條件，是至少要安裝 **Node.js 18** 或更新的版本嗎？建議可以在全域環境安裝 Node.js（就是把它裝到作業系統的系統路徑，讓任何應用程式都能直接呼叫 `node` 和 `npx`）。我們可以到 Node.js 的官方網站下載安裝檔：

```
https://nodejs.org/zh-tw
```

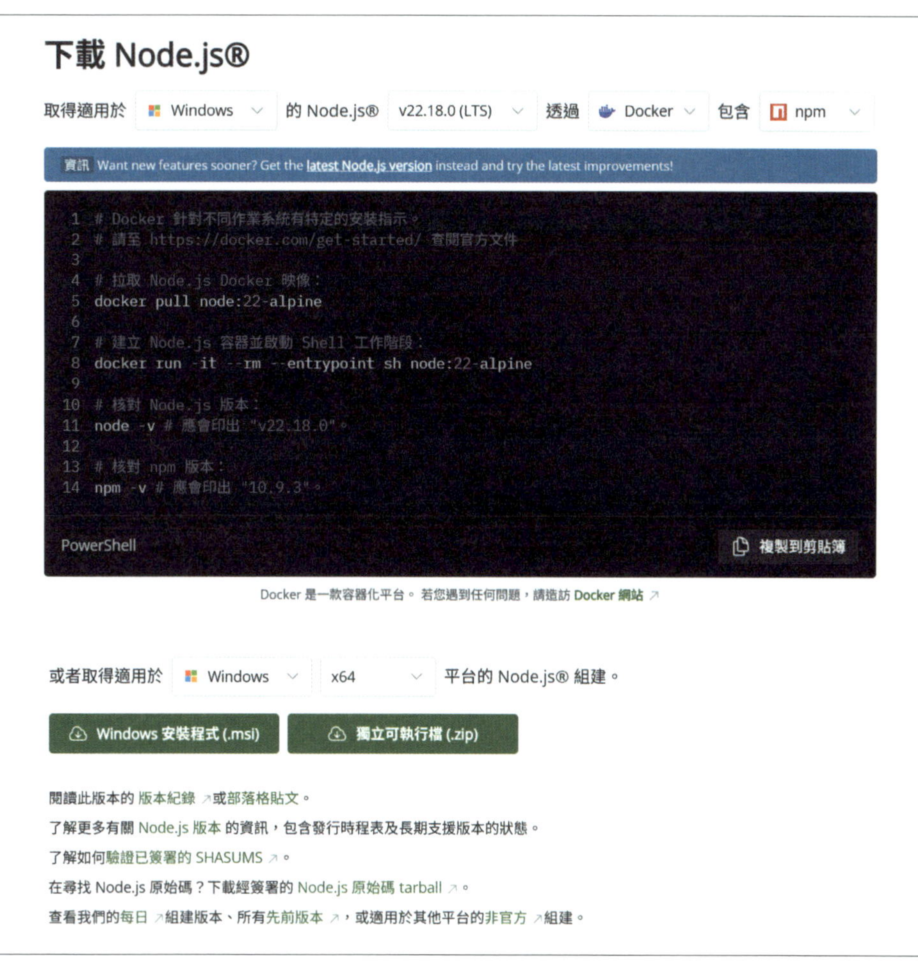

▲ 可選擇不同安裝方式、下載安裝檔

安裝完成後，可以回到 VS Code 的終端機，輸入以下命令，如果有看到傳回 Node.js 的版本資訊，代表已順利安裝完成，並請確保安裝的是 Node.js 18 或更新的版本。

```
Windows / macOS
node -v
npm -v
```

```
問題    輸出    偵錯主控台    終端機    連接埠

flag@FlagdeMac-mini roocode test (V) % node -v  # 檢查 Node.js 版本
npm -v   # 檢查 npm 版本
v24.4.0
11.4.2
```

▲ 確認版本為 Node.js 18 以上

技巧補充

在 Windows 系統中放寬 PowerShell 執行策略, 才能正常使用 npm

由於 npm 在執行時會呼叫 npm.ps1 腳本, 而 PowerShell 預設的策略是 **Restricted** (禁止執行腳本), 因此會導致錯誤。

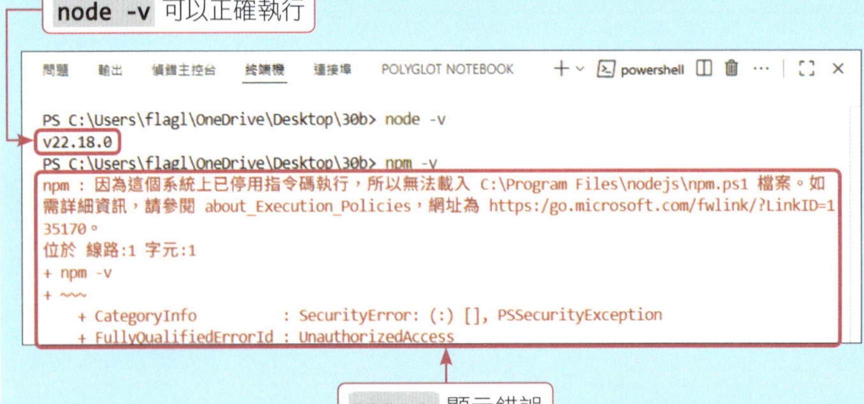

node -v 可以正確執行
問題 輸出 偵錯主控台 終端機 連接埠 POLYGLOT NOTEBOOK powershell
PS C:\Users\flagl\OneDrive\Desktop\30b> node -v
v22.18.0
PS C:\Users\flagl\OneDrive\Desktop\30b> npm -v
npm : 因為這個系統上已停用指令碼執行，所以無法載入 C:\Program Files\nodejs\npm.ps1 檔案。如需詳細資訊，請參閱 about_Execution_Policies，網址為 https:/go.microsoft.com/fwlink/?LinkID=135170。
位於 線路:1 字元:1
+ npm -v
+ ~~~
+ CategoryInfo : SecurityError: (:) [], PSSecurityException
+ FullyQualifiedErrorId : UnauthorizedAccess
npm -v 顯示錯誤

解決方法是將腳本的執行原則改成 **RemoteSigned**, 允許本機或受信任的腳本執行。這樣 VSCode 在呼叫 PowerShell 時, 就能正常執行 npm.ps1、npx 等指令, 讓 **Playwright** 可以順利運行。我們需要以「系統管理員」身份打開 PowerShell, 並輸入命令 `Set-ExecutionPolicy RemoteSigned`、輸入 **Y** 確認變更, 來放寬限制。

NEXT

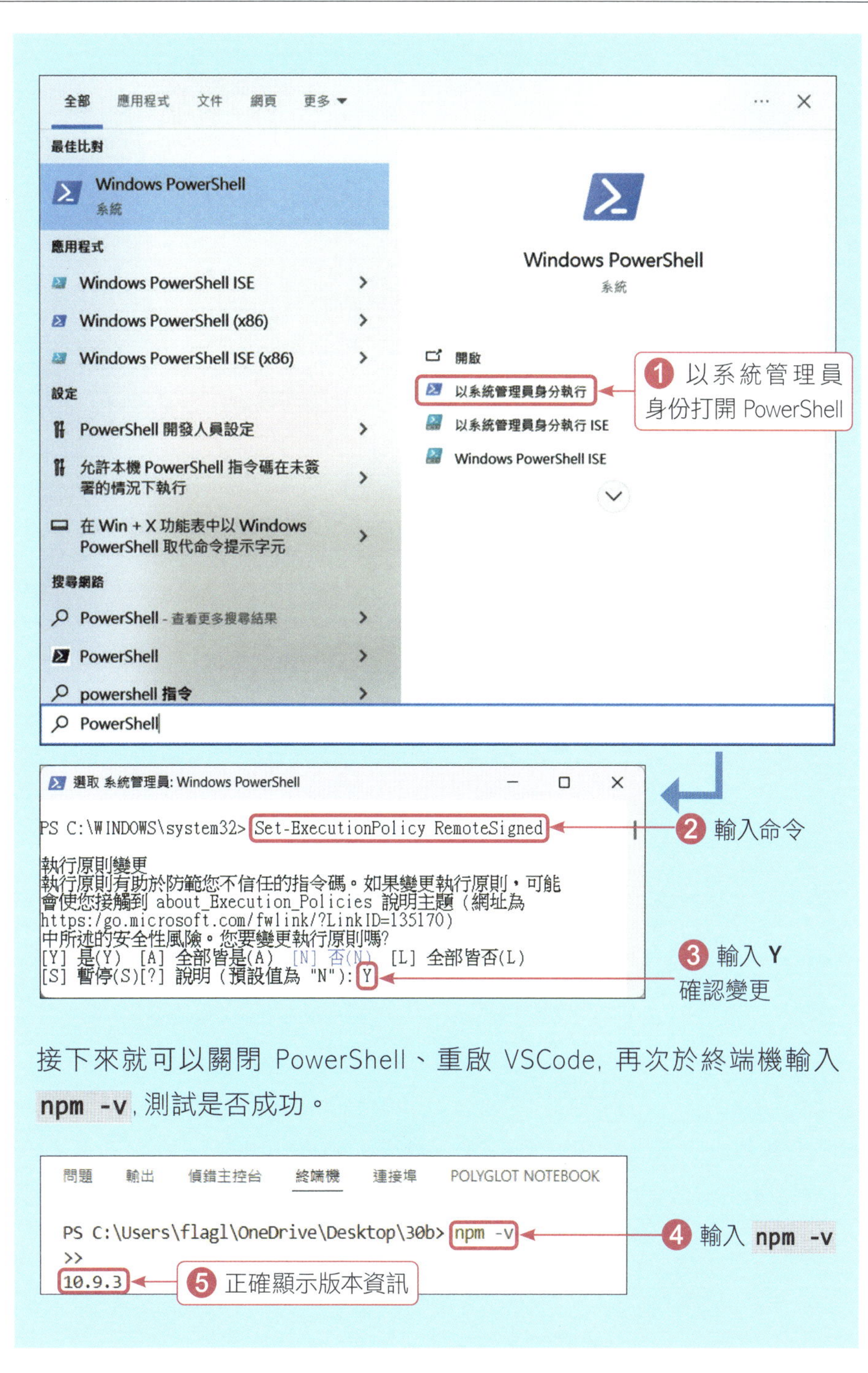

接下來就可以關閉 PowerShell、重啟 VSCode, 再次於終端機輸入 `npm -v`, 測試是否成功。

接下來, 為了讓 Playwrigh 可以執行自動化腳本, 例如模擬使用者操作、驗證網頁功能是否正確, 需要安裝 **Playwright 測試框架**。除此之外, 我們還需要下載 **Playwright 測試專用的瀏覽器執行檔**, 請依序輸入以下命令。

```
npm install -D @playwright/test   ← 安裝 Playwright 測試框架
npx playwright install   ← 下載 Playwright 測試用瀏覽器
```

實際操作：

回到 Roo Code 的對話畫面中, 輸入提問：

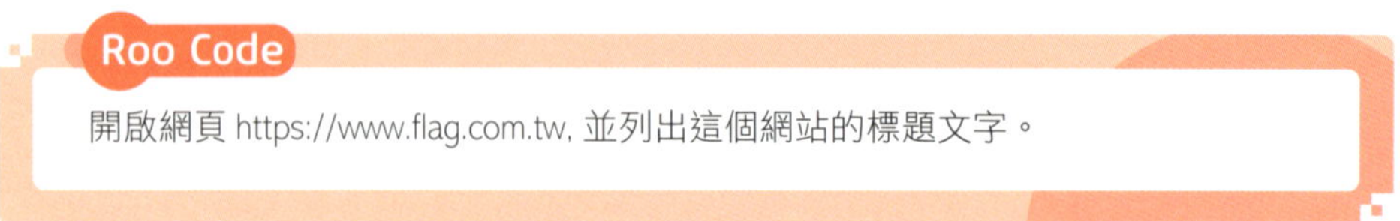

Roo Code
開啟網頁 https://www.flag.com.tw, 並列出這個網站的標題文字。

你會看到它列出了兩個步驟、正確調用了 Playwright。會先執行第一步驟 (打開網頁), 並詢問你是否核准 Roo Code 使用 `browser_navigate` 這個工具。

點選**核准**

在核准後, 便會自動以 **Playwright 測試專用的瀏覽器**, 來開啟你所指定的網頁。

▲ Playwright 會自動開啟網頁！

完成第一步驟後，接下來會執行第二步驟 (從畫面中提取標題文字)。它一樣會詢問你是否核准在 MCP 伺服器上使用工具，而這次使用的是 `browser_snapshot`。

它說明已完成工作，而提取出的頁面標題文字為「旗標科技」，結果是正確的！

不只是擷取標題，你想要抓取整個網頁的內容，也沒有問題！

倘若在執行過程中，Roo Code 有不確定的事項，向你提出問題、提供選項，只需要透過點選，就會將其排入佇列。如果它提出來的選項都不符合你的需求，也可以輸入文字來請它接續處理。

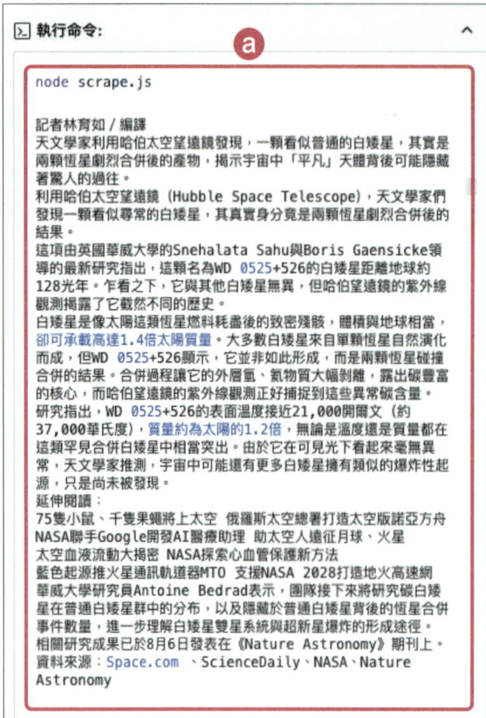

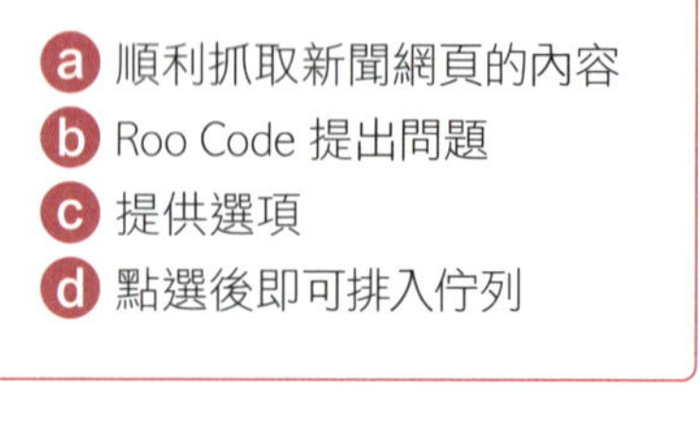

a 順利抓取新聞網頁的內容
b Roo Code 提出問題
c 提供選項
d 點選後即可排入佇列

Context7 MCP Server － 幫你查詢官方文件的專業顧問

Context7 MCP Server 就像是一種「連接 AI 與官方技術文件的搜尋引擎」，它的核心功能在於提供**即時文件查詢**，能從 React、Next.js、Tailwind、FastAPI 等官方來源中，擷取最新版本的文件與程式範例，避免 AI 回答中出現錯誤或過時的語法。透過 Context7 MCP Server 查詢文件時，不只是可以讓它抓「最新的版本」，還能依據專案需求，來查詢指定版本的文件，方便在框架升級時快速比對差異。

如此一來，便能提升開發體驗的穩定度與效率。且安裝與配置相對簡單、開源透明，與 MCP 生態整合良好。所以不管是升級專案、開發新功能，或是排查相容性與語法差異問題等等，這些需要查詢官方文件與案例的情境，都可以透過 **Context7 MCP Server** 來輔助你。

安裝 Context7：

點選 Roo Code 的「應用市場」，「Context7」這個 MCP 應該會在推薦清單的前幾個。如果沒有的話，一樣可以使用搜尋欄來查找、進行安裝。並需要進一步調整設定檔，如下：

```
{
  "mcpServers": {
    "context7": {
      "command": "npx",
      "args": ["@upstash/context7-mcp"]
    }
  }
}
```

註：筆者以 macOS、Windows 系統實測，上述設定檔都是可行的。若你在實作時有遇到困難，可以進一步查看 Roo Code 官方 (https://docs.roocode.com/features/mcp/using-mcp-in-roo) 建議的設定。

實際操作：

如果我們想要了解某種程式語言中的工具定義與使用範例，像是 **TypeScript** 的 `Partial<T>` 工具，可以透過 Context 7 來查詢，快速掌握 `Partial<T>` 工具的用途與寫法。但在輸入提問時要特別注意，如果描述不夠精準，可能無法順利串接 Context 7。讓我們先來看看錯誤版和修正版的提問方式：

Roo Code

 # 錯誤版提問

請查 TypeScript 的 Partial<T> 工具類型的定義與範例。

 # 修正版提問

請查 TypeScript 官方文檔中對 Partial<T> 工具類型的定義與範例。

使用上述「錯誤版提問」的提示詞之後，發現並沒有正確啟用 Context 7，反而想檢視目錄中的檔案！這是因為在提問中沒有包含「官方文檔」的字詞，模型並不知道我們想查詢的是官方資訊。

另外在實際操作時，我們可以隨時輸入請求，像是打斷它、重新提問等等。這些都會被排入佇列中，並依序等待回應。這就有點像是你交代助理一些工作，當發生問題時，隨時可以再去交代它新的任務或更新要求。

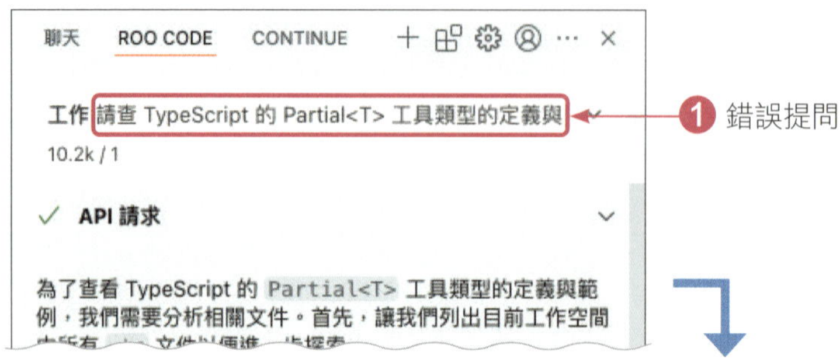

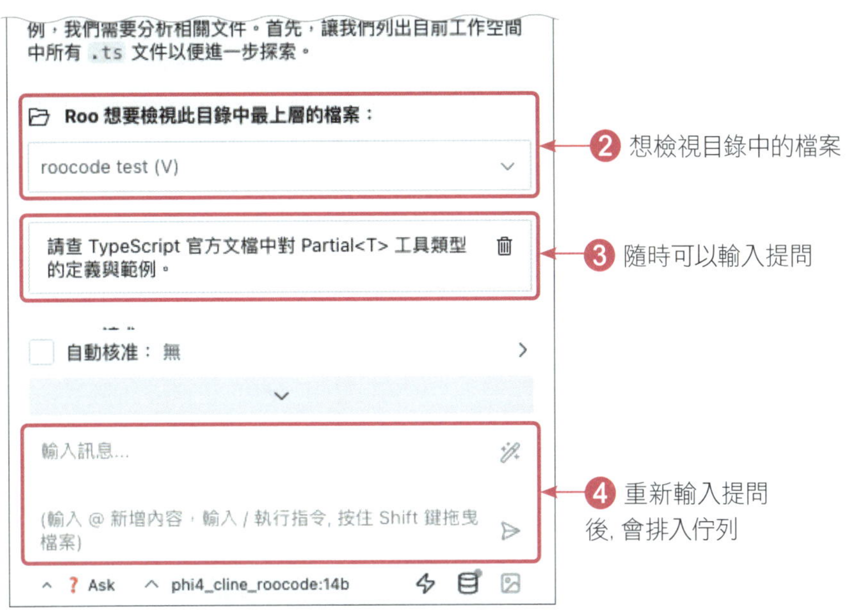

再我們更新提問後, 可以進一步查看它回覆的內容。確定是你要的資訊, 就點選「核准」, 本地端 Ollama 跟 MCP 會一起合作, 輸出相關資訊。

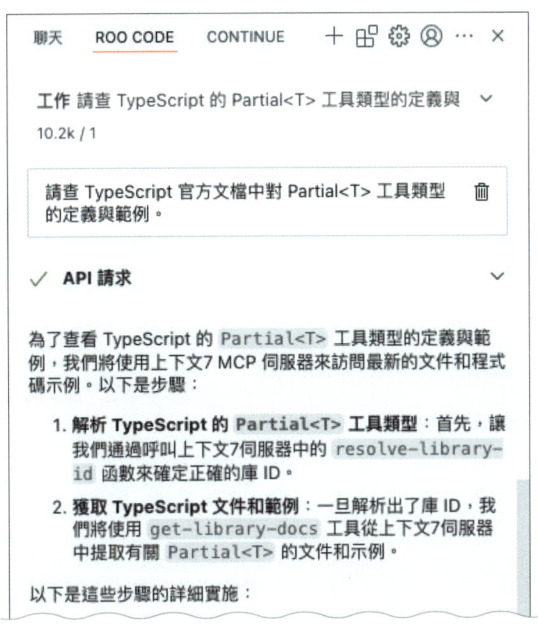

可以看到下方截圖，除了提供基本定義、程式碼之外，它也提到了錯誤與限制、常見問答、實用建議等等。

API 請求
根據提供的代碼片段和問答，我們可以總結出關於 TypeScript 中 Partial<T> 的使用、行為以及相關錯誤。以下是一些重要點：
Partial<T> 用法
基本定義
1. 基本定義：
• Partial<T> 是一個泛型工具，它會將給定類型的所有屬性變為可選（即加上 ?）。
• 這在需要創建某物件部分滿足特定接口或類別要求時非常有用。
程式碼
2. 代碼示例：
interface Point {
x: number;
y: number;
}
const partialPoint: Partial<Point> = { x: 10 };

錯誤與限制

錯誤和限制

1. **可能為 undefined 的問題：**
   - 使用 Partial<T> 往往會導致屬性值可能是 undefined，這在訪問未初始化的屬性時需要特別注意。
2. **錯誤示例：**

```
type Obj = {
    a: string;
    b: number;
};

const mapIntersection: { [K in keyof
(Partial<Obj> & Required<Obj>)]: number; }
= {};

// 這裡可能會出現 'possibly undefined' 的錯誤
const accessMapped = <K extends keyof Obj>
(key: K) =>
mapIntersection[key].toString();
```

常見問答

常見問答

1. **noUncheckedIndexedAccess 選項：**
   - 問：為什麼 Partial<T> 使用時會有可能是 undefined 的警告？答：這與 TypeScript 中的 noUncheckedIndexedAccess 關聯，該選項旨在阻止所有未檢查索引訪問（如陣列越界）。
2. **類型安全性：**
   - 問：使用 Partial<T> 是否會影響程式碼的類型安全？答：是，因為它允許屬性值可能未被初始化（即 undefined），這需要開發者在訪問時加以檢查。

實用建議

實用建議

- **使用 Partial<T> 時：**
  - 當你確定某些物件屬性可以是可選的，且可能未被初始化。
- **處理 undefined 的方法：**
  - 使用 TypeScript 中提供的類型保護機制（如 strictNullChecks）來減少因為未設置屬性而導致的錯誤。

這些知點可以幫助你更好地理解和使用 TypeScript 中的 Partial<T>，並有效處理相關問題。如果有其他具體需求或疑問，請隨時提出！

模型並不一定每次都會輸出上述的這些內容，這跟我們的提問、使用的模型效能、官方提供的文件資料…等而有所關聯。但由於這是串接 MCP 來獲取外部資料，所以對於內容的正確性有一定的保障！

11.3 管理自動執行權限與排除錯誤

管理 MCP 執行的核准權限

在 Roo Code 的操作畫面中，可以在對話框上方看到「自動核准」的選項，以下方截圖來說，後方顯示「無」，代表目前所有行為都需要經過你的同意，AI 不能自動執行。這也是我們稍早實作時，每當要調用 MCP 工具，都會請我們核准的原因。

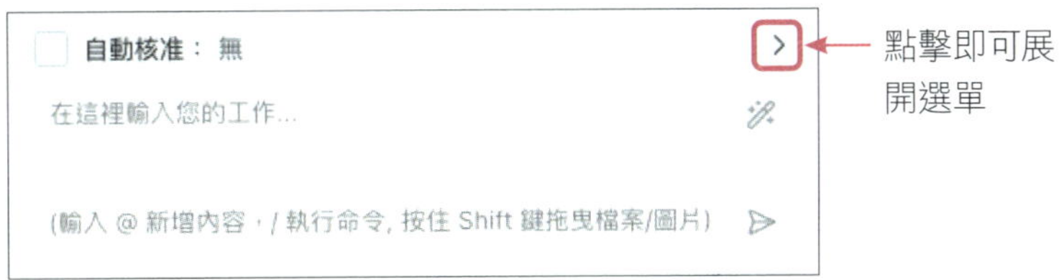

可以看到選單有一些不同的選項，可以供你選擇。倘若點選**讀取**、**寫入**、**瀏覽器**、**MCP**，並將「自動核准」打勾，這樣未來在執行這四項行為時，AI 就不再需要經過你的同意，而是自動執行。

雖然有很多行為都可以設為自動執行，但**建議你在熟悉工具和模型之前，保持人工審核，以免 AI 產生過多不符預期的行為**。

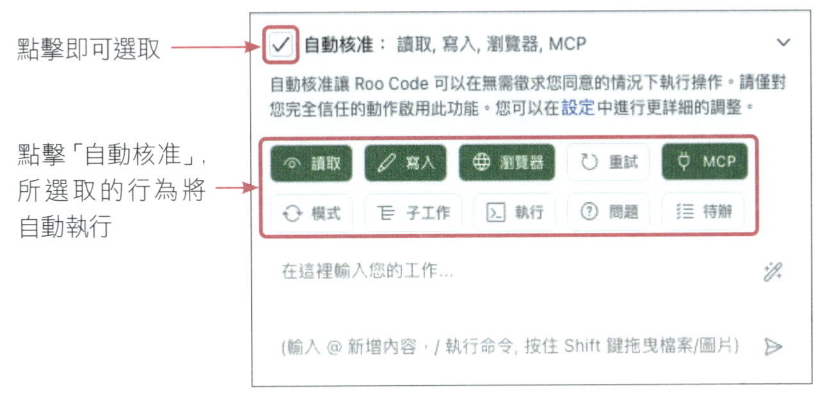

排除錯誤

如果使用較小的模型, 很有可能會遇到下面兩種情況：

重複出現「Roo 遇到問題…」：

如果實作到一半, 發現出現「Roo 遇到問題…」的錯誤訊息, 有時候只要點選「仍要繼續」, Roo Code 就會自行排除問題。但也有可能就這樣陷入了等待的無限迴圈, 不管怎麼樣就是有問題…。這時候會需要重新提問, 並把我們的要求拆分成更小的步驟, 讓它可以逐步完成。

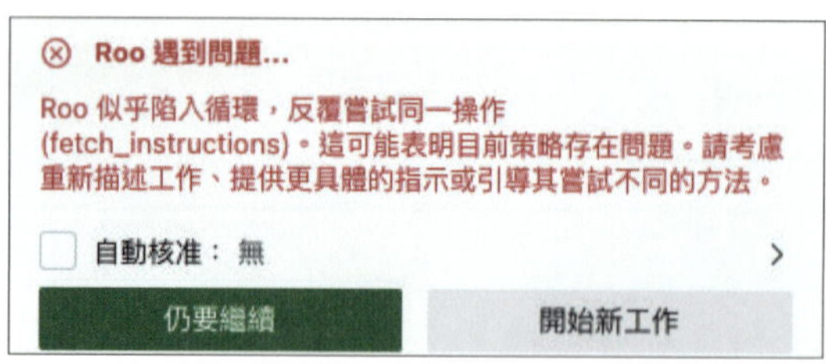

▲ 遇到問題可以先點選「仍要繼續」試試看, 還是不行的話就要重新調整任務描述

在重新提問之後, 這個狀況還是沒有改善的話, 可以嘗試**關閉「自動檢查點」**, Roo Code 比較不會反覆進入循環思考的錯誤狀態。

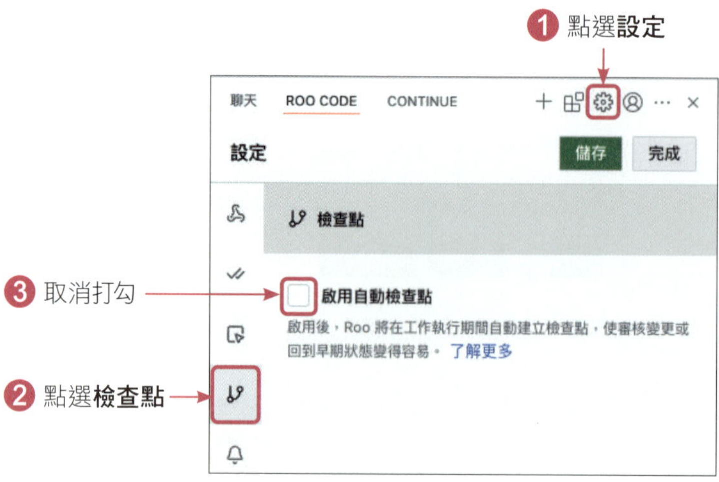

呼叫工具名稱錯誤：

倘若「Roo 遇到問題…」的原因，是因為呼叫的工具名稱錯誤，你只需要糾正它，便能夠順利進行。

註：上述這種拼字錯誤的情形，有時候即使已經糾正，但還是沒有修改成正確版本。這可能是因為模型太小、不夠聰明，或是受限於上下文長度限制…等多種原因，導致出現鬼打牆的狀況。如果遇到這種狀況，建議可以把會用到的「正確工具名稱」先複製起來，另外開啟一個新的對話視窗，特別指定工具名稱並重新執行。

MEMO

Ollama
本地AI
全方位攻略